# Auf einen Blick

Wir hoffen, dass Sie Freude an diesem Buch haben und sich Ihre Erwartungen erfüllen. Ihre Anregungen und Kommentare sind uns jederzeit willkommen. Bitte bewerten Sie doch das Buch auf unserer Website unter **www.rheinwerk-verlag.de/feedback**.

An diesem Buch haben viele mitgewirkt, insbesondere:

**Lektorat**  Stephan Mattescheck
**Korrektorat**  Petra Biedermann, Reken
**Fachgutachten**  Bernadette Hohns
**Herstellung**  Norbert Englert
**Typografie und Layout**  Vera Brauner
**Einbandgestaltung**  Eva Schmücker
**Satz**  Typographie & Computer, Krefeld
**Druck**  Beltz Bad Langensalza

Dieses Buch wurde gesetzt aus der TheAntiquaB (9,35/13,7 pt) in FrameMaker.
Gedruckt wurde es auf chlorfrei gebleichtem Offsetpapier (90 g/m²).
Hergestellt in Deutschland.

Bibliografische Information der Deutschen Nationalbibliothek:
Die Deutsche Nationalbibliothek verzeichnet diese Publikation in der Deutschen Nationalbibliografie; detaillierte bibliografische Daten sind im Internet über *http://dnb.d-nb.de* abrufbar.

**ISBN 978-3-8362-6097-8**

1. Auflage 2018
© Rheinwerk Verlag, Bonn 2018

Informationen zu unserem Verlag und Kontaktmöglichkeiten finden Sie auf unserer Verlagswebsite **www.rheinwerk-verlag.de**. Dort können Sie sich auch umfassend über unser aktuelles Programm informieren und unsere Bücher und E-Books bestellen.

# Inhalt

# 4    Eigene Dimensionen und Messwerte erstellen    105

## 5 Planung und Datenvisualisierung 151

# 6   Berichtskomponenten in Google Data Studio anpassen

# 7   Community-Connectoren

# 8    Berechtigungen

# 9    Berichte in Google Data Studio verwalten

# 10    Fallstudien

## 12 Tipps zur Performanceoptimierung 341

## 13 Tipps für die tägliche Arbeit in Google Data Studio 347

## 14 Epilog 361

# Anhang

# Kapitel 1
# **Einleitung**

*Was erwartet Sie in diesem Buch? Um Ihnen den Einstieg zu erleichtern, erhalten Sie einen Überblick über die Kapitelinhalte sowie die Besonderheiten und Grenzen des Tools. Außerdem erhalten Sie eine Liste mit wichtigen Begriffen, die für das weitere Verständnis von Bedeutung sind.*

Die verfügbare Datenmenge sowie die Anzahl an verwendeten Tools zur Verwaltung, Darstellung und Analyse wachsen stetig. Das macht eine gewinnbringende Verwendung von Daten für Unternehmen schwierig, komplex und kostenintensiv. Die Komplexität der Abläufe (technisch und organisatorisch) und die Vielzahl der Werkzeuge führen häufig dazu, dass nur eine Teilmenge der Mitarbeiter Zugriff auf die Daten bekommt und diese dadurch nur unzureichend genutzt werden.

Google will mit der Einführung von Google Data Studio nun eine Lösung für dieses Problem schaffen und seinen Nutzern ermöglichen, alle relevanten Daten an einem Ort auf eine einfache und günstige Weise zu sammeln und zu analysieren. Durch die Bereitstellung aller notwendigen Funktionen zur Datenanbindung, -bearbeitung und -darstellung sowie einer intuitiven Benutzeroberfläche sollen alle Mitarbeiter einer Organisation einen Zugang zu den Daten erhalten und so bessere Entscheidungen treffen können, anstatt das Thema Datenanalyse nur auf wenige ausgewählte Mitarbeiter zu übertragen.

Dieses Buch soll Ihnen dabei helfen, sich die notwendigen Grundlagen anzueignen, um Google Data Studio gezielt für die Datenanalyse in Ihrem Unternehmen einzusetzen. Als ein praxisorientiertes Handbuch werden wir Ihnen die Funktionalitäten von Google Data Studio anhand detaillierter Beispiele erläutern. Es richtet sich somit an alle, die einen umfassenden Einstieg in das Thema Google Data Studio wünschen und neben den grundlegenden Funktionen auch weiterführende Tipps für die effiziente Arbeit mit diesem Tool erhalten wollen.

## 1.1    Inhalt des Buches

In dieser Einleitung erfahren Sie zunächst, was Sie in den weiteren Kapiteln erwartet. Anschließend geben wir Ihnen einen kurzen Überblick, welche Funktionen Google

Data Studio bietet und wo die Grenzen des Tools liegen. Zum leichteren Einstieg haben wir Ihnen außerdem eine Liste mit den wichtigsten Begriffen zusammengestellt, die für das weitere Verständnis des Buchs von Bedeutung sind.

In **Kapitel 2**, »Die ersten Schritte mit Google Data Studio«, bekommen Einsteiger eine Einführung in die Funktionsweise des Programms. Sie lernen, welche Voraussetzungen für die Verwendung von Google Data Studio bestehen und erhalten einen Überblick über die vorhandenen Funktionen. Um Ihnen den Einstieg zu erleichtern, zeigen wir Ihnen in einem Tutorial Schritt für Schritt, wie Sie einen ersten eigenen Bericht erstellen.

Die folgenden Kapitel gehen detaillierter auf die Arbeit mit Google Data Studio ein. Dabei orientieren wir uns an den Schritten eines typischen Arbeitsablaufs innerhalb des Tools: **Kapitel 3**, »Datenquellen mit Google Data Studio verbinden und bearbeiten«, behandelt zunächst das Verbinden und Bearbeiten von Datenquellen mit Google Data Studio. Wir werden Ihnen eine Übersicht über die wichtigsten Datenquellen geben und erklären, was bei der Verbindung und Verwaltung dieser Datenquellen zu beachten ist. **Kapitel 4**, »Eigene Dimensionen und Messwerte erstellen«, zeigt Ihnen, wie Sie eigene Dimensionen und Messwerte erstellen können, wenn diese nicht von der Datenquelle geliefert werden. Hierfür stellen wir Ihnen die Funktionen des Formeleditors vor und erklären Ihnen die wesentlichen Eigenschaften anhand von praxisnahen Beispielen.

In **Kapitel 5**, »Planung und Datenvisualisierung«, und **Kapitel 6**, »Berichtskomponenten in Google Data Studio anpassen«, gehen wir ausführlicher auf das Erstellen der Berichte ein. Kapitel 5 gibt zunächst Tipps zur Planung und Datenvisualisierung. Neben Hinweisen zur Auswahl der richtigen Kennzahlen und zur Definition der Dashboard-Anforderungen geben wir Ihnen Empfehlungen zur Gestaltung nutzerfreundlicher Berichte. Kapitel 6 beschäftigt sich detaillierter mit den einzelnen Berichtskomponenten und seinen Einstellungsmöglichkeiten. Sie erfahren, wie Sie Ihre Berichte individualisieren können und wie Sie sie mit Hilfe von Filtersteuerungen und Datenkontrollen dynamischer gestalten.

Mit der Erstellung von Community-Connectoren beschäftigen wir uns in **Kapitel 7**, »Community-Connectoren«. Hier zeigen wir Ihnen, welche Möglichkeiten es gibt, Ihre Daten mit bereits erstellten oder eigenen Connectoren anzubinden.

In **Kapitel 8**, »Berechtigungen«, gehen wir ausführlicher auf die Möglichkeiten der Zusammenarbeit mit anderen Nutzern ein. Wir zeigen Ihnen beispielsweise, wie Sie Berichte und Datenquellen mit weiteren Personen teilen und welche unterschiedlichen Berechtigungen Sie erteilen können. **Kapitel 9**, »Berichte in Google Data Studio verwalten«, beschäftigt sich mit der Verwaltung der Berichte. Sie lernen grundlegende Funktionen zur Organisation Ihrer Berichte kennen sowie Möglichkeiten, die Nutzung Ihrer Berichte mit Hilfe von Google Analytics zu analysieren.

Die Kapitel 10 bis 14 geben Ihnen praktische Tipps zur Arbeit mit Google Data Studio. So wagen wir in **Kapitel 10**, »Fallstudien«, einen Blick über den Tellerrand. In verschiedenen Beispielen möchten wir Ihnen einen Blick auf unterschiedliche IT-Architekturen aus den Bereichen Onlinemarketing und E-Commerce geben. Für einen leichten Einstieg in die Erstellung eigener Dashboards haben wir Ihnen in **Kapitel 11**, »Vorlagen«, Beispiele für die Bereiche AdWords, E-Commerce, SEO, YouTube und Google Analytics für Firebase zusammengestellt. Die Vorlagen stehen Ihnen ebenfalls zum Download zur Verfügung. Um Tipps und Tricks geht es in den beiden folgenden Kapiteln des Buches. In **Kapitel 12**, »Tipps zur Performanceoptimierung«, geben wir Ihnen Tipps, mit denen Sie die Geschwindigkeit Ihrer Dashboards erhöhen. In **Kapitel 13**, »Tipps für die tägliche Arbeit in Google Data Studio«, geben wir Ihnen Ratschläge an die Hand, die Ihre tägliche Arbeit mit dem Tool einfacher und schneller gestalten. Zuallerletzt geben wir Ihnen in unserem Epilog einen Ausblick, was Sie bei der Entwicklung einer datengetriebenen Organisation beachten müssen und wie sich das Thema Google Data Studio in Zukunft entwickeln wird.

In Anhang haben wir Ihnen weiterführendes Informationsmaterial zusammengestellt. Sie finden hier eine Übersicht mit Tutorials, Vorlagen und Buchempfehlungen.

## 1.2   Google Data Studio – Überblick

Die Aufbereitung und Analyse von Daten erfolgt in der Regel immer nach einem gleichbleibenden Prozess. Google Data Studio vereint alle notwendigen Schritte in einem Tool:

▶ **Verbinden:** In Google Data Studio können Sie eine Vielzahl unterschiedlicher Datenquellen in einem Bericht verwenden. Mit Hilfe von entsprechenden Connectoren binden Sie die gewünschten Daten in kurzer Zeit an.

▶ **Aufbereiten:** Nicht immer sind alle Daten in der gewünschten Form verfügbar. Daher verfügt Data Studio über Funktionen, mit denen Sie die benötigten Daten berechnen und auch eigene Dimensionen und Messwerte erstellen.

▶ **Darstellen:** Im Data Studio Editor können Sie verschiedene Visualisierungselemente in Ihrem Bericht einbauen und an Ihre Bedürfnisse anpassen.

▶ **Teilen:** Data Studio verfügt über unterschiedliche Berechtigungen und Freigabeoptionen, um die Berichte anderen Nutzer zur Ansicht zur Verfügung zu stellen, sie gemeinsam zu bearbeiten oder auch auf einer Website einzubinden und öffentlich verfügbar zu machen.

| Kapitel | Verbinden → | Aufbereiten → | Darstellen → | Verwalten/ Teilen |
|---|---|---|---|---|
| Die ersten Schritte mit Google Data Studio | ✓ | – | ✓ | – |
| Datenquellen mit Google Data Studio verbinden und bearbeiten | ✓ | – | – | – |
| Daten mit Google Data Studio transformieren | – | ✓ | – | – |
| Planung und Daten-visualisierung | – | – | ✓ | – |
| Berichtskomponenten in Google Data Studio anpassen | – | – | ✓ | – |
| Community-Connectoren | ✓ | – | – | – |
| Berechtigungen | – | – | – | ✓ |
| Berichte in Google Data Studio verwalten | – | – | – | ✓ |
| Fallstudien | ✓ | ✓ | ✓ | ✓ |
| Vorlagen | – | – | ✓ | – |

**Tabelle 1.1** Übersicht über die Kapitelinhalte

### 1.2.1   Besonderheiten und Grenzen von Google Data Studio

Ob Google Data Studio das geeignete Tool zur Berichtserstellung ist, hängt vor allem von den individuellen Rahmenbedingungen ab. Es ist wichtig, dass Sie sich vor der Implementierung Gedanken machen, ob das Tool für Ihr Unternehmen einen Mehr-wert liefern kann.

Es ist ähnlich wie bei der Anwendung von Google Docs oder Microsoft Word. So besitzt Google Docs vor allem Stärken, wenn Sie mit mehreren Nutzern ein Doku-ment gleichzeitig bearbeiten wollen. Wollen Sie hingegen eine wissenschaftliche Arbeit erstellen, benötigen Sie Funktionen wie das Erstellen von Abbildungs- oder Tabellenverzeichnissen, die in Word deutlich umfassender möglich sind.

1

Ähnlich verhält es sich, wenn Sie Google Data Studio und andere Reportingtools vergleichen. Für Google Data Studio sind vor allem folgende Eigenschaften kennzeichnend:

▶ **Cloudbasiert:** Die Bedienung findet vollständig im Webbrowser statt. Es ist keine lokale Installation notwendig, und manuelle Updates entfallen.

▶ **Google-Drive-Nutzung:** Für das Speichern von Berichten und Datenquellen sowie für die Vergabe der Berechtigungen und Freigaben wird Google Drive verwendet.

▶ **Realtime-Monitoring:** Datensätze können über eine geeignete Schnittstelle direkt an Google Data Studio angebunden werden. Dadurch werden alle Änderungen des Datensatzes unmittelbar in den Google-Data-Studio-Berichten sichtbar. Bei einem Data-Warehouse findet die Aktualisierung der Daten hingegen in der Regel immer mit einer Verzögerung statt.

Google Data Studio ist daher vor allem für Unternehmen geeignet, die generell cloudbasierte Tools verwenden und ihre Daten demnach online gespeichert haben. Der Schwerpunkt von Data Studio liegt in der Erstellung von Dashboards. Google hat viel dafür getan, um die Berichtserstellung in Data Studio so benutzerfreundlich wie möglich zu gestalten. Ähnlich wie die anderen Anwendungen von Google ist das Tool intuitiv zu bedienen und hat vielfältige Funktionen, die eine einfache Zusammenarbeit in Teams erlauben. Dadurch können auch Einsteiger ohne weitreichende Kenntnisse in der Datenanalyse die Handhabung relativ schnell lernen und zeitnah das Tool gewinnbringend einsetzen.

Wenn Sie hingegen komplexere Ansprüche bei der Integration und Verknüpfung Ihrer Datenquellen haben oder besondere Anforderungen an die Visualisierung und Datenexploration, sollten Sie eine dedizierte Business Intelligence-Lösung in Betracht ziehen. Diese bieten Ihnen, ähnlich wie bei unserem Vergleich mit MS Word, wesentlich mehr Funktionalitäten, sind aber mit einem entsprechenden Aufwand für die Einarbeitung verbunden. Google Data Studio bietet zwar weniger Funktionalität als andere Reportingtools, lässt sich dafür aber schnell erlernen und steht kostenlos zur Verfügung.

## 1.3    Wichtige Begriffe

Im Folgenden geben wir Ihnen einen ersten Überblick über die wichtigsten Begriffe, die für das Verständnis des Buchs von Bedeutung sind. Im Glossar und in den relevanten Kapiteln finden Sie zusätzliche Informationen zu diesen Begriffen.

### 1.3.1 Dimension

*Dimensionen* kategorisieren und beschreiben Messwerte. Dies können z. B. geografische Eigenschaften sein. Mit Hilfe von Dimensionen bestimmen Sie, wie Sie Ihre Daten gruppieren wollen. Die geografischen Eigenschaften könnten beispielsweise durch Land, Stadt oder Region Kennzahlen genauer beschreiben. Im Eigenschaftenbereich von Google Data Studio werden die Dimensionen immer in Grün hinterlegt.

### 1.3.2 Messwert

Als *Messwert* kann alles bezeichnet werden, was mit Hilfe einer Kennzahl erfasst werden kann. Das können z. B. die Websitebesucher einer bestimmten Region oder die Besuchsdauer dieser Nutzer sein.

Auch Messwerte, die nicht direkt erhoben werden können, sondern aus gemessenen Werten abgeleitet sind, werden als *Kennzahl* bezeichnet. Ein Beispiel hierfür ist die Conversion-Rate. In Google Data Studio sind die Messwerte immer in Blau hinterlegt.

### 1.3.3 Key Performance Indicator

Wenn eine Kennzahl dazu verwendet wird, das Erreichen eines Ziels zu messen, wird sie als *Key Performance Indicator* (*KPI*) bezeichnet. Je nachdem, was das Ziel eines Unternehmens ist, kommen unterschiedliche Kennzahlen in Frage.

Für ein E-Commerce Dashboard können das z. B. Akquisitionskosten oder Umsatz pro Kunde sein, in einem YouTube Report eher die Anzahl der Videoansichten oder die durchschnittliche Sehdauer.

### 1.3.4 Aggregation

Wird eine große Anzahl von Werten zu einem einzelnen Wert zusammengefasst, so spricht man von einer *Aggregation*. Dies geschieht in der Informatik mit Hilfe von sogenannten *Aggregatfunktionen*, die z. B. den Mittelwert oder die Summe von einer Gruppe von Werten bilden.

In Google Data Studio haben Kennzahlen in der Regel immer einen Aggregationstyp. Je nach zugrundeliegender Datenquelle können Sie diesen selbst bestimmen, oder er wird automatisch festgelegt. Der Aggregationstyp wird in Google Data Studio als *Zusammenfassungstyp* bezeichnet.

### 1.3.5 Connector

*Connectoren* spielen in Google Data Studio eine wichtige Rolle, da mit ihrer Hilfe Daten eines Datensatzes mit Google Data Studio verbunden werden. Es gibt Connectoren mit einem festen und solche mit einem flexiblen Schema. Connectoren mit festem Schema werden eingesetzt, wenn die Struktur des Datensatzes im Vorfeld bekannt ist, Connectoren mit flexiblem Schema, wenn die Struktur zunächst unbekannt ist.

Neben den von Google angebotenen Connectoren gibt es die Möglichkeit, sogenannte *Community-Connectoren* selbst zu erstellen. In der Community Connectors Gallery finden Sie eine Übersicht von Connectoren, die bereits von anderen Nutzern erstellt und geteilt wurden.

### 1.3.6 Datenquelle

Ist ein Datensatz mit Hilfe eines Connectors mit Google Data Studio verbunden, wird dies als *Datenquelle* bezeichnet. Durch die Verbindung wird somit festgelegt, welche Daten des Datensatzes in Google Data Studio verfügbar sind.

Sie können in Google Data Studio für einen Bericht mehrere Datenquellen verwenden, allerdings nur eine Datenquelle je Visualisierungselement. Möchten Sie in einem Visualisierungselement mehrere Datenquellen verwenden, müssen Sie diese in einem vorgelagerten Schritt zusammenführen.

Im weiteren Verlauf dieses Buches werden die oben eingeführten Begriffe immer wieder auftauchen. Sie sind notwendig, um die Funktionen und Anwendungsmöglichkeiten von Google Data Studio in den folgenden Kapiteln ausführlicher zu beschreiben.

Wir hoffen, dieses Buch wird Sie gut bei der Arbeit in Data Studio unterstützen, und wünschen Ihnen nun viel Erfolg bei der Umsetzung!

## 1.4 Danksagung

An dieser Stelle möchten wir uns bei all den Menschen bedanken, die uns bei der Erstellung dieses Buchs mit zahlreichem Feedback, Tipps und Informationen tatkräftig unterstützt und so dieses Buch mitgestaltet haben.

Zuallererst möchten wir uns bei Leonor Frias Pascual bedanken, die uns während des gesamten Erstellungsprozess zur Seite stand. Ihre Unterstützung mit inhaltlichem Feedback, Grafikvorschlägen und bei der Organisation der Kapitelerstellung hat maßgeblich zur Gestaltung dieses Buchs beigetragen.

Darüber hinaus möchten wir Jan Wittek, Head of Google Analytics 360 Sales, DACH & CEE, und Nick Mihailovski, Senior Product Manager Google Data Studio, danken, die uns einen Einblick in Google Data Studio und seine zukünftige Entwicklung gegeben haben.

Ein großer Dank geht ebenfalls an Juuso Lyytikkä, Head of Growth bei funnel.io, und Anna Shutko, Super Growth Marketer bei Supermetrics, für die Bereitstellung ihrer Google-Data-Studio-Vorlagen und ihr Feedback über die Erstellung von Community-Connectoren.

Nicht zuletzt möchten wir uns bei Stephan Mattescheck und dem gesamten Team vom Rheinwerk Verlag bedanken, die uns stets mit Rat und Tat begleitet und die Erstellung dieses Buchs überhaupt erst möglich gemacht haben.

**Sina Mylluks** und **Sascha Kertzel**

# Kapitel 2

# Die ersten Schritte mit Google Data Studio

*Welche Voraussetzungen und Funktionen sind wichtig für die Nutzung von Google Data Studio? In diesem Kapitel erhalten Sie alle notwendigen Informationen für einen Einstieg ins Tool sowie einen Leitfaden zur Erstellung eines Beispielberichts.*

Dieses Kapitel ist vor allem für Nutzer relevant, die zuvor noch nicht mit Google Data Studio gearbeitet haben. Sie erhalten einen umfassenden Überblick über die notwendigen Voraussetzungen und den Aufbau des Tools. Sie lernen die Funktionen der *Benutzeroberflächen* von *Startseite* und *Berichtseditor* kennen und erfahren, wie die klassische *Komponentenhierarchie* eines *Berichts* aufgebaut ist. Zusätzlich enthält das Kapitel eine Schritt-für-Schritt-Anleitung zum Bauen Ihres ersten eigenen Berichts, so dass Sie die vorgestellten Funktionen direkt anwenden können. Sie lernen hierbei vor allem, wie Sie die Berichte an die Corporate Identity Ihres Unternehmens anpassen und Ihre Daten durch interaktive Elemente übersichtlich darstellen. Dabei zeigen wir Ihnen zum einen Steuerungselemente wie *Zeitraumsteuerung*, *Datenkontrolle* und *Filter* und zum anderen Möglichkeiten zur Datenvisualisierung wie *Balkendiagramme* und *Tabellen*.

## 2.1    Einführung in Google Data Studio

In diesem Abschnitt geben wir Ihnen einen Überblick, welche Voraussetzungen Sie erfüllen müssen, um Google Data Studio nutzen zu können. Wir stellen Ihnen die wichtigsten Elemente der Benutzeroberfläche von STARTSEITE und Berichtseditor vor. Anschließend lernen Sie die klassische Komponentenhierarchie von Google Data Studio kennen.

### 2.1.1    Voraussetzungen für die Nutzung von Google Data Studio

Google Data Studio ist ein webbasiertes Tool. Das bedeutet, dass Sie keine zusätzliche Software auf Ihrem Rechner installieren müssen. Das hat den Vorteil, dass Sie immer über die aktuelle Version des Programms verfügen, ohne sich um Updates kümmern zu müssen. Zusätzlich lassen sich Ihre Berichte auf diese Weise zu jeder Zeit von Ihrem Rechner über folgenden Link aufrufen: *https://datastudio.google.com/*.

---

**Hinweis zur Verwendung von Webbrowsern**

Data-Studio-Berichte können mit beliebigen Webbrowsern angesehen werden. Zum Bearbeiten von Berichten und Datenquellen wurden jedoch nur Chrome, Firefox und Safari getestet. Zum jetzigen Zeitpunkt wird deswegen nicht empfohlen, Berichte und Datenquellen mit anderen Browsern zu bearbeiten.

---

Je nachdem, in welcher Rolle (Berichtsersteller oder -empfänger) Sie Google Data Studio verwenden wollen, müssen unterschiedliche Voraussetzungen erfüllt sein, um das Tool zu nutzen.

Zum Ansehen von Berichten müssen folgende Voraussetzungen gegeben sein:

▶ Sie haben einen Browser (Chrome, Firefox oder Safari) auf Ihrem Rechner installiert

▶ Sie befinden sich in einem der unterstützten Länder. Aktuell ist eine Nutzung in folgenden Ländern nicht möglich: Sudan, Iran, Irak, Nordkorea, Syrien, Kuba sowie auf der Krim. In der Volksrepublik China können Berichte zwar aufgerufen, aber nicht erstellt werden.

---

**Hinweis zu unterstützten Sprachen und Maßeinheiten**

Aktuell kann Google Data Studio in 37 unterschiedlichen Sprachen verwendet werden. Die Daten können in den lokalen Maßeinheiten wie z. B. den länderspezifischen Zahlen-, Datums- und Zeitangaben sowie der Landeswährung angezeigt werden. Sie können die Spracheinstellungen unter folgendem Link ändern:

*https://myaccount.google.com/preferences?pli=1#localization*

---

Möchten Sie Berichte nicht nur ansehen, sondern auch erstellen, müssen zusätzlich zu den oben genannten Anforderungen folgende Bedingungen erfüllt sein:

▶ Sie sind an einem Google-Konto angemeldet.

▶ Sie haben Zugriff auf Google Drive.

---

**Hinweis zur Linkfreigabe**

Wenn Sie die Linkfreigabe für einen Bericht aktivieren, dann braucht der Empfänger zum Öffnen des freigegebenen Berichts keine Anmeldung und kein Google-Konto. Mehr zur Linkfreigabe erfahren Sie in Kapitel 8, »Berechtigungen«.

---

### 2.1.2 Navigation in Google Data Studio

In diesem Teil möchten wir Ihnen zwei Benutzeroberflächen vorstellen: die START-SEITE und den Berichtseditor. Die STARTSEITE gibt Ihnen einen Überblick über die erstellten Berichte und die verknüpften Datenquellen. In diesem Kapitel stellen wir Ihnen zunächst den Bereich BERICHTE vor. Die wichtigsten Elemente des Bereichs DATENQUELLEN finden Sie in Kapitel 3, »Datenquellen mit Google Data Studio verbinden und bearbeiten«, in dem wir uns ausführlicher mit diesem Thema beschäftigen.

Im Berichtseditor können Sie Berichte sowohl erstellen als auch bearbeiten. Sie können den Berichtseditor von der STARTSEITE aus aufrufen, über einen aktuell geöffneten Bericht oder über den Editor für die Datenquelle.

**Die Startseite**

In Abbildung 2.1 zeigen wir Ihnen, welche Aktionen Sie auf der STARTSEITE in der Ansicht für Berichte durchführen können:

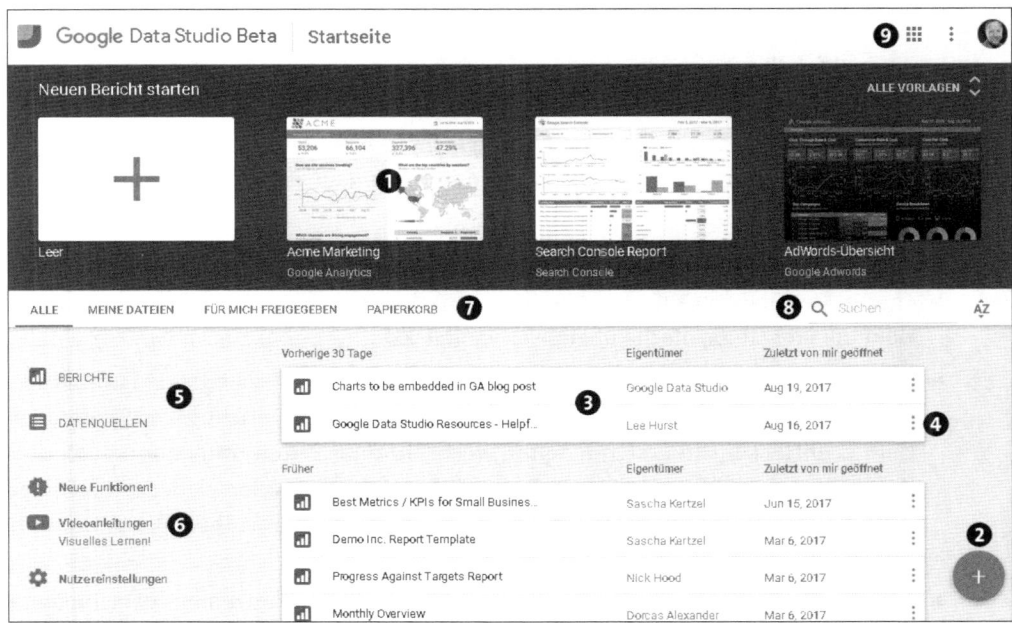

**Abbildung 2.1** Startseite von Google Data Studio

▶ Sie können einen neuen Bericht auf Basis einer Vorlage erstellen ❶ oder mit einem leeren Bericht starten. Alternativ können Sie auch auf das Pluszeichen ❷ unten rechts klicken, um einen leeren Bericht anzulegen.

▶ Die Dateiliste ❸ gibt Ihnen eine Übersicht über Ihre Berichte. Das Überlaufmenü ❹ bietet Zugang zu weiteren Aktionen, wie z. B. Umbenennen oder Löschen.

▶ Das Menü auf der linken Seite ermöglicht Ihnen das Wechseln der Ansicht zwischen BERICHTEN und DATENQUELLEN ❺. Hier finden Sie auch weiterführende Informationen wie Versionshinweise, Videotutorials von Google und die Möglichkeit, sich für E-Mail-Newsletter mit Tipps und Empfehlungen oder Produktankündigungen zu registrieren ❻.

▶ Die Menüleiste ❼ erlaubt es Ihnen, Ihre Dateiliste zu filtern. Sie haben folgende Filtermöglichkeiten: alle Dateien, Ihre eigenen Dateien, für Sie freigegebene Dateien und Dateien im Papierkorb.

▶ Die Suchleiste ❽ ermöglicht Ihnen, Berichte und Datenquellen schneller zu finden und die Dateiliste nach Parametern wie Datum der letzten Änderung oder Erstellungsdatum zu sortieren.

▶ Wenn Sie auf das Kachelsymbol ❾ oben rechts klicken, finden Sie eine Verknüpfung mit weiteren Google-Analytics-Apps wie z. B. Analytics, Tag Manager und Optimize. Im Überlaufmenü besteht zudem die Möglichkeit, Ideen und Fehlermeldungen an das Google-Data-Studio-Team zu senden sowie die Hilfe aufzurufen.

**Der Berichtseditor**

Der Berichtseditor zählt ebenfalls zu einer der Hauptbenutzeroberflächen. Mit seiner Hilfe können Sie Berichte je nach Zugriffsrechten erstellen und ansehen. In Abbildung 2.2 zeigen wir Ihnen, welche Funktionen Ihnen als *Berichtsersteller* zur Verfügung stehen:

▶ Durch Anklicken des Berichtsnamens ❶ können Sie den Titel des Berichts ändern.

▶ In der Menüleiste ❷ finden Sie viele Funktionen wie die Berichtseinstellungen oder die Freigaben, die Sie über das jeweilige Kontextmenü auswählen können.

▶ In der darunterliegenden Zugriffsleiste finden Sie die wichtigsten Funktionen zum Bearbeiten Ihres Berichts: Sie können Seiten zum Bericht hinzufügen oder daraus entfernen, zu anderen Seiten wechseln oder Seiten umbenennen ❸, den Auswahlmodus aktivieren, Aktionen rückgängig machen oder wiederholen ❹. Der Auswahlmodus erlaubt es Ihnen, die verschiedenen Elemente Ihres Berichts durch Anklicken auszuwählen und anzupassen.

▶ In dieser Zugriffsleiste können Sie auch Elemente wie Zeitreihen, verschiedene Diagramme, Tabellen, Landkarten und Kurzübersichten ❺ einfügen sowie Texte, Grafikobjekte und Bilder ❻ erstellen.

▶ Zur Steuerung der Berichtsinhalte ❼ finden Sie folgende Einstellungsmöglichkeiten: Zeitraum, Filtersteuerung, Datenkontrolle sowie die Berichtsfreigabe.

▶ Der Arbeitsbereich ❽ zeigt Ihnen, wie der fertige Bericht aussehen wird. Die Elemente Ihrer Berichte können Sie beliebig anordnen. Durch Anklicken können Sie Komponenten auswählen und erhalten anschließend ein Menü ❾, mit dem Sie die Eigenschaften der ausgewählten Komponente konfigurieren. Je nach ausgewähltem Element stehen Ihnen unterschiedliche Einstellungsmöglichkeiten zur Verfügung. In Abbildung 2.2 sehen Sie beispielsweise die globalen Einstellungsmöglichkeiten für den Bericht.

▶ Im oberen rechten Menü ❿ haben Sie die Möglichkeit, einen Code zum Einbetten der Berichte auf Ihrer Website zu erhalten, in den Vollbild-Modus zu wechseln, die Daten zu aktualisieren, eine Kopie des Berichts zu erstellen und zwischen Anzeige- und Bearbeitungsmodus zu wechseln – wenn Sie die notwendigen Berechtigungen besitzen.

---

**Hinweis zu Berichtskomponenten**

Eine Übersicht über die wichtigsten Elemente wie Kurzübersicht, Zeitraum, Filtersteuerung und Datenkontrolle und die Anwendungsmöglichkeiten finden Sie in Kapitel 6, »Berichtskomponenten in Google Data Studio anpassen«.

---

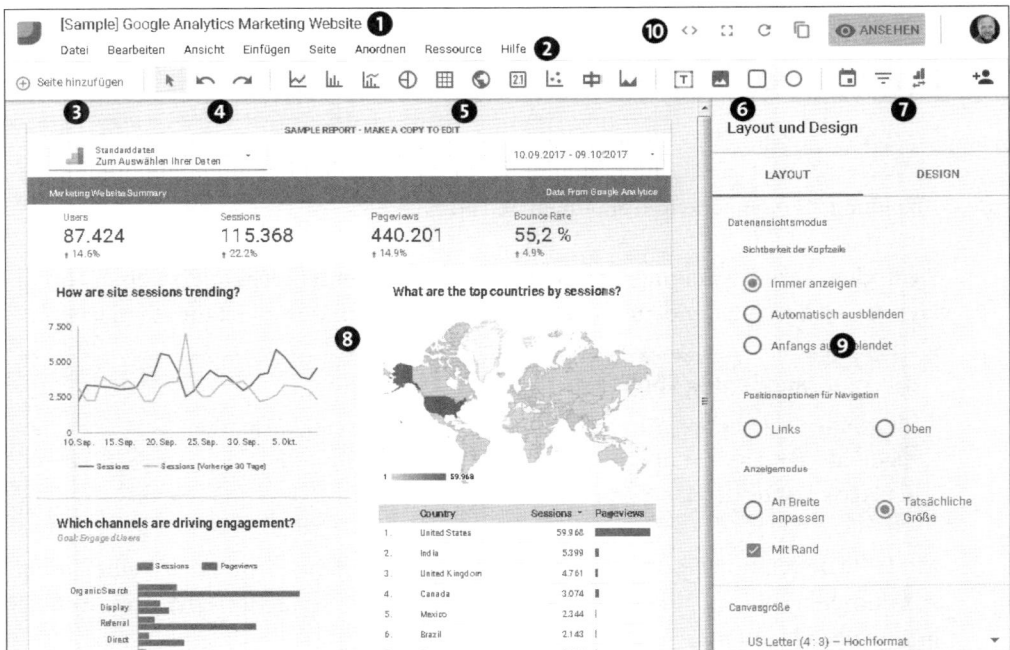

**Abbildung 2.2** Berichtseditor

**Komponenten anordnen und gruppieren**

Um die Elemente Ihres Berichts einheitlich anzuordnen, gibt es in Google Data Studio eine Reihe von Einstellungsoptionen, mit denen Sie dies in kurzer Zeit erledigen können. Sie haben drei unterschiedliche Optionen, die Ihnen das Anordnen Ihrer Elemente vereinfachen, wie Abbildung 2.3 zeigt:

- GRUPPIEREN ❶
- REIHENFOLGE ❷
- HORIZONTAL und VERTIKAL AUSRICHTEN ❸

**Abbildung 2.3** Komponenten anordnen und gruppieren

Sie finden diese Einstellungsoptionen, indem Sie die entsprechenden Elemente markieren und anschließend einen Rechtsklick auf die markierten Elemente machen.

---

**Tipp zur Markierung von Elementen**

Sie können Elemente markieren, indem Sie mit gedrückter linker Maustaste über die Elemente fahren oder die ⌜Strg⌝-Taste (⌜cmd⌝-Taste für Mac-User) gedrückt halten und die entsprechenden Elemente auswählen.

---

Mit Hilfe der Option GRUPPIEREN fassen Sie verschiedene Elemente als eine Einheit zusammen. Das ermöglicht Ihnen das gemeinsame Verschieben oder Anpassen der gruppierten Elemente.

Mit der Option REIHENFOLGE ändern Sie die Reihenfolge Ihrer Elemente. Stellen Sie sich vor, dass Ihr Bericht aus verschiedenen Schichten besteht, die übereinanderliegen. Dabei verdeckt das oberste Element die anderen Elemente, wenn Sie sie an derselben Stelle platzieren. Wenn Sie z. B. einen Kasten anlegen und dieser eine Überschrift enthalten soll, muss die Überschrift in der Reihenfolge vor dem Kasten liegen, damit sie sichtbar ist. Im Vergleich zu den Optionen GRUPPIEREN und AUSRICHTEN stehen Ihnen diese Einstellungen auch für einzelne Elemente zur Verfügung. Sie können die Reihenfolge über folgende Optionen anpassen:

▶ NACH VORNE: Das ausgewählte Element wird eine Ebene weiter vorn platziert.

▶ NACH HINTEN: Das ausgewählte Element wird eine Ebene weiter hinten platziert.

▶ IN DEN VORDERGRUND: Das ausgewählte Element wird als erste Ebene angezeigt.

▶ IN DEN HINTERGRUND: Das ausgewählte Element wird als letzte Ebene angeordnet.

Neben den Optionen zum Ändern der Elementreihenfolge bietet Google Data Studio zwei Optionen zur einheitlichen Ausrichtung und Verteilung der Elemente:

▶ HORIZONTAL AUSRICHTEN: Sie können die ausgewählten Elemente links, zentriert oder rechts ausrichten.

▶ VERTIKAL AUSRICHTEN: Sie können die ausgewählten Elemente oben, mittig oder unten ausrichten.

---

**Hinweis zu globalen Berichtselementen**

Bei mehrseitigen Berichten haben Sie zusätzlich die Möglichkeit, globale Berichtselemente wie Logo, Filtersteuerung oder Zeitraumauswahl auf allen Seiten des Berichts zur Verfügung zu stellen. Die Option AUF BERICHTSEBENE UMSTELLEN werden wir ausführlich in Kapitel 6, »Berichtskomponenten in Google Data Studio anpassen«, behandeln.

---

### 2.1.3    Komponentenhierarchie eines Google-Data-Studio-Berichts

Zum besseren Verständnis der Struktur von Google Data Studio werden wir in diesem Abschnitt auf die Komponentenhierarchie eines Berichts eingehen. In der Regel gibt es zwei Hauptkomponenten:

▶ **Bericht:** Ein Bericht ist in der Komponentenhierarchie auf der höchsten Ebene. Es handelt sich dabei um eine Zusammenstellung von Seiten. Die Visualisierungs- und Steuerelemente werden auf einer oder mehreren Seiten angeordnet.

▶ **Seite:** Seiten enthalten Komponenten wie Diagramme, Steuerungen oder Text. Ein Bericht kann über mehrere Seiten verfügen.

Abbildung 2.4 zeigt Ihnen einen Beispielaufbau eines Berichts. Der Bericht besteht in diesem Fall aus zwei Seitenarten: STARTSEITE mit Diagrammen und Detailseite(n) mit den Komponenten Bild, Steuerelement und Texte.

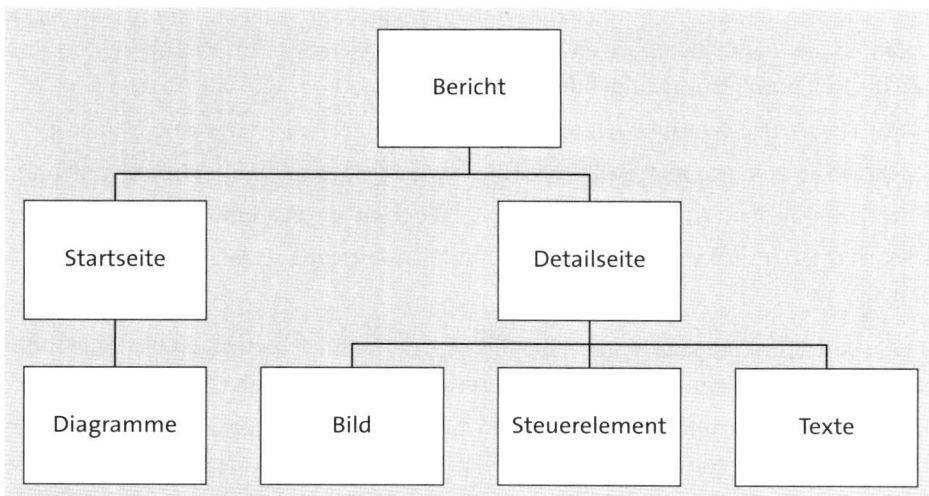

**Abbildung 2.4** Komponentenhierarchie

**Hinweis zur Verwendung von Detailseiten**

Detailseiten sind optional. Sie bieten sich z. B. an, wenn zu einem Key Performance Indicator (KPI) weitere Informationen geliefert werden, die aber aus Platzgründen nicht alle auf eine Seite passen.

In Abbildung 2.5 zeigen wir Ihnen ein Beispiel einer STARTSEITE mit verschiedenen Elementen. Generell können Sie auf einer Seite folgende Komponenten unterbringen:

❶ Bilder

❷ Formen, wie z. B. Rechteck

❸ Steuerelemente, z. B. die Datumsauswahl und Filter

❹ Textbereiche

❺ Diagramme, etwa Balken-, Linien-, Kreis- oder Tabellendiagramme

Da die KPIs für den Bereich Conversion-Rate zu umfassend sind, wurde eine Detailseite erstellt (Abbildung 2.6). Diese gibt vertiefte Informationen zur Conversion-Rate in Abhängigkeit von der Quelle, der Kampagne, der Zielseite sowie dem Keyword.

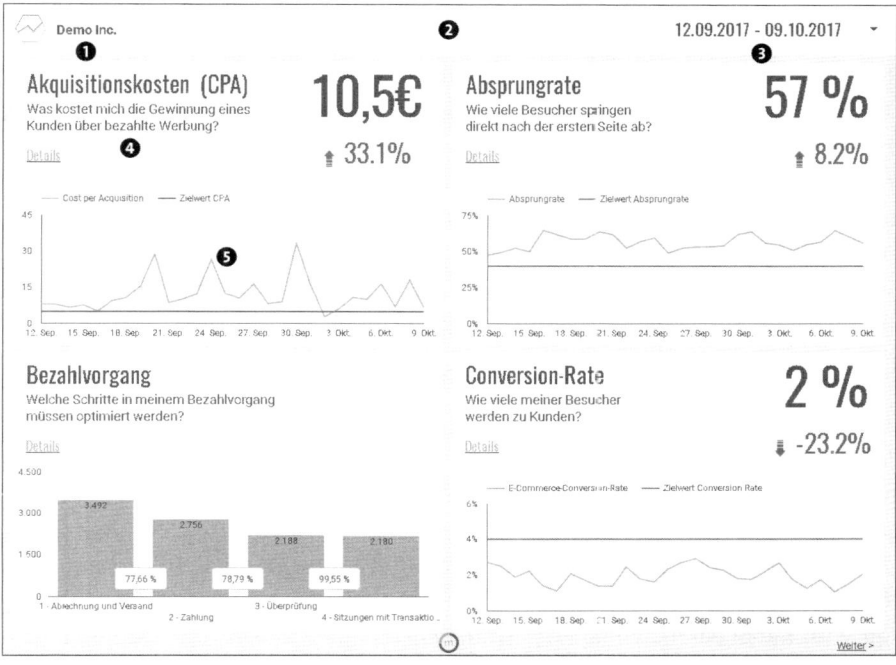

**Abbildung 2.5** Typische Elemente einer Startseite

**Abbildung 2.6** Detailseite

## 2.2   Der erste Bericht

Nachdem Sie nun STARTSEITE, Berichtseditor und die wichtigsten Komponenten von Google Data Studio kennengelernt haben, geht es in diesem Abschnitt darum, einen ersten eigenen Bericht zu erstellen. Wir stellen Ihnen zunächst die Anforderungen des Beispielberichts vor. Sie erfahren, welche Elemente eingebunden werden sollen und welche Designvorgaben an den Bericht gestellt werden. Anschließend erklären wir Ihnen Schritt für Schritt, wie Sie diese in Google Data Studio umsetzen. Sie werden lernen, Datenquellen anzubinden, das Layout anzupassen sowie interaktive Elemente zur Datenauswahl und -visualisierung zu erstellen.

### 2.2.1   Das Praxisszenario

Stellen Sie sich vor Sie, betreiben einen Onlineshop und möchten für diesen einen Bericht erstellen, mit dem Sie die Effizienz der einzelnen Trafficquellen des Onlineshops analysieren können. In diesem Fall benötigen Sie die wichtigsten Kennzahlen wie Besucher, Absprungrate oder Conversion-Rate auf einen Blick. Für unseren Beispielbericht haben wir uns entschieden, die relevanten E-Commerce-KPIs in Abhängigkeit vom Kanal darzustellen. Das ermöglicht es Ihnen, die verschiedenen Kanäle zu vergleichen und so zu beurteilen, welcher für Sie am besten funktioniert. Zusätzlich werden Filtersteuerungen für die Dimensionen Kampagne, Landingpage und Keyword angelegt. Das erlaubt Ihnen eine detaillierte Analyse Ihrer Maßnahmen, so dass Sie auch beurteilen können, welche speziellen Kampagnen, Landingpages und Keywords funktionieren.

Der Bericht soll folgende Funktionen und Analysemöglichkeiten umfassen:

▶ Der Onlineshop existiert in verschiedenen Sprachvarianten. Für jede Sprache wurde eine eigene Property in Google Analytics angelegt. Damit Sie den Bericht nicht mehrfach für jede Sprache anlegen müssen, verwenden Sie das Steuerelement Datenkontrolle. So können Sie die unterschiedlichen Properties einfach auswählen.

▶ Im Reporting sollen die einzelnen Besucherquellen hinsichtlich Akquisition, Verhalten und Conversions ausgewertet werden können. Eine Filterung nach Kampagne (Campaign), Zielseite (Landingpage) und Keyword soll möglich sein.

▶ Die Umsätze nach Quelle sollen in der grafischen Visualisierung als Balkendiagramm ausgewiesen werden.

▶ Weitere Detailinformationen sowie die Veränderung zum vorhergehenden Zeitraum werden in der tabellarischen Darstellung abgebildet.

▶ Der Bericht soll außerdem der Corporate Identity entsprechen. Dafür wird das Firmenlogo angebracht sowie Schrift und Farben angeglichen. Wir empfehlen zusätzlich eine entsprechende Farbgebung, die einen Schwarzweißdruck ermöglicht.

**Tipp zur Berichtsvorlage**

Für den Fall, dass Sie den fertigen Bericht aus diesem Kapitel direkt ansehen wollen, haben wir Ihnen die entsprechende Vorlage unter folgendem Link zur Verfügung gestellt: *https://goo.gl/P1q6ht*.

In Abbildung 2.7 zeigen wir Ihnen eine schematische Darstellung des Beispielberichts, der aus folgenden Bereichen besteht:

❶ Kopfbereich mit Firmenlogo und Selektion des Berichtszeitraums

❷ Filterbereich

❸ Balkendiagramm zur Visualisierung der Besucher nach Kanal

❹ tabellarische Darstellung der wichtigsten KPIs nach Quelle und Medium

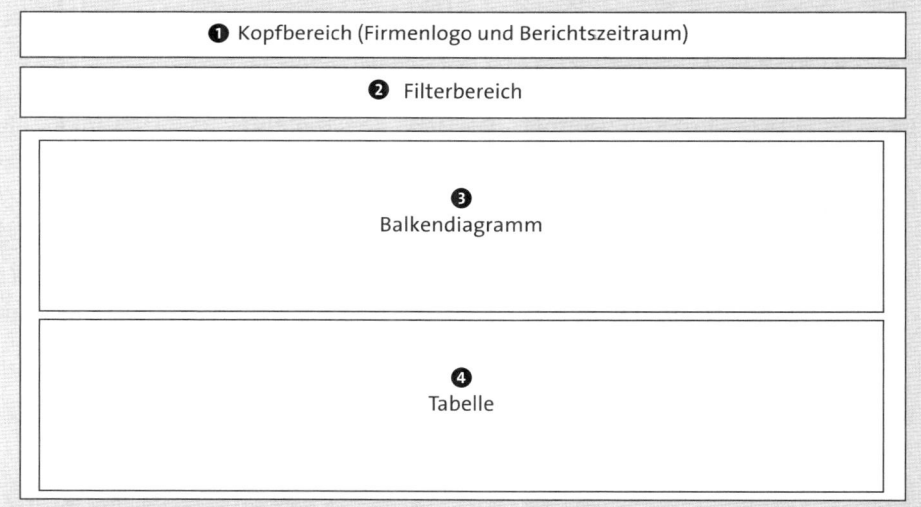

**Abbildung 2.7** Aufbau des Beispielberichts

## 2.2.2    Datenquelle verbinden

Im ersten Schritt legen Sie einen neuen Bericht an. Hierfür starten Sie Ihren Browser (Google Chrome, Firefox oder Safari) und rufen das Google Data Studio über folgende URL auf: *https://datastudio.google.com/*. Falls Sie noch nicht in Google angemeldet sind, werden Sie jetzt dazu aufgefordert. Anschließend erhalten Sie einen Startbildschirm wie in Abbildung 2.8. Wählen Sie auf der STARTSEITE den Menüpunkt BERICHTE ❶ aus, und klicken Sie auf den Button NEUEN LEEREN BERICHT ERSTELLEN ❷. Alternativ können Sie über das Plussymbol ❸ einen neuen Bericht erstellen.

**Abbildung 2.8**  Neuen Bericht anlegen

Ein leerer Bericht wird nun geöffnet. Das Menü aus Abbildung 2.9 bietet Ihnen die Möglichkeit, die entsprechenden Datenquellen mit Google Data Studio zu verbinden.

Zur Erstellung unseres Berichts verwenden wir einen Beispieldatensatz von Google Data Studio. Wählen Sie zunächst die Datenquelle [SAMPLE] GOOGLE ANALYTICS DATA aus ❶. Nun erscheint ein Popup-Fenster; klicken Sie dort auf ZUM BERICHT HINZUFÜGEN ❷. Sie können den Bericht umbenennen, indem Sie links oben auf UNBENANNTER BERICHT ❸ klicken und den neuen Namen dort eingeben.

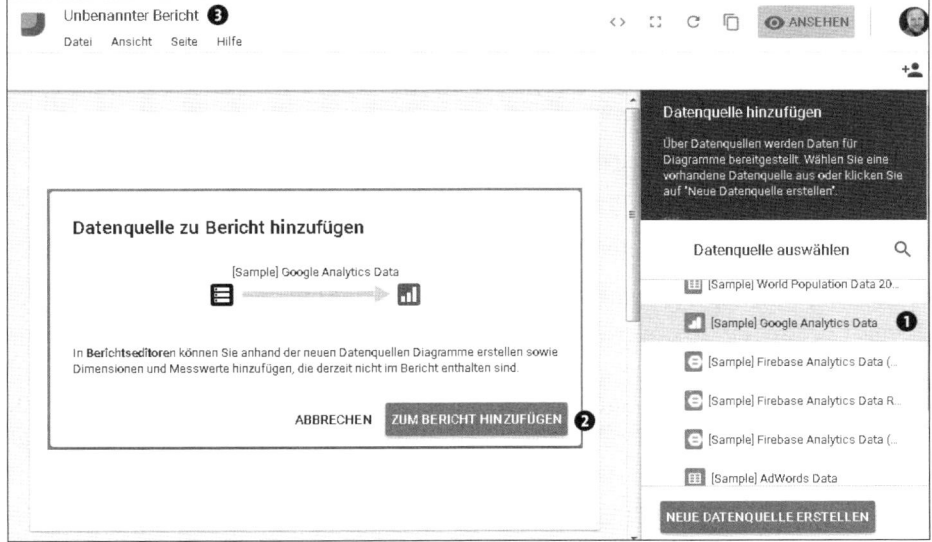

**Abbildung 2.9**  Datenquelle hinzufügen

**Hinweis zum Verbinden von Datenquellen**

Weitere Informationen zum Verbinden von Datenquellen erhalten Sie in Kapitel 3, »Datenquellen mit Google Data Studio verbinden und bearbeiten«.

### 2.2.3   Einen eigenen Bericht erstellen

Nachdem Sie einen Bericht angelegt und die Datenquellen hinzugefügt haben, geht es in den nächsten Schritten darum, Ihren Bericht mit Leben zu füllen. Jedes Element des Berichts besitzt seine eigenen Layoutoptionen, die Sie beliebig anpassen können. Die Einstellungsmöglichkeiten finden Sie immer im Layout-Menü auf der rechten Seite Ihres Berichts.

**Gestaltung und Formatierung des Berichts**

Die globalen Eigenschaften des Berichts können Sie im *Eigenschaftenbereich* Layout und Design auf der rechten Seite Ihres Berichts konfigurieren (Abbildung 2.10). Er wird angezeigt, wenn keine andere Komponente ausgewählt ist.

Für unseren ersten Bericht wollen wir, gemäß unserer Corporate Identity, die Farben für alle Komponenten definieren. Um dieses Menü aufzurufen, klicken Sie auf den hellgrauen Bereich außerhalb Ihres Arbeitsbereiches, so dass keine Komponente ausgewählt ist. Wählen Sie im Eigenschaftenbereich Layout und Design den Tab Design aus. Die Primärfarbe ist bereits mit Weiß (#FFFFFFFF) ❶ voreingestellt. Klicken Sie im Bereich Sekundär auf das Symbol für die sekundäre Farbe ❷, und wählen Sie einen Grauton (#666666FF) aus. Über die Sekundärfarbe wird festgelegt, dass Berichtselemente wie Kreis und Rechteck oder die Kopfzeile einer Tabelle automatisch in dem gewählten Farbton koloriert werden. Die Farbzuordnung der einzelnen Messwerte in den Diagrammen können Sie an dieser Stelle über die Diagrammpalette ❸ konfigurieren.

**Hinweis zur Gestaltung von Berichten**

Weitere Tipps zur Gestaltung und Individualisierung Ihres Berichts erhalten Sie in Kapitel 5, »Planung und Datenvisualisierung«.

Zum Individualisieren des Berichts gehören auch das Ändern der Hintergrundfarbe sowie das Einfügen von Kopfzeile und Logo. Sie ändern die Hintergrundfarbe Ihrer Berichtsseiten, indem Sie in der Menüleiste Seite • Aktuelle Seiteneinstellungen auswählen. Nun bekommen Sie auf der rechten Seite das entsprechende Seitenmenü angezeigt. Wählen Sie in diesem Menü die Registerkarte Stil aus. Anschließend können Sie eine neue Farbe als Seitenhintergrund auswählen, in unserem Fall die Farbe Grau.

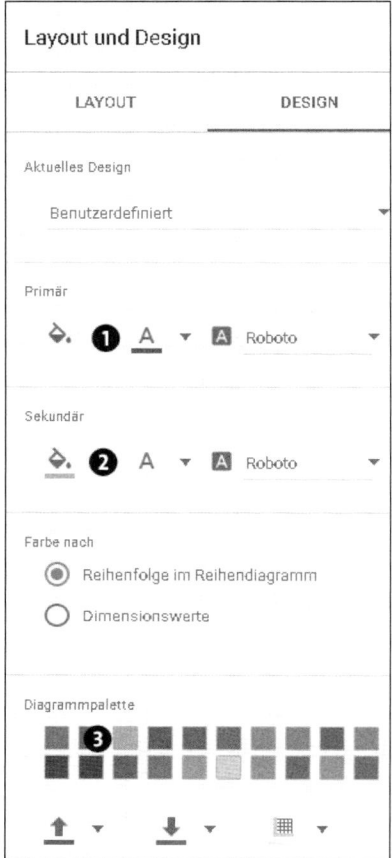

**Abbildung 2.10**  Berichtsspezifische Einstellungen für das Design

Die Kopfzeile und das Logo können Sie ebenfalls in wenigen Schritten anpassen. In Abbildung 2.11 sehen Sie, wie Sie einen Hintergrund für die Kopfzeile erstellen. Hierfür wählen Sie in der Symbolleiste das Rechtecktool aus ❶ und zeichnen damit über den oberen Rand der Seite ein Rechteck ❷. Anschließend müssen Sie noch Änderungen im Eigenschaftenbereich vornehmen. Klicken Sie auf HINTERGRUND, und setzen Sie die Hintergrundfarbe des Rechtecks auf Weiß ❸.

Zum Einfügen des Unternehmenslogos in der Kopfzeile (Abbildung 2.12) wählen Sie zunächst in der Symbolleiste das Bildtool aus ❶ und positionieren das Fadenkreuz in der Kopfzeile, an der Stelle, an der das Logo angezeigt werden soll ❷. Klicken Sie im "BILD"-EIGENSCHAFTEN-Bereich auf DATEI AUSWÄHLEN ❸. Im Dialogfenster DATEI HOCHLADEN wählen Sie nun das gewünschte Logo aus.

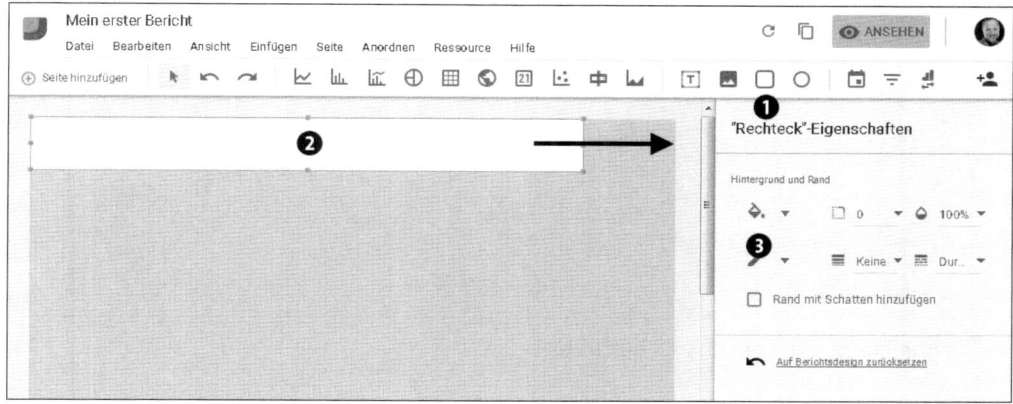

**Abbildung 2.11**  Hintergrund für die Kopfzeile erstellen

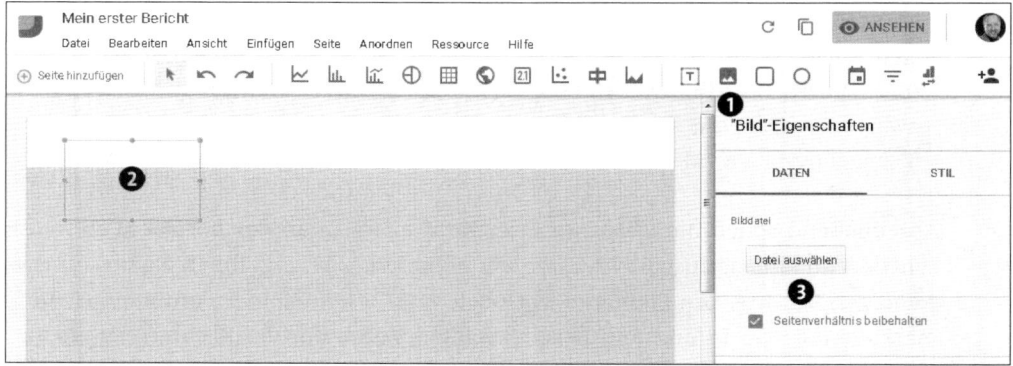

**Abbildung 2.12**  Logo einfügen

Um den Titel für Ihren Bericht hinzuzufügen (Abbildung 2.13), wählen Sie in der Symbolleiste das Texttool aus ❶ und positionieren das Fadenkreuz in der Kopfzeile. Geben Sie den Berichtstitel ein, z. B. »Mein erster Bericht« ❷. Passen Sie anschließend das Titeldesign an, indem Sie im "TEXT"-EIGENSCHAFTEN-Bereich die gewünschte Schriftgröße und Schriftart ❸ selektieren und den Text zentriert ausrichten ❹. Wenn Sie alle Anpassungen vorgenommen haben, wechseln Sie in den Anzeigemodus und lassen sich den Bericht anzeigen ❺.

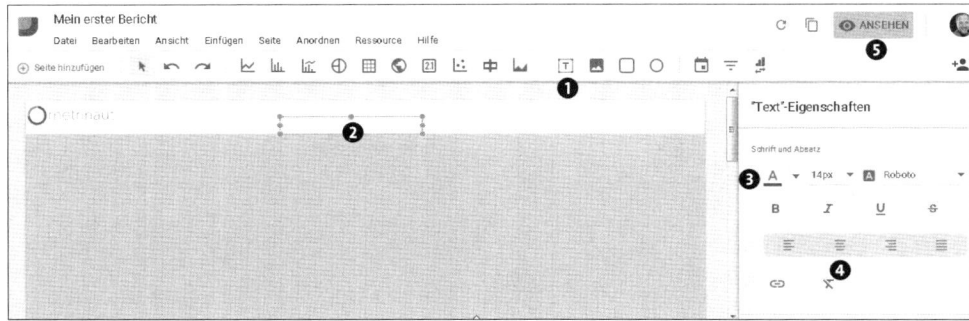

**Abbildung 2.13** Berichtstitel hinzufügen

**Tipp zum Verschieben von Berichtskomponenten**

Berichtskomponenten wie Bilder, Formen, Steuerelemente, Textbereiche und Diagramme lassen sich mit der Maus oder mit den Pfeiltasten Ihrer Tastatur verschieben. Wenn Sie die Tastatur verwenden, können Sie die ⚹-Taste (beim Mac Ctrl-Taste) gedrückt halten, während Sie eine Pfeiltaste drücken. Dadurch wird die ausgewählte Komponente jeweils um nur ein Pixel verschoben, so dass Sie sie noch genauer positionieren können.

Abschließend sollen die Elemente Ihrer Kopfzeile nun an der horizontalen Achse zentriert und mittig ausgerichtet werden. Abbildung 2.14 zeigt Ihnen die hierfür notwendigen Schritte. Um Elemente in Google Data Studio gemeinsam auszurichten, markieren Sie sie. In unserem Beispiel wählen Sie hierfür das Rechteck aus ❶ und anschließend mit gedrückter ⚹-Taste die Textbox mit dem Berichtstitel ❷. Klicken Sie mit der rechten Maustaste auf die ausgewählten Komponenten, und wählen Sie HORIZONTAL AUSRICHTEN • ZENTRIERT ❸ aus. Wiederholen Sie den vorangegangenen Schritt, und wählen Sie VERTIKAL AUSRICHTEN • MITTIG aus.

**Abbildung 2.14** Ausrichten der Kopfzeile

Für unseren Beispielbericht sollen drei weitere Bereiche angelegt werden, in denen wir später jeweils Filterelemente, Diagramme und Tabelle hinzufügen. Sie haben zwei Möglichkeiten: Entweder fügen Sie ein neues Rechteck hinzu, in dem Sie wie in Abbildung 2.11 gezeigt vorgehen, oder Sie duplizieren das bestehende Rechteck für die Kopfzeile. Dafür klicken Sie mit der rechten Maustaste auf das Rechteck und wählen DUPLIZIEREN aus. Wenn Sie das Rechteck durch einen Klick auswählen, können Sie es mit Hilfe der Maus beliebig verschieben. Positionieren Sie es unterhalb der Kopfzeile.

Für eine übersichtlichere Darstellung soll sich das Design des Kopfbereichs und der anderen Elemente unterscheiden. Aus diesem Grund sollen die Ecken der nachfolgenden Bereiche abgerundet dargestellt werden. Abbildung 2.15 zeigt Ihnen, wie Sie dabei vorgehen. Wählen Sie mit der rechten Maustaste das soeben duplizierte Rechteck aus ❶, klicken Sie dann im "RECHTECK"-EIGENSCHAFTEN-Bereich auf RAND-RADIUS ❷, und wählen Sie die gewünschte Größe aus. Je größer Sie den Wert wählen, desto runder werden die Ecken dargestellt.

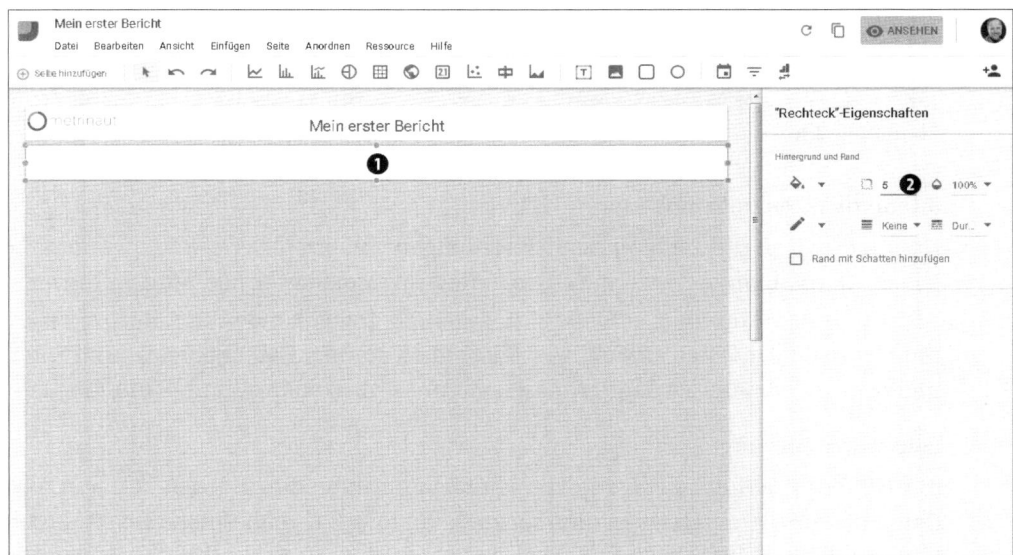

**Abbildung 2.15** Randradius des Rechtecks anpassen

Duplizieren Sie jetzt dieses Rechteck wieder zweimal für die Bereiche Diagramme und Tabellen, und vergrößern Sie diese beiden Rechtecke, indem Sie sie mit dem Cursor an den Enden nach unten ziehen.

Wenn Sie alles richtig gemacht haben, sieht Ihr Bericht jetzt aus wie in Abbildung 2.16.

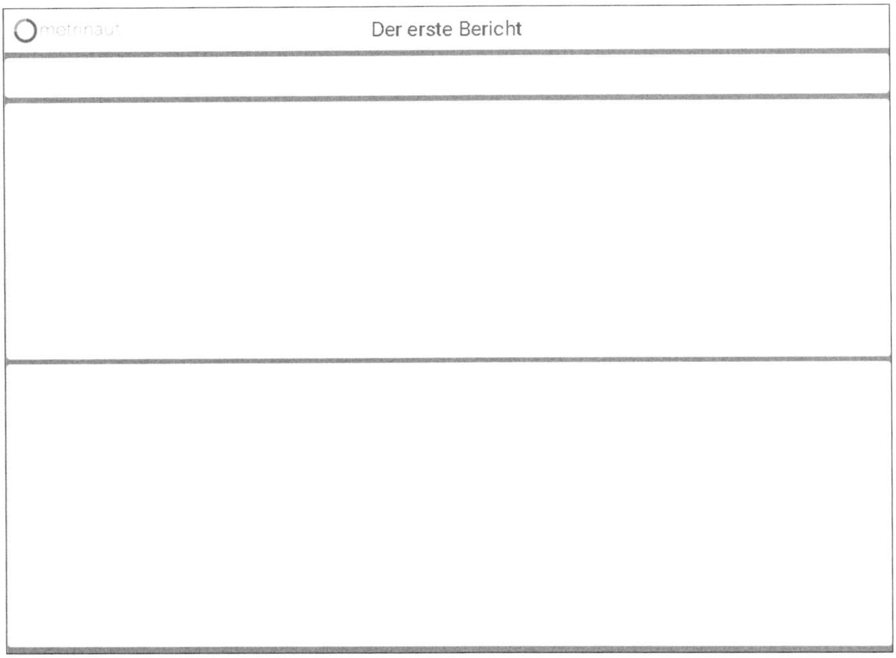

**Abbildung 2.16** Hintergrundlayout des Berichts

### Interaktive Elemente einbauen

Nachdem wir die grundlegenden Einstellungen für Ihren Bericht vorgenommen haben, werden wir in diesem Teil weitere Funktionalitäten hinzufügen, um den Bericht für den Anwender interaktiv zu gestalten. Dabei handelt es sich zum einen um Elemente der Datenauswahl wie Zeitraumsteuerung, Datenkontrolle und Filter und zum anderen um Visualisierungselemente wie Balkendiagramme und Tabellen.

### Zeitraumsteuerung

Mit Hilfe der *Zeitraumsteuerung* können Sie auswählen, für welchen Zeitraum die Daten im Bericht angezeigt werden sollen. Abbildung 2.17 zeigt Ihnen, wie Sie dieses Element anlegen. Wählen Sie in der Symbolleiste das Tool für die Zeitraumsteuerung aus ❶, und positionieren Sie das Fadenkreuz in der Kopfzeile, wo das Element angezeigt werden soll ❷. Die weiteren Einstellungen nehmen Sie im "ZEITRAUM"-EIGEN-SCHAFTEN-Bereich vor. Klicken Sie hierfür auf DATEN • ZEITRAUM AUSWÄHLEN, setzen Sie den Zeitraum auf LETZTE 7 TAGE ❸, und beenden Sie Ihre Eingabe mit ÜBERNEHMEN.

Das Design passen Sie im Tab STIL an. Für unseren Beispielbericht soll die Schrift-größe der Zeitraumauswahl auf 18 px gesetzt ❹ und eine randlose Darstellung aus-gewählt werden. Dafür entfernen Sie den Haken der Checkbox RAND MIT SCHATTEN HINZUFÜGEN ❺.

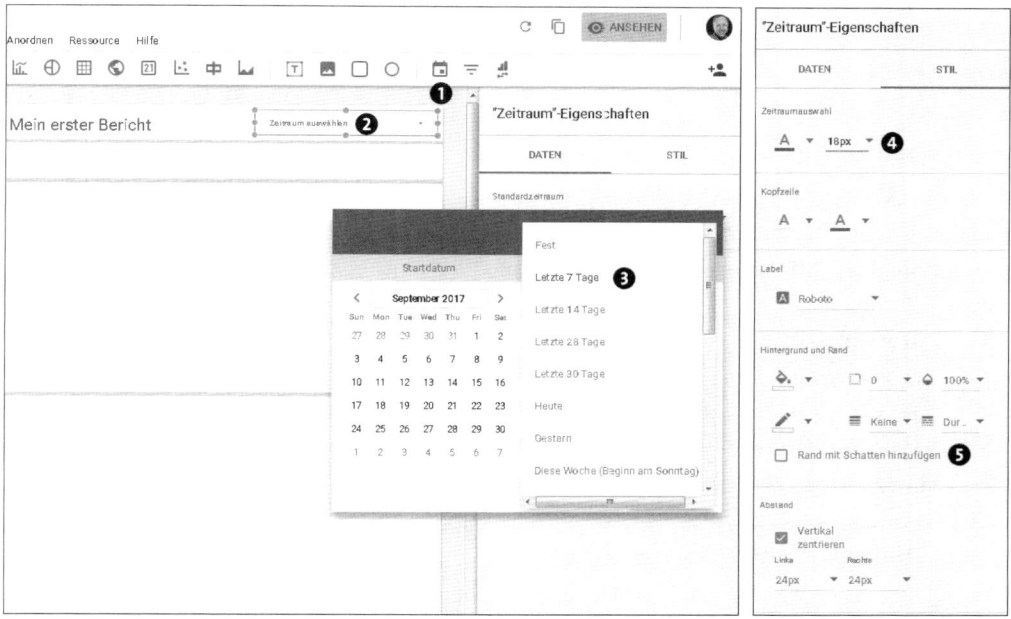

**Abbildung 2.17** Anlegen der Zeitraumsteuerung

### Datenkontrolle

Mit der *Datenkontrolle* haben Ihre Berichtsempfänger die Möglichkeit, die Daten auszuwählen, die für sie relevant sind. Normalerweise müssen Sie für jedes neue Konto
mit Daten aus Google Analytics, AdWords, Search Console, YouTube, TV Attribution
in Attribution 360, DFP (DoubleClick for Publishers) oder DoubleClick Campaign
Manager eine neue Datenquelle einrichten und einen neuen Bericht anlegen. Mit
Hilfe der Datenkontrolle müssen Sie keine getrennten Berichte und Datenquellen
mehr erstellen. Die Datensteuerung bietet den Benutzern die Möglichkeit, das Konto
auszuwählen, das die Daten bereitstellt.

In Abbildung 2.18 sehen Sie, wie Sie eine Datenkontrolle anlegen. Das Tool für die
Datenkontrolle ❶ finden Sie in der Symbolleiste. Zum Anlegen positionieren Sie das
Fadenkreuz dort im Filterbereich Ihres Arbeitsblatts ❷, wo dieses Element angezeigt
werden soll. Die weiteren Einstellungen nehmen Sie im "DATENKONTROLLE"-EIGEN-
SCHAFTEN-Bereich vor. Stellen Sie sicher, dass im Tab DATEN als CONNECTOR-TYP
GOOGLE ANALYTICS ausgewählt ist ❸. Klicken Sie im "DATENKONTROLLE"-EIGEN-
SCHAFTEN-Bereich auf STIL, und entfernen Sie, analog zur Zeitraumsteuerung, den
Haken bei der Checkbox RAND MIT SCHATTEN HINZUFÜGEN. So gewährleisten Sie
eine einheitliche Darstellung.

**Abbildung 2.18**  Anlegen der Datenkontrolle

## Filtersteuerung

Mit *Filtersteuerungen* können Sie sich nur die Daten anzeigen lassen, die für Sie relevant sind, z. B. die Daten einer bestimmten Kampagne. Bei Filtersteuerungen handelt
es sich um Dimensionsfilter. Das bedeutet, dass Nutzer einen oder mehrere Dimensionswerte auswählen können, nach denen der Bericht gefiltert wird.

> **Hinweis zu verschiedenen Filterarten**
>
> In diesem Kapitel erfahren Sie, wie Sie Ihrem Bericht interaktive Filtersteuerungen
> hinzufügen. Informationen zu Filtern, die vom Berichtsempfänger nicht geändert
> werden können, erhalten Sie in Kapitel 6, »Berichtskomponenten in Google Data
> Studio anpassen«.

Abbildung 2.19 zeigt Ihnen, wie Sie Filter für die Dimension CAMPAIGN (Kampagne)
anlegen und definieren. Das Tool zum Anlegen der Filtersteuerungen ❶ finden Sie in
der Symbolleiste. Analog zur Erstellung der Datenkontrolle und Zeitraumsteuerung
legen Sie die Filtersteuerung an, indem Sie das Fadenkreuz an der Stelle positionieren, wo dieses Element angezeigt werden soll ❷. Die weiteren Einstellungen nehmen
Sie im "FILTERSTEUERUNG"-EIGENSCHAFTEN-Bereich auf der rechten Seite vor. Über
die Suchfunktion ❸ können Sie die Ergebnismenge der angezeigten Dimensionen
einschränken. Wählen Sie hierzu unter VERFÜGBARE FELDER • CAMPAIGN ❹ als neue
Dimension aus. Um das Feld zu übernehmen, ziehen Sie es per Drag & Drop in den
Bereich DIMENSION ❺. Entfernen Sie außerdem den Haken bei der Checkbox WERTE
ANZEIGEN ❻. Dadurch werden keine Referenzmesswerte in der Filtersteuerung ange-
zeigt. Aus Gründen der Übersichtlichkeit verzichten wir hier auf die Anzeige dieser
Werte. Sie können dieses Feature auch zum Beispiel dazu nutzen, die Anzahl der Nut-
zer, die über eine Landingpage auf die Website kamen, anzuzeigen oder den mit einer
Kampagne erzielten Umsatz auszugeben. Klicken Sie im "DATENKONTROLLE"-EIGEN-
SCHAFTEN-Bereich auf STIL. Entfernen Sie auch für dieses Element den Haken bei der
Checkbox RAND MIT SCHATTEN HINZUFÜGEN.

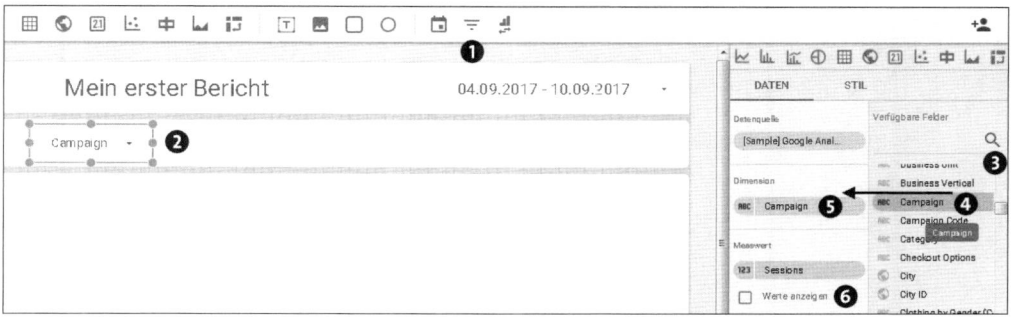

**Abbildung 2.19** Filtersteuerung anlegen

Unser Bericht soll nun über weitere Filter für die Dimensionen LANDING PAGE (Zielseite) und KEYWORD verfügen. Das Kopieren der zuvor erstellten Filtersteuerung ist hierfür die schnellste Möglichkeit. Zu diesem Zweck klicken Sie mit der rechten Maustaste auf die Filtersteuerung für CAMPAIGN, wählen DUPLIZIEREN aus und positionieren die duplizierte Filtersteuerung rechts daneben. Klicken Sie im "FILTERSTEUERUNG"-EIGENSCHAFTEN-Bereich des duplizierten Elements auf DIMENSION, um die Filterdimension in LANDING PAGE zu ändern. Erstellen Sie anschließend analog eine dritte Filtersteuerung für die Dimension KEYWORD.

> **Hinweis zur Umbenennung von Feldern**
>
> Sie können normalerweise die Bezeichnung der Felder ändern. Diese Funktionalität ist jedoch bei den mitgelieferten Beispieldatenquellen deaktiviert. Weitere Informationen dazu finden Sie in Kapitel 3, »Datenquellen mit Google Data Studio verbinden und bearbeiten«.

Zum Abschluss werden wir die Elemente des Filterbereichs noch ausrichten und verteilen. Markieren Sie hierfür zunächst mit gedrückter ⬚-Taste das Rechteck, das Element für die Datenkontrolle sowie die drei Filtersteuerungen. Anschließend klicken Sie mit der rechten Maustaste auf die markierten Komponenten und wählen VERTIKAL AUSRICHTEN • MITTIG aus.

Um die Komponenten horizontal gleichmäßig im Filterbereich zu verteilen, wählen Sie nur das Element für die Datenkontrolle sowie die drei Filtersteuerungen aus. Da wir nur die Filterelemente ausrichten wollen, markieren Sie das Rechteck nicht. Klicken Sie mit der rechten Maustaste auf die markierten Komponenten, und wählen Sie die Option VERTEILEN • HORIZONTAL aus.

Wenn Sie alles richtig gemacht haben, sieht Ihr Bericht jetzt aus wie in Abbildung 2.20.

**Abbildung 2.20**  Bericht inklusive Filtersteuerung

### Balkendiagramm

Nachdem wir uns bisher mit Elementen beschäftigt haben, die die Daten der Berichte für Ihre eigenen Anforderungen filtern, zeigen wir Ihnen nun verschiedene Möglichkeiten zur Darstellung Ihrer Daten. Eine davon ist das *Balkendiagramm*. In Balkendiagrammen werden Vergleiche zwischen Kategorien anhand von horizontalen oder vertikalen Balken dargestellt. Je länger der Balken, umso größer ist der repräsentierte Wert. Auf einer Achse des Diagramms sind die spezifischen Kategorien (Dimensionen) für den Vergleich zu sehen. Auf der anderen Achse wird ein einzelner Wert (Messwert) angezeigt. Da wir in unserem Beispiel den Umsatz je Kanal (z. B. Referral oder Display-Anzeigen) im selektierten Zeitraum, unterteilt nach den einzelnen Quellen (z. B. Websites oder soziale Netzwerke), auswerten wollen, eignet sich ein gestapeltes Balkendiagramm gut zur Visualisierung.

Hierfür wählen Sie wie in Abbildung 2.21 zunächst das Balkendiagramm-Symbol ❶ in der Symbolleiste aus, positionieren das Fadenkreuz dort im Arbeitsbereich, wo das Diagramm angezeigt werden soll ❷, und passen die Größe des Balkendiagramms an, indem Sie das Element an den Kanten größer oder kleiner ziehen.

Anschließend treffen Sie die in der Abbildung gezeigten Einstellungen. Klicken Sie hierzu im "BALKENDIAGRAMM"-EIGENSCHAFTEN-Bereich im Tab DATEN auf DIMENSION, und ändern Sie die DIMENSION in DEFAULT CHANNEL GROUPING ❸. Diese Dimension enthält eine von Google Analytics vordefinierte Gruppierung von Besucherquellen mit dem gleichen Medium. Beispiele dafür sind bezahlte Suchanzeigen oder direkte Aufrufe der Website. Fügen Sie als zweite Dimension SOURCE hinzu ❹. Diese Dimension liefert uns die Quellen, von denen Zugriffe auf unsere Website weitergeleitet wurden. Um den Umsatz auszuwerten, wählen Sie als Messwert REVENUE aus ❺ und stellen sicher, dass die Daten nach REVENUE absteigend sortiert werden ❻.

Im nächsten Schritt geht es darum, das Design des Balkendiagramms anzupassen. Hierfür wechseln Sie zum Tab STIL und nehmen die in Abbildung 2.21 gezeigten Einstellungen vor. Das bedeutet, Sie ändern den Parameter REIHEN ❼ in 5. Damit werden nur die fünf größten Umsatzquellen im Balkendiagramm dargestellt. Selektieren Sie zudem die Checkbox GESTAPELTE BALKEN ❽. Dadurch wird der Umsatz je Kanal unterteilt in die einzelnen Quellen visualisiert. Wählen Sie in der Farbauswahl einen Grauton ❾, gemäß der Corporate Identity unseres Beispielunternehmens, und wählen Sie als Rasterfarbe TRANSPARENT ❿.

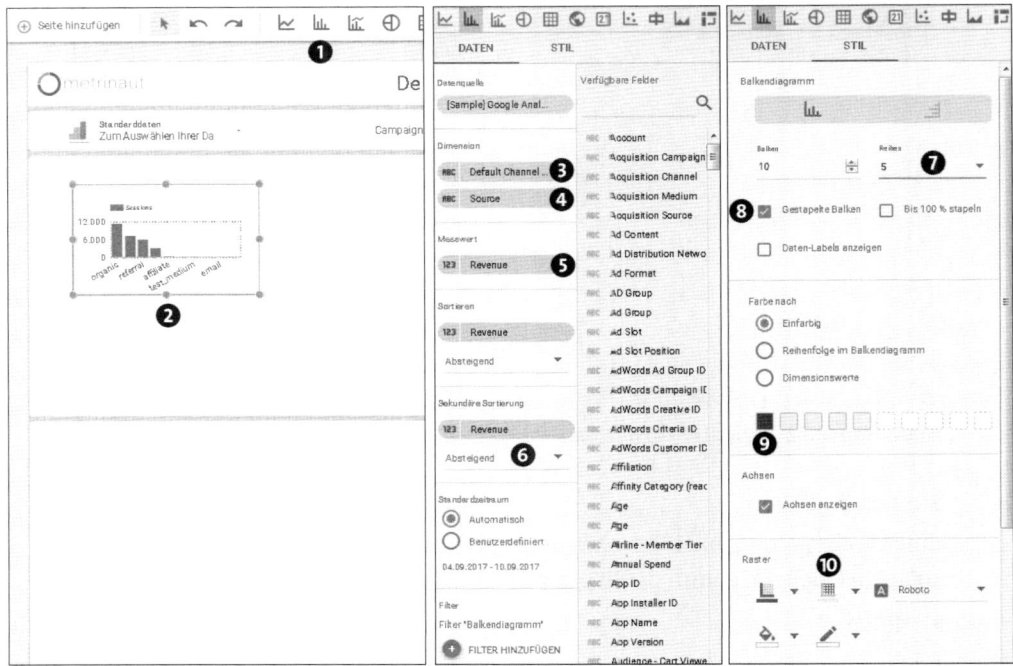

**Abbildung 2.21** Balkendiagramm einfügen

43

**Hinweis**

Ausführliche Informationen zur Planung und Datenvisualisierung erhalten Sie in Kapitel 5. Eine Übersicht über die Anpassungsmöglichkeiten für die verschiedenen Visualisierungselemente haben wir Ihnen in Kapitel 6, »Berichtskomponenten in Google Data Studio anpassen«, zusammengestellt.

Wenn Sie alles richtig gemacht haben, sieht Ihr Bericht jetzt aus wie in Abbildung 2.22.

**Abbildung 2.22**  Bericht inklusive Balkendiagramm

### Standardtabellen

Eine weitere Möglichkeit zur Datenvisualisierung sind *Tabellen*. In unserem Beispiel sollen je Quelle/Medium die folgenden KPIs dargestellt werden:

- Nutzer
- Absprungrate
- Seiten/Sitzung
- E-Commerce-Conversion-Rate mit Vergleich zum vorhergehenden Zeitraum

▶ Transaktionen

▶ Umsatz mit Vergleich zum vorhergehenden Zeitraum

Um eine Tabelle mit diesen Eigenschaften zu bauen, wählen Sie, wie in Abbildung 2.23 gezeigt, zunächst das Tabellen-Symbol in der Symbolleiste aus ❶, positionieren das Fadenkreuz im Arbeitsbereich an der entsprechenden Stelle ❷ und passen die Größe der Tabelle an, indem Sie das Element an den Kanten größer oder kleiner ziehen.

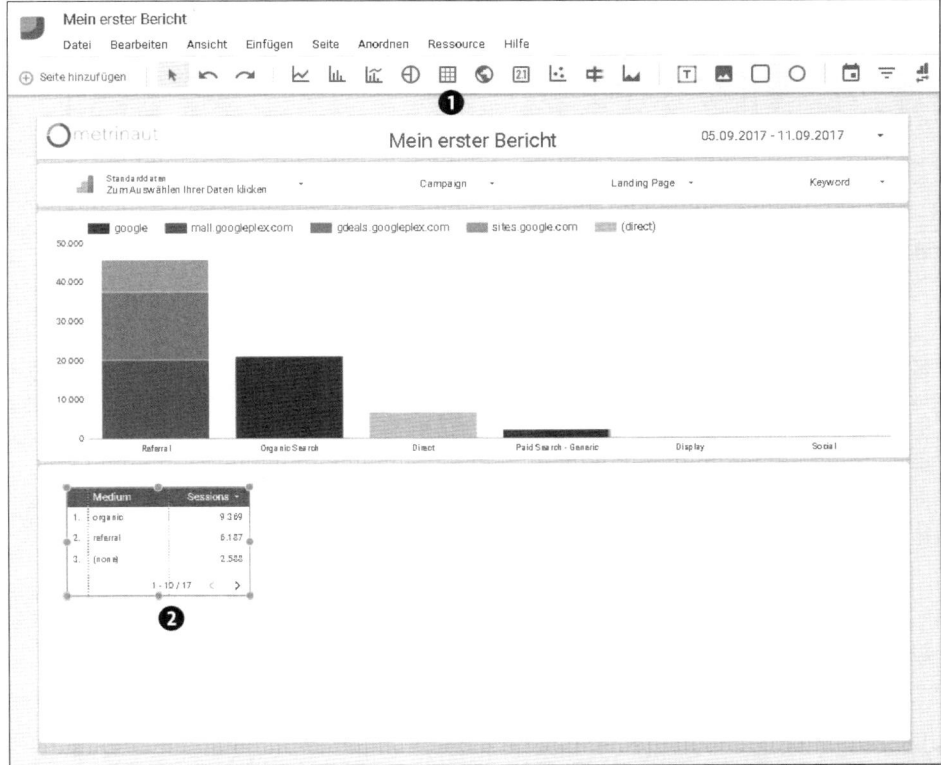

**Abbildung 2.23** Tabelle einfügen

Wählen Sie anschließend die entsprechenden Datenquellen wie in Abbildung 2.24 aus. Klicken Sie hierfür im Tabellen-Eigenschaftenbereich im Tab DATEN auf DIMENSION ❸ und ändern die Dimension in SOURCE/MEDIUM. Als MESSWERT ❹ sollen folgende Kennzahlen ausgewertet werden:

▶ USERS (Nutzer)

▶ BOUNCE RATE (Absprungrate)

▶ PAGES / SESSION (Seiten/Sitzung)

▶ ECOMMERCE CONVERSION RATE (Prozentsatz an Sitzungen mit einer E-Commerce-Transaktion)

- ► TRANSACTIONS (Transaktionen)
- ► REVENUE (Umsatz)

Aktivieren Sie die Checkbox SUMMENZEILE EINBLENDEN ❺, um den aggregierten Wert je Kennzahl anzuzeigen. Wählen Sie zuletzt als Datumsvergleichstyp VORHERIGER ZEITRAUM aus ❻. Das ermöglicht Ihnen, in Zusammenhang mit der Option VERGLEICH ANZEIGEN im Tab STIL das Delta des Messwerts im Vergleich zum vorherigen Zeitraum in der Tabelle darzustellen.

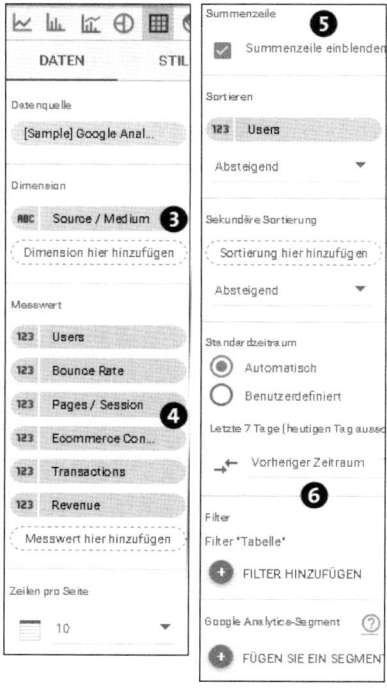

**Abbildung 2.24** Eigenschaften der Tabelle (Daten)

Jeden Messwert können Sie als Zahl, Heatmap oder Balken darstellen. Die Abbildung von Werten als Text ermöglicht eine präzise Darstellung. Heatmaps und Balken dagegen bieten dem Betrachter die Möglichkeit, die angezeigten Werte schnell und effizient zu vergleichen. Bei Kennzahlen, auf die Sie also ein besonderes Augenmerk richten wollen, empfiehlt es sich, sie als Heatmap oder Balken zu visualisieren. In Kapitel 6, »Berichtskomponenten in Google Data Studio anpassen«, werden wir noch detaillierter auf diese Themen eingehen.

Abbildung 2.25 zeigt Ihnen, welche Designeinstellungen Sie für unsere Tabelle vornehmen müssen. Wechseln Sie hierfür zum Tab STIL, entfernen Sie den Haken bei der Checkbox ZEILENNUMMERN ❶, und nehmen Sie anschließend unter SPALTEN ❷ folgende Einstellungen vor:

► SPALTE 1 (Users): Darstellung als ZAHL, Haken aus Checkbox VERGLEICH ANZEIGEN entfernen

► SPALTE 2 (Bounce Rate): Darstellung als ZAHL, Haken aus Checkbox VERGLEICH ANZEIGEN entfernen

► SPALTE 3 (Pages / Session): Darstellung als ZAHL, Haken aus Checkbox VERGLEICH ANZEIGEN entfernen

► SPALTE 4 (Ecommerce Conversion Rate): Darstellung als BALKEN, in der Farbauswahl Auswahl eines Grautons, die Checkboxen NUMMER ANZEIGEN und VERGLEICH ANZEIGEN aktivieren

► SPALTE 5 (Transactions): Darstellung als HEATMAP, in der Farbauswahl Auswahl eines Grautons, Checkbox VERGLEICH ANZEIGEN aktivieren

► SPALTE 6 (Revenue): Darstellung als ZAHL, Checkbox VERGLEICH ANZEIGEN aktivieren

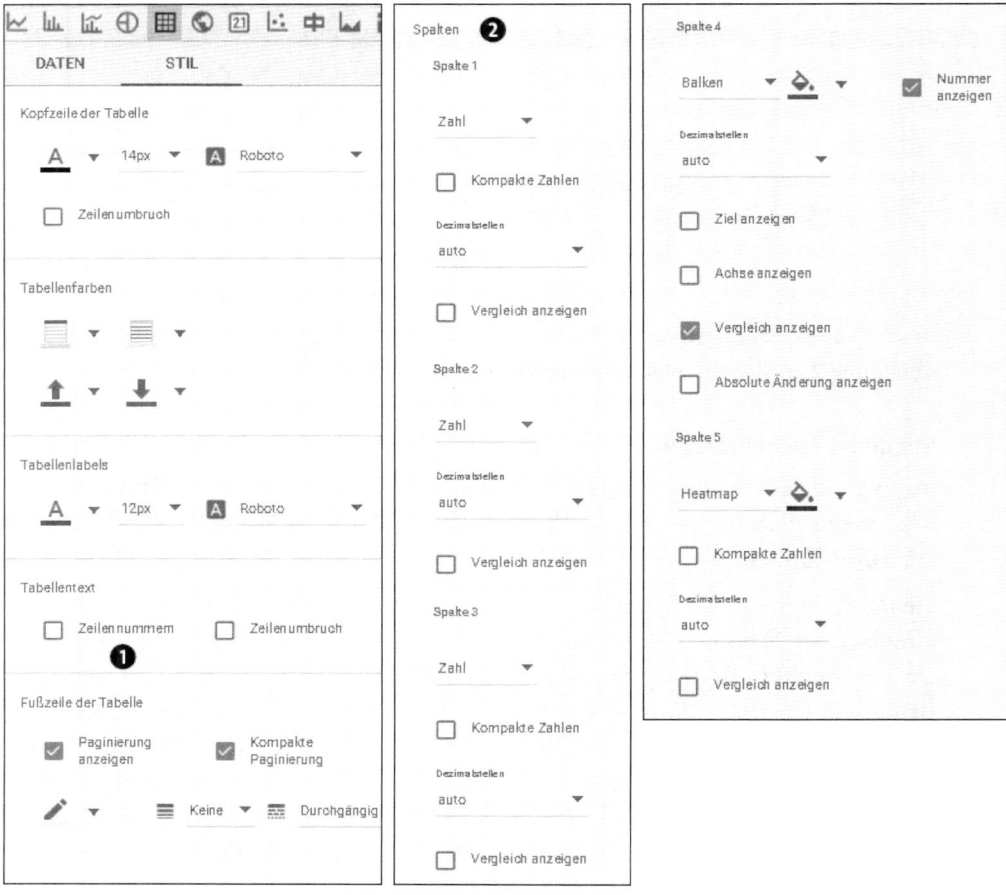

**Abbildung 2.25** Eigenschaften der Tabelle (Stil)

Zuletzt können Sie die gewünschte Spaltenbreite durch Verschieben der jeweiligen Spalten anpassen.

Wenn Sie alles richtig gemacht haben, sieht Ihr Bericht jetzt aus wie in Abbildung 2.26.

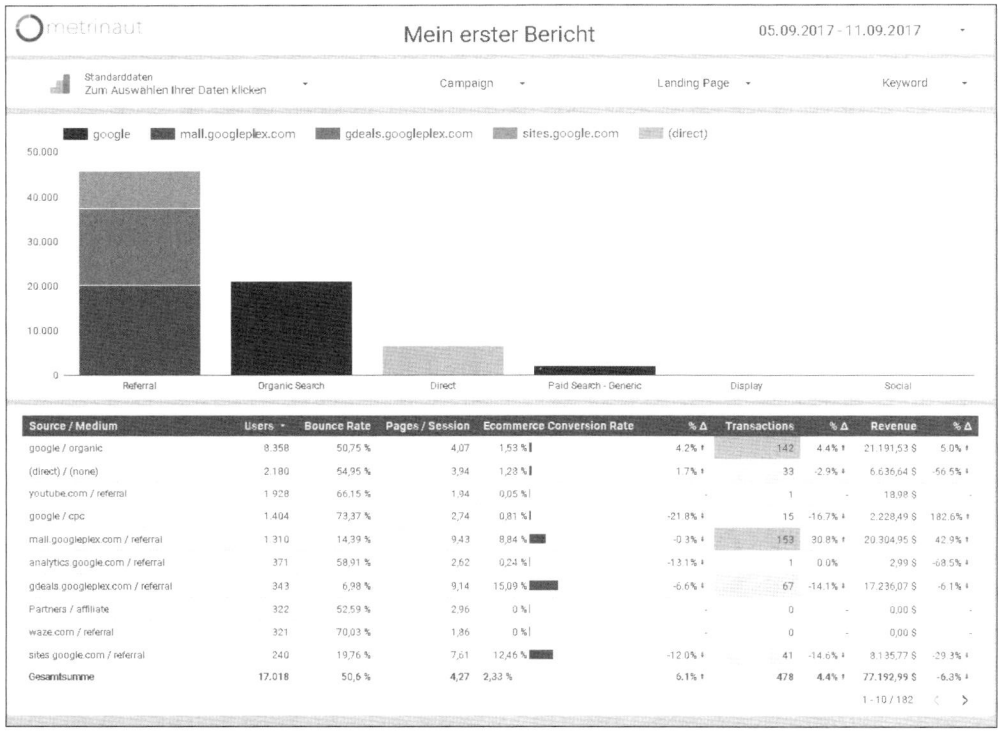

**Abbildung 2.26**  Bericht inklusive Tabelle

### Mit dem Bericht arbeiten

Im folgenden Szenario möchten wir Ihnen anhand eines Beispiels demonstrieren, wie Sie mit dem Bericht arbeiten und die Darstellung der Daten für Ihre Analysen anpassen können.

Stellen Sie sich hierfür folgendes Szenario vor: In Ihrem Onlineshop wurde die Landingpage für Männer-T-Shirts überarbeitet. Sie ist unter folgender URL erreichbar: *www.beispielshop.de/Google+Redesign/Apparel/Mens/Mens+T+Shirts*. Sie möchten sich einen Überblick darüber verschaffen, wie sich die Umsätze in den letzten 30 Tagen gegenüber dem vorhergehenden Zeitraum entwickelt haben. Um diese Informationen zu erhalten, sind folgende Schritte notwendig (siehe Abbildung 2.27): Als Erstes ändern Sie den Zeitraum. Wählen Sie über die Berichtskomponente Zeitraumsteuerung ❶ in der Dropdown-Box den Zeitraum LETZTE 30 TAGE aus. Wählen Sie anschließend in der Filtersteuerung zur Dimension LANDING PAGE ❷ die Zielseite /GOOGLE+REDESIGN/APPAREL/MENS/MENS+T+SHIRTS aus. In der Tabelle können

Sie nun den Umsatz je Dimension Source/Medium und seine Entwicklung im Vergleich zu den vorherigen 30 Tagen ❸ analysieren.

**Abbildung 2.27** Analyse der Umsätze über die Landingpage »Men's T-Shirts«

## 2.3 Zusammenfassung

Wenn Sie dieses Kapitel durchgearbeitet haben, kennen Sie nun die grundlegenden Voraussetzungen und den Aufbau von Google Data Studio. Sie haben erfahren, welche Funktionen Ihnen die Benutzeroberflächen der STARTSEITE und des Berichtseditors bieten und wie die Komponentenstruktur von Google Data Studio aussieht.

Außerdem können Sie nun Ihre Datenquellen verbinden und Ihre Berichte an die Designvorgaben Ihres Unternehmens anpassen. Sie wissen, wie Sie die Farben Ihrer Berichte und der Berichtsseiten ändern und wie Sie vorgehen, um eine Kopfzeile mit Ihrem Unternehmenslogo und einer Überschrift zu versehen.

Darüber hinaus haben Sie einige wichtige Google-Data-Studio-Elemente kennengelernt, mit denen Sie Ihre Berichte interaktiv gestalten und Ihre Daten visuell aufbereiten. Sie kennen sowohl Möglichkeiten zur Auswahl der relevanten Nutzerdaten mit Hilfe von Zeitraumsteuerung, Datenkontrolle und Filtersteuerung als auch Möglichkeiten zur Datenvisualisierung wie Balkendiagramme und Tabellen.

# Kapitel 3
# Datenquellen mit Google Data Studio verbinden und bearbeiten

*Welche Funktionen und Einstellungsoptionen müssen Sie kennen, um Ihre Daten in Google Data Studio zu importieren? In diesem Kapitel zeigen wir Ihnen die grundlegenden Funktionen zum Bearbeiten Ihrer Datenquellen und zur Verwendung von Connectoren.*

Das Verbinden und Bearbeiten Ihrer Quellen mit Google Data Studio gehört mit zu den wichtigsten Funktionen, die Sie für Ihre Arbeit mit dem Tool kennen sollten. Bevor Sie sich mit dem Erstellen von Berichten beschäftigen, müssen Sie zunächst sicherstellen, dass die Daten aus Ihren externen Datensätzen vollständig und fehlerfrei in Google Data Studio vorliegen. Neben einer Definition der wichtigsten Begriffe – wie *Connector*, *Datensatz* und *Datenquelle* – zeigen wir Ihnen in diesem Kapitel die Funktionen der STARTSEITE der Datenquellen und des *Datenquelleneditors*. Anschließend finden Sie ausführliche Anleitungen zum Verwenden der Connectoren für Google Tools sowie zur Anbindung von Datenbanken und Dateien. Darüber hinaus erfahren Sie, wie Sie wesentliche Einstellungen und Änderungen wie z. B. das Umbenennen, Löschen und Ändern von Datenquellen und -feldern vornehmen.

## 3.1 Grundlagen zu Datenquellen

Bevor wir uns damit beschäftigen, wie Sie Daten mit Google Data Studio verbinden und bearbeiten können, möchten wir zunächst einmal auf einige Grundbegriffe eingehen. Das erleichtert das spätere Verständnis der Anleitungen. Wir erklären Ihnen, was Datenquellen und Connectoren sind, welche Funktionen sie erfüllen und wie die beiden Begriffe miteinander zusammenhängen. Außerdem möchten wir Ihnen zwei Benutzeroberflächen vorstellen: den Bereich DATENQUELLEN auf der STARTSEITE und den Datenquelleneditor.

### 3.1.1 Datensatz, Datenquelle und Connector

Ein Bericht in Data Studio extrahiert seine Daten immer aus einer oder mehreren Datenquellen. Um eine Datenquelle zu erstellen, benötigen Sie wiederum einen

Datensatz und einen Connector, der die Datenquelle mit dem Datensatz in Google Data Studio verknüpft. Erst wenn diese Verknüpfung hergestellt ist, können Sie die Daten in Ihren Berichten verwenden. Abbildung 3.1 zeigt Ihnen, wie Datensatz, Datenquelle, Connector und Ihr Bericht zusammenhängen.

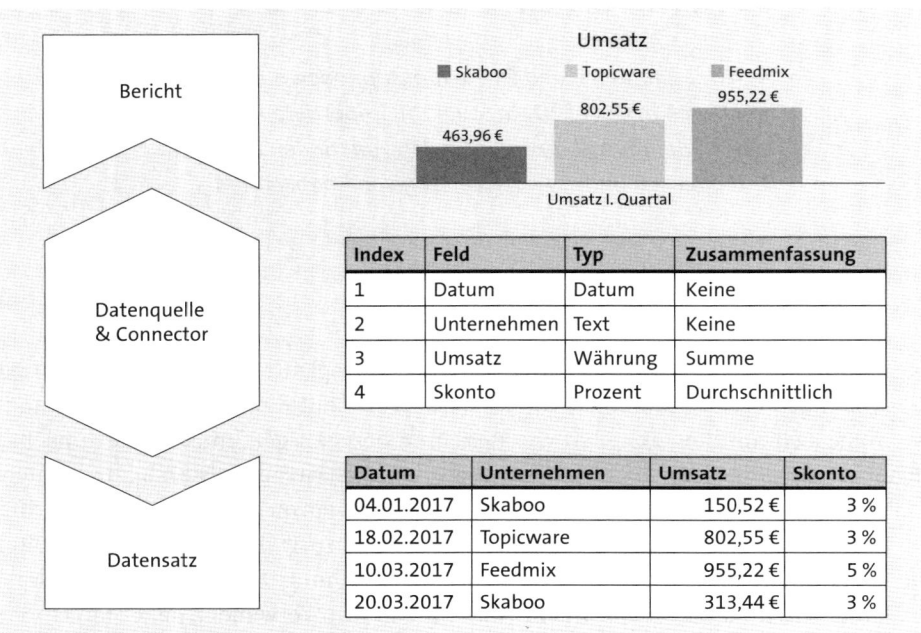

**Abbildung 3.1** Übersicht Datensatz, Datenquelle, Connector und Bericht

### Datensatz

Ein *Datensatz* ist eine Auswahl von Daten innerhalb eines Datenbestands. Ein Datensatz kann zum Beispiel eine CSV-Datei, eine Google-Analytics-Datenansicht oder eine Datenbank sein.

### Datenquelle

Der Zweck einer *Datenquelle* ist es, alle technischen Informationen zu sammeln, die benötigt werden, um auf die Daten zuzugreifen. Eine Datenquelle ist eine Gruppe von Feldern, die die Daten zur Extraktion und Datenübertragung in Data Studio bereitstellen. Die Daten werden dabei, technisch gesehen, in einer flachen Struktur übertragen. Die Datenquelle stellt damit die Verbindung zwischen einem Data-Studio-Bericht und einem Datensatz her. Die Nutzer der Berichte können sich so auf die Inhalte fokussieren, ohne zu wissen, wo sich die Daten befinden.

**Hinweis zur Anbindung von Datenquellen**

Eine Datenquelle kann derzeit nur mit einem einzelnen Datensatz verbunden werden. Innerhalb eines Berichts können Sie jedoch beliebig viele Datenquellen anbinden.

**Connector**

Jedes Mal, wenn Sie eine Datenquelle in Google Data Studio erstellen wollen, ist es notwendig, dass Sie eine Verbindung mit Ihren Daten herstellen. Der *Connector* verknüpft den zugrundeliegenden Datensatz mit einer Datenquelle. Er liefert, abhängig vom gewählten Datensatz, die technischen Informationen, die es der Datenquelle ermöglichen, auf die in Ihren Datensätzen gespeicherten Informationen zuzugreifen. Nehmen wir einmal an, Sie wollen die Daten Ihrer Werbekampagnen aus Google Analytics mit Google Data Studio verbinden. Damit dies möglich ist, benötigen Sie den Google-Analytics-Connector. Ähnlich sieht es aus, wenn Sie andere Daten zum Beispiel aus Google Tabellen oder BigQuery mit Google Data Studio verbinden wollen. Ohne einen passenden Connector können Sie keine Datenquelle erstellen und auch nicht auf Ihre externen Daten zugreifen. Google stellt für Data Studio eine Reihe von Connectoren zur Verfügung. Sie können auch Connectoren von Drittanbietern verwenden, die Sie über das *Community-Connectors*-Programm nutzen und selbst erstellen können.

Es gibt zwei unterschiedliche Arten von Connectoren: Connectoren mit einem festen und solche mit einem flexiblen Schema. Connectoren mit einem festen Schema werden in der Regel für die Anbindung von Daten aus Google-Anwendungen wie z. B. AdWords, DoubleClick, Google Analytics, Search Console oder YouTube verwendet. Die Messwerte in diesen Datensätzen sind häufig bereits in einer vordefinierten Aggregation gespeichert. Ihr Aggregationstyp ist dann auf AUTOMATISCH gesetzt und kann nicht mehr von Ihnen geändert werden

Connectoren mit einem flexiblen Schema werden eingesetzt, wenn die Struktur der Daten im Vorfeld nicht bekannt ist. Das ist vor allem bei Datenbanken und CSV-Dateien der Fall. Bei diesen Connectoren haben Sie die Möglichkeit, Feldtyp und Aggregation frei zu definieren. Prüfen Sie bei diesen Connectoren, ob die von Data Studio vorgeschlagenen Datentypen und Zusammenfassungen valide sind. Gegebenenfalls müssen Sie diese Einstellungen im Datenquelleneditor manuell anpassen.

## 3.1.2   Aufbau und Benutzung der Ansicht »Datenquellen«

Die STARTSEITE der Datenquellen gibt Ihnen einen Überblick über die zur Verfügung stehenden Datenquellen. In Abbildung 3.2 zeigen wir Ihnen, welche Aktionen Sie dort durchführen können:

▶ Sie legen eine neue Datenquelle ❶ an, indem Sie auf das Plussymbol (+) klicken.

▶ Die Dateiliste ❷ gibt Ihnen eine Übersicht über Ihre Datenquellen. Mit Hilfe des Überlaufmenüs ❸ können Sie weitere Aktionen, wie z. B. Umbenennen oder Löschen, durchführen.

▶ Das Menü auf der linken Seite ermöglicht Ihnen das Wechseln der Ansicht zwischen BERICHTEN und DATENQUELLEN ❹. Hier finden Sie auch weiterführende Informationen wie Versionshinweise, Videotutorials von Google und die Möglichkeit, sich für E-Mail-Newsletter mit Tipps und Empfehlungen oder Produktankündigungen zu registrieren ❺.

▶ Die Menüleiste ❻ erlaubt es Ihnen, Ihre Dateiliste zu filtern. Sie haben folgende Filtermöglichkeiten: alle Dateien, Ihre eigenen Dateien, für Sie freigegebene Dateien und Dateien im Papierkorb.

▶ Die Suchleiste ❼ ermöglicht es Ihnen, Berichte und Datenquellen schneller zu finden und die Dateiliste nach Parametern wie Datum der letzten Änderung oder Erstellungsdatum zu sortieren.

▶ Wenn Sie auf das Kachelsymbol ❽ oben rechts klicken, finden Sie eine Verknüpfung mit weiteren Google-Analytics-Apps wie z. B. Analytics, Tag Manager und Optimize. Im Überlaufmenü besteht zudem die Möglichkeit, Ideen und Fehlermeldungen an das Google-Data-Studio-Team zu senden sowie die Hilfe aufzurufen.

**Abbildung 3.2**  Startseite der Datenquellen

### 3.1.3  Der Datenquelleneditor

Der Datenquelleneditor in Abbildung 3.3 gibt Ihnen einen Überblick über Ihre verbundenen Datenquellen und ermöglicht es Ihnen, grundlegende Änderungen an den Datenquellen vorzunehmen. So können Sie folgende Aktionen durchführen:

▶ Durch Anklicken des Namens der Datenquelle ❶ können Sie den Titel der Datenquelle ändern.

▸ Die Freigabe der Datenquelle für andere Benutzer ❷ lässt sich oben rechts einstellen. Hier können Sie anderen Nutzern das Recht zuteilen, Ihre Datenquelle für eigene Berichte zu nutzen. Je nach Berechtigung dürfen die Mitbearbeiter die Datenquelle dann entweder nur anzeigen oder auch bearbeiten. Weitere Informationen dazu finden Sie in Kapitel 8, »Berechtigungen«.

▸ Um den Berichtserstellern zu ermöglichen, die Feldnamen in ihren Berichten zu ändern, muss der Schieberegler ❸ auf der Position FELDER IN BERICHTEN BEARBEITEN: EIN stehen. Auf diese Funktion gehen wir detaillierter in Abschnitt 3.3.3, »Felder der Datenquelle bearbeiten«, ein.

▸ Direkt neben diesem Regler finden Sie Angaben zum ausgewählten Zugriffstyp ❹. In Data Studio gibt es zwei Zugriffstypen für Datenquellen, die auf den Google-Produkt-Connectoren oder CSV-Dateien basieren: Zugriff über die Anmeldedaten des Eigentümers und Zugriff über die Anmeldedaten des Betrachters. Weitere Informationen dazu finden Sie ebenfalls in Kapitel 8.

▸ Jede Datenquelle, auf die Sie Zugriff haben, können Sie duplizieren ❺.

▸ Mit BERICHT ERSTELLEN ❻ gelangen Sie direkt in den Berichtseditor. Ein leerer Bericht wird angelegt, und die Datenquelle wird automatisch zum Bericht hinzugefügt.

▸ Mit VERBINDUNG BEARBEITEN ❼ ändern Sie die Verbindungsparameter des Connectors.

▸ Der Arbeitsbereich ❽ zeigt Ihnen die Übersicht über die Felder, deren Datentyp, ZUSAMMENFASSUNG und BESCHREIBUNG. In diesem Bereich können Sie Felder der Datenquelle umbenennen oder duplizieren, Feldtypen ändern, Feldzusammenfassungen ändern oder berechnete Felder erstellen.

▸ Über die Funktion FELDER AKTUALISIEREN replizieren Sie die aktuelle Struktur des Datensatzes in Data Studio.

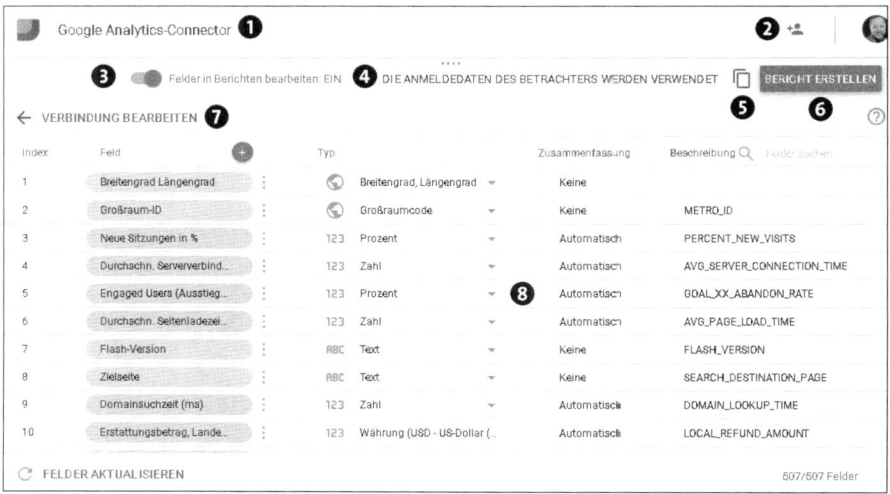

**Abbildung 3.3** Übersicht Datenquelleneditor

## 3.2 Datenquellen verbinden

Connectoren ermöglichen es Ihnen, eine Verbindung Ihrer Daten mit Google Data Studio herzustellen. Diese lassen sich in vier unterschiedliche Typen einteilen: Connectoren für Google-Produkte, Datenbank-Connectoren, Datei-Connectoren und Community-Connectoren. Eine Übersicht über die unterschiedlichen Connectoren haben wir für Sie in Abbildung 3.4 dargestellt.

| Google-Produkt-Connectoren | Datenbank-Connectoren | Datei-Connectoren (CSV) | Community-Connectoren |
|---|---|---|---|
| ▸ AdWords<br>▸ Google Analytics<br>▸ Google Tabellen<br>▸ Search Console<br>▸ YouTube Analytics<br>▸ DoubleClick Campaign Manager (DCM)<br>▸ Attribution 360 Firebase (über BigQuery) | ▸ Google Cloud SQL<br>▸ BigQuery<br>▸ MySQL<br>▸ PostgreSQL | ▸ Google Cloud Storage<br>▸ Datei-Upload | ▸ Facebook<br>▸ MailChimp<br>▸ Amazon<br>▸ Stripe<br>▸ … |

**Abbildung 3.4** Übersicht über die Connectoren

Mit den ersten drei Typen (Google-Produkt-Connectoren, Datenbank-Connectoren und Datei-Connectoren) beschäftigen wir uns in diesem Kapitel ausführlicher. Weitere Informationen zu den Community-Connectoren – also Connectoren, die von externen Anbietern entwickelt und bereitgestellt werden – finden Sie in Kapitel 7, »Community-Connectoren«.

### 3.2.1 Allgemeine Vorgehensweise

Unabhängig davon, welchen Connector Sie verbinden wollen, gibt es eine einheitliche Vorgehensweise. Nur die konkreten Einstellungsoptionen unterscheiden sich und werden in den jeweiligen Unterkapiteln erklärt. Abbildung 3.5 gibt Ihnen eine Übersicht über die Schritte bei der Anbindung von Datenquellen mit Hilfe von Connectoren.

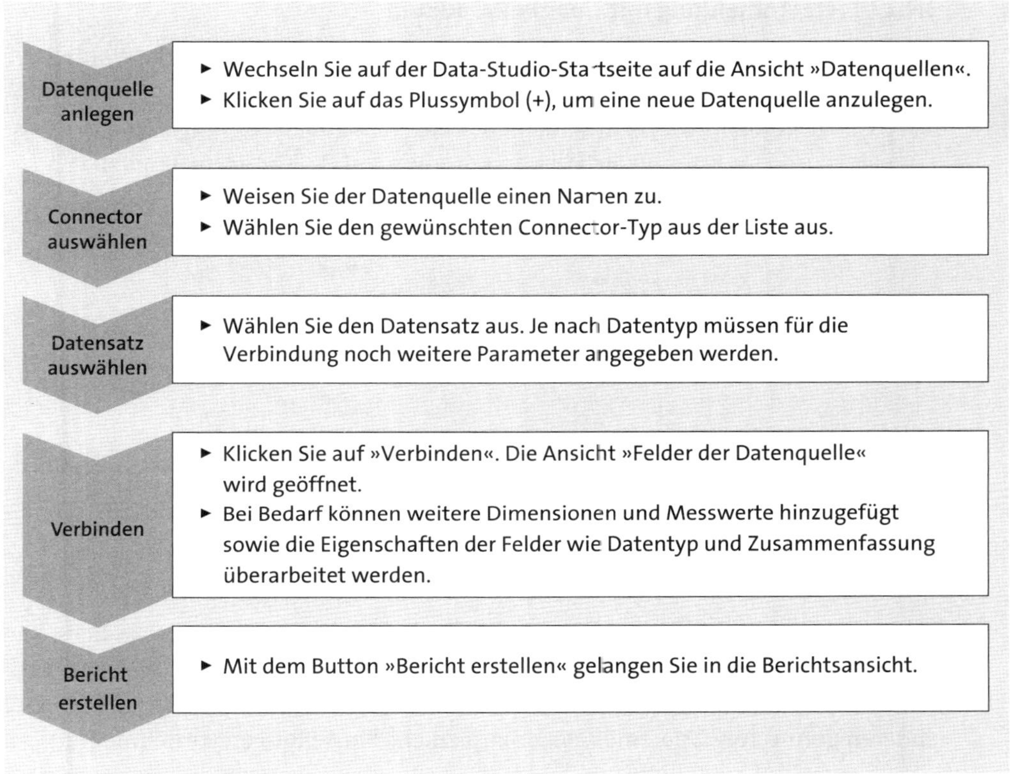

**Datenquelle anlegen**
- ▶ Wechseln Sie auf der Data-Studio-Startseite auf die Ansicht »Datenquellen«.
- ▶ Klicken Sie auf das Plussymbol (+), um eine neue Datenquelle anzulegen.

**Connector auswählen**
- ▶ Weisen Sie der Datenquelle einen Namen zu.
- ▶ Wählen Sie den gewünschten Connector-Typ aus der Liste aus.

**Datensatz auswählen**
- ▶ Wählen Sie den Datensatz aus. Je nach Datentyp müssen für die Verbindung noch weitere Parameter angegeben werden.

**Verbinden**
- ▶ Klicken Sie auf »Verbinden«. Die Ansicht »Felder der Datenquelle« wird geöffnet.
- ▶ Bei Bedarf können weitere Dimensionen und Messwerte hinzugefügt sowie die Eigenschaften der Felder wie Datentyp und Zusammenfassung überarbeitet werden.

**Bericht erstellen**
- ▶ Mit dem Button »Bericht erstellen« gelangen Sie in die Berichtsansicht.

**Abbildung 3.5** Übersicht zur Anbindung von Datenquellen

**Hinweis zu den Datentypen von Datenquellen**

Nachdem Sie eine Datenquelle mit Hilfe eines Connectors verbunden haben, weist Google Data Studio jedem Feld einer Datenquelle einen Datentyp wie z. B. Zahl oder Datum und eine *Aggregation* (Zusammenfassung) wie etwa Summe oder Maximalwert zu. Je nach Art des Connectors ist die Anzahl der Felder und deren Datentyp bereits vordefiniert (Connectoren mit festem Schema), oder sie sind frei definierbar (Connectoren mit flexiblem Schema).

In der Praxis ist darüber hinaus nicht jede Kombination von Dimensionen und Messwerten fachlich sinnvoll. Achten Sie daher darauf, dass die ausgewählten Dimensionen und Messwerte auch inhaltlich zueinander gehören. In Google Analytics kann beispielsweise der Messwert Sitzungen nur mit Dimensionen auf Sitzungsebene kombiniert werden, wie Quelle oder Stadt. Mit dem Dimensions & Metrics Explorer können Sie für Analytics prüfen, welche gültigen Kombinationen für Dimension und Messwerte existieren. Sie finden dieses Tool unter folgendem Link: *https://developers.google.com/analytics/devguides/reporting/core/dimsmets*.

### 3.2.2   Erste Anmeldung mit Google-Produkten

Wenn Sie sich erstmalig über Data Studio in Google-Produkten wie AdWords oder Google Analytics anmelden, werden Sie zunächst aufgefordert, den Zugriff zu autorisieren (siehe Abbildung 3.6). Anschließend müssen Sie das zugehörige Google-Konto auswählen und Data Studio die Erlaubnis erteilen, auf Ihr Konto zuzugreifen.

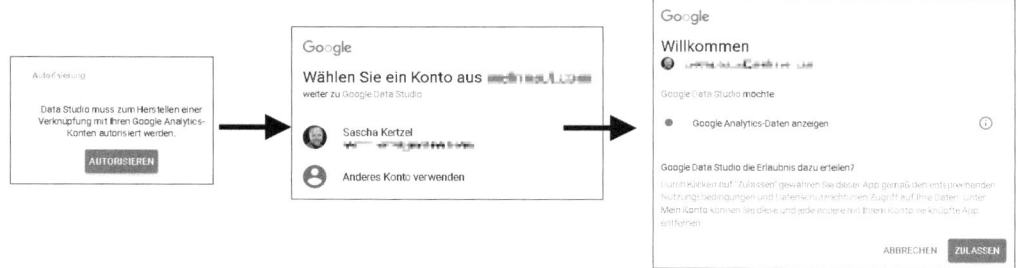

**Abbildung 3.6** Autorisierung bei Google-Produkten

### 3.2.3   Google-Produkt-Connectoren

Für eine Reihe von Google Tools gibt es bereits passende Connectoren. Das heißt, die notwendigen Einstellungen für Dimensionen und Messwerte wurden bereits vorgenommen, und Sie können den Connector ohne Änderungen direkt verwenden. Bei anderen Connector-Typen müssen Sie zusätzliche Einstellungen vornehmen.

In diesem Abschnitt geben wir Ihnen einen Überblick über die unterschiedlichen Connectoren sowie eine detaillierte Anleitung zur Anbindung Ihrer Daten aus den wichtigsten Google-Produkten.

#### AdWords-Connector

Mit *Google AdWords* erreichen Sie potentielle Kunden mit Onlineanzeigen. Sie können mit Hilfe des Tools sowohl Display-Anzeigen als auch Anzeigen innerhalb des Google-Suchnetzwerks schalten. Mit dem AdWords-Connector können Werbetreibende Leistungsberichte direkt in Data Studio erstellen und die Daten Ihrer Werbekampagnen analysieren.

> **Hinweis zu Elementen ohne Impressionen**
>
> Beachten Sie, dass Elemente ohne Impressionen nicht angezeigt werden. Die Kennzahl *Impression* sagt aus, wie oft eine geschaltete Anzeige ausgespielt wird. Damit Ihre Anzeigengruppen oder Kampagnen im Bericht angezeigt werden, müssen sie mindestens einmal auf einer Suchergebnisseite oder auf einer anderen Website im Google-Netzwerk geschaltet werden.

In Abbildung 3.7 zeigen wir Ihnen, wie Sie eine Verbindung mit Google AdWords herstellen. Legen Sie eine neue Datenquelle mit dem Namen »AdWords-Connector« an ➊. Möchten Sie Datenquellen für verschiedene Konten anlegen, empfiehlt es sich, den Namen des Kontos in die Bezeichnung aufzunehmen. Wählen Sie anschließend als Connector ADWORDS aus ➋. Klicken Sie nun auf ALLE KONTEN ➌, und selektieren Sie das gewünschte AdWords-Konto ➍. Wählen Sie KONTOFELDER INSGESAMT aus ➎, und schließen Sie die Auswahl ab, indem Sie auf VERBINDEN ➏ klicken. Die von der Datenquelle zur Verfügung gestellten Dimensionen und Messwerte werden angezeigt. Über den Button BERICHT ERSTELLEN ➐ gelangen Sie in die Ansicht BERICHTE. Sie können nun die Daten aus Google AdWords für die Erstellung Ihrer Berichte in Google Data Studio verwenden.

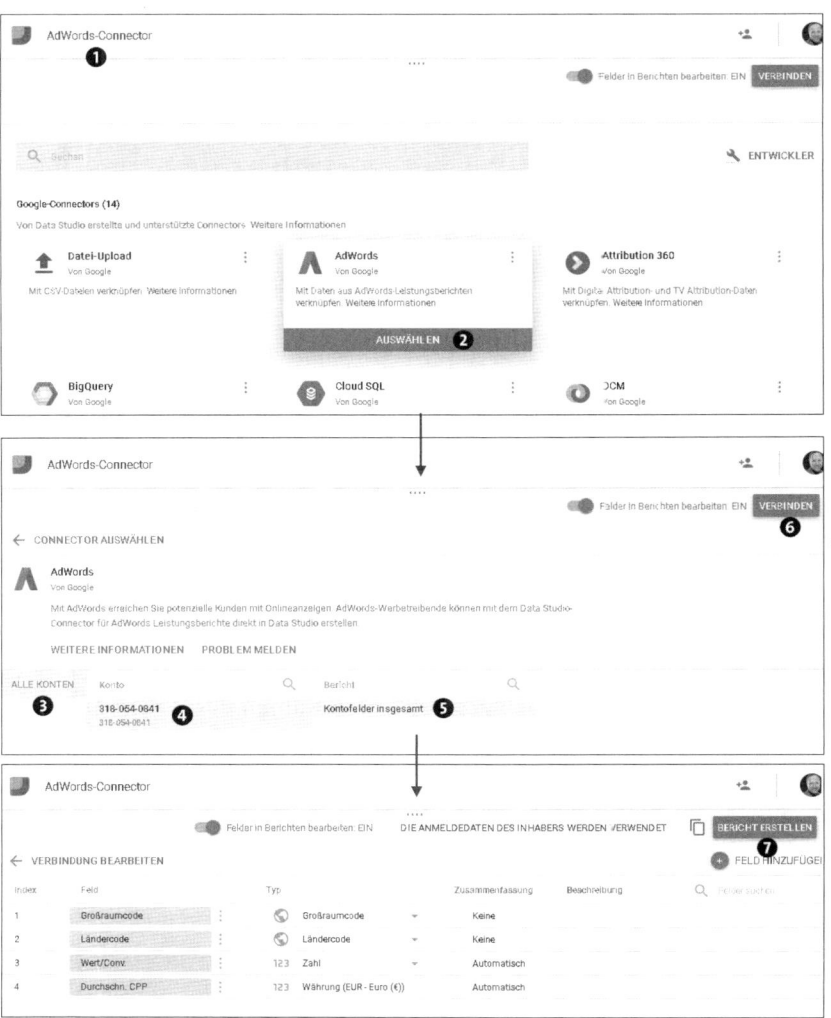

**Abbildung 3.7** Verbindung mit Google AdWords herstellen

**Hinweis zur Verwendung eines Google-AdWords-Verwaltungskontos**

Wenn Sie in Google AdWords mit einem Verwaltungskonto (MCC) arbeiten, können Sie bis zu 50 Unterkonten für eine Datenquelle auswählen. Achten Sie darauf, dass alle ausgewählten Konten die gleiche Währung haben müssen, damit umsatzbezogene Felder, wie der durchschnittliche CPM, auch bekannt als Tausend-Kontakt-Preis (TKP), berücksichtigt werden.

### Google-Analytics-Connector

*Google Analytics* bietet Ihnen umfassende Funktionen, die das Verhalten Ihrer Websitebesucher oder Ihrer App-Nutzer analysieren. Mit Hilfe des Google-Analytics-Connectors können Sie diese Daten auch für Ihre Berichte in Google Data Studio verwenden. Lediglich die Daten aus Multi-Channel-Trichtern und die Echtzeitdaten lassen sich über den Connector bisher nicht mit Google Data Studio verbinden.

**Hinweise zur Verbindung einer Datenansicht aus Google Analytics**

▶ Die Verbindung mit Google Analytics ist eine 1:1-Verknüpfung mit einer Datenansicht. Bei einer Datenansicht handelt es sich um die Ebene in einem Analytics-Konto, auf die Sie mit den Berichten in Google Analytics und Analysetools wie Data Studio zugreifen können. Wenn Sie Daten aus mehreren Datenansichten darstellen möchten, müssen Sie jeweils eine separate Datenquelle erstellen und Ihrem Bericht hinzufügen.

▶ Zur Anbindung des Connectors benötigen Sie für die Datenansicht in Google Analytics mindestens die Berechtigung *Lesen und analysieren*. Mehr zum Thema Nutzerberechtigungen finden Sie in der Google-Analytics-Hilfe unter *https://support.google.com/analytics/answer/2884495?hl=de*.

Wie Sie eine Verbindung zu den Google-Analytics-Connectoren herstellen, zeigen wir Ihnen in Abbildung 3.8. Legen Sie hierfür zunächst eine neue Datenquelle mit dem Namen »Google Analytics-Connector« an ❶. Möchten Sie Datenquellen für verschiedene Datenansichten erstellen, empfiehlt es sich, den Namen der Website und der Datenansicht in die Bezeichnung aufzunehmen. Wählen Sie als Connector GOOGLE ANALYTICS aus ❷. Selektieren Sie das gewünschte Google-Analytics-Konto ❸, und suchen Sie unter EIGENSCHAFT die Google Analytics Property aus ❹. Wählen Sie anschließend eine DATENANSICHT aus ❺, und klicken Sie auf VERBINDEN ❻. Im darauffolgenden Bildschirm werden die von Google Analytics zur Verfügung gestellten Dimensionen und Messwerte angezeigt. Über den Button BERICHT ERSTELLEN ❼ gelangen Sie in die Ansicht BERICHTE.

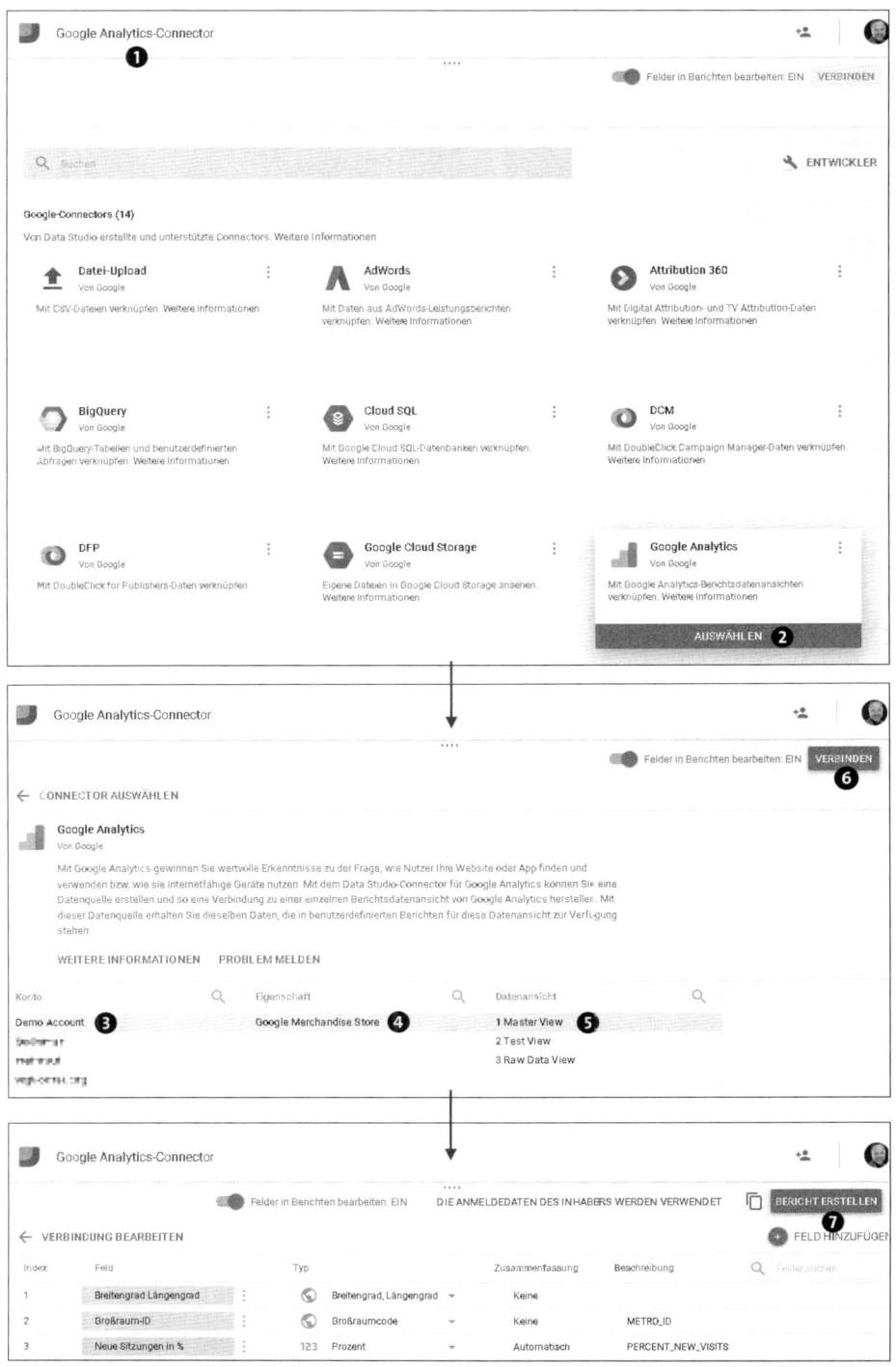

**Abbildung 3.8**  Verbindung mit Google Analytics herstellen

**Hinweis zur Stichprobenerhebung**

Wenn Sie große Datenmengen aus Ihrem Google-Analytics-Account in Ihren Berichten verwenden, so werden die Daten automatisch anhand einer Stichprobe (*Data Sampling*) erhoben. Dabei wird nur ein Teil der Daten untersucht, um die gewünschten Informationen zu ermitteln. Dies ermöglicht eine gute Performance und eine schnelle Verfügbarkeit der benötigten Daten. Ein Link STICHPROBENERHEBUNG EINBLENDEN wird in der Berichtsfußzeile angezeigt, wenn Ihre Google-Analytics-Daten mit Hilfe einer Stichprobe erhoben wurden. Mehr zur Stichprobenerhebung finden Sie in der Google-Analytics-Hilfe unter *https://support.google.com/analytics/answer/2637192*.

### Google-Tabellen-Connector

*Google Tabellen* ist ein Programm aus dem Bereich der Google-Docs-Reihe. Ähnlich wie mit Microsoft Excel können Sie mit dem Programm Daten in Tabellen formatieren. Zusätzlich können Sie die Tabellen mit anderen Nutzern gleichzeitig bearbeiten. Der Google-Tabellen-Connector ermöglicht es Ihnen, die Daten aus Ihren Tabellen für Ihre Berichte in Google Data Studio zu verwenden.

Generell ist es für die Anbindung von Google Tabellen wichtig, dass Sie auf die richtige Formatierung Ihrer Daten achten. Berücksichtigen Sie dabei folgende Punkte:

▶ **Verknüpfung:** Eine Google-Tabellen-Datenquelle wird immer nur mit einem einzelnen Google-Tabellenblatt verknüpft. Möchten Sie mehrere Tabellenblätter hinzufügen, müssen Sie hierfür mehrere Datenquellen erstellen.

▶ **Datenformat:** Es werden nur textbasierte Daten erkannt. Andere Inhalte wie z. B. Diagramme oder Grafiken führen zu Problemen bei der Darstellung der Daten.

▶ **Datumsangaben:** Datumswerte müssen in der amerikanischen Schreibweise formatiert sein (JJJJMMDD).

**Tipp zur Anbindung externer Anwendungen mit Google Sheets**

Google Sheets bietet Ihnen verschiedene Möglichkeiten, Daten aus externen Anwendungen über eine Schnittstelle (API = *Application Programming Interface*) zu importieren. Dabei können Sie z. B. mit dem Google-Sheets-Add-on der Firma Supermetrics oder mit dem Google-Tabellen-Upload des Anbieters Funnel auf eine Vielzahl vorgefertigter Connectoren zurückgreifen. Ebenso können Sie mit Hilfe von Google Apps Script eigene Programme erstellen, die die Daten in Google Sheets importieren. In Kapitel 7, »Community-Connectoren«, zeigen wir Ihnen, wie Sie einen eigenen Community-Connector erstellen.

Außerdem ist eine nachträgliche Bearbeitung nur bedingt möglich. Sie können zwar weitere Spalten nachträglich hinzufügen, allerdings ist es nicht mehr möglich, Spalten zu verschieben, zu entfernen oder an einer anderen Stelle einzufügen. In diesem Fall müssen Sie eine neue Datenquelle erstellen.

**Hinweis zur Anbindung von Google Sheets**

Zum Anbinden der Tabellen müssen Sie Inhaber der Datei sein oder über die entsprechenden Zugriffsrechte verfügen. Alternativ können Sie Google-Tabellen über eine URL hinzufügen, auf die Sie Zugriff haben.

Abbildung 3.9 zeigt, wie Sie eine Verbindung zu einer Google-Tabelle herstellen. Legen Sie eine neue Datenquelle mit dem Namen »Google Tabellen-Connector« an ❶. Möchten Sie Datenquellen für verschiedene Tabellen anlegen, empfiehlt es sich, den Namen der Tabelle und gegebenenfalls des Arbeitsblatts in die Bezeichnung aufzunehmen. Verwenden Sie als Connector GOOGLE TABELLEN ❷. Sie haben die Möglichkeit, über verschiedene Selektionskriterien Ihre Tabelle zu filtern ❸. Wählen Sie die gewünschte TABELLE ❹ und das ARBEITSBLATT ❺ aus. Selektieren Sie Ihre Einstellungsoptionen ❻, und klicken Sie auf VERBINDEN ❼. Überprüfen Sie anschließend für jedes Feld, ob der von Google Data Studio erkannte TYP und die ZUSAMMENFASSUNG (Aggregation) Ihren Quelldaten entsprechen. Andernfalls können Sie dies über die Dropdown-Menüs anpassen ❽. Über den Button BERICHT ERSTELLEN ❾ gelangen Sie in die Ansicht BERICHTE.

**Hinweise zu den Einstellungsoptionen für Google Sheets**

Bei der Verbindung von Google Sheets stehen Ihnen unterschiedliche Einstellungsoptionen zur Verfügung ❻:

▶ Sie können z. B. die erste Zeile Ihrer Tabelle als Kopfzeile verwenden. In diesem Fall werden die Daten aus der ersten Zeile als Feldnamen benutzt. Ist die Option deaktiviert, wird der Spaltenindex (A, B, C usw.) für die Feldnamen verwendet. Wichtig ist, dass es sich bei der Kopfzeile um eine einzelne Zeile handeln muss.

▶ Zusätzlich haben Sie die Möglichkeit, ausgeblendete und gefilterte Felder einzuschließen.

▶ Außerdem können Sie optionale Bereiche definieren, in dem Sie einen Zellenbereich im ausgewählten Arbeitsblatt festlegen. Geben Sie dazu die Spalten und Zeilen im Format *SpalteZeile:SpalteZeile* an, wie z. B. A1:C10. Damit erreichen Sie, dass nur ein bestimmter Bereich im ausgewählten Arbeitsblatt als Datenquelle zur Verfügung steht. Das ist notwendig, wenn beispielsweise nicht alle Spalten aus dem Arbeitsblatt der Google-Tabelle in die Datenquelle übernommen werden sollen.

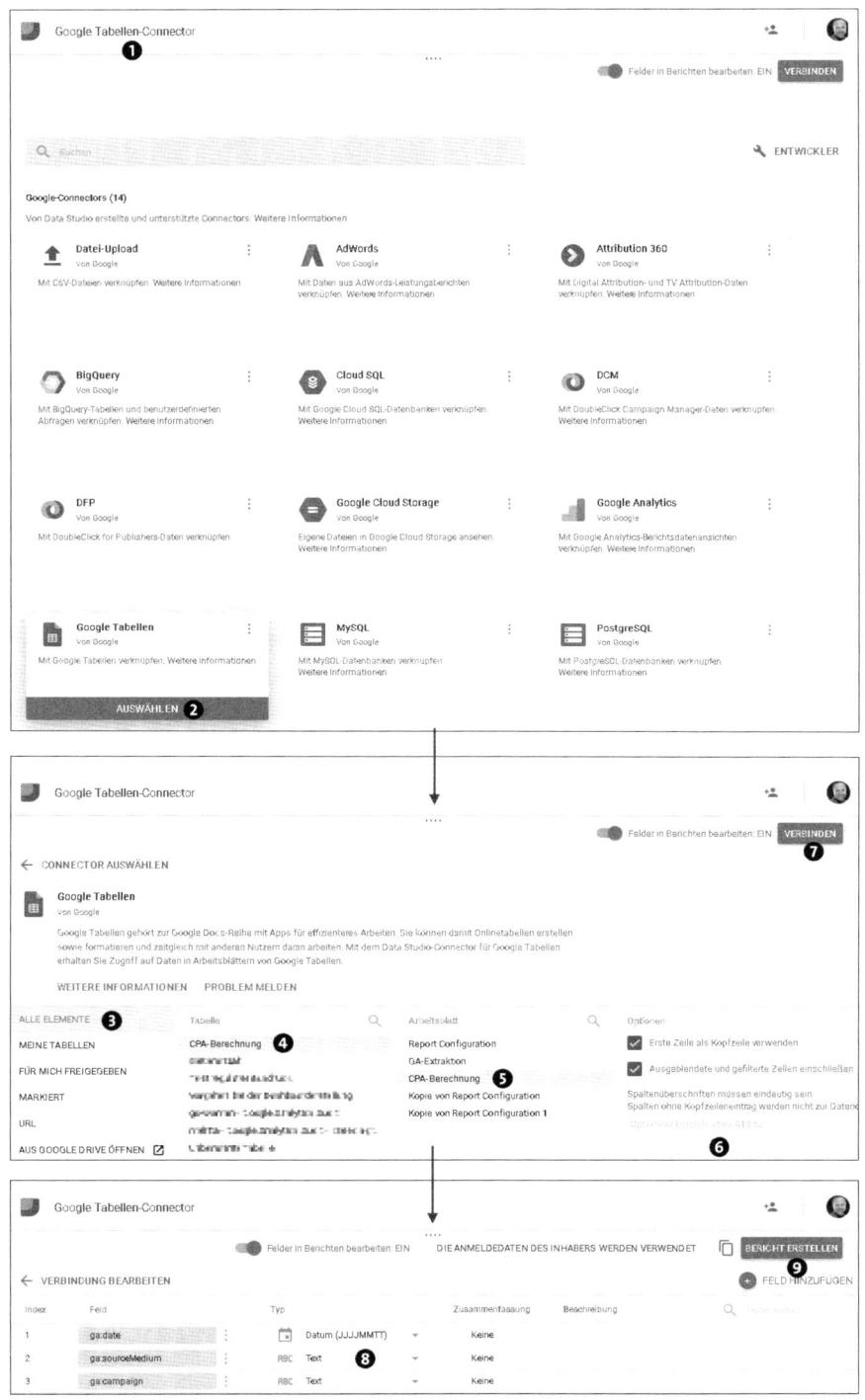

**Abbildung 3.9**  Verbindung mit Google Tabellen herstellen

### Search-Console-Connector

Mit der *Google Search Console* können die Betreiber einer Website überprüfen, für welche Suchbegriffe ihre Website in der Google-Suche angezeigt wird. Die Daten aus der Google Search Console können Sie über den entsprechenden Connector mit Google Data Studio verbinden. Wie Sie dabei vorgehen, zeigen wir Ihnen in Abbildung 3.10.

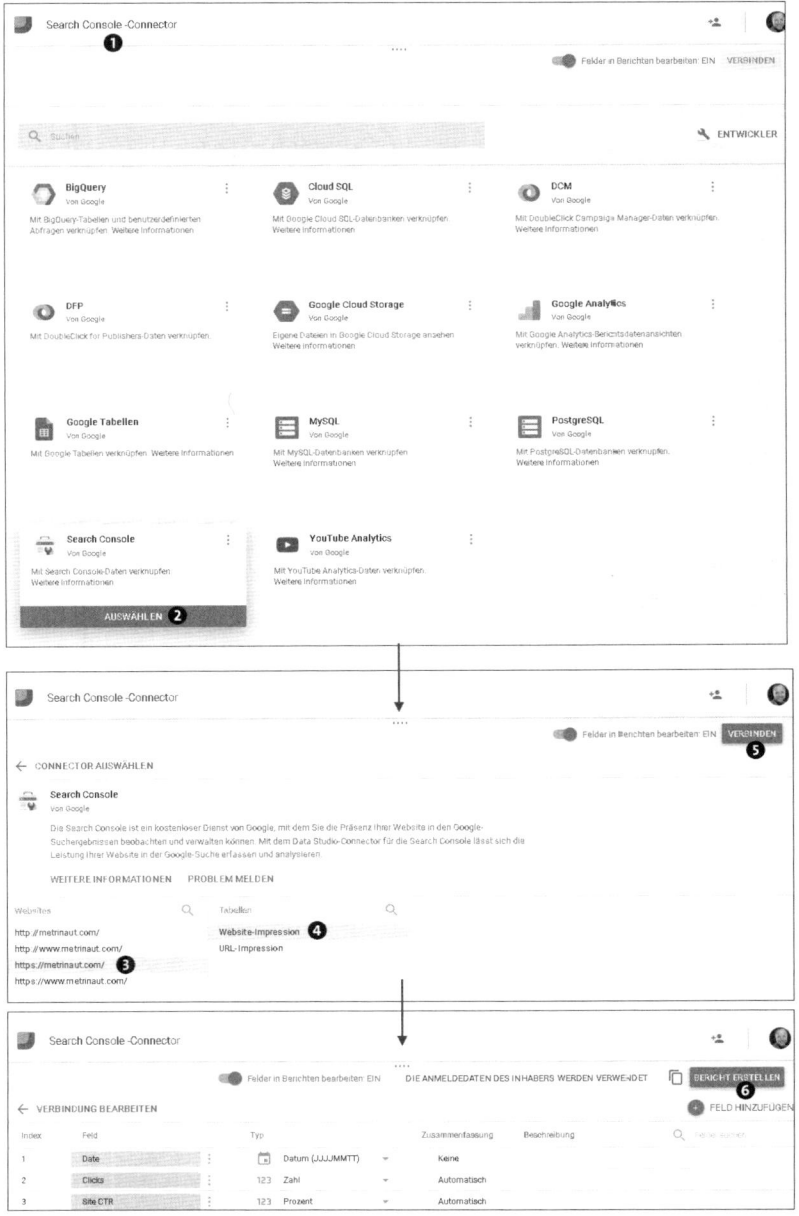

**Abbildung 3.10** Verbindung mit Google Search Console herstellen

65

Nachdem Sie eine neue Datenquelle angelegt haben, klicken Sie zunächst auf UNBE-NANNTE DATENQUELLE und weisen der Datenquelle einen Namen zu ❶. Bei der Namensgebung empfiehlt es sich, die Art der Impression (Website oder URL) und den Namen der Website in die Bezeichnung aufzunehmen. Verwenden Sie als Connector SEARCH CONSOLE ❷, und wählen Sie die WEBSITE aus ❸, mit der Sie eine Verbindung herstellen möchten. Im Steuerfeld TABELLEN ❹ stehen Ihnen die zwei Optionen zur Auswahl, die festlegen, wie die Daten aus der Search Console zusammengefasst werden: nach WEBSITE-IMPRESSION oder nach URL-IMPRESSION.

Bei WEBSITE-IMPRESSIONEN zählt eine Website, die mehrfach auf einer Suchergebnisseite erscheint, als einzelne Impression. Bei der Gruppierung nach URL-IMPRESSIONEN wird jede eindeutige Seite separat gezählt. Nachdem Sie sich für eine der beiden Optionen entschieden haben, klicken Sie auf VERBINDEN ❺.

Über den Button BERICHT ERSTELLEN ❻ gelangen Sie in die Ansicht BERICHTE.

### YouTube-Analytics-Connector

*YouTube* ist eine der führenden Plattformen für Videocontent. YouTube stellt den Nutzern, die einen YouTube-Kanal besitzen, einige Daten zur Performance Ihrer Videos bereit, die sich mit Hilfe des YouTube-Analytics-Connectors mit Google Data Studio verbinden lassen.

In Abbildung 3.11 zeigen wir Ihnen, wie Sie diese Daten mit Hilfe des passenden Connectors verbinden. Legen Sie eine neue Datenquelle mit dem Namen »YouTube Analytics Connector« an ❶.

Möchten Sie Datenquellen für verschiedene YouTube-Kanäle anlegen, empfiehlt es sich, den Namen des Kanals oder des Unternehmens in die Bezeichnung aufzunehmen. Verwenden Sie als Connector YOUTUBE ANALYTICS ❷. Wählen Sie, welcher Ihrer YouTube-Kanäle angezeigt werden soll ❸. Selektieren Sie nun noch das entsprechende KONTO ❹ und den KANAL ❺, und klicken Sie auf VERBINDEN ❻.

Über den Button BERICHT ERSTELLEN ❼ gelangen Sie in die Ansicht BERICHTE.

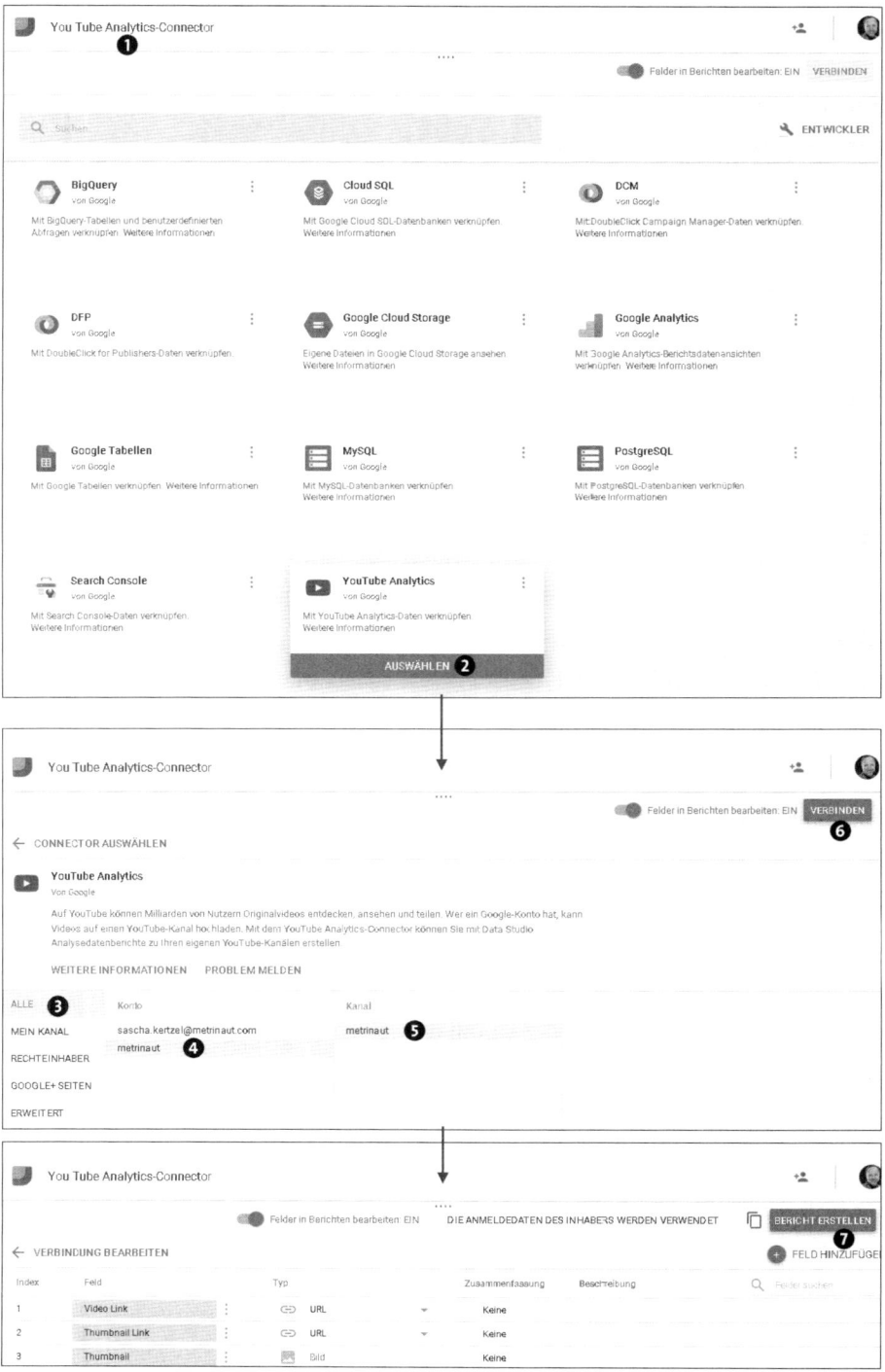

**Abbildung 3.11** Verbindung mit YouTube Analytics herstellen

**Hinweis zur Anbindung von YouTube-Daten**

Für die Verbindung der Daten Ihres YouTube-Kanals ❸ stehen Ihnen verschiedene Optionen offen:

▶ ALLE: Sie erhalten eine Liste mit allen Kanälen.

▶ MEIN KANAL: Sie erhalten nur eine Übersicht über die Kanäle, die mit Ihrem aktuellen Google-Konto verknüpft sind.

▶ RECHTEINHABER: Sie erhalten nur eine Übersicht über die Kanäle, deren Rechteinhaber Sie sind.

▶ GOOGLE+ SEITEN: Sie erhalten YouTube-Kanäle, die mit Ihrer Google+-Seite verbunden sind.

▶ ERWEITERT: Über diese Option haben Sie die Möglichkeit, einen Kanal oder eine Rechteinhaber-ID direkt anzugeben.

Wenn Sie Zugriff auf mehr als 50 Kanäle benötigen, verwenden Sie die Option ERWEITERT. Bei den Optionen RECHTEINHABER und GOOGLE+ SEITEN werden nur die ersten 50 Kanäle angezeigt.

### DoubleClick-Campaign-Manager-Connector

Der *DoubleClick Campaign Manager* (DCM) vereinfacht die Planung Ihrer Werbekampagnen. Mit Hilfe des Tools können Sie die Leistung Ihrer digitalen Kampagnen beurteilen. Sie können mit dem Tool z. B. Berichte zu Messwerten wie Impressionen, Klicks, Conversions und Werbekosten erstellen und diese nach Dimensionen wie Kampagnen, Werbetreibenden, Geräten und Regionen aufschlüsseln. Mit dem DCM-Connector können Sie entweder die Daten eines kompletten Werbenetzwerks oder einzelner Werbetreibender in Google Data Studio verwenden. Allerdings ist es aktuell nicht möglich, Verbindungen zu Teilmengen von Werbetreibenden zu erstellen.

### Attribution-360-Connector

Mit Google Attribution 360 (früher Adometry) ist es möglich, die Performance aller Marketingkanäle zu bewerten. Das Tool ist ein kanalübergreifendes Attributionstool, das sowohl Online- als auch Offlinemedien betrachtet. Wenn Sie Attribution 360 mit Google Data Studio verbinden, können Sie sowohl auf Digital-Attribution-Daten als auch auf TV-Attribution-Daten mit Google Data Studio zugreifen.

**Hinweis zur Unterscheidung von Attribution-360-Produkten**

Bei Digital Attribution und TV Attribution handelt es sich um zwei verschiedene Attribution-360-Produkte. Sie können nur die Produkte auswählen, die Sie gekauft haben. Derzeit steht Digital Attribution in Data Studio nur für Kunden zur Verfügung, die Zugriff auf die Alphaversion von Digital Attribution haben.

### Firebase-Connector (über BigQuery-Connector)

*Firebase* ist die App-Plattform zur Verwaltung und Erstellung von Android, iOS und Web-Apps. Nutzer, Daten und Analysen können auf verschiedenen Plattformen geteilt und verwaltet werden. Die Nutzungsdaten einer App werden mit Google Analytics für Firebase gesammelt. Um diese auszuwerten, müssen sie zunächst aus Firebase exportiert und in Big Query importiert werden. Dabei werden zwei Tabellen erzeugt: eine für Nutzerdaten und eine für Ereignisse. Diese Daten lassen sich ebenfalls in Google Data Studio einsetzen, indem Sie den BigQuery-Connector verwenden. Wie Sie beim Verbinden des BigQuery-Connectors vorgehen, erfahren Sie im Abschnitt »BigQuery-Connector« in Abschnitt 3.2.4.

> **Hinweise zur Nutzung von Firebase-Daten**
>
> ▶ Eine Anleitung, wie Sie Daten aus Google Analytics für Firebase in BigQuery importieren, finden Sie in der Google-Cloud-Lösungsübersicht unter *https:// cloud.google.com/solutions/mobile/mobile-firebase-analytics-big-query*.
>
> ▶ Eine Beschreibung der Tabellen für das BigQuery-Exportschema finden Sie unter *https://support.google.com/firebase/answer/7029845*.

### 3.2.4 Datenbank-Connectoren

Nachdem wir nun die verschiedenen Connectoren für Google-Produkte vorgestellt haben, beschäftigen wir uns in diesem Abschnitt mit den Connectoren für Datenbanken. Im Bereich Datenbank-Connectoren sind sowohl für Google-Produkte, wie *Google Cloud SQL* und *BigQuery*, als auch für externe Produkte, wie *MySQL* und *PostgreSQL*, passende Connectoren verfügbar.

Jede Data-Studio-Datenquelle kann dabei nur mit einer SQL-Datenbanktabelle verbunden werden. Wenn Sie also mehrere Tabellen für Ihren Bericht im Zugriff haben müssen, dann ist für jede Tabelle eine eigene Datenquelle anzulegen. Alternativ können Sie bei den Connectoren für BigQuery und MySQL auch per SQL-Join mehrere Tabellen miteinander verknüpfen.

> **Hinweis zu den Nutzerrechten in Produktivumgebungen**
>
> Aus Sicherheitsgründen sollte der Datenbankbenutzer in einer Produktivumgebung nur mit Leserechten für die gewünschte Tabelle ausgestattet werden. Einen solchen Nutzer können Sie z. B. über die Kommandozeile Ihres Datenbankmanagementsystems (DBMS) anlegen. Das Vorgehen unterscheidet sich hierbei, je nachdem welches System Sie einsetzen. Weitere Informationen dazu finden Sie in der jeweiligen Dokumentation Ihres DBMS.

Im Folgenden zeigen wir Ihnen, wie Sie die unterschiedlichen Datenbankmanagementsysteme mit Google Data Studio verbinden können.

### Google-Cloud-SQL-Connector

Google Cloud SQL ermöglicht es Ihnen, Ihre MySQL und PostgreSQL-Datenbanken in der Google-Cloud-Plattform zu betreiben. Mit Hilfe des Google-Cloud-SQL-Connectors können Sie diese Daten auch für Ihre Google-Data-Studio-Berichte verwenden. Die Verbindungen zwischen Data Studio und der Datenbank werden dabei standardmäßig per SSL verschlüsselt.

> **Hinweis zu den Berechtigungen für Google Cloud SQL**
>
> Sie müssen mindestens die Berechtigung *Cloudsql.client* im Cloud-SQL-Projekt haben, um die Verbindung zu erstellen. Die Berechtigung aktivieren Sie in der Google-Cloud-Plattform unter IAM & VERWALTUNG • ROLLEN • CLOUD SQL CLIENT über folgenden Link: *https://console.cloud.google.com/iam-admin/roles/*. Wenn Sie diesen Zugriff nicht haben, können Sie stattdessen den MySQL-Connector verwenden.

Für den Google-Cloud-Connector benötigen Sie die Verbindungsparameter NAME DER INSTANZVERBINDUNG, DATENBANK, NUTZERNAME und PASSWORT.

Diese Verbindungsparameter können Sie der Weboberfläche der Google-Cloud-Plattform entnehmen (*https://console.cloud.google.com*).

Wählen Sie auf der STARTSEITE (Abbildung 3.12) zunächst STORAGE • SQL aus ❶, und klicken Sie dann auf die gewünschte Instanz ❷. Sie erhalten die notwendigen Verbindungsparameter wie folgt:

▶ In der Übersicht finden Sie den NAMEN DER INSTANZVERBINDUNG ❸.

▶ Den Nutzernamen, mit dem Sie sich an der Datenbank anmelden, sehen Sie unter NUTZER ❹.

▶ Die Datenbank, auf die Sie mit Google Data Studio zugreifen möchten, finden Sie unter DATENBANKEN ❺.

Wenn Sie die entsprechenden Verbindungsparameter identifiziert haben, gehen Sie bei der Verbindung des Google-Cloud-SQL-Connectors ähnlich vor wie bei den anderen Connectoren (Abbildung 3.13). Legen Sie eine neue Datenquelle mit dem Namen »GoogleCloud SQL-Connector« an ❶. Möchten Sie Datenquellen für verschiedene Datenbanken anlegen, empfiehlt es sich, den Namen der Datenbank oder der Tabelle mit in die Bezeichnung aufzunehmen. Wählen Sie als Connector CLOUD SQL aus ❷.

Wählen Sie eine Verbindungsoption aus ❸, tragen Sie Ihre Verbindungsparameter ein (Instanzverbindung, Datenbank, Nutzername und Passwort), und klicken Sie dann auf AUTHENTIFIZIEREN ❹.

**Abbildung 3.12** Verbindungsparameter in der Google-Cloud-Plattform

Selektieren Sie die gewünschte TABELLE ❺, und klicken Sie abschließend auf VERBIN-DEN ❻. Anschließend erhalten Sie eine Liste mit den importierten Feldern. Berücksichtigen Sie, dass raumbezogene Datenerweiterungen von MySQL nicht in Data Studio unterstützt werden. Für Spalten dieses Typs werden in Data Studio keine Felder erstellt. Über den Button BERICHT ERSTELLEN ❼ gelangen Sie in die Ansicht BERICHTE.

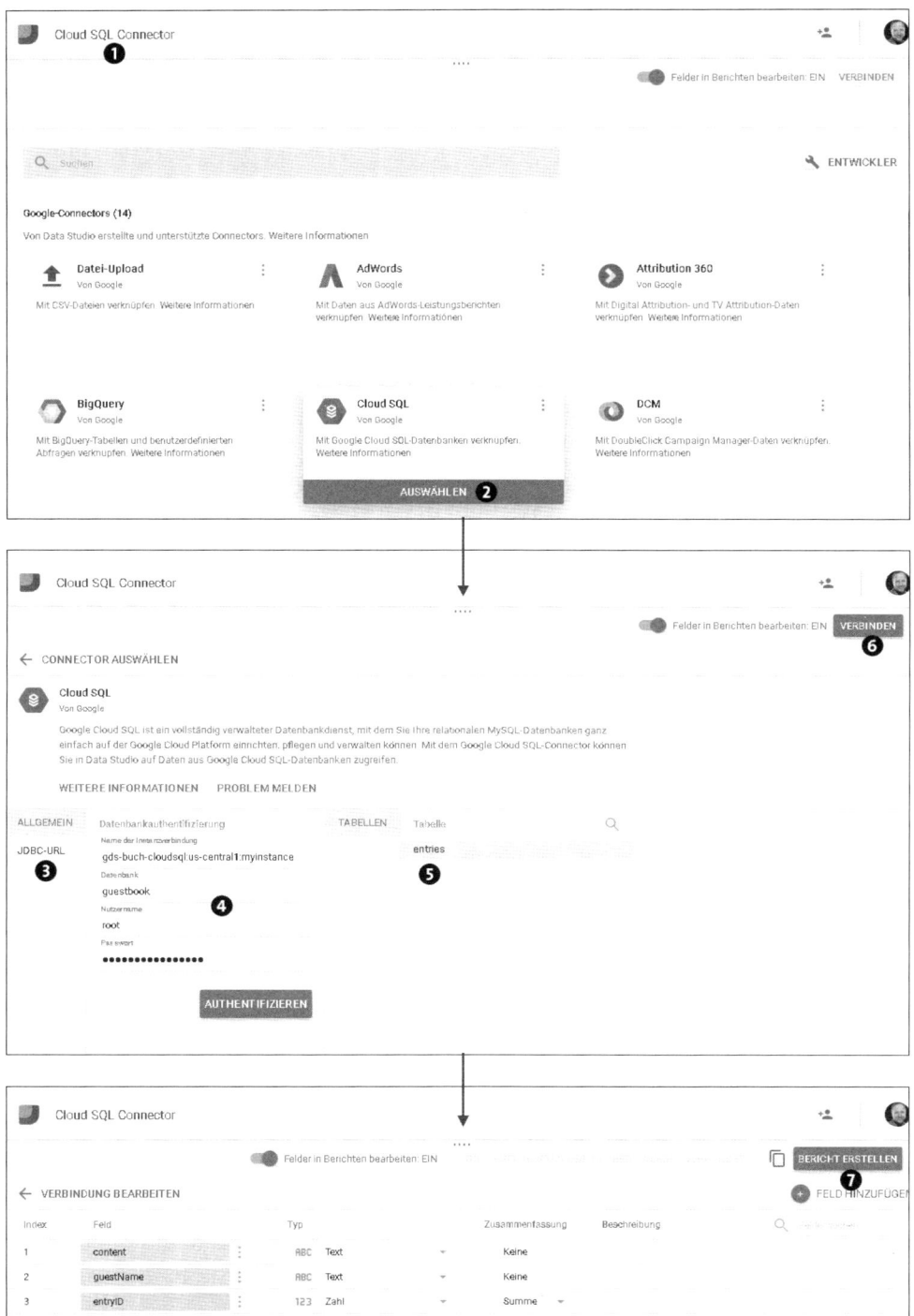

**Abbildung 3.13** Verbindung mit Google Cloud SQL herstellen

**Hinweis zu den Verbindungsoptionen von SQL-Connector-Tabellen**

Bei der Verbindung von Google-Cloud-SQL-Connector-Tabellen stehen Ihnen zwei Verbindungsoptionen zur Verfügung ❸: ALLGEMEIN und JDBC-URL. Beide Varianten ermöglichen es, die gleichen Informationen (Instanzverbindung, Datenbank etc.) abzufragen. Nur das Format unterscheidet sich. Bei der Option ALLGEMEIN werden die Parameter zur Datenbankauthentifizierung mit Hilfe eines Formulars abgefragt. Falls Ihnen die JDBC-URL bereits vorliegt, können Sie sie auch direkt hier eintragen. Die Java Database Connectivity (kurz JDBC) ist eine Datenbankschnittstelle für die Java-Plattform. Sie bietet eine einheitliche Schnittstelle zu Datenbanken verschiedener Hersteller und ist speziell auf relationale Datenbanken ausgerichtet. Die JDBC-URL für Google Cloud SQL hat folgenden Aufbau: *jdbc:google:<Datenbanktyp>://<Instance>/<Database>*. Für die MySQL-Datenbank guestbook mit der Instanzverbindung gds-buch-cloudsql:us-central1:myinstance würde die URL folgendermaßen lauten: *jdbc:google:mysql://gds-buch-cloudsql:us-central1:myinstance/guestbook*.

### BigQuery-Connector

BigQuery ist ein cloudbasiertes Data-Warehouse, das es Unternehmen ermöglicht, große Datensätze zu analysieren. Das System läuft in der Google Cloud und nutzt u. a. spaltenorientierte Tabellen für schnelle Lesezugriffe und eine Baumarchitektur für das Verteilen der SQL-Abfragen. Mit dem BigQuery-Connector können Sie Ihre Daten in Google-Data-Studio-Berichten verwenden.

**Hinweis zu zusätzlichen Kosten für BigQuery**

Für die Verwendung von BigQuery fallen für die Speicherung und den Datenzugriff zusätzliche Kosten an. Beachten Sie in diesem Zusammenhang, dass unter bestimmten Umständen der Prefetch-Cache ca. alle zwölf Stunden aktualisiert wird, wodurch entsprechende Abfragekosten entstehen. Weitere Informationen zum Caching finden Sie in Kapitel 12, »Tipps zur Performanceoptimierung«.

Abbildung 3.14 zeigt Ihnen, wie Sie mittels einer benutzerdefinierten Abfrage eine Verbindung zu Big Query erstellen. Legen Sie eine neue Datenquelle mit dem Namen »BigQuery-Connector« an ❶. Möchten Sie Datenquellen für verschiedene Datenbanken erzeugen, empfiehlt es sich, den Namen der Datenbank oder der Tabelle in die Bezeichnung aufzunehmen. Wählen Sie als Connector BIGQUERY aus ❷. Klicken Sie auf BENUTZERDEFINIERTE ABFRAGE ❸, und selektieren Sie Ihr Projekt ❹. Im Fenster BENUTZERDEFINIERTE ABFRAGE EINGEBEN ❺ geben Sie Ihren SQL-Code ein. Deaktivieren Sie die Abfrageoption ALTEN SQL-DIALEKT VERWENDEN ❻, und klicken Sie auf VERBINDEN ❼. Anschließend erhalten Sie eine Liste mit den importierten Feldern. Wenn Sie in Data Studio mit Tabellen arbeiten, die mit BigQuery Export für Google Analytics generiert wurden, so werden viele der häufig in Google Analytics vorkommenden Messwerte automatisch als Data-Studio-Felder erstellt. Wenn Sie auf BERICHT ERSTELLEN ❽ klicken, gelangen Sie zur Berichtsübersicht.

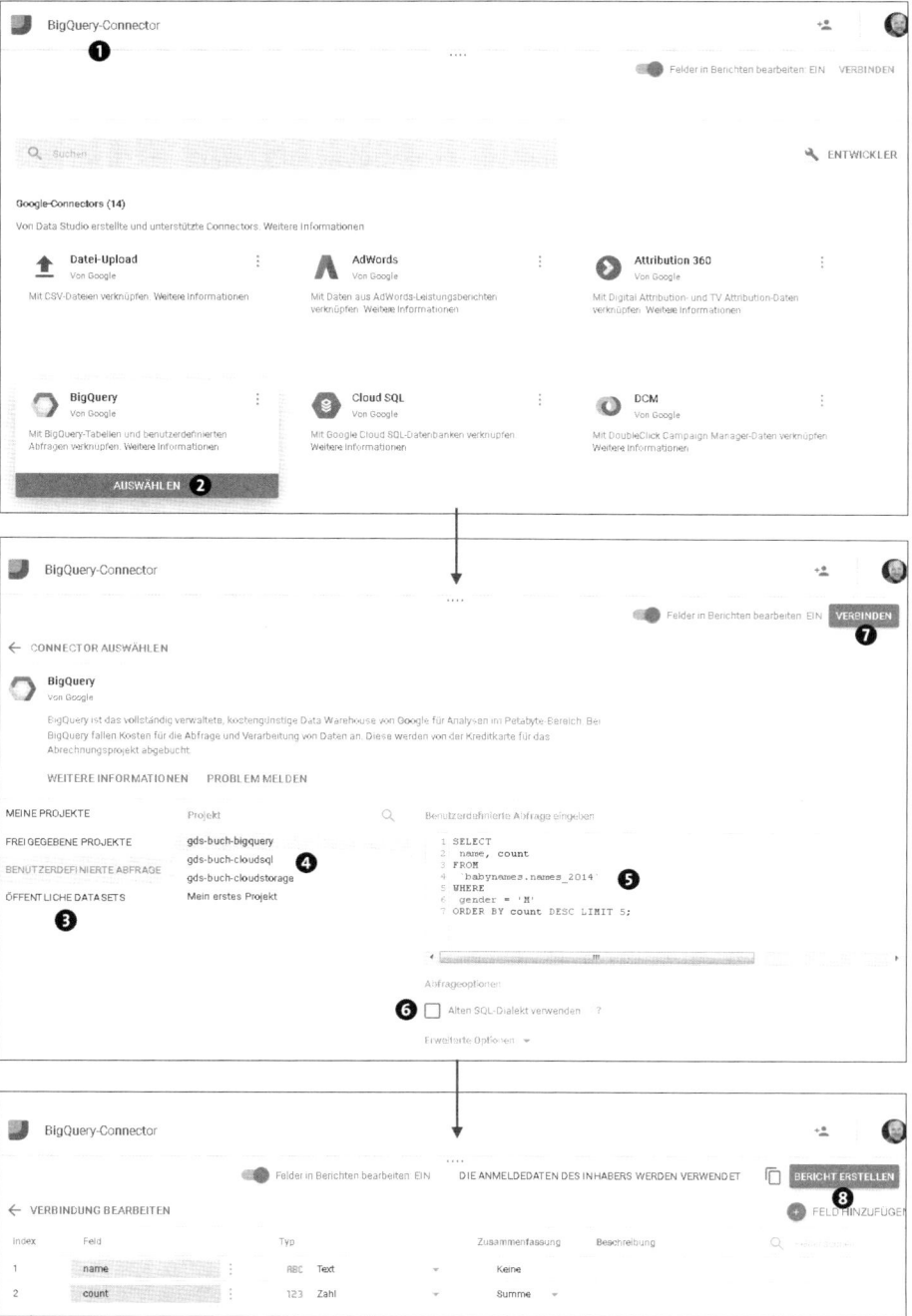

**Abbildung 3.14**  Verbindung mit BigQuery herstellen

**Hinweise zu den Verbindungsoptionen für BigQuery**

Bei der Verbindung von BigQuery-Connector stehen Ihnen drei Optionen zur Auswahl ❸:

▶ MEINE PROJEKTE: Verwenden Sie diese Option, wenn Sie eine Tabelle in einem Projekt auswählen möchten, auf das Sie Zugriff haben.

▶ FREIGEGEBENE PROJEKTE: Verwenden Sie diese Option, um auf einen freigegebenen Datensatz zuzugreifen und ein anderes Projekt zu Abrechnungszwecken zu nutzen.

▶ BENUTZERDEFINIERTE ABFRAGE: Verwenden Sie diese Option, um mit Hilfe einer SQL-Abfrage eine BigQuery-Tabelle zu selektieren. Mit der Option BENUTZERDEFINIERTE ABFRAGE können Sie die Abfragefunktionen von BigQuery, wie Joins und Unions, sowie die Analysefunktionen nutzen.

**MySQL-Connector**

MySQL ist ein relationales Datenbanksystem, das gerne für webbasierte Komponenten wie Content-Management-Systeme oder Newsletter-Tools genutzt wird. Es ist als Open-Source-Software sowie als kommerzielle Enterprise-Version für diverse Betriebssysteme verfügbar.

Bevor Sie eine Verbindung zu einer MySQL-Datenbank herstellen, stellen Sie sicher, dass folgende IP-Adressen freigegeben sind; Google Data Studio benötigt diese Adressen, um eine Verbindung herzustellen und Daten abzufragen:

▶ 64.18.0.0/20

▶ 64.233.160.0/19

▶ 66.102.0.0/20

▶ 66.249.80.0/20

▶ 72.14.192.0/18

▶ 74.125.0.0/16

▶ 108.177.8.0/21

▶ 173.194.0.0/16

▶ 207.126.144.0/20

▶ 209.85.128.0/17

▶ 216.58.192.0/19

▶ 216.239.32.0/19

Wenn Sie MySQL in der Google Cloud betreiben, pflegen Sie die IP-Adressen in der Google-Cloud-Plattform-Konsole unter STORAGE • SQL • <INSTANZ> • AUTORISIERUNG (Abbildung 3.15).

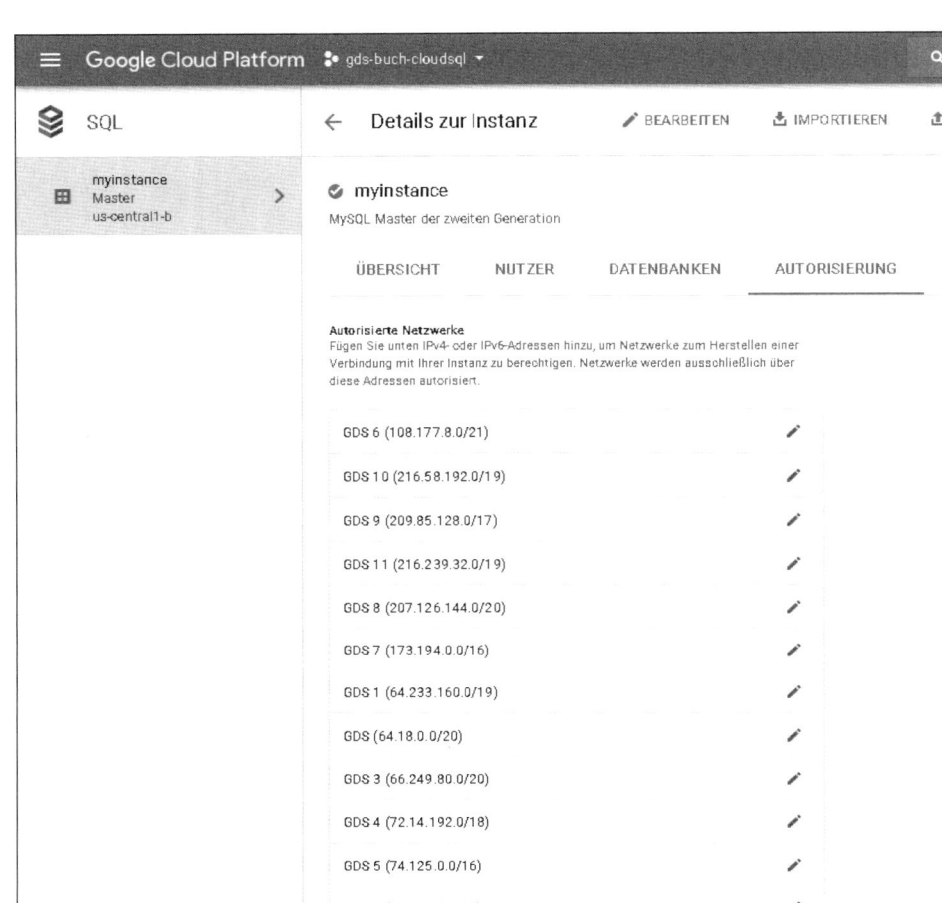

**Abbildung 3.15**  Freigabe der IP-Adressen

In Abbildung 3.16 zeigen wir Ihnen, wie Sie die Verbindung zu einer Tabelle in einer MySQL-Datenbank herstellen. Legen Sie eine neue Datenquelle mit dem Namen »MySQL-Connector« an ❶. Möchten Sie Datenquellen für verschiedene Datenbanken anlegen, empfiehlt es sich, den Namen der Datenbank und der Tabelle in die Bezeichnung aufzunehmen. Wählen Sie als Connector MySQL aus ❷. Es gibt zwei verschiedene Verbindungsoptionen: ALLGEMEIN und JDBC-URL ❸. Weitere Informationen zu den beiden Verbindungsarten finden Sie in Abschnitt 3.2.4, »Datenbank-Connectoren«. Geben Sie dann die Parameter zur Datenbankauthentifizierung (Hostname oder IP-Adresse, Port (optional), Datenbank, Nutzername und Passwort) für die Verbindung zu MySQL an ❹. Wenn Sie die Notation als JDBC-URL nutzen wollen, so hat diese für MySQL folgenden Aufbau: *jdbc:mysql://<Hostname>/<Daten-*

*bank>*. Wählen Sie TABELLEN aus ❺, und selektieren Sie die gewünschte Tabelle ❻. Klicken Sie nun auf VERBINDEN ❼. Anschließend erhalten Sie eine Liste mit den importierten Feldern. Berücksichtigen Sie, dass raumbezogene Datenerweiterungen von MySQL in Data Studio nicht unterstützt werden. Über den Button BERICHT ERSTELLEN ❽ gelangen Sie in die Ansicht BERICHTE.

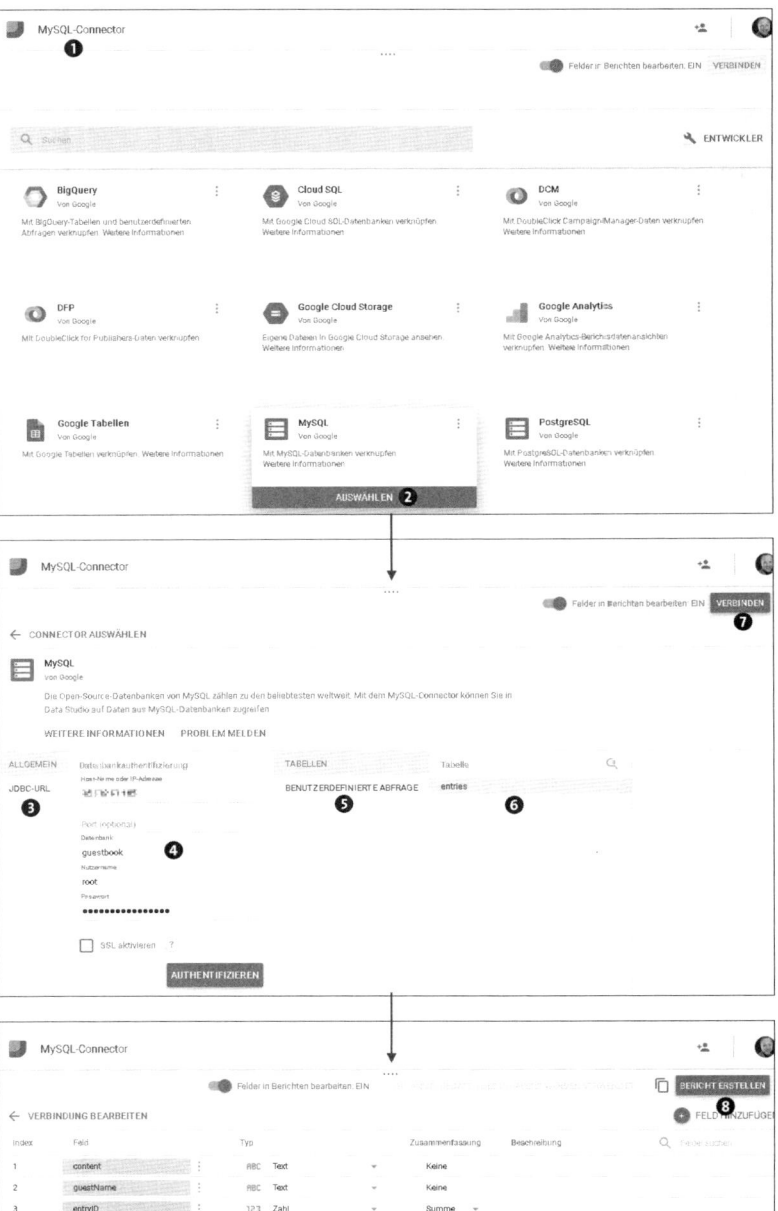

**Abbildung 3.16** Verbindung mit MySQL herstellen

**Hinweise zur Selektion von Datensätzen bei MySQL-Connectoren**

▶ Für den MySQL-Connector stehen Ihnen zwei Optionen zur Selektion der Datensätze zur Auswahl ❺: Tabellen und Benutzerdefinierte Abfrage. Bei der Option Tabellen können Sie je Data-Studio-Datenquelle eine MySQL-Datenbanktabelle verbinden. Der MySQL-Connector bietet neben dieser Option auch die Möglichkeit, eine benutzerdefinierte Abfrage in SQL zu verfassen. Damit können Sie z. B. mit einer WHERE-Klausel die zu extrahierenden Datenmenge reduzieren oder auch per JOIN mehrere Tabellen Ihrer Datenbank verknüpfen und das Ergebnis an Data Studio liefern.

▶ Um eine sichere Verbindung herzustellen, klicken Sie unter Datenbankauthentifizierung ❹ zusätzlich auf das Kästchen SSL aktivieren und geben dann die Konfigurationsdateien für die SSL-Clientverbindung zu MySQL an. Weitere Informationen zur SSL-Verbindung finden Sie in der MySQL-Dokumentation unter *https://dev.mysql.com/doc/refman/5.7/en/encrypted-connections.html.* Sollten Ihnen die Informationen nicht vorliegen, wenden Sie sich an den zuständigen Datenbankadministrator.

**PostgreSQL-Connector**

PostgreSQL ist ein objektrelationales Datenbankmanagementsystem, das als Open-Source-Software kostenfrei verfügbar ist und die Standards SQL-92 und SQL:1999 unterstützt. Mit dem PostgreSQL-Connector können Sie Daten aus Ihren Datenbanken mit Google Data Studio verbinden.

Wenn Ihre Datenbank durch eine Firewall geschützt ist, müssen Sie die folgenden IP-Adressen freigeben; Google Data Studio benötigt diese Adressen, um eine Verbindung zu Ihrer Datenbank herzustellen und Daten abzufragen:

▶ 64.18.0.0/20

▶ 64.233.160.0/19

▶ 66.102.0.0/20

▶ 66.249.80.0/20

▶ 72.14.192.0/18

▶ 74.125.0.0/16

▶ 108.177.8.0/21

▶ 173.194.0.0/16

▶ 207.126.144.0/20

▶ 209.85.128.0/17

▶ 216.58.192.0/19

▶ 216.239.32.0/19

Wie Sie diese IP-Adressen für den Zugriff in der Google-Cloud-Plattform autorisieren, haben wir in Abschnitt 3.2.4, »Datenbank-Connectoren«, beschrieben.

Welche Schritte notwendig sind, um eine Verbindung zu einer PostgreSQL-Datenbank herzustellen, zeigen wir Ihnen in Abbildung 3.17. Legen Sie eine neue Datenquelle mit dem Namen »PostgreSQL-Connector« an ❶. Möchten Sie Datenquellen für verschiedene Datenbanken erzeugen, empfiehlt es sich, zusätzlich den Namen der Datenbank oder der Tabelle in die Bezeichnung mit aufzunehmen. Wählen Sie als Connector POSTGRESQL aus ❷. Es gibt zwei verschiedene Verbindungsoptionen ❸: ALLGEMEIN und JDBC-URL. Weitere Informationen zu den beiden Verbindungsarten finden Sie in Abschnitt 3.2.4, »Datenbank-Connectoren«. Wenn Sie die Notation als JDBC-URL nutzen wollen, so hat diese für PostgreSQL folgenden Aufbau: *jdbc:post-gresql://<Hostname>/postgres*. Geben Sie dann die Parameter zur Datenbankauthentifizierung (Hostname oder IP-Adresse, Port (optional), Datenbank, Nutzername und Passwort) für die Verbindung zu PostgreSQL an ❹. Wählen Sie TABELLEN aus ❺ und selektieren Sie die gewünschte Tabelle ❻. Jede Data-Studio-Datenquelle kann dabei nur mit einer PostgreSQL-Datenbanktabelle verbunden werden. Klicken Sie abschließend auf VERBINDEN ❼. Anschließend erhalten Sie eine Liste mit den importierten Feldern. Aktuell werden folgende Datentypen unterstützt: numerisch, Zeichen, boolescher Wert, sowie Datum/Uhrzeit (außer Intervalle). Wenn Sie einen nicht unterstützten Typ in Ihrer Datenbank verwenden, wird hierfür kein Feld in Data Studio erstellt. Über den Button BERICHT ERSTELLEN ❽ gelangen Sie in die Ansicht BERICHTE.

---

**Hinweise zur Selektion von Datensätzen bei PostgreSQL-Connectoren**

▶ Für den PostgreSQL-Connector stehen Ihnen zwei Optionen zur Selektion der Datensätze zur Auswahl ❺: TABELLEN und BENUTZERDEFINIERTE ABFRAGE. Bei der Option TABELLEN können Sie je Data Studio-Datenquelle eine PostgreSQL-Datenbanktabelle verbinden. Der PostgreSQL-Connector bietet neben dieser Option auch die Möglichkeit, eine benutzerdefinierte Abfrage in SQL zu verfassen. Damit können Sie z. B. mit einer WHERE-Klausel die zu extrahierende Datenmenge reduzieren oder auch per JOIN mehrere Tabellen Ihrer Datenbank verknüpfen und das Ergebnis an Data Studio liefern.

▶ Um eine sichere Verbindung herzustellen, klicken Sie unter DATENBANKAUTHENTIFIZIERUNG ❹ zusätzlich auf das Kästchen SSL AKTIVIEREN und geben dann die Konfigurationsdateien für die SSL-Clientverbindung zu PostgreSQL an. Weitere Informationen zur SSL-Verbindung finden Sie in der PostgreSQL-Dokumentation unter *https://www.postgresql.org/docs/9.3/static/ssl-tcp.html*. Sollten Ihnen die Informationen nicht vorliegen, wenden Sie sich an den zuständigen Datenbankadministrator.

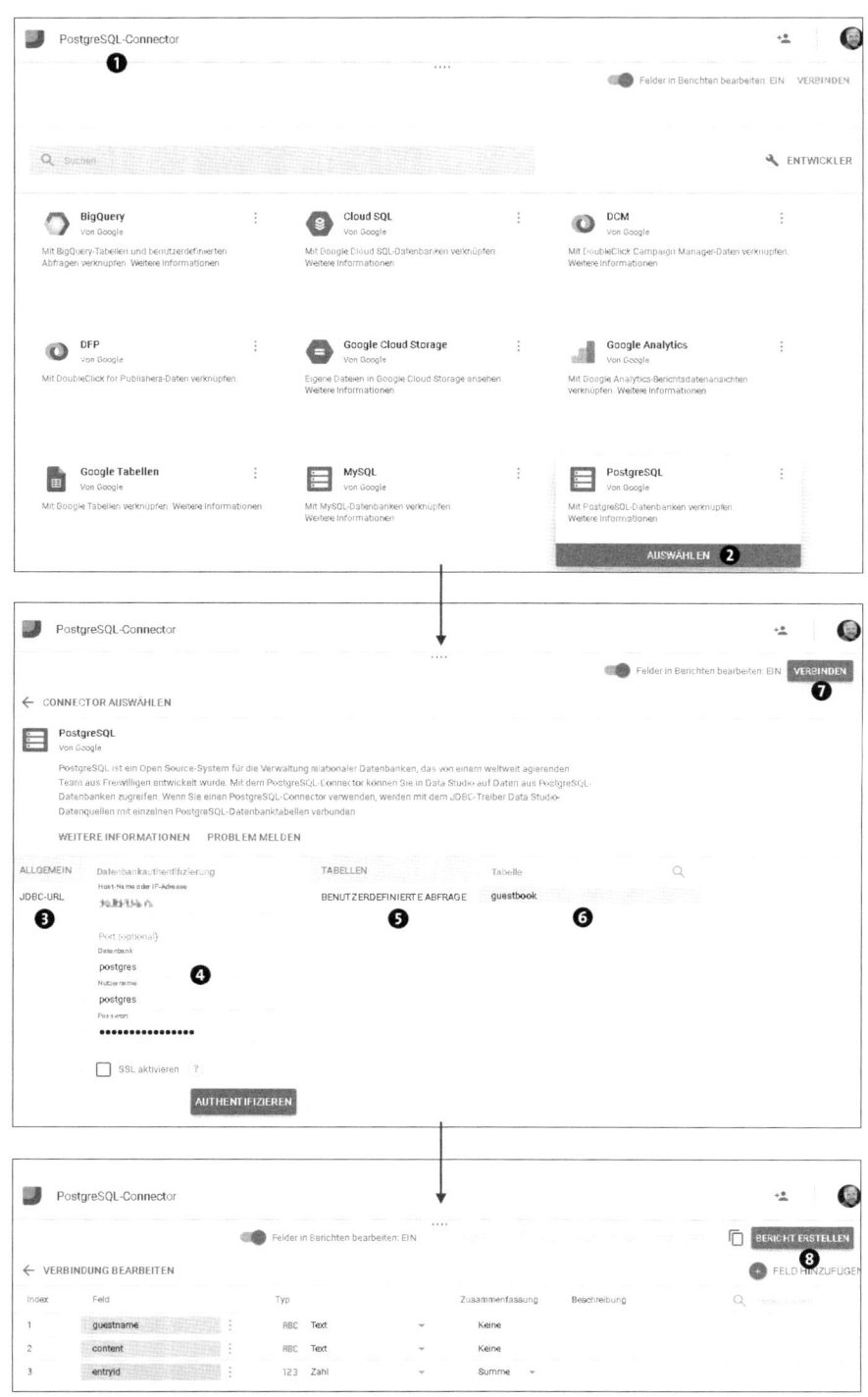

**Abbildung 3.17**  Verbindung zu PostgreSQL herstellen

### 3.2.5 Datei-Connectoren

Ebenso wie bei den Datenbanken gibt es passende *Datei-Connectoren* sowohl für das entsprechende Google-Produkt *Google Cloud Storage* als auch für *CSV-Dateien*. Im folgenden Abschnitt zeigen wir Ihnen, wie Sie die beiden Connectoren verwenden können.

Bevor Sie Dateien und Data Studio verbinden, sollten Sie sicherstellen, dass sie korrekt formatiert sind. Andernfalls können Fehler auftreten oder Ihre Daten in den Berichten falsch dargestellt werden. Häufige Fehler sind z. B. die falsche Verwendung von Trennzeichen, Anführungszeichen oder Zeilenumbrüchen.

Für die Formatierung Ihrer Daten gelten dabei folgende Bedingungen:

▸ Die Daten müssen in tabellarischer Form im CSV-Format vorliegen.

▸ Jede Zeile muss die gleiche Anzahl von Spalten haben.

▸ Jede Zeile in der Datei endet mit einem Zeilenumbruch.

▸ Die erste Zeile in der CSV-Datei muss eine Kopfzeile sein. Aus der Kopfzeile extrahiert Data Studio die Benennung der Felder. Die Kopfzeile muss auch den nachfolgend genannten Regeln für Trennzeichen folgen:

    – Die Feldnamen müssen eindeutig sein und dürfen nicht doppelt verwendet werden.

    – Die Feldnamen dürfen nur Buchstaben, Zahlen oder Unterstriche enthalten. Andere Zeichen einschließlich Sonderzeichen sind nicht erlaubt.

    – Feldnamen beginnen mit einem Buchstaben oder Unterstrich und dürfen höchstens 128 Zeichen lang sein.

    – Alle Felder müssen durch Kommas getrennt werden. Kommas innerhalb der Daten müssen mit Anführungszeichen gekennzeichnet werden. Wenn Ihre Daten doppelte Anführungszeichen enthalten, können Sie ein einzelnes Anführungszeichen verwenden, um das Feld zu maskieren.

#### Google-Cloud-Storage-Connector

Google Cloud Storage ist ein Service, mit dem Unternehmen Dateien in der Cloud speichern können. Google stellt dazu eine Infrastruktur bereit, vergleichbar mit dem Online-Speicherdienst Amazon S3. Der Service kommt u. a. bei der Bereitstellung von Daten, der Datenanalyse und der Datenarchivierung zum Einsatz. Eine Verwendung der Daten aus dem Google Cloud Storage ist durch den entsprechenden Connector möglich.

---

**Hinweis zu den Einschränkungen des Google-Cloud-Storage-Connectors**

Der Google-Cloud-Storage-Connector unterliegt folgenden Einschränkungen: Es können 2 GB Gesamtspeicher pro Benutzer und maximal eine 100 MB große Datei je Datenquelle verbunden werden.

---

Wenn Sie eine Verbindung mit Google Cloud Storage herstellen wollen, dann können Sie sowohl eine einzelne Textdatei im CSV-Format als auch einen Ordner mit Google Data Studio verknüpfen. Sollten Sie einen Ordner anbinden wollen, so stellt Google Data Studio eine Verbindung zu allen CSV-Dateien her, die sich in diesem Ordner befinden.

In Abbildung 3.18 zeigen wir Ihnen, wie Sie eine Verknüpfung zu Google Cloud Storage herstellen. Legen Sie eine neue Datenquelle mit dem Namen »Google Cloud Storage-Connector« an ❶. Möchten Sie Datenquellen für verschiedene Cloud Storage Buckets anlegen, empfiehlt es sich, den Namen des Buckets oder des Unternehmens in die Bezeichnung aufzunehmen. Wählen Sie als Connector GOOGLE CLOUD STORAGE aus ❷. Im Eingabefeld unter GCS-ZIELPFAD haben Sie nun die Möglichkeit, eine Datei oder einen Ordner anzugeben. Wenn Sie eine einzelne Datei verbinden wollen, geben Sie den Dateinamen ein. Um mehrere Dateien auszuwählen, geben Sie den vollständigen Verzeichnispfad ein und wählen die Checkbox ALLE DATEIEN IM PFAD VERWENDEN aus ❸. Klicken Sie auf VERBINDEN ❹. Anschließend erhalten Sie eine Liste mit den importierten Feldern. Prüfen Sie in der Feldliste, ob alle Felder vollständig übernommen wurden, der Feldtyp richtig erkannt wurde und bei den Messwerten der Aggregationstyp korrekt ist. Sie können an dieser Stelle auch Felder hinzufügen oder umbenennen. In Abschnitt 3.3.3, »Felder der Datenquelle bearbeiten«, erklären wir Ihnen ausführlicher, wie Sie dabei vorgehen. Zusätzlich können Sie in dieser Ansicht einstellen, welche Anmeldedaten zur Nutzung der Datenquelle benutzt werden ❺. Je nachdem erfolgt der Zugriff über die Anmeldedaten des Eigentümers oder über die Anmeldedaten des Betrachters. Weitere Informationen dazu finden Sie in Kapitel 8, »Berechtigungen«. Wenn Sie die Liste geprüft und die Einstellungen vorgenommen haben, gelangen Sie über den Button BERICHT ERSTELLEN ❻ in die Ansicht BERICHTE.

---

**Hinweis zum Ändern der Felder einer vorhandenen Datenquelle**

Wenn Sie Felder in einer vorhandenen Datenquelle hinzufügen oder löschen wollen, müssen Sie alle zuvor hochgeladenen Dateien löschen, bevor Sie eine Verbindung zu Dateien mit der neuen Struktur herstellen. Alternativ können Sie auch eine neue Datenquelle mit der neuen Dateistruktur erstellen.

---

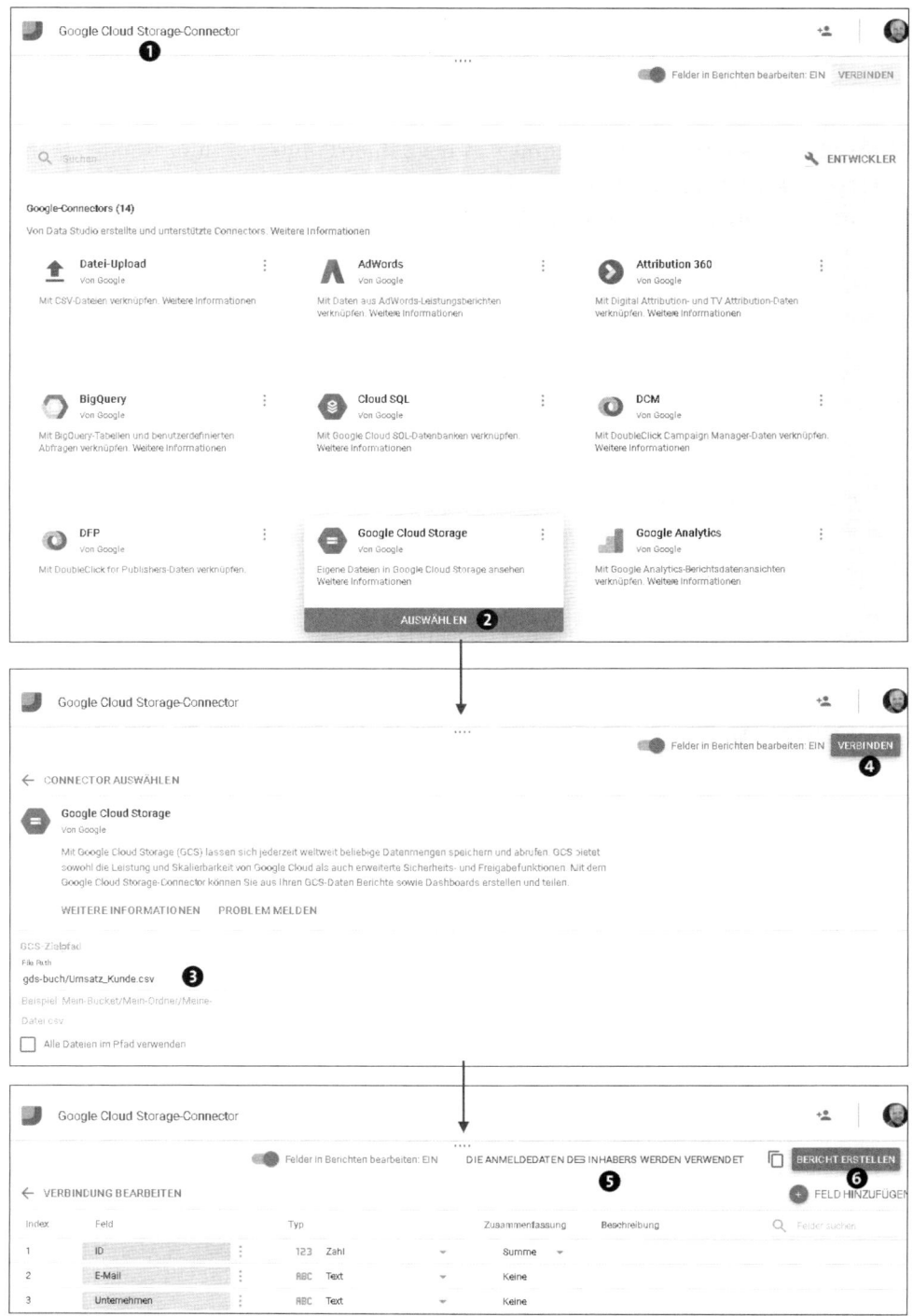

**Abbildung 3.18**  Verbindung mit Google Cloud Storage herstellen

### Datei-Upload

Google Data Studio bietet, neben zahlreichen spezifischen Connectoren, die Schnittstelle *Datei-Upload*. Über diese Schnittstelle können Sie CSV-Dateien aus fast allen Quellen mit Google Data Studio verbinden, auch wenn es keinen passenden Connector gibt. Generell ist es jedoch immer sinnvoll, einen Connector zu verwenden, wenn einer verfügbar ist, da der Connector Ihnen die direkte Anbindung an den Datensatz (Analytics, AdWords, MailChimp, Datenbank etc.) ermöglicht. Bei CSV dagegen müssen die Daten erst aus dem Datensatz extrahiert und dann für Data Studio bereitgestellt werden. Das kann automatisiert oder manuell passieren, ist aber auf alle Fälle mit zusätzlichem Aufwand verbunden.

---

**Hinweis zu den Einschränkungen des Datei-Upload-Connectors**

Für den Connector Datei-Upload gelten folgende Einschränkungen:

- ▶ 1.000 Datensätze pro Nutzer
- ▶ 2 GB Gesamtspeicherplatz pro Nutzer
- ▶ täglich 100 Uploads pro Datensatz
- ▶ maximale Dateigröße von 100 MB pro Datensatz

---

Beachten Sie bitte, dass Ihre Upload-Datei in UTF-8 codiert sein sollte. Dies ist eine Standardcodierung für die meisten Anwendungen im Web. Wenn Sie jedoch Daten von bestimmten Desktop-Produkten wie Microsoft Excel exportieren, müssen Sie möglicherweise Ihre Datei vor dem Hochladen in UTF-8 konvertieren. Excel bietet hierfür beispielsweise eine Speicherung von CSV-Dateien im Format CSV UTF-8 an.

Wie Sie eine Verbindung über den Connector Datei-Upload erstellen, zeigen wir Ihnen in Abbildung 3.19. Legen Sie eine neue Datenquelle mit dem Namen »Datei-Upload« an ❶. Möchten Sie Datenquellen für verschiedene Datei-Uploads anlegen, empfiehlt es sich, den Inhalt der CSV-Datei oder des Unternehmens in die Bezeichnung aufzunehmen. Wählen Sie als Connector DATEI-UPLOAD aus ❷, und ziehen Sie mindestens eine Datei von Ihrem Computer in den Bereich für den Datei-Upload. Klicken Sie alternativ auf HIER KLICKEN, UM DATEIEN HOCHZULADEN, und wählen Sie die gewünschten Dateien aus ❸. Die Dateien werden dem Datensatz ❹ hinzugefügt. In der Übersicht zum Datei-Upload ❺ finden Sie verschiedene Informationen zu Ihrem Datensatz wie den Dateinamen, Größe und Status. Des Weiteren können Sie DATEIEN HINZUFÜGEN, den DATENSATZ LÖSCHEN oder auch die DATEIEN IN GOOGLE CLOUD ANSEHEN. Klicken Sie auf VERBINDEN ❻, um zur Liste mit den importierten Daten zu gelangen. Prüfen Sie in der Feldliste ❼, ob alle Felder vollständig übernommen wurden, der Feldtyp richtig erkannt wurde und bei den Messwerten der Aggregationstyp korrekt ist. Sie können an dieser Stelle auch Felder hinzufügen oder umbenennen. Wie auch bei den Google-Produkt-Connectoren können Sie beim Datei-Upload Ihre Datenquellenanmeldeinformationen ändern. Dies steuert, wer die Daten aus dieser Datenquelle sehen kann. Wenn Sie alle Einstellungen vorgenommen haben, gelangen Sie über den Button BERICHT ERSTELLEN ❽ zur Ansicht BERICHTE.

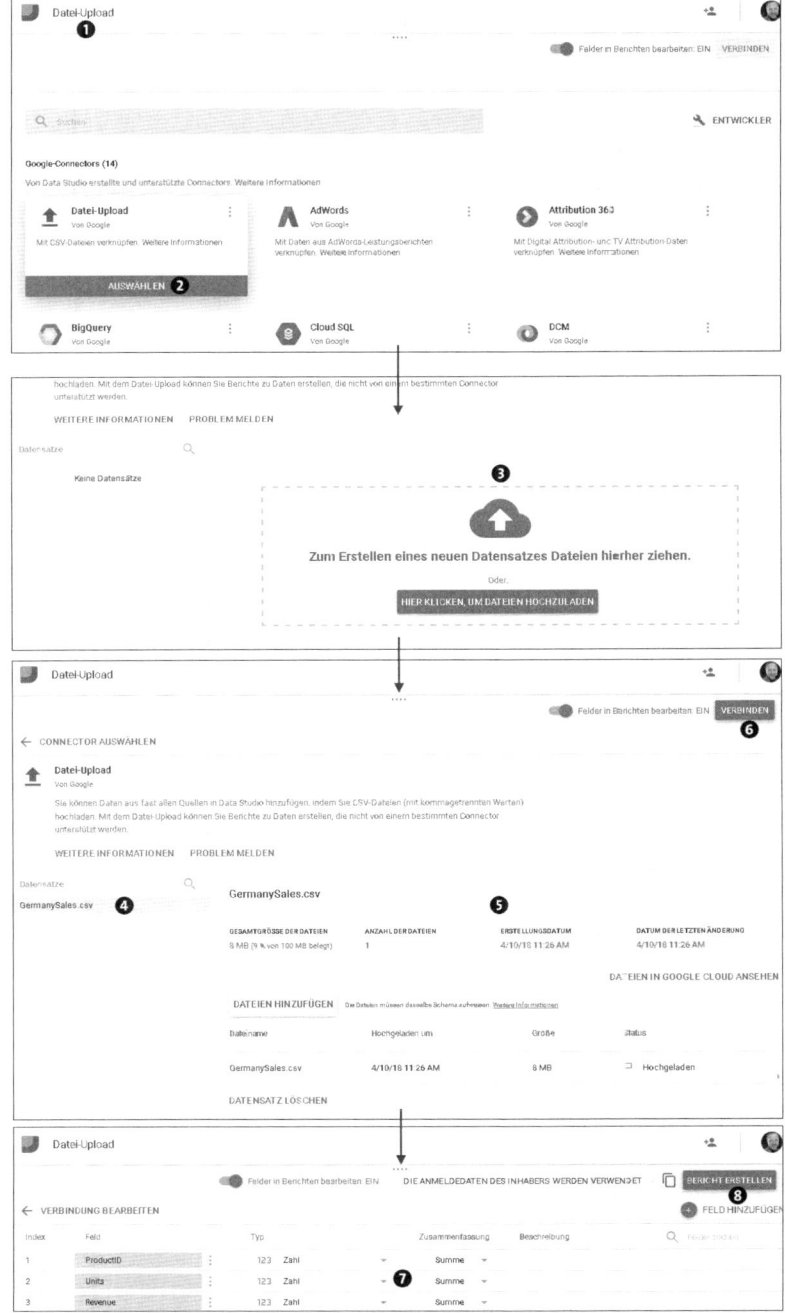

**Abbildung 3.19**  Verbindung mit Datei-Upload herstellen

In Google Data Studio können Sie verschiedene Operationen auf Ebene der Datensätze und Dateien durchführen. Im Kontext von Datei-Uploads ist ein Datensatz eine Gruppe mehrerer Dateien mit derselben Struktur.

Für die Bearbeitung eines Datensatzes gibt es zwei Möglichkeiten: durch Ändern der Verbindung einer Datenquelle, die auf dem Datensatz basiert, oder über den Bereich CONNECTORS.

Wenn Sie einen Datensatz durch Ändern der Verbindung einer Datenquelle verwalten wollen (Abbildung 3.20), gehen Sie zunächst zur Ansicht DATENQUELLEN auf der STARTSEITE ❶. Wählen Sie aus der Datenquellen-Liste die Datenquelle aus ❷, die Sie bearbeiten wollen, klicken Sie auf VERBINDUNG BEARBEITEN ❸, und selektieren Sie anschließend den zu bearbeitenden Datensatz ❹.

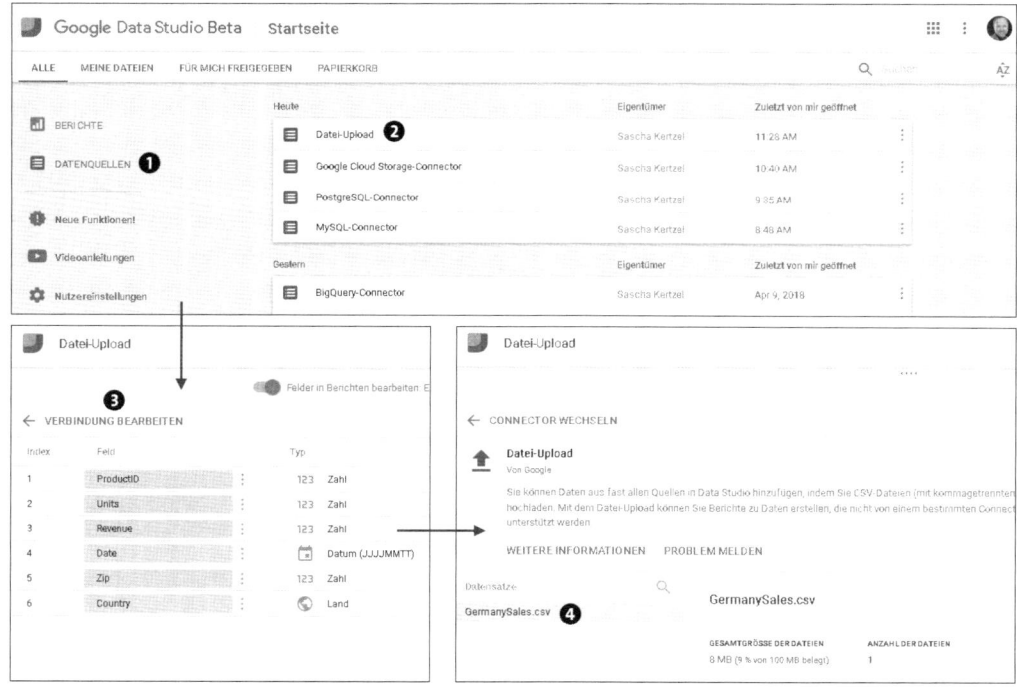

**Abbildung 3.20**  Datensätze für Datei-Uploads verwalten: Verbindung ändern

Zum Verwalten der Datensätze über den Bereich CONNECTORS (Abbildung 3.21) müssen Sie ebenfalls zunächst die Ansicht DATENQUELLEN auf der STARTSEITE aufrufen ❶. Klicken Sie auf das Plus-Symbol (+) ❷, analog zum Anlegen einer neuen Datenquelle. Wählen Sie anschließend den Connector DATEI-UPLOAD aus ❸, und klicken Sie auf den zu bearbeitenden Datensatz ❹.

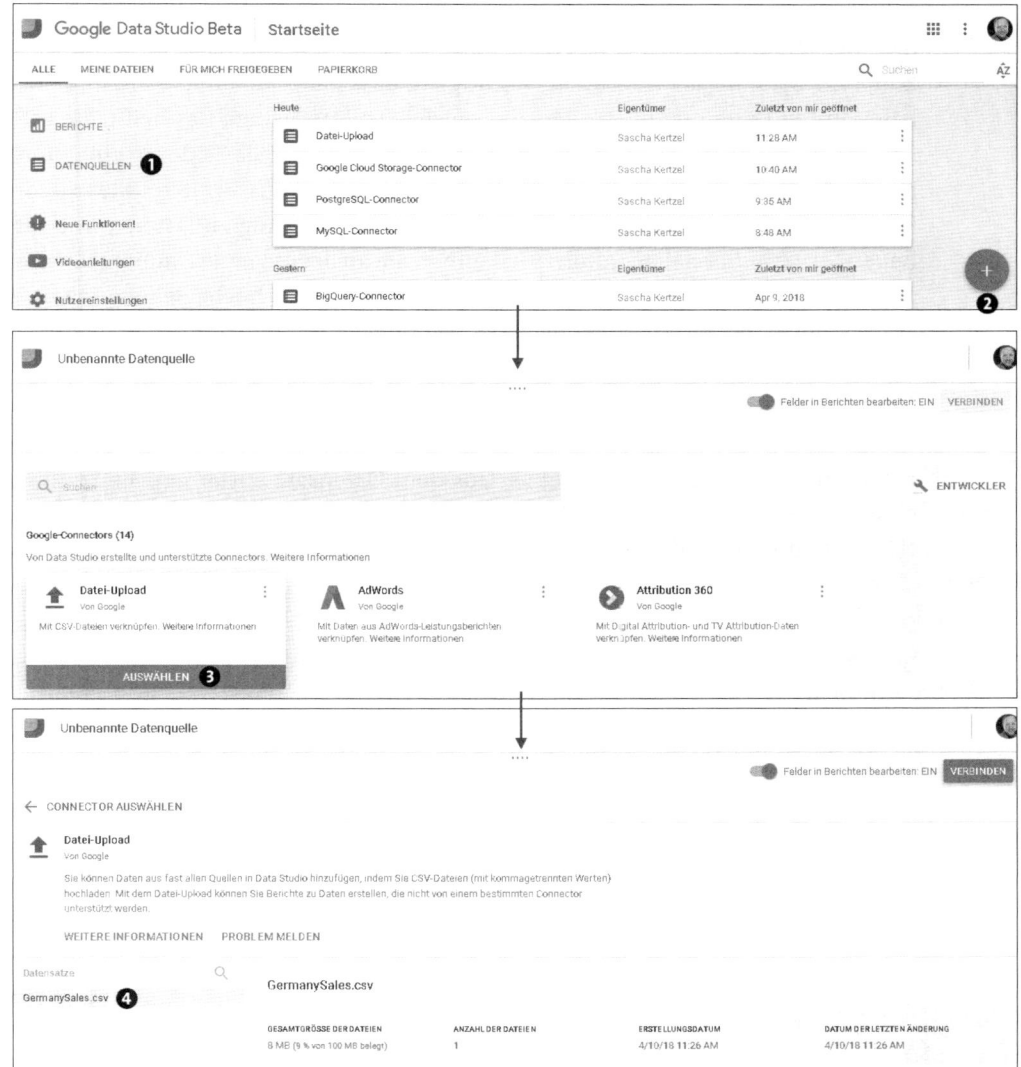

**Abbildung 3.21** Datensätze für Datei-Uploads verwalten: Connector ändern

Wenn Sie den zu bearbeitenden Datensatz geöffnet haben, stehen Ihnen, wie Abbildung 3.22 zeigt, unter anderem folgende Möglichkeiten zur Verfügung:

▶ DATENSATZ UMBENENNEN: Wenn Sie einen Datensatz erstellen, wird er zunächst nach der ersten hochgeladenen Datei benannt. Um den Namen zu ändern, klicken Sie im Bereich DATEIEN ❶ auf den aktuellen Namen und geben einen neuen ein.

▶ DATEIEN HINZUFÜGEN: Sie können einem Datensatz jederzeit weitere Dateien hinzufügen und ihn so kontinuierlich aktualisieren. Klicken Sie hierzu auf

DATEIEN HINZUFÜGEN ❷. Wählen Sie anschließend mindestens eine Datei aus, die hochgeladen werden soll. Die neuen Daten werden automatisch in alle verknüpften Berichte übernommen. Wichtig ist, dass alle Dateien, die Sie in einen bestimmten Datensatz hochladen, die gleiche Struktur haben. Das heißt, die Felder und ihre Reihenfolge müssen übereinstimmen. Wenn Sie Felder in einer vorhandenen Datenquelle hinzufügen oder löschen, müssen Sie alle zuvor hochgeladenen Dateien löschen, bevor Sie eine Verbindung zu Dateien mit der neuen Struktur herstellen. Alternativ können Sie auch eine neue Datenquelle mit der neuen Dateistruktur erstellen. Achten Sie darauf, dass hochgeladene Dateien bestehenden Datensätzen hinzugefügt, aber nicht mit ihnen zusammengeführt werden. Wenn Sie also denselben Datensatz zweimal hochladen, sind die entsprechenden Daten doppelt vorhanden.

▶ DATEIEN LÖSCHEN: Wenn Sie eine einzelne Datei aus Ihrem Datensatz löschen möchten, so können Sie sie jederzeit aus dem Datensatz entfernen. Sie löschen einen Upload, indem Sie den Mauszeiger auf die zu löschende Datei bewegen. Klicken Sie nun auf das Papierkorbsymbol, das rechts angezeigt wird ❸. Diesen Löschvorgang können Sie nicht mehr rückgängig machen.

▶ DATENSATZ LÖSCHEN: Beim Löschen eines Datensatzes werden alle hochgeladenen Dateien dieses Datensatzes endgültig entfernt. Das Löschen eines Datensatzes kann nicht rückgängig gemacht werden. Klicken Sie dazu unten in der Dateiliste auf DATENSATZ LÖSCHEN ❹.

**Abbildung 3.22**  Datensätze und Dateien für Datei-Uploads verwalten

## 3.3   Datenquellen verwalten

Unabhängig davon, welche Art von Datenquellen Sie erstellt haben, gibt es einige grundlegende Funktionen, die Sie immer wieder benötigen werden, beispielsweise das Anpassen der importierten Felder, das Kopieren bzw. Entfernen von Datenquellen oder das Aktualisieren von Verbindungen. In diesem Abschnitt geben wir Ihnen einen Überblick, wie Sie diese Funktionen nutzen und was dabei zu beachten ist.

> **Hinweis zu den Berechtigungen für Datenquellen**
>
> Nur Nutzer, die über die notwendigen Berechtigungen verfügen, können Datenquellen bearbeiten. Mehr zu den Berechtigungen in Datenquellen finden Sie in Kapitel 8, »Berechtigungen«.

Damit Sie beim Bearbeiten nicht versehentlich Datenquellen deaktivieren, die von Berichten verwendet werden, empfehlen wir Ihnen, im Vorfeld die Abhängigkeiten zwischen der Datenquelle und Berichten zu prüfen, und zwar über die Funktion HINZUGEFÜGTE BERICHTE VERWALTEN. Diesen Menüpunkt finden Sie auf der STARTSEITE unter DATENQUELLEN im Überlaufmenü der jeweiligen Datenquelle.

### 3.3.1   Zugriff auf Datenquellen

Um auf eine bestehende Datenquelle zuzugreifen und sie damit bearbeiten zu können, stehen Ihnen zwei Möglichkeiten zu Verfügung: zum einen über die STARTSEITE für Datenquellen, zum anderen über die Berichte. Bei beiden Optionen gelangen Sie zum Datenquelleneditor.

Wenn Sie auf Ihre Datenquelle über die STARTSEITE zugreifen wollen (siehe Abbildung 3.23), klicken Sie auf DATENQUELLEN ❶ und wählen die entsprechende Datenquelle in der Liste direkt aus ❷, oder verwenden Sie das Suchfeld oben rechts ❸.

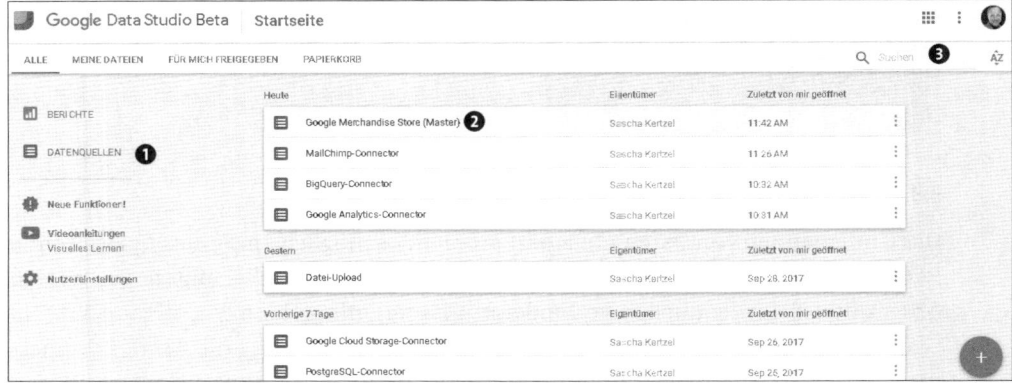

**Abbildung 3.23**  Zugriff auf Datenquellen über die Startseite

Die zweite Möglichkeit, auf eine Datenquelle zuzugreifen, finden Sie in Ihren Berichten (Abbildung 3.24). Jedem Visualisierungselement wie Zeitreihe, Diagramm, Tabelle, Landkarte oder Kurzübersicht ist eine Datenquelle zugeordnet. Wählen Sie hierfür eine Komponente in Ihrem Bericht aus, die auf die gewünschte Datenquelle zugreift ❶. Wenn Sie über die Berechtigung zum Bearbeiten verfügen, finden Sie im Eigenschaftsbereich nun das Symbol zum Bearbeiten von Datenquellen ❷.

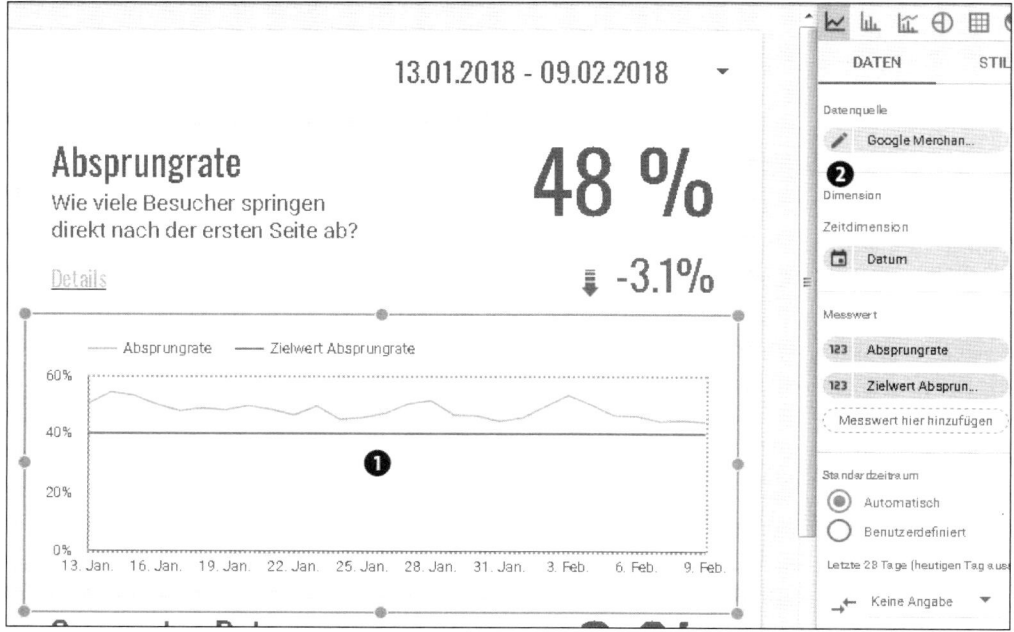

**Abbildung 3.24**  Zugriff auf Datenquellen über Berichte

---

**Hinweis zum Verbinden von Komponente und Datenquelle**

Eine Komponente kann nur mit einer einzelnen Datenquelle verbunden werden. In einem Data-Studio-Bericht können Sie aber so viele Datenquellen anbinden, wie Sie benötigen.

---

### 3.3.2   Datenquelle umbenennen

Das Umbenennen von Datenquellen ist problemlos möglich. In einem zugewiesenen Bericht wird automatisch der neue Name der Datenquelle angezeigt. Wie in Abschnitt 3.2, »Datenquellen verbinden«, erläutert, empfehlen wir, sich im Vorfeld Gedanken über die Namenskonventionen zu machen und z. B. die Art des Connectors und der Inhalte des Datensatzes (Anwendungsbereich) in die Namensgebung einfließen zu lassen.

Wenn Sie eine Datenquelle umbenennen möchten, können Sie sowohl die Ansicht DATENQUELLEN als auch den Datenquelleneditor dafür verwenden. Im ersten Fall (Abbildung 3.25) rufen Sie in der STARTSEITE die Ansicht DATENQUELLEN auf ❶. Suchen Sie in der Liste nach der Datenquelle, die Sie umbenennen wollen, oder verwenden Sie das Suchfeld oben rechts. Wählen Sie die Datenquelle aus, klicken Sie auf das Überlaufmenü ❷, und selektieren Sie UMBENENNEN ❸.

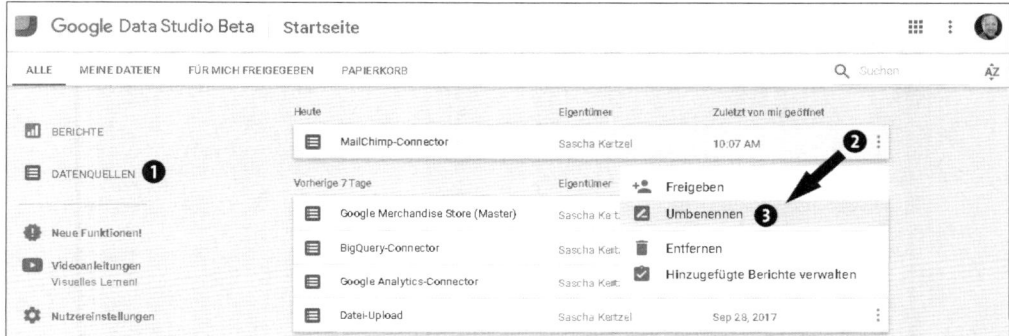

**Abbildung 3.25**  Datenquelle über die Startseite umbenennen

Um den Namen im Datenquelleneditor zu ändern, öffnen Sie zunächst die gewünschte Datenquelle. Klicken Sie dann auf den Titel der Datenquelle, und geben Sie den neuen Namen ein.

### 3.3.3    Felder der Datenquelle bearbeiten

Eine Datenquelle besteht aus Feldern. Jedes Feld besteht aus dem Feldnamen, dem Datentyp und bei Messwerten zusätzlich der Zusammenfassung. Im Folgenden zeigen wir Ihnen, wie Sie ein Feld umbenennen, seinen Datentyp ändern, die Aggregation bei Messwerten umstellen und neue Felder anlegen.

> **Tipp zur Unterscheidung von Dimensionen und Messwerten**
>
> Die Dimensionen und Messwerte können Sie anhand der Farbe der Felder differenzieren. Dimensionen werden als grüne und Messwerte als blaue Felder angezeigt.

#### Felder umbenennen

Die Feldnamen in den Berichtselementen entsprechen den Namen in der Datenquelle. Abhängig von den Berechtigungen in der Datenquelle können Berichtseditoren diese Feldnamen anpassen und damit die Berichte verständlicher für den Berichtsempfänger gestalten. Sie können auf Datenquellenebene die Felder global für alle Berichte umbenennen oder individuell auf Berichtsebene. In diesem Fall gel-

ten Änderungen, die Sie am Namen eines Felds vornehmen, nur für die ausgewählten Elemente in Ihrem aktuellen Bericht. Sie haben keine Auswirkungen auf die
Datenquelle oder Diagramme in anderen Berichten, für die dieselben Felder verwendet werden.

Um die Feldnamen global zu ändern, öffnen Sie zunächst eine Datenquelle (Abbildung
3.26). Klicken Sie auf das Feld, das Sie umbenennen möchten, und geben Sie den neuen
Feldnamen ein ❶. Ihre Änderung wird automatisch für alle Berichte übernommen.

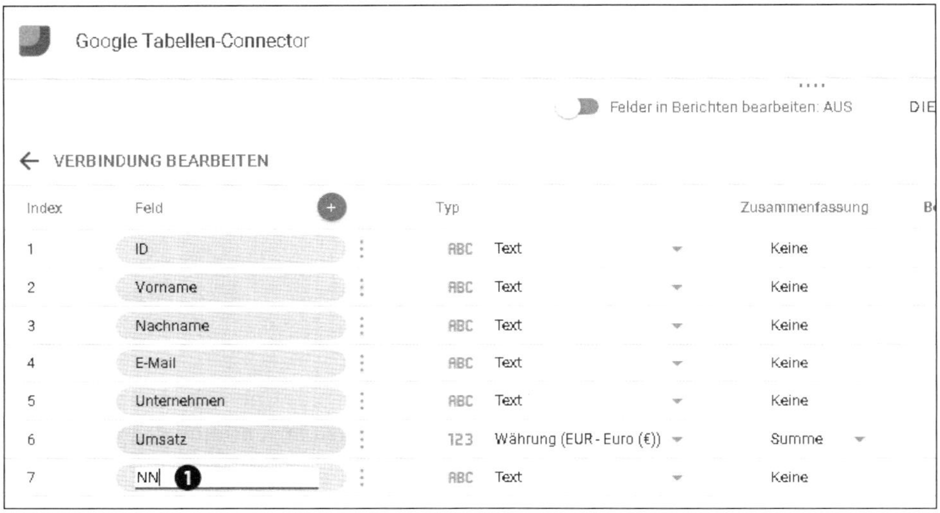

**Abbildung 3.26**  Feldbezeichnung global ändern

Wenn Sie einen Feldnamen nur auf Berichtsebene ändern wollen, muss die Option
zur Änderung aktiviert sein. Bei neuen Datenquellen ist sie standardmäßig aktiviert
(Abbildung 3.27). Sie können die Einstellungen in wenigen Schritten anpassen, indem
Sie eine Datenquelle öffnen und auf FELDER IN BERICHTEN BEARBEITEN ❶ klicken,
um die Option zu aktivieren oder zu deaktivieren.

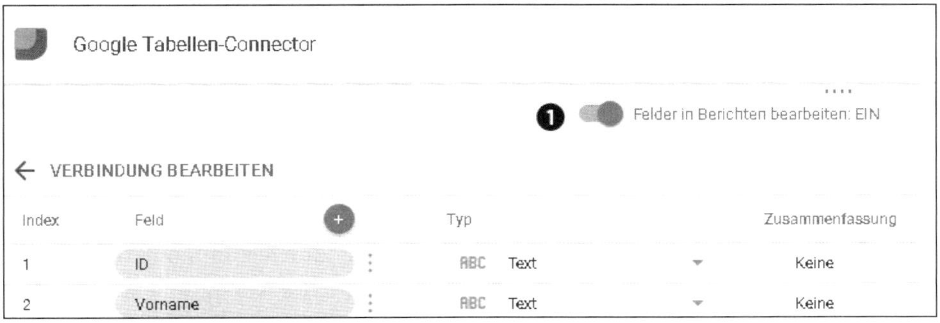

**Abbildung 3.27**  Option »Felder in Berichten bearbeiten« aktivieren

Um Feldnamen auf Berichtsebene zu ändern, öffnen Sie zunächst den entsprechenden Bericht in Google Data Studio (siehe Abbildung 3.28). Wählen Sie dann im
Berichtseditor das Element aus, dessen Feldname geändert werden soll ❶. Klicken Sie
im Eigenschaftenbereich des Elementes auf das Typsymbol des Feldes ❷. Geben Sie
einen neuen Namen für das Feld ein.

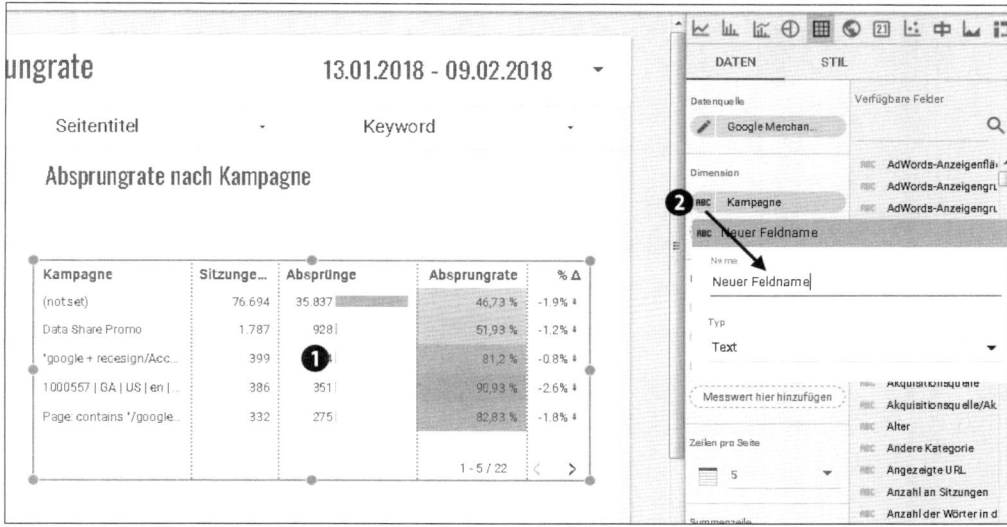

**Abbildung 3.28**  Feldnamen auf Berichtsebene ändern

---

**Hinweis zur Namensänderung von Dimensionen**

Wenn Sie den Namen einer Dimension auf Berichtsebene ändern, bleibt die alte
Dimension in der Auswahlliste erhalten und steht weiterhin zur Verfügung.

---

## Feldtypen ändern

Wenn Sie neue Felder anlegen oder falsch importierte Feldtypen identifizieren, können Sie den Feldtyp einer Datenquelle ändern (Abbildung 3.29). Öffnen Sie die
gewünschte Datenquelle, und wählen Sie unter TYP den benötigten Datentyp aus ❶.
Die Änderungen werden automatisch für alle Berichte übernommen.

---

**Hinweis zur Verifizierung von Feldtypen**

Wenn Sie einen Datenbank-, Datei-Upload- oder Community-Connector nutzen, so
sollten Sie auf alle Fälle die von Google Data Studio identifizierten Feldtypen verifizieren.

---

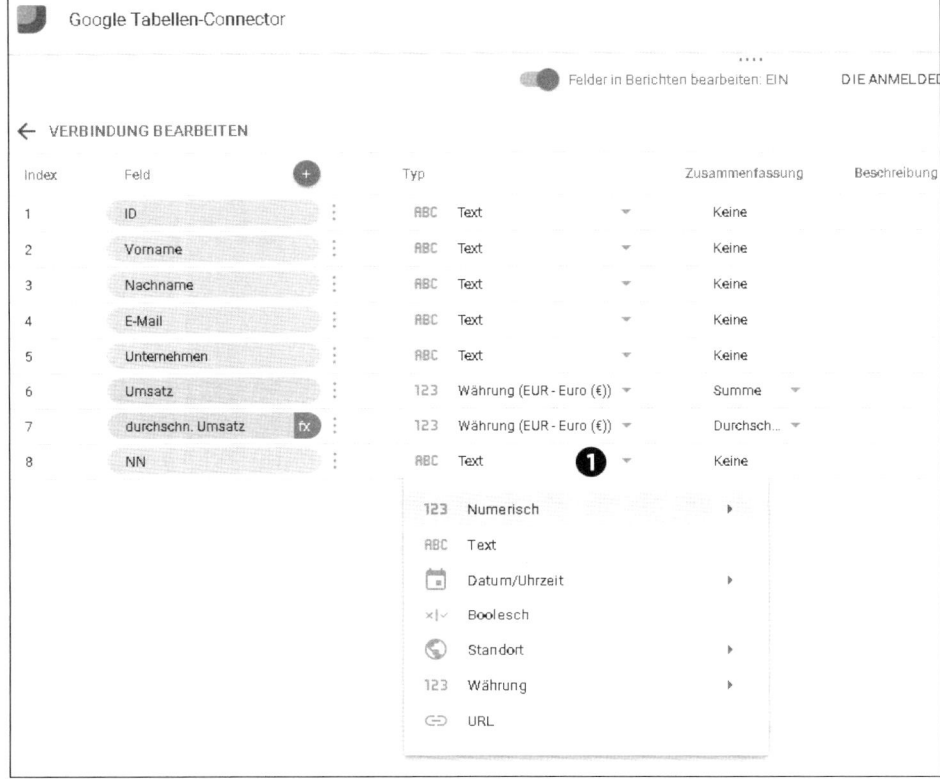

**Abbildung 3.29** Feldtypen ändern

Eine Änderung des Datentyps kann z. B. sinnvoll sein, wenn Datumsangaben anstatt im Format JJJJMMTT als Jahr und Monat angezeigt (JJJJMM) werden sollen. Natürlich ist nicht jeder der Typen für jede Dimension sinnvoll. Wenn Sie eine Dimension mit Datumsangaben haben, sind andere Typen wie STANDORT oder WÄHRUNG dementsprechend nicht geeignet. Ihnen stehen folgende Datentypen zur Verfügung:

▸ NUMERISCH: Sie können zwischen der Darstellung als Zahl, in Prozent oder als Dauer (in Sekunden) wählen.

▸ TEXT: Die Dimension wird als Text angezeigt.

▸ DATUM/UHRZEIT: Unter DATUM/UHRZEIT finden Sie eine Reihe von unterschiedlichen Optionen, die es ermöglichen, nur Jahr oder Tage oder das gesamte Datum in verschiedenen Formen anzuzeigen.

▸ BOOLESCH: Die Dimension wird als boolescher Wert (ja/nein, wahr/falsch etc.) angezeigt.

▸ STANDORT: Sie können zwischen unterschiedlichen Standortanzeigen – wie Land, Postleitzahl oder Stadt – auswählen.

▶ WÄHRUNG: Ihnen stehen die gängigsten Währungen wie Euro, Dollar oder Pfund zur Auswahl.

▶ URL: Die URL der Dimensionskategorien wird angezeigt.

Sie können den Feldtyp ebenfalls auf Berichtsebene ändern. Hierfür rufen Sie wie bei der Änderung von Feldnamen auf Berichtsebene zunächst den entsprechenden Bericht auf. Klicken Sie nun im Eigenschaftsbereich auf das Typsymbol einer Dimension ❶. Anschließend wählen Sie den gewünschten Typ aus ❷.

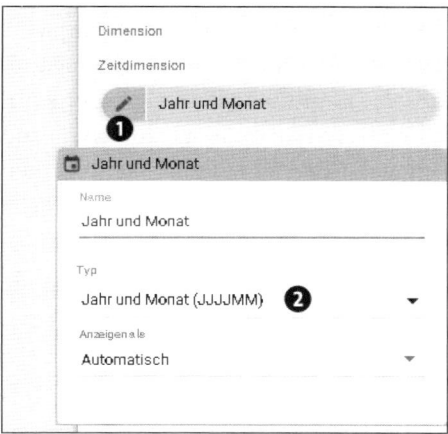

**Abbildung 3.30**  Feldtyp im Bericht ändern

### Aggregation (Zusammenfassung) ändern

Mit Hilfe von *Aggregationen* werden einzelne Messwerte zusammengefasst. Beispielsweise lässt sich aus einer Menge von Zahlen der Mittelwert, das Minimum bzw. Maximum oder die Summe bestimmen. In der deutschsprachigen Version von Google Data Studio werden Aggregationen als ZUSAMMENFASSUNG bezeichnet. Tabelle 3.1 gibt Ihnen eine Übersicht über die möglichen Funktionen und zeigt Ihnen, für welche Anwendungsfälle diese am besten geeignet sind.

| Aggregationsfunktion | Beschreibung |
|---|---|
| KEINE | Der Messwert wird in eine Dimension umgewandelt. Hilfreich, wenn Sie z. B. einen Messwert zusätzlich als Text ausgeben wollen. |
| DURCHSCHNITTLICH | Gibt den Durchschnitt aller Messwerte zurück. |
| ANZAHL | Gibt die Anzahl der Messwerte zurück. |
| EINZELN ZÄHLEN | Gibt die Anzahl der eindeutigen Messwerte zurück. |

**Tabelle 3.1**  Übersicht über die Aggregationsfunktionen

| Aggregationsfunktion | Beschreibung |
|---|---|
| Max. | Gibt den Maximalwert der Messwerte zurück. |
| Min. | Gibt den Minimalwert der Messwerte zurück. |
| Summe | Gibt die Summe aller Messwerte zurück. |

**Tabelle 3.1** Übersicht über die Aggregationsfunktionen (Forts.)

Die Aggregationen in einem Berichtselement entsprechen denen in der Datenquelle. Je nach Einstellungen in der Datenquelle können Berichtseditoren diese Aggregationen ändern. Die Zusammenfassung automatisch zusammengefasster Felder kann allerdings nicht modifiziert werden. Die meisten Messwerte in Google Analytics und AdWords sind zum Beispiel bereits zusammengefasst und lassen sich nicht bearbeiten. Die Art der Aggregation können Sie global für alle Berichte in der Datenquelle bestimmen oder individuell auf Berichtsebene.

Um die Zusammenfassung für alle Berichte zu ändern (Abbildung 3.31), öffnen Sie zunächst die betroffene Datenquelle und wählen unter ZUSAMMENFASSUNG ❶ den gewünschten Aggregationstyp aus. Die Änderungen werden automatisch für alle Berichte übernommen.

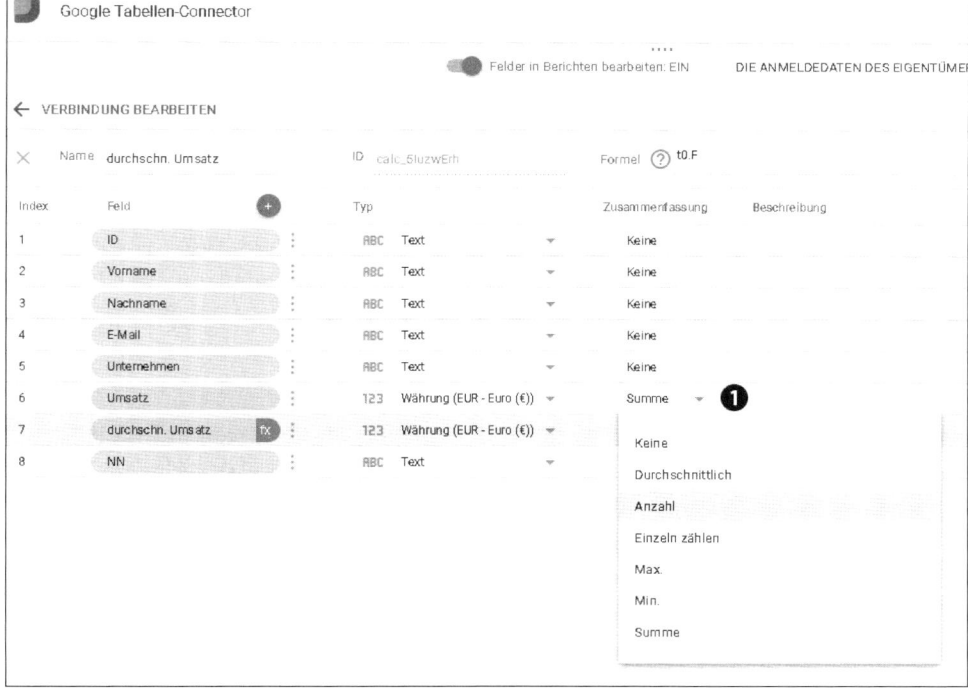

**Abbildung 3.31** Zusammenfassung global ändern

In Abbildung 3.32 zeigen wir Ihnen, wie Sie die Aggregation auf Berichtsebene ändern. Öffnen Sie zunächst einen Bericht, und wähler. Sie dann die Komponente im Berichtseditor aus, deren Aggregationstyp Sie ändern wollen ❶. Klicken Sie im Eigenschaftenbereich auf das Typensymbol ❷. Selektieren Sie die gewünschte Zusammenfassung (z. B. DURCHSCHNITTLICH) ❸. Damit der Berichtsempfänger die aggregierten Kennzahlen richtig interpretieren kann, empfehlen wir, die geänderte Zusammenfassung in den Namen der Kennzahl aufzunehmen ❹.

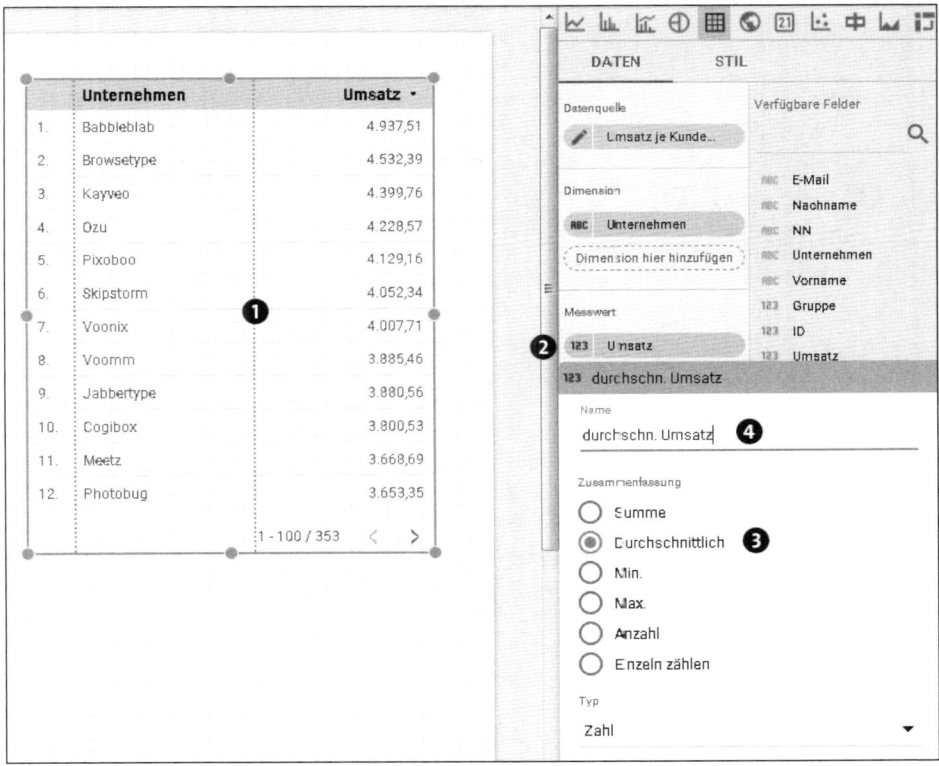

**Abbildung 3.32** Zusammenfassung auf Berichtsebene ändern

### Felder duplizieren

Stellen Sie sich vor, Sie wollen zusätzlich zum Umsatz je Kunden den durchschnittlichen Umsatz auswerten. Dafür müssen Sie einen neuen Messwert erstellen. Neue Messwerte oder Dimensionen können Sie einfach auf Grundlage bestehender Felder generieren. In diesem Fall könnten Sie den bestehenden Messwert UMSATZ kopieren, einen neuen Namen zuweisen und den Aggregationstyp anpassen. In Abbildung 3.33 zeigen wir Ihnen, wie Sie dabei vorgehen: Öffnen Sie eine Datenquelle, und klicken Sie auf das Feld, das Sie duplizieren möchten. Wählen Sie im Überlaufmenü ❶ DUPLIZIEREN aus ❷. Ein neues Feld mit dem Titel KOPIE VON "[FELDNAME]", in unserem

Beispiel KOPIE VON "UMSATZ", wird angezeigt. Klicken Sie auf den Feldnamen, um ihn zu ändern ❸. Öffnen Sie für das neue Feld das Dropdown-Menü in der Spalte ZUSAMMENFASSUNG, und selektieren Sie als Aggregation DURCHSCHNITTLICH ❹.

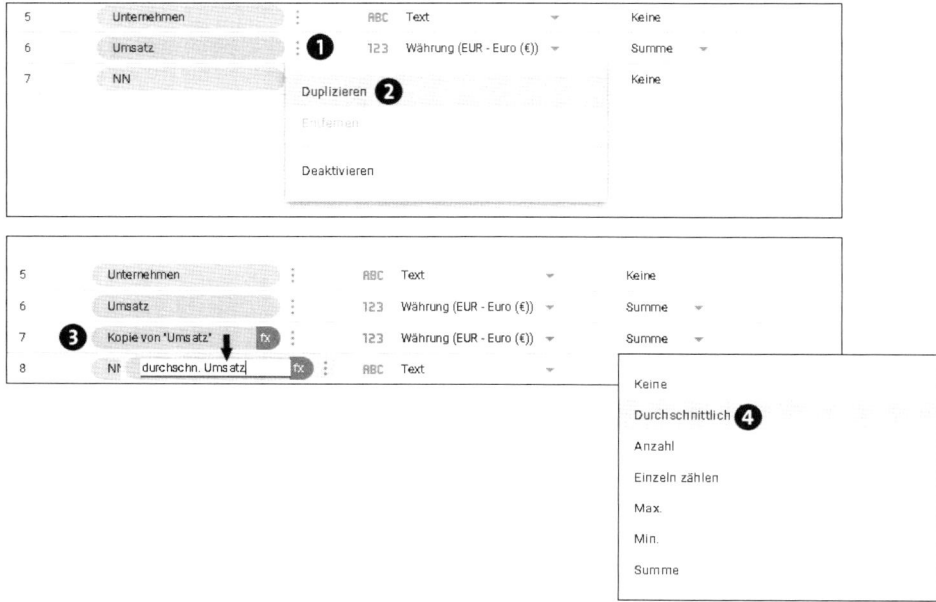

**Abbildung 3.33** Felder duplizieren

Google Data Studio bietet auch die Möglichkeit, mit Hilfe von Formeln neue berechnete Felder anzulegen. In Kapitel 4, »Eigene Dimensionen und Messwerte erstellen«, gehen wir detailliert darauf ein.

### 3.3.4  Datenquellen kopieren

Mit der Funktion DATENQUELLE KOPIEREN können Sie verschiedene Varianten einer Datenquelle – z. B. mit geänderten Dimensionen, Messwerten oder berechneten Feldern – anlegen oder eine Datenquelle als Backup sichern. Die Kopie enthält alle Felder inklusive der Feldtypen, die Aggregationen sowie die Anmeldedaten für die Datenquelle. Wie Sie verhindern können, dass eine Datenquelle kopiert wird, lesen Sie in Kapitel 8, »Berechtigungen«.

**Hinweis zum Kopieren von Datenquellen**

Damit die Datenquelle 1:1 kopiert werden kann, müssen allerdings einige Voraussetzungen erfüllt sein. So muss die Struktur des neuen Datensatzes genau mit dem Original übereinstimmen, und Sie benötigen für beide Datensätze die gleichen Berechtigungen.

In Abbildung 3.34 zeigen wir Ihnen, wie Sie eine Datenquelle kopieren. Öffnen Sie die entsprechende Datenquelle, und klicken Sie auf das Icon ❶, um eine Kopie der Datenquelle zu erstellen. Klicken Sie anschließend im Bestätigungsdialogfeld auf DATENQUELLE KOPIEREN ❷. Nun wird die neue Datenquelle im Datenquelleneditor angezeigt. Sie haben jetzt die Möglichkeit, diverse Anpassungen vorzunehmen; benennen Sie etwa die Datenquelle um, oder bearbeiten Sie die Felder. Wie Sie dabei vorgehen, haben wir in den vorhergehenden Abschnitten beschrieben.

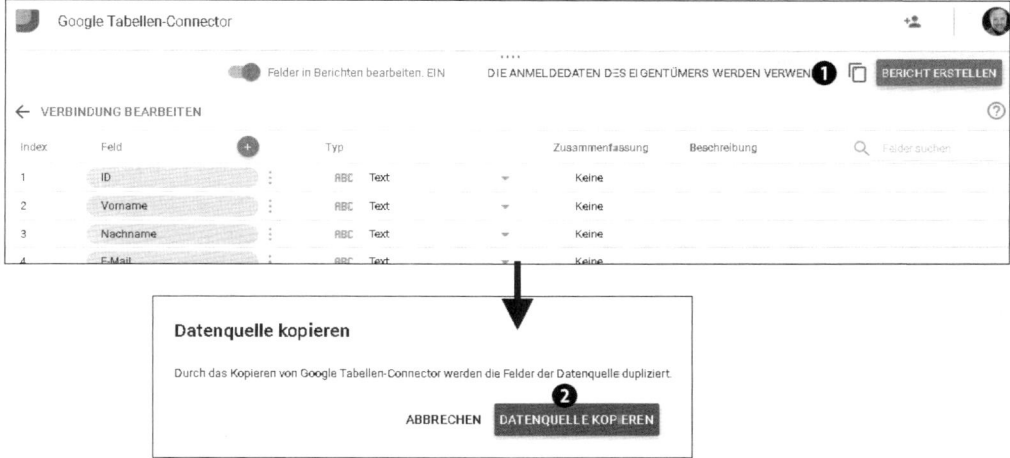

**Abbildung 3.34** Datenquellen kopieren

---

**Hinweise für einen reibungslosen Kopiervorgang**

▶ Um einen reibungslosen Kopiervorgang zu garantieren, vermeiden Sie, dass währenddessen Änderungen an der Datenquelle durchgeführt werden.

▶ Bei Google-Analytics- und AdWords-Datenquellen sowie Datenquellen zum Datei-Upload wird zusätzlich das Feld CONNECTORS angezeigt. Hier müssen Sie sich erneut mit dem Connector verbinden. Wählen Sie den Datensatz für die neue Datenquelle aus, und klicken Sie dann auf ERNEUT VERBINDEN.

---

### 3.3.5 Datenquellen entfernen

Wenn Sie eine Datenquelle löschen, dann wird sie zunächst in den Papierkorb verschoben. Dadurch wird die Datenquelle aus allen Berichten entfernt, denen sie hinzugefügt wurde. Die Datenquelle ist damit jedoch noch nicht vollständig gelöscht. Um eine Datenquelle endgültig zu löschen (siehe Abbildung 3.35), gehen Sie auf die Ansicht DATENQUELLEN auf der Google-Data-Studio-STARTSEITE. Selektieren Sie die Datenquelle, die Sie entfernen möchten, rufen Sie das Überlaufmenü auf ❶, und klicken Sie auf ENTFERNEN ❷. Die Datenquelle befindet sich jetzt im Papierkorb. Wenn Sie die Datenquelle wiederherstellen oder endgültig löschen wollen, wechseln Sie in die Ansicht PAPIERKORB ❸, klicken auf die gewünschte Datenquelle und bestätigen in dem angezeigten Dialogfenster, welche Aktion Sie durchführen wollen.

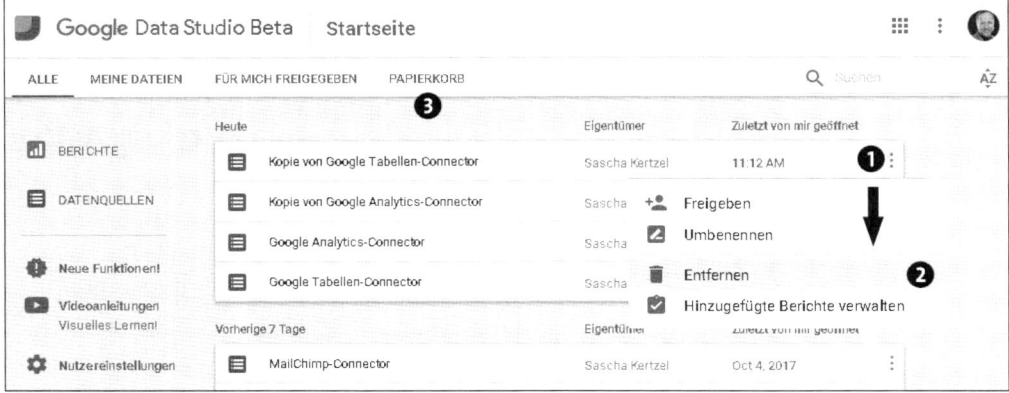

**Abbildung 3.35** Datenquellen entfernen

> **Hinweis zum Entfernen einer Datenquelle**
>
> Beim Entfernen einer Datenquelle werden Sie nicht gewarnt, wenn diese noch in Berichten verwendet wird. Über die Option HINZUGEFÜGTE BERICHTE VERWALTEN im Überlaufmenü ❶ der Datenquelle werden die mit der Datenquelle verknüpften Berichte angezeigt.

### 3.3.6 Datenquellenfelder oder -verbindung aktualisieren

Wenn Sie Änderungen an der zugrundeliegenden Struktur Ihres Datensatzes vornehmen, werden sie nicht automatisch berücksichtigt. Das kann zum Beispiel der Fall sein, wenn Sie die Struktur eines Datensatzes ändern, wie z. B. neue Felder hinzufügen, oder wenn Sie einen anderen Datensatz verwenden wollen. Wenn sich der Datensatz ändert, müssen Sie, abhängig von der Änderung, die Datenquellenfelder oder -verbindungen daher manuell aktualisieren.

**Felder der Datenquelle aktualisieren**

Wenn die Struktur des zugrundeliegenden Datensatzes geändert wurde, müssen Sie sie in Data Studio replizieren. Dies kann der Fall sein, wenn Sie im Datensatz Felder hinzugefügt, entfernt oder deren Reihenfolge geändert haben. Damit Ihre Berichte weiterhin funktionieren, sollten Sie die Felder der Datenquelle aktualisieren.

**Hinweis zum Aktualisieren einer Datenquelle**

Wenn Sie eine Datenquelle aktualisieren wollen, müssen Ihnen die notwendigen Rechte zugewiesen sein. Wenn Sie nur Betrachter eines Berichtes sind, können Sie keine Datenquellen aktualisieren.

Um eine Datenquelle zu aktualisieren (Abbildung 3.36), öffnen Sie die entsprechende Datenquelle und klicken links unten auf FELDER AKTUALISIEREN ❶. Falls Änderungen vorhanden sind, werden sie in einem Popup-Fenster angezeigt. Bestätigen Sie den Hinweis mit ÜBERNEHMEN ❷, um die Änderungen in die Datenquelle zu speichern.

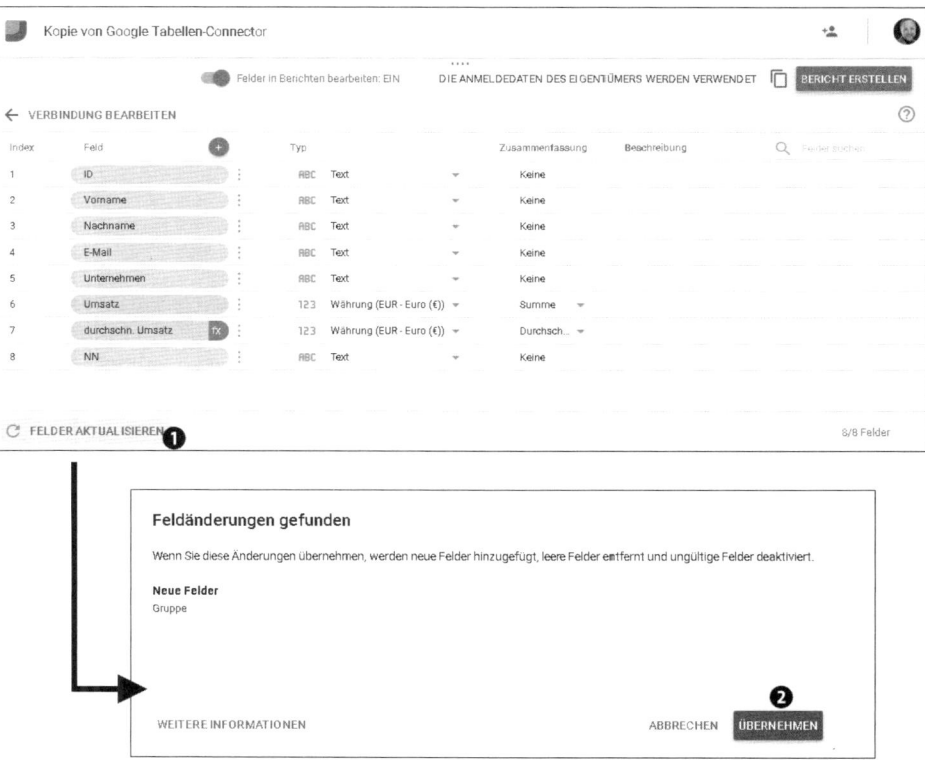

**Abbildung 3.36**  Felder der Datenquelle aktualisieren

### Neuen Datensatz anbinden

In manchen Fällen ist es notwendig, den Datensatz einer vorhandenen Datenquelle zu ändern, beispielsweise wenn Sie in Google Analytics eine neue Datenansicht erstellt haben, die zukünftig für Ihr Berichtswesen genutzt werden soll. Daher können Sie hier den neuen Datensatz anbinden und die aktuellen Konfigurationen weitestgehend beibehalten.

**Hinweis zum erneuten Verbinden einer Datenquelle**

Nur wenn Sie der Inhaber der Datenquelle sind, können Sie sie neu verbinden. Die Berechtigung als Bearbeiter für die Datenquelle ist nicht ausreichend.

Um den Datensatz einer Datenquelle zu ändern (Abbildung 3.37), öffnen Sie zunächst die entsprechende Datenquelle und klicken dann auf Verbindung bearbeiten ❶, um den neuen Datensatz zuzuweisen ❷. Klicken Sie dann auf Erneut Verbinden ❸. In Data Studio werden gegebenenfalls die durch diese Aktion geänderten Felder angezeigt. Klicken Sie abschließend auf Übernehmen ❹.

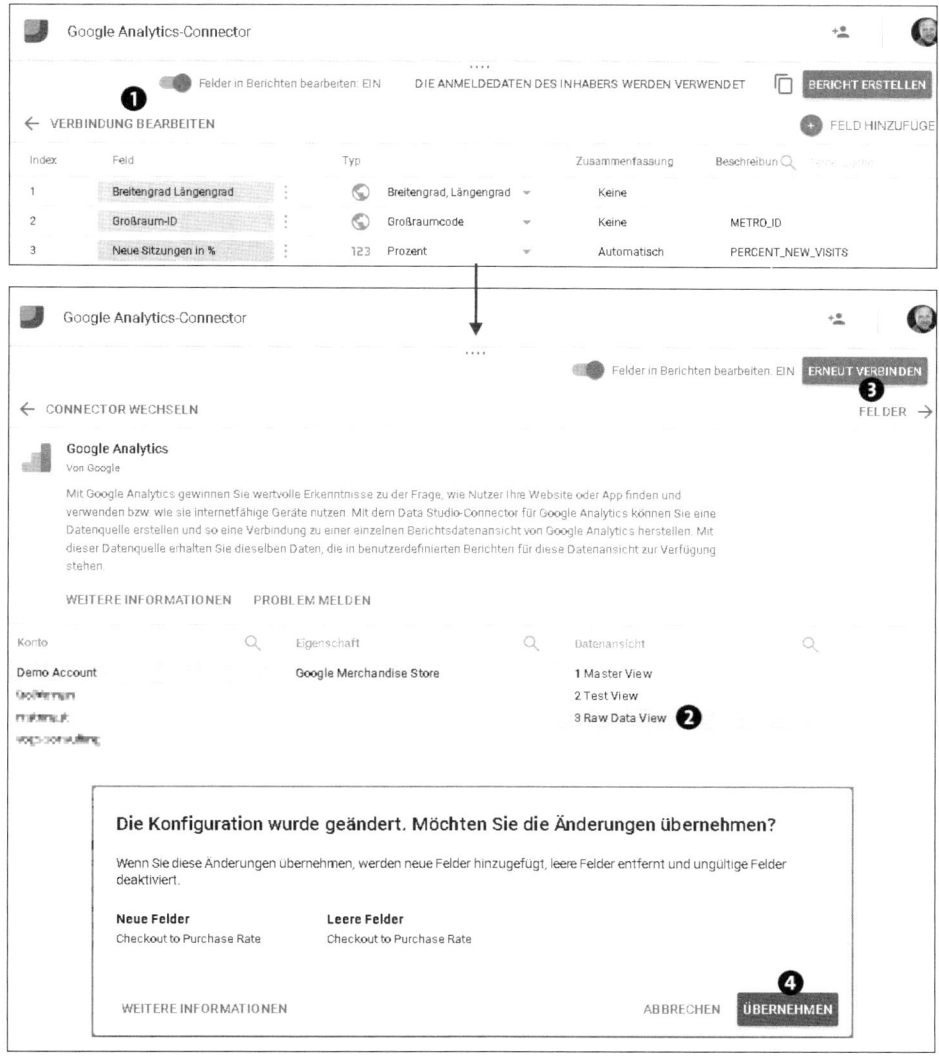

**Abbildung 3.37**  Neuen Datensatz anbinden

## 3.4 Zusammenfassung

Wenn Sie dieses Kapitel durchgearbeitet haben, besitzen Sie nun einen umfassenden Überblick darüber, was es bei der Anbindung von Datenquellen in Google Data Studio zu beachten gibt. Sie kennen die Funktionen des Datenquelleneditors und wissen, wie Sie Ihre Daten mit Hilfe der passenden Connectoren anbinden.

Neben der Anbindung der Datenquellen haben Sie die grundlegenden Funktionen zum Bearbeiten und Verwalten der Datenquellen wie z. B. das Erstellen, Löschen oder Umbenennen kennengelernt.

# Kapitel 4

# Eigene Dimensionen und Messwerte erstellen

*Nicht immer liegen die Informationen in Ihrem Datensatz in der gewünschten Form vor. In diesem Kapitel lernen Sie, wie Sie mit Hilfe des Formeleditors die gewünschten Dimensionen und Messwerte erstellen.*

Für die Umsetzung Ihrer Dashboards werden Sie nicht immer alle Informationen in Ihrem Datensatz in der gewünschten Form vorfinden. Dann lässt es sich nicht vermeiden, Ihre Daten mit weiteren Informationen anzureichern oder aus den vorhandenen Feldern weitere Daten abzuleiten. Häufig liefern auch die Rohdaten nicht die gewünschte Datenqualität; sie müssen dann vor der weiteren Verarbeitung zunächst bereinigt werden. Hierfür verfügt Google Data Studio über einen Formeleditor, mit dessen Hilfe Sie Dimensionen und Messwerte für Ihre Anforderungen erstellen können.

In diesem Kapitel lernen Sie die wichtigsten Funktionen des Formeleditors kennen. Sie erhalten einen Überblick über die mathematischen Formeln sowie die wesentlichen Funktionen für Ortsangaben, Datum/Zeit und Text. Für jede Formelart werden wir den Aufbau der Formel erklären, die unterschiedlichen Anpassungsoptionen vorstellen und die Verwendung anhand zahlreicher praxisnaher Anwendungsbeispiele beschreiben.

Darüber hinaus erfahren Sie, wie Sie einen Datentyp in einen anderen Datentyp konvertieren. Anschließend gehen wir auf die Verwendung von Fallunterscheidungen ein. Sie lernen in diesem Abschnitt, wie Sie mit Hilfe einer Wenn-dann-Bedingung neue Dimensionen und Messwerte kreieren.

Eine weitere Funktion, die wir Ihnen vorstellen werden, sind eingeschränkte Messwerte, mit denen Sie Dimensionen und Messwerte kombinieren und so neue Kennzahlen erstellen und auswerten. Sie lernen, wie Sie eingeschränkte Messwerte einsetzen und welche Unterschiede es bei der Verwendung von Connectoren mit flexiblem und festem Schema gibt.

## 4.1 Neue Dimensionen und Messwerte hinzufügen

Falls in Ihrem Datensatz die Dimensionen und Messwerte nicht in der benötigten Form vorliegen, können Sie die gewünschten Ausprägungen mit Formeln berechnen. Die durch Formeln erzeugten Dimensionen und Messwerte werden bei jedem Aufruf des Berichts neu berechnet und können in den Berichten genauso verwendet werden wie die Felder aus dem Datensatz.

---

**Hinweise zur Verwendung von Formeln, Dimensionen und Messwerten**

▶ Beachten Sie, dass für Felder, die originär aus dem Datensatz stammen, keine Formeln angewendet werden können. Diese müssen Sie zunächst über das Überlaufmenü duplizieren und die Formel in dem neu entstandenen Feld einsetzen. Wie Sie dabei vorgehen, haben wir in Kapitel 3, »Datenquellen mit Google Data Studio verbinden und bearbeiten«, beschrieben.

▶ Dimensionen und Messwerte werden im Datenquelleneditor bunt gemischt angezeigt. Sie können sie jedoch anhand der Farbe der Felder differenzieren. Dimensionen werden als grüne und Messwerte als blaue Felder angezeigt.

▶ Damit Sie eigene Dimensionen und Messwerte im Datenquelleneditor erstellen können, müssen Sie über die *Berechtigung* zum Bearbeiten von Datenquellen verfügen. Mehr zu den Berechtigungen finden Sie in Kapitel 8, »Berechtigungen«.

---

Ihnen stehen verschiedene Funktionen zur Verfügung, um Ihre Daten in ein anderes Format zu konvertieren oder den Datentyp für Ihre Berichte zu ändern. Sie können z. B. mathematische Berechnungen durchführen, Texte formatieren oder Dimensionswerte anhand logischer Vergleiche befüllen. In Abbildung 4.1 finden Sie eine Übersicht über die zur Verfügung stehenden Funktionen.

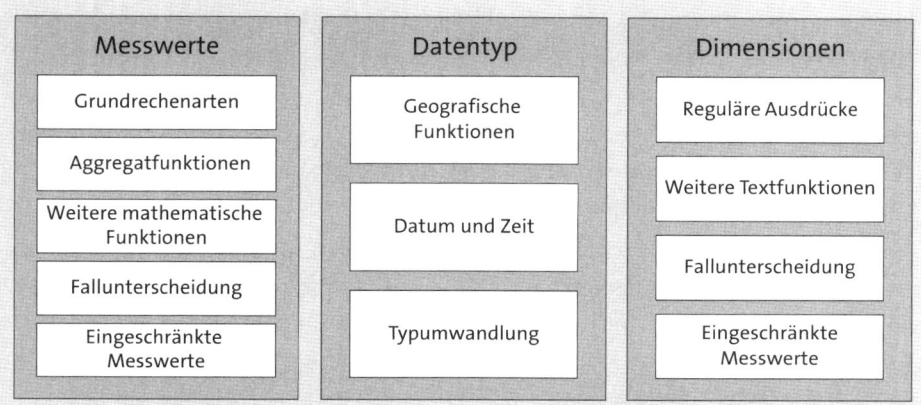

**Abbildung 4.1** Übersicht über die Funktionen im Formeleditor

## 4.2 Der Formeleditor

Wenn Sie eine Dimension oder einen Messwert mit Hilfe einer Formel anpassen möchten, benötigen Sie dazu den Formeleditor. Wie Sie den Formeleditor benutzen, zeigen wir Ihnen in Abbildung 4.2. Öffnen Sie zunächst die zu bearbeitende Datenquelle, und legen Sie ein neues Feld an, indem Sie auf das blaue Plussymbol (+) FELD HINZUFÜGEN oben rechts klicken ❶. Geben Sie einen Namen für das neue Feld ein ❷. Dieser Name wird später auch im Bericht angezeigt. Data Studio vergibt automatisch eine technische FELD-ID ❸ für das neue Feld. Geben Sie die Formel ein ❹, und klicken Sie auf SPEICHERN ❺.

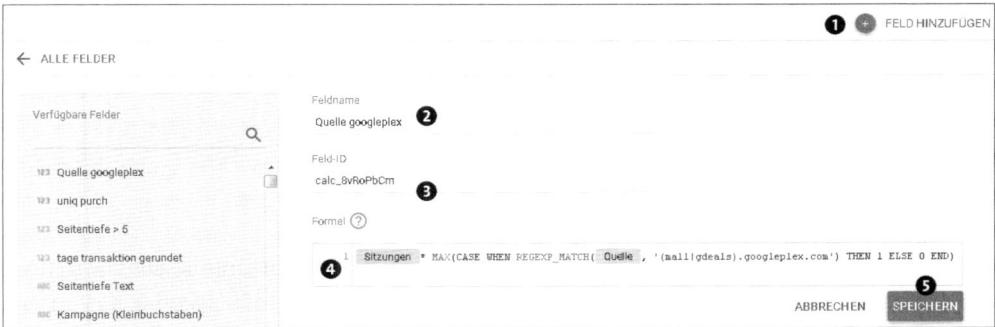

**Abbildung 4.2** Übersicht zum Formeleditor

Data Studio unterstützt Sie bei der Eingabe durch automatische Vorschläge zu Funktionen, Dimensionen und Messwerten. Wenn Sie auf eine Funktion in der Formel klicken, wird die Hilfe dazu eingeblendet. Weitere Informationen zum Bearbeiten von Datenquellen finden Sie in Kapitel 3, »Datenquellen mit Google Data Studio verbinden und bearbeiten«.

---

**Hinweise zur Verwendung von Funktionen**

▶ Die Namen der Funktionen können Sie wahlweise in Groß- oder Kleinbuchstaben schreiben. Data Studio konvertiert diese automatisch in Großbuchstaben.

▶ Wenn Sie Textargumente in Ihren Funktionen verwenden, müssen diese in einfachen Anführungszeichen (' . . . ') eingeschlossen sein.

▶ In einer Formel können Sie mehrere Funktionen und Operatoren verschachteln.

---

## 4.3 Mathematische Formeln

Google Data Studio ermöglicht es nicht nur, Berichte aus verschiedenen Datenquellen zu erzeugen. Sie können ebenfalls eindrucksvolle Präsentationen oder wissenschaftliche Visualisierungen erstellen. Aus diesem Grund bietet Google Data Studio nicht nur Grundrechenelemente wie Addieren oder Multiplizieren, sondern auch Elemente, die eher im naturwissenschaftlichen Bereich Platz finden, wie die Möglichkeit, logarithmische Werte darzustellen oder den Cosinus zu berechnen. Dabei gilt es zu beachten, dass bei allen Funktionen der zu konvertierende Parameter »Zahl« entweder eine numerische Konstante, ein numerisches Feld oder einen Ausdruck, der ein numerisches Ergebnis zurückliefert, enthalten muss.

### 4.3.1   Grundrechenarten

Die Verwendung von mathematischen Operatoren ist die einfachste Art, neue Dimensionen anzulegen. Google Data Studio unterstützt die folgenden Operatoren für numerische Konstanten und Felder:

▶ Addition: +

▶ Subtraktion: -

▶ Division: /

▶ Multiplikation: *

In Data Studio gelten die gewohnten Rechenregeln der Arithmetik. Dies bedeutet, dass Formeln von links nach rechts berechnet werden. Sofern keine Klammern gesetzt sind, haben Multiplikation und Division grundsätzlich Vorrang vor Addition und Subtraktion. Um die Reihenfolge der Berechnung festzulegen, können Sie Ausdrücke in Klammern setzen.

Beispiel: Die folgende Formel gibt das Ergebnis -1 zurück, da die Multiplikation vor der Addition ausgeführt wird. Es werden also die Zahlen 2 und 4 multipliziert und 7 vom Ergebnis subtrahiert.

```
7-2*4=-1
```

Wenn Sie jedoch Klammern in der Formelsyntax verwenden, werden die Zahlen 7 und 2 subtrahiert und anschließend das Ergebnis mit 4 multipliziert:

```
(7-2)*4=20
```

### 4.3.2   Aggregatfunktionen

Mit Hilfe von Aggregationen werden einzelne Messwerte zusammengefasst. In Kapitel 3 haben wir uns in Zusammenhang mit den Datenquellen bereits mit den Aggregationen (Zusammenfassungen) im Datenquelleneditor beschäftigt. Im Formeleditor stehen Ihnen neben den bereits bekannten Aggregationen weitere Funktionen zur Verfügung. Diese haben wir in Tabelle 4.1 zusammengefasst. Die Beispiele beruhen auf Abbildung 4.3, in der die verkauften Mengen pro Monat dargestellt werden.

**Hinweis zur Verwendung von Aggregatfunktionen**

Die Aggregatfunktionen können nur auf noch nicht aggregierte Messwerte angewendet werden. Das heißt, in der Spalte ZUSAMMENFASSUNG darf keine Aggregation ausgewählt sein.

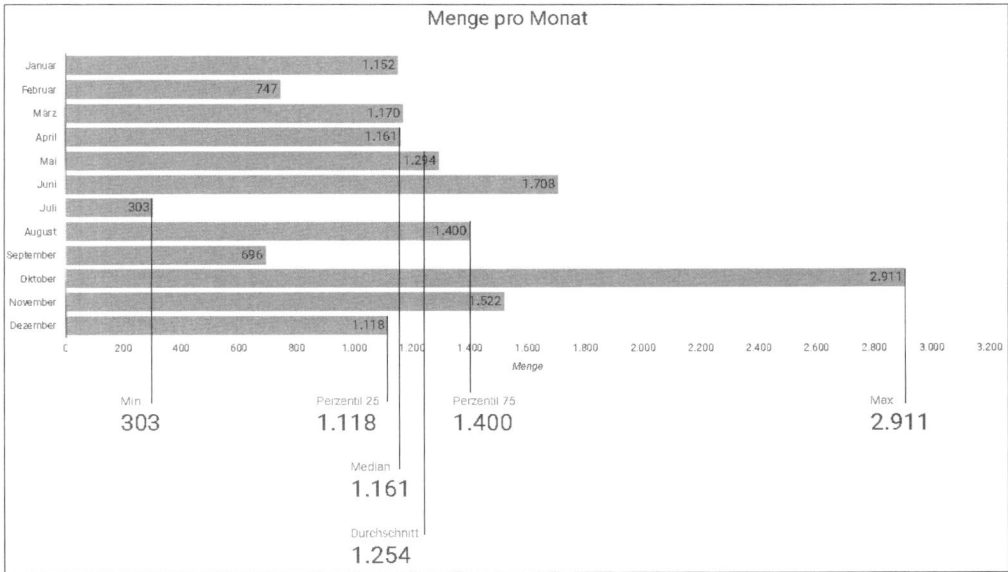

**Abbildung 4.3** Auszug aus den Aggregatfunktionen

| Funktion (Syntax) | Beschreibung und Beispiele |
|---|---|
| AVG(Zahl) | Gibt den Durchschnitt aller Werte zurück.<br>Beispiel: AVG(Menge) = 1.254 |
| MAX(Zahl) | Gibt den Maximalwert zurück.<br>Beispiel: MAX(Menge) = 2.911 |
| MIN(Zahl) | Gibt den Minimalwert zurück.<br>Beispiel: MIN(Menge) = 303 |
| MEDIAN(Zahl) | Gibt den Median (Zentralwert) zurück.<br>Beispiel: MEDIAN(Menge) = 1.161 |

**Tabelle 4.1** Übersicht über die Aggregatfunktionen

| Funktion (Syntax) | Beschreibung und Beispiele |
|---|---|
| PERCENTILE(Zahl, Konstante) | Gibt an, unterhalb welches Messwerts ein bestimmter Prozentsatz von Punkten in einem Datensatz liegt. Zum Beispiel ist das 25. Perzentil der Wert, unter dem 25 % der Datenpunkte gefunden werden können.<br><br>Weitere Eigenschaften:<br>▶ Das 0. Perzentil entspricht dem Minimum.<br>▶ Das 50. Perzentil entspricht dem Median.<br>▶ Das 100. Perzentil entspricht dem Maximum.<br><br>Beispiele:<br>PERCENTILE(Menge,25) = 1.118<br>PERCENTILE(Menge,50) = 1.161<br>PERCENTILE(Menge,75) = 1.400 |
| VARIANCE(Zahl) | Gibt die mittlere quadratische Abweichung der Messwerte um ihren Mittelwert an. Die Varianz wird häufig als Zwischenschritt für die Ermittlung der Standardabweichung genutzt. Sie ergibt sich aus der Quadratwurzel der Varianz.<br>Beispiel: VARIANCE(Menge) = 352.494; SQRT(352.494) = 594 |
| COUNT(Zahl) | Gibt die Anzahl der Werte zurück. Entspricht somit der Anzahl Zeilen in der Datenquelle.<br>Beispiel: COUNT(Menge) = 12 |
| COUNT_DISTINCT(Zahl) | Gibt die Anzahl der eindeutigen (unterschiedlichen) Werte zurück. Doppelte Messwerte werden somit nicht mitgezählt.<br>Beispiel: COUNT_DISTINCT(Menge) = 12 |
| SUM(Zahl) | Gibt die Summe aller Werte zurück.<br>Beispiel: SUM(Menge) = 16.300 |

**Tabelle 4.1** Übersicht über die Aggregatfunktionen (Forts.)

### 4.3.3   Arithmetische Funktionen

Google Data Studio bietet eine Reihe von eingebauten arithmetischen Funktionen. Eine Liste mit den zurzeit verfügbaren Funktionen finden Sie in Tabelle 4.2.

| Funktion (Syntax) | Beschreibung und Beispiele |
|---|---|
| CEIL(Zahl) | Rundet eine Zahl auf die nächste ganze Zahl mit gleichem oder größerem Wert.<br>Beispiel: CEIL(2.5) = 3 |
| FLOOR(Zahl) | Rundet eine Zahl auf die nächste ganze Zahl mit gleichem oder kleinerem Wert.<br>Beispiel: FLOOR(2.5) = 2 |
| LOG(Zahl) | Gibt den natürlichen Logarithmus (ln) von Zahl zurück. Zahl muss größer als 1 sein.<br>Beispiel: LOG(10) = 3,32 |
| LOG10(Zahl) | Gibt den Logarithmus zur Basis 10 von Zahl zurück. Zahl muss größer als 1 sein.<br>Beispiel: LOG10(100000) = 5 |
| NARY_MAX(Zahl, Zahl, *), NARY_MAX(Text, Text, *) | Gibt den Maximalwert von Zahl oder Text zurück. Alle Parameter müssen vom gleichen Datentyp sein, also nur Zahlen oder nur Text. Mindestens ein Parameter muss ein Feld oder ein Ausdruck sein, der wiederum ein Feld enthält.<br>Beispiel: NARY_MAX(5, 10, Kosten) = 13 |
| NARY_MIN(Zahl, Zahl, *), NARY_MIN(Text, Text, *) | Gibt den Minimalwert von Zahl oder Text zurück. Alle Parameter müssen vom gleichen Datentyp sein, also nur Zahlen oder nur Text. Mindestens ein Parameter muss ein Feld oder ein Ausdruck sein, der wiederum ein Feld enthält.<br>Beispiel: NARY_MIN(5, 10, Kosten) = 2 |
| POWER(Basis, Exponent) | Gibt die Potenz der Basis mit dem Exponenten an. Die Parameter Basis und Exponent müssen dabei entweder eine numerische Konstante, ein numerisches Feld oder ein Ausdruck sein, der mindestens ein Feld enthält.<br>Beispiel: POWER(7, 2) = 49 |
| ROUND(Zahl, Nachkommastellen) | Rundet Zahlen auf eine bestimmte Anzahl von Ziffern (kaufmännisches Runden). Der Parameter Nachkommastellen ist eine Zahl und gibt an, wie viele Dezimalstellen im Endergebnis enthalten sein sollen.<br>Beispiel: ROUND(2.5, 0) = 3 |

Tabelle 4.2  Übersicht über die arithmetischen Funktionen

| Funktion (Syntax) | Beschreibung und Beispiele |
|---|---|
| SQRT(Zahl) | Gibt die Quadratwurzel von Zahl zurück. Zahl darf nicht negativ sein.<br><br>Beispiel: SQRT(256) = 16 |

**Tabelle 4.2**  Übersicht über die arithmetischen Funktionen (Forts.)

### 4.3.4   Trigonometrische Funktionen

Die *trigonometrischen Funktionen* sind die grundlegenden Funktionen zur Beschreibung periodischer Vorgänge in den Naturwissenschaften. Google Data Studio bietet auch die Möglichkeit, die elementaren trigonometrischen Funktionen zu berechnen:

| Funktion (Syntax) | Beschreibung und Beispiele |
|---|---|
| ACOS(Zahl) | Gibt den Arkuskosinus (umgekehrten hyperbolischen Cosinus) in Radianten von Zahl zurück. Der Parameter Zahl muss ein Wert zwischen -1 und 1 sein.<br><br>Beispiel: ACOS(0.25) = 1 |
| ASIN(Zahl) | Gibt den Arkussinus (umgekehrten hyperbolischen Sinus) von Zahl in Radiant zurück. Der Parameter Zahl muss ein Wert zwischen -1 und 1 sein.<br><br>Beispiel: ASIN(0.5) = 0,52 |
| ATAN(Zahl) | Gibt den Arkustangens (umgekehrten hyperbolischen Tangens) von Zahl in Radiant zurück.<br><br>Beispiel: ATAN(1) = 0,79 |
| COS(Zahl) | Gibt den Cosinus von Zahl in Radiant zurück. Der Parameter Zahl muss ein Wert zwischen -1 und 1 sein.<br><br>Beispiel: COS(1) = 0,54 |
| SIN(Zahl) | Gibt den Sinus von Zahl in Radiant zurück. Der Parameter Zahl muss ein Wert zwischen -1 und 1 sein.<br><br>Beispiel: SIN(1) = 0,84 |
| TAN(Zahl) | Gibt den Tangens von Zahl in Radiant zurück.<br><br>Beispiel: TAN(1) = 1,56 |

**Tabelle 4.3**  Übersicht über die trigonometrischen Funktionen

### 4.3.5    Praktische Verwendung in Google Data Studio

Die folgenden Beispiele zeigen Ihnen, wie Sie mathematische Operatoren für die Erstellung von neuen Messwerten in Google Data Studio verwenden.

#### Beispiel: Conversion-Rate pro Nutzer für E-Commerce-Websites

Ihr Datensatz liefert Information über E-Commerce-Transaktionen und die Anzahl der Nutzer. So lässt sich der Prozentsatz der Nutzer (Conversion-Rate) berechnen, die eine Transaktion (Kauf) durchführen. Hierfür verwenden Sie folgende Formel:

▶ Formel: `(E-Commerce-Transaktionen / Nutzer) * 100`

▶ Beispiel: (10 Transaktionen / 100 Nutzer) * 100 = 10 % Conversion-Rate

#### Beispiel: Gewichtete Ziel-Conversion-Rate

In diesem Szenario wurden bestimmte Zielvorhaben in Google Analytics eingerichtet. Hier soll der prozentuale Anteil an den Sitzungen ermittelt werden, die eines dieser Ziele erreicht haben. Da die Ziele für Sie eine unterschiedliche Wichtigkeit besitzen, sollen sie zusätzlich gewichtet werden.

▶ Formel: `(( Goal 1 (Abschlüsse für Zielvorhaben 1) x 2 ) + ( Goal 2 (Abschlüsse für Zielvorhaben 2) x 3 )) / ( 5 x Sitzungen )`

 Die Formel müssen Sie für Ihre individuellen Ziele anpassen.

▶ Beispiel: (( 500 interessierte Nutzer × 2 ) + ( 50 Newsletteranmeldungen × 3 )) / ( 5 × 1000 Sitzungen ) = 23 % Ziel-Conversion-Rate (gewichtet)

#### Beispiel: Nichtabsprungrate

Die Absprungrate ist definiert als der prozentuale Anteil an Sitzungen mit einer einzigen Interaktion im Verhältnis zu allen Sitzungen. Um zu ermitteln, wie hoch der Anteil der Nutzer ist, die sich weitere Seiten anschauen, sich für den Newsletter registrieren oder im Onlineshop etwas kaufen, berechnen Sie die Nichtabsprungrate.

▶ Formel: `( Sitzungen - Absprünge ) / Sitzungen`

▶ Beispiel: ( 500 Sitzungen – 150 Absprünge) / 500 Sitzungen = 70 % Nichtabsprungrate

## 4.4    Geografische Funktionen

Die *geografischen Funktionen* ermöglichen es Ihnen, mit Hilfe von Geokoordinaten, textuelle Lokationsangaben wie Stadt, Land oder Region zu ermitteln. Wenn Ihr Datensatz z. B. den Geocode für die Region als `REGION_ISO_CODE` mitliefert, können Sie daraus den Namen der Region sowie des Landes, Subkontinents und Kontinents ableiten.

Damit Sie geografische Funktionen nutzen können, muss Ihre Datenquelle den Geocode in einem oder mehreren Feldern bereitstellen. Diese geografische Kodierung muss in einem der folgenden Eingabeformate vorliegen:

▶ CRITERIA_ID: Google AdWords stellt über seine Schnittstelle geografische Informationen bereit. Das Eingabeformat CRITERIA_ID beschreibt eine eindeutige und persistent zugewiesene ID in der Google AdWords API. Die Schnittstelle unterstützt verschiedene geografische Ziele (*Target-ID*) wie z. B. Städte, Regionen und Länder, aber auch Flughäfen und Universitäten. Dieses Eingabeformat wird von allen geografischen Funktionen in Data Studio unterstützt. Die Criteria-ID von Bonn ist beispielsweise 1004597. Auf Basis dieser ID und mit Hilfe der untengenannten Funktionen können Sie folgende Informationen ableiten: Stadt = Bonn, Region = North Rhine-Westphalia, Land = Germany, Subkontinent = Western Europe, Kontinent = Europe. Weitere Details finden Sie in der Google-AdWords-API-Referenz unter *https://developers.google.com/adwords/api/docs/appendix/geotargeting*.

▶ COUNTRY_ISO_CODE: Der Country-ISO-Code basiert auf dem ersten Teil der ISO 3166 (ISO 3166-1). Die von der Internationalen Organisation für Normung (ISO) herausgegebene Codierung ist der internationale Standard für Ländercodes und ihre Unterteilungen. Die Ländercodes werden als Zwei-Buchstaben-Code (Alpha-2) dargestellt. Der Code für Deutschland ist z. B. DE, für die Schweiz CH, für Österreich AT. Eine Übersicht über die Ländercodes finden Sie unter *https://de.wikipedia.org/wiki/ISO-3166-1-Kodierliste*.

▶ REGION_ISO_CODE: Der Region-ISO-Code nutzt den zweiten Teil der ISO 3166 (ISO 3166-2). Die Codes für Unterteilungen werden als Alpha-2-Code für das Land dargestellt, gefolgt von bis zu drei Zeichen für die einzelnen Gebiete. Die Bundesländer in Deutschland werden durch zwei Buchstaben repräsentiert (z. B. Schleswig-Holstein: DE-SH), in Österreich werden die Bundesländer mit den Ziffern 1 bis 9 durchnummeriert (z. B. Salzburg: AT-5), während es für die Schweizer Kantone ebenfalls Kennungen aus zwei Buchstaben gibt (z. B. Zürich: CH-ZH). Eine Übersicht über die Gebiete finden Sie unter *https://de.wikipedia.org/wiki/ISO_3166-2*.

▶ SUB_CONTINENT_CODE und CONTINENT_CODE: Der Sub-Contintent-Code und Continent-Code ist ein dreistelliger Code und wurde von der Statistikabteilung der Vereinten Nationen entwickelt. Die auch als *M49-Standard* bekannt gewordene Codierung gruppiert Kontinente und deren Subkontinente in einer hierarchischen Struktur. Wird Europa als Kontinent mit seinen Subkontinenten betrachtet, stellt sich dies zum Beispiel folgendermaßen dar (M49-Code in Klammern):

  – Europe (150)

  – Southern Europe (039)

- Eastern Europe (151)
- Northern Europe (154)
- Western Europe (155)

Die in Data Studio genutzte Codierung für den Sub-Contintent-Code und Continent-Code basiert, mit einigen Ausnahmen, auf dem M49-Standard, den Sie hier einsehen können: *https://developers.google.com/chart/interactive/docs/gallery/geochart#Continent_Hierarchy*.

In Data Studio sind fünf geografische Funktionen verfügbar, die wir in Tabelle 4.4 vorstellen. Je nach Funktion werden unterschiedliche Eingabeformate unterstützt. Achten Sie daher darauf, ob das in Ihrem Datensatz bereitgestellte Eingabeformat auch von der gewünschten Funktion unterstützt wird. Wenn Sie z. B. den Namen der Region mit der Funktion TOREGION() ausgeben wollen, muss Ihr Geocode entweder im Eingabeformat CRITERIA_ID oder REGION_ISO_CODE vorliegen.

> **Hinweis zu den Spracheinstellungen von Ortsangaben**
>
> Die Ortsangaben werden von den Funktionen, unabhängig von Ihrer lokalen Spracheinstellung, immer in Englisch zurückgegeben. In Ihren Berichten sehen Sie somit immer nur die englischen Begriffe für Ort, Region, Land, Subkontinent und Kontinent.

| Funktion (Syntax) | Beschreibung und Beispiele |
|---|---|
| TOCITY(Geocode, Eingabeformat) | Gibt den Namen des Orts zurück. Diese Funktion unterstützt als Eingabeformat nur Criteria-ID, daher ist die Formatangabe optional. <br><br> Beispiel: Stadt = 1004597 <br> TOCITY(Stadt) = Bonn |
| TOCONTINENT(Geocode, Eingabeformat) | Gibt den Namen des Kontinents zurück. Als Eingabeformat werden unterstützt: <br><br> ► CRITERIA_ID <br> ► REGION_ISO_CODE <br> ► COUNTRY_ISO_CODE <br> ► SUB_CONTINENT_CODE <br> ► CONTINENT_CODE <br><br> Beispiel: Region = DE-NW <br> TOCONTINENT(Region, 'REGION_ISO_CODE') = Europe |

**Tabelle 4.4** Übersicht über die geografischen Funktionen

| Funktion (Syntax) | Beschreibung und Beispiele |
|---|---|
| TOCOUNTRY(Geocode, Eingabeformat) | Gibt den Namen des Landes zurück.<br><br>Als Eingabeformat werden unterstützt:<br><br>▸ CRITERIA_ID<br><br>▸ REGION_ISO_CODE<br><br>▸ COUNTRY_ISO_CODE<br><br>Beispiel: Ländercode = DE<br>TOCOUNTRY(Ländercode, 'COUNTRY_ISO_CODE') = Germany |
| TOREGION(Geocode, Eingabeformat) | Gibt den Namen der Region zurück. Als Eingabeformat werden unterstützt:<br><br>▸ CRITERIA_ID<br><br>▸ REGION_ISO_CODE<br><br>Beispiel: Criteria-ID = 1004597<br>TOREGION(Criteria-ID, 'CRITERIA_ID') = North Rhine-Westphalia |
| TOSUBCONTINENT (Geocode, Eingabeformat) | Gibt den Namen des Subkontinents zurück.<br><br>Als Eingabeformat werden unterstützt:<br><br>▸ CRITERIA_ID<br><br>▸ REGION_ISO_CODE<br><br>▸ COUNTRY_ISO_CODE<br><br>▸ SUB_CONTINENT_CODE<br><br>Beispiel: Subkontinent = 155<br>TOSUBCONTINENT(Subkontinent, 'SUB_CONTINENT_CODE') = Western Europe |

**Tabelle 4.4** Übersicht über die geografischen Funktionen (Forts.)

**Tipp zur Umwandlung von Geoinformationen**

Wenn in Ihrem Datensatz die Geoinformationen bereits im Eingabeformat Criteria-ID vorliegen, können Sie auch die in Data Studio hinterlegten Datentypen zur Umwandlung des Geocodes in Text (Name) verwenden. Der Datentyp STANDORT • REGION liefert dann das gleiche Ergebnis zurück wie die Formel TOREGION(Criteria-ID, 'CRITERIA_ID').

### 4.4.1    Praktische Verwendung in Google Data Studio

In unserem Beispielszenario sind Sie verantwortlich für den Vertrieb in Europa. In Ihrem Bericht möchten Sie nun die Möglichkeit haben, nach Region, Land und Subkontinent zu filtern. In Ihrem Datensatz wird je Transaktion der Region-ISO-Code mitgeliefert.

Um Ihre Umsatzzahlen nach Region, Land und Subkontinent zu filtern, legen Sie folgende neue Dimensionen an:

- Region: `TOREGION(Region, 'REGION_ISO_CODE')`
- Land: `TOCOUNTRY(Region, 'REGION_ISO_CODE')`
- Subkontinent: `TOSUBCONTINENT(Region, 'REGION_ISC_CODE')`

Mit diesen neuen Feldern können Sie im nächsten Schritt die gewünschten Filtersteuerungen hinzufügen. Wie Sie Filtersteuerungen anlegen, erfahren Sie in Kapitel 6, »Berichtskomponenten in Google Data Studio anpassen«.

## 4.5    Datum und Zeit

Die Betrachtung von Zeiträumen und Zeitpunkten gehört zu den elementaren Funktionen in Ihren Berichten, zumal viele Visualisierungselemente Datumswerte zur Abbildung nutzen. In diesem Abschnitt zeigen wir Ihnen die wichtigsten Funktionen zur Konvertierung zwischen verschiedenen Datumsformaten sowie zur Berechnung von Zeiträumen.

Für die interne Verarbeitung in Google Data Studio muss das Datum im Format `JJJJMMTT[HH:MM:SS]` vorliegen. Diese Notation entspricht der Norm ISO 8601:2004. Trotzdem kann Google Data Studio andere Formate wie z. B. Unixzeit in ein anderes gültiges Datumsformat konvertieren. Als gültige Formate werden die Eingabeformate der Funktion `TODATE()` akzeptiert. Mehr zu dieser Funktion erfahren Sie in Abschnitt 4.5.2, »Die Funktion TODATE()«.

Je nachdem, ob Ihre Daten mit einem festen oder flexiblen Schema vorliegen, sind zum Teil Anpassungen des Datentyps notwendig. Datensätze mit einem festen Schema wie Google Analytics oder AdWords liefern die Datumswerte bereits mit dem richtigen Datentyp. Bei Datensätzen mit flexiblem Schema versucht Data Studio, anhand der Feldbezeichnung den Datentyp abzuleiten. Achten Sie für die automatische Erkennung darauf, dass Sie die Bezeichnungen in englischer Sprache wählen. So ist z. B. für die Datumstypen Monat und Jahr die englische Schreibweise mit `'month'` und `'year'` notwendig.

**Hinweise zur Formatierung von Datumswerten und Zeitangaben**

▶ Achten Sie bei Datumswerten aus Google-Tabellen auf das richtige Zahlenformat. Dies können Sie folgendermaßen prüfen: Öffnen Sie die Google-Tabelle mit Ihrem Datensatz. Wählen Sie den Zellenbereich aus, der Ihre Datumswerte enthält. Klicken Sie auf FORMAT • ZAHL • DATUM. Damit wird der Bereich mit dem Datentyp DATUM gespeichert. Auch wenn das Datum aufgrund der Ländereinstellung in Google-Tabellen im Format MM.JJJJ angezeigt wird, wird es korrekt von Data Studio erkannt und verarbeitet.

▶ In Data Studio wird die UTC-Standardzeit (koordinierte Weltzeit) verwendet. Sollte Ihr Datensatz eine andere Zeitzone liefern, kann dies zu Abweichungen bei der Darstellung führen. Für die Konvertierung nach UTC können Sie die Funktion TODATE() verwenden.

### 4.5.1   Standard-Datumsformate

In Ihren Diagrammen können Sie diverse Datumsformate wie z. B. Woche, Quartal oder Jahr darstellen. Voraussetzung dafür ist, dass die Datenquelle diese Datumsinformationen liefert. Bei Bedarf legen Sie in Ihrer Datenquelle neue Felder mit dem gewünschten Format an. Im Standard bietet Data Studio bereits eine Vielzahl vordefinierter unterschiedlicher Datumsformate an. Um diese anzuwenden, gehen Sie folgendermaßen vor:

1. Öffnen Sie die entsprechende Datenquelle.
2. Verwenden Sie das Dropdown-Menü in der Spalte TYP (siehe Abbildung 4.4), um den gewünschten Typ für Datum/Uhrzeit auszuwählen.

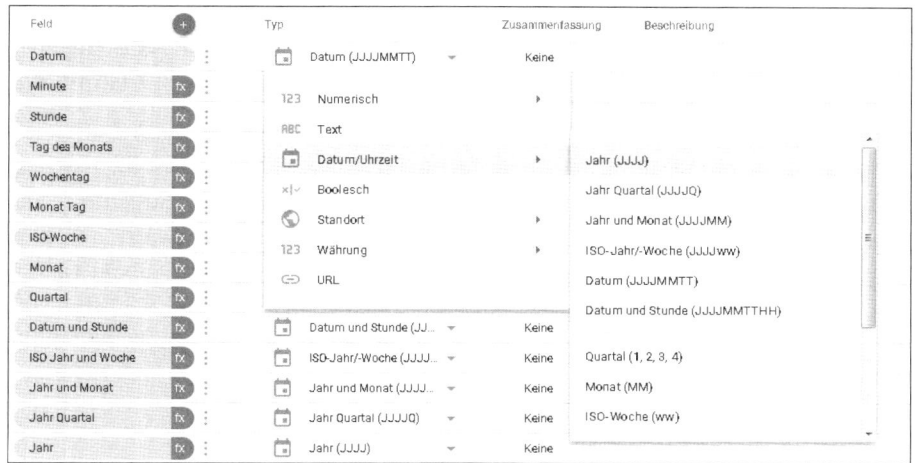

**Abbildung 4.4** Vordefinierte Datumsformate anwenden

In Tabelle 4.5 finden Sie zu jedem vordefinierten Datumsformat ein Beispiel. Die Beschreibung der Datumsformate in Data Studio erfolgt im amerikanischen Datumsformat. Das tatsächliche Ausgabeformat für Deutschland sehen Sie in der Tabelle. Das zu konvertierende Datum ist jeweils Donnerstag, der 02. Juni 2016, 06:00 Uhr mitteleuropäische Sommerzeit (CEST). An diesem Tag wurde Google Data Studio in den USA als Betaversion veröffentlicht. Im Format Unixzeit ausgedrückt entspricht dies: 1464840000.

| Datumsart | Beispiel |
|---|---|
| Datum (TT.MM.JJJJ) | 02.06.2016 |
| Jahr (JJJJ) | 2016 |
| Jahr Quartal (QQ,JJJJ) | Q2, 2016 |
| Jahr und Monat (M JJJJ) | Juni 2016 |
| ISO-Jahr/-Woche (TT.MM.JJJJ bis TT.MM.JJJJ (Woche WW)) | 30.05.2016 bis 05.06.2016 (Woche 22) |
| Datum und Stunde (TT.MM.JJJJ, HH) | 02.06.2016, 06 (UTC) |
| Quartal (QQ) | Q2 |
| Monat (M) | Juni |
| ISO-Woche (WW) | 22 |
| Monat Tag (TT. M) | 2. Juni |
| Wochentag (T) | Donnerstag |
| Tag des Monats (TT) | 02 |
| Stunde (HH) | 06 |
| Minute (MM) | 00 |

Tabelle 4.5  Übersicht über die vordefinierten Datumsformate

## 4.5.2    Die Funktion TODATE()

In Data Studio können Sie die aus Ihrem Datensatz gelieferten Datums- und Zeitinformationen in vielfältiger Weise formatieren. Die Funktion TODATE() bietet Ihnen diverse Möglichkeiten, verschiedene Datumsformate aus Ihrem Datensatz zu verarbeiten und die Ausgabe der Datums- und Zeitinformation den eigenen Bedürfnissen anzupassen. Sollte das gewünschte Ausgabeformat nicht als Datentyp im Datenquelleneditor enthalten sein, können Sie mit Hilfe der Funktion TODATE() ein Datum in ein anderes Format konvertieren. Beachten Sie, dass die Funktion das Datum als Text zurückgibt.

Die Funktion TODATE() hat folgende Syntax: TODATE(Feld, Eingabeformat, Ausgabeformat).

Beispiel: Die Formel TODATE(Datum, '%D', '%Y') erwartet als Eingabeformat (%D) ein Datum im Format Monat (01–12), Tag (01–31), Jahr (zweistellig), z. B. 06/02/16. Als Ausgabeformat (%Y) wird das Jahr zurückgegeben, in unserem Beispiel also 2016.

---

**Hinweis zu den Funktionen zur Datumsdarstellung**

Wenn Sie spezifische Informationen aus dem Datum, wie beispielsweise das Jahr oder den Monat, ausgeben möchten, stehen Ihnen alternativ dazu weitere Funktionen wie YEAR() oder MONTH() zur Verfügung. Sie finden eine Auflistung in Abschnitt 4.5.3, »Weitere Datumsfunktionen«.

---

Nachfolgend stellen wir Ihnen die verschiedenen Ein- und Ausgabeformate für diese Funktion detaillierter vor.

### Eingabeformate

In Tabelle 4.6 zeigen wir Ihnen, welche Eingabeformate die Funktion TODATE() unterstützt. Als Beispiel benutzen wir wieder das Datum Donnerstag, der 02. Juni 2016, 06:00 Uhr mitteleuropäische Sommerzeit (CEST).

| Eingabeformat | Format und Beispiel |
|---|---|
| BASIC | JJJJ/MM/TT-HH:MM:SS<br>Beispiel: 2016/06/02-06:00:00 |
| DEFAULT_DASH | JJJJ-MM-TT [HH:MM:SS[.uuuuuu]]<br>Beispiel: 2016-06-02 06:00:00 |
| DEFAULT_SLASH | JJJJ/MM/TT [HH:MM:SS[.uuuuuu]]<br>Beispiel: 2016/06/02 06:00:00 |
| DEFAULT_DECIMAL | JJJJMMTT [HH:MM:SS[.uuuuuu]]<br>Beispiel: 20160602 06:00:00 |
| RFC_1123 | Wochentag (3-stellig), TT Monat (3-stellig) JJJJ HH:MM:SS [GMT]<br>(Wochentag und Monat sind in englischer Sprache definiert.)<br>Beispiel: Thu, 02 Jun 2016 06:00:00 |

**Tabelle 4.6** Eingabeformate der Funktion TODATE()

| Eingabeformat | Format und Beispiel |
|---|---|
| RFC_3339 | JJJJ-MM-TTTHH:MM:SSZ<br>Beispiel: 2016-06-02T06:00:00Z |
| SECONDS | Sekunden in Unixzeit<br>Beispiel: 1464840000 |
| MILLIS | Millisekunden in Unixzeit<br>Beispiel: 1464840000000 |
| MICROS | Mikrosekunden in Unixzeit<br>Beispiel: 1464840000000000 |
| NANOS | Nanosekunden in Unixzeit<br>Beispiel: 1464840000000000000 |
| JULIAN_DATE | Tage in Unixzeit<br>Beispiel: 2457541.75 |
| DECIMAL_DATE | identisch mit DEFAULT_DECIMAL<br>Beispiel: 20160602 06:00:00 |

**Tabelle 4.6**  Eingabeformate der Funktion TODATE() (Forts.)

## Ausgabeformate

Die Funktion TODATE() ermöglicht die Ausgabe als Text in unterschiedlichen Zeiteinheiten wie Stunden, Tage oder Jahre.

| Ausgabeformat | Format und Beispiel |
|---|---|
| %Y | Jahr (vierstellig)<br>Beispiel: 2016 |
| %m | Monat (01–12)<br>Beispiel: 6 |
| %b | Monatsname<br>Beispiel: Jun |
| %d | Tag (01–31)<br>Beispiel: 2 |

**Tabelle 4.7**  Ausgabeformate der Funktion TODATE()

| Ausgabeformat | Format und Beispiel |
|---|---|
| %W | Kalenderwoche mit Montag als erster Tag der Woche (00–53)<br>Beispiel: 22 |
| %w | Wochentag als Zahl (0–6), wobei 0 für Sonntag steht.<br>Beispiel: 4 |
| %a | Wochentag<br>Beispiel: Thu |
| %H | Stunde (24-Stunden-Uhr, 00–23)<br>Beispiel: 06 |
| %M | Minute (00–59)<br>Beispiel: 00 |
| %D | Monat (01–12)/Tag (01–31)/Jahr (zweistellig)<br>Beispiel: 06/02/16 |

**Tabelle 4.7** Ausgabeformate der Funktion TODATE() (Forts.)

---

**Hinweis zur Funktion STRPTIME()**

Für das Ausgabeformat wird die Notation der Funktion STRPTIME() verwendet. Die Funktion wird zur Konvertierung von Datum und Uhrzeit in diversen Programmiersprachen wie z. B. PHP, Python und Perl genutzt. Die Dokumentation der Parameter können Sie hier nachlesen: *http://pubs.opengroup.org/onlinepubs/009695399/functions/strptime.html*.

---

## Individuelle Ausgabeformate

Sie können die Ausgabeformate auch kombinieren, indem Sie die verschiedenen Parameter hintereinander auflisten. Bei der Ausgabe ist auch die Verwendung von Text erlaubt, wie z. B. die Formatierung der Uhrzeit mit dem Ausgabeformat %H:%M Uhr. In unserem Beispiel führt dies zu folgendem Ergebnis: 06:00 Uhr. Beachten Sie aber, dass die Bezeichnungen in den vordefinierten Ausgabeformaten auf Englisch sind und dass Sie unter Umständen eine Mischung aus Englisch und Deutsch erhalten. Tabelle 4.8 zeigt Ihnen einige Beispiele zur Verwendung.

| Ausgabeformat und Beispiel | Formel |
|---|---|
| Kalenderwoche und Jahr<br>Beispiel: 22/2016 | TODATE(Datum, 'DEFAULT_DECIMAL',<br>'%W/%Y') |
| Ausgabe des Wochentages mit Tag,<br>Monat und Jahr<br>Beispiel: Thu, 02.06.2016 | TODATE(Datum, 'DEFAULT_DECIMAL', '%a,<br>%d.%m.%Y') |

**Tabelle 4.8** Individuelle Datumsformate

### 4.5.3   Weitere Datumsfunktionen

Zur Formatierung des Datums in den diversen Ausprägungen wie z. B. Wochentag, Kalenderwoche, Quartal, Jahr stehen Ihnen neben der Funktion TODATE() weitere Datumsfunktionen zur Verfügung. Wie im vorhergehenden Abschnitt beschrieben, gibt die Funktion TODATE() das Ergebnis im Textformat zurück. Wenn Sie aber ein Datumsformat für Ihre Visualisierungen benötigen, sollten Sie eine der folgenden Funktionen in Betracht ziehen, da diese das Ergebnis im entsprechenden Datum/Uhrzeit-Datentyp, wie z. B. Jahr oder Monat, zurückgeben. Ein weiterer Vorteil ist, dass Wochentags- und Monatsbezeichnungen in der jeweiligen Landessprache angezeigt werden.

In den folgenden Beispielen hat die Variable Datum folgenden Wert: Thu, 02 Jun 2016 10:30:59 GMT. Die Notation entspricht dem Eingabeformat RFC_1123.

| Datumsfunktion (Syntax) | Beschreibung und Beispiele |
|---|---|
| YEAR(Datum,<br>Datumsformat) | Gibt das Jahr von Datum zurück.<br>Beispiel: YEAR(Datum, 'RFC_1123') = 2016 |
| QUARTER(Datum,<br>Datumsformat) | Gibt das Quartal von Datum zurück.<br>Beispiel: QUARTER(Datum nach RFC 1123, 'RFC_1123') = 2 |
| MONTH(Datum,<br>Datumsformat) | Gibt den Monat in Datum zurück.<br>Beispiel: MONTH(Datum nach RFC 1123, 'RFC_1123') = Juni |
| YEARWEEK(Datum) | Gibt das Jahr und die Woche von Datum gemäß ISO-Norm 8601 zurück.<br>Beispiel: YEARWEEK(Datum nach RFC 1123, 'RFC_1123') = 201622 |

**Tabelle 4.9** Weitere Datumsfunktionen

| Datumsfunktion (Syntax) | Beschreibung und Beispiele |
|---|---|
| WEEK(Datum) | Gibt die Woche von Datum ab Jahresbeginn gemäß ISO-Norm 8601 zurück. Als erste Kalenderwoche im Jahr wird dort die Woche mit dem ersten Donnerstag im Januar definiert.<br><br>Beispiel: WEEK(Datum nach RFC 1123, 'RFC_1123') = 22 |
| WEEKDAY(Datum, Datumsformat) | Gibt den Wochentag von Datum als Zahl (0–6) zurück, wobei 0 für Sonntag steht.<br><br>Beispiel: WEEKDAY(Datum nach RFC 1123, 'RFC_1123') = 4 |
| DAY(Datum, Datumsformat) | Gibt den Monatstag von Datum zurück.<br><br>Beispiel: DAY(Datum, 'RFC_1123') = 02 |
| HOUR(Datum, Datumsformat) | Gibt die Stunden in Datum zurück.<br><br>Beispiel: HOUR(Datum, 'RFC_1123') = 10 |
| MINUTE(Datum, Datumsformat) | Gibt die Minuten in Datum zurück.<br><br>Beispiel: MINUTE(Datum nach RFC 1123, 'RFC_1123') = 30 |
| SECOND(Datum, Datumsformat) | Gibt die Sekunden in Datum zurück.<br><br>Beispiel: SECOND(Datum nach RFC 1123, 'RFC_1123') = 59 |

**Tabelle 4.9** Weitere Datumsfunktionen (Forts.)

---

**Tipp zur Bildung einer Differenz von Datumswerten**

Wenn Sie die Differenz zwischen zwei Datumswerten ermitteln wollen, können Sie die Funktion DATE_DIFF(Datum 1, Datum 2) nutzen. Für Datum 1 und Datum 2 wird ein Datum im Format JJJJMMTT erwartet. Das Ergebnis wird als Zahl zurückgegeben.

Beispiel:

Eingabeparameter: Beginn = 02.06.2016, Ende = 07.03.2017

DATE_DIFF(Ende, Beginn) = 278

---

## 4.6 Typumwandlung

Stellen Sie sich vor, Sie haben für Ihren Onlineshop verschiedene Kampagnen über Facebook Ads und AdWords laufen. Nun möchten Sie die Anzahl der Tage zwischen dem Besuch über eine der Kampagnen und dem Kauf auswerten. Diese Information »Tage bis zur Transaktion« ist in Ihrer Google-Analytics-Datenquelle als Textdimension abgespeichert. Für eine Auswertung brauchen Sie aber die Information als Zahl.

In Ihren Berichten wird es immer wieder Anforderungen geben, bei denen Sie, wie im Szenario oben, einen Text als Messwert darstellen wollen oder einen numerischen Wert als Dimension für Ihren Bericht brauchen. Sie haben zwei Möglichkeiten, ein Feld von einem Datentyp in einen anderen zu konvertieren. Die einfachste und schnellste Variante ist, das umzuwandelnde Feld direkt im Datenquelleneditor zu duplizieren. Im Duplikat können Sie anschließend den Datentyp in das gewünschte Format ändern (siehe Kapitel 3, »Datenquellen mit Google Data Studio verbinden und bearbeiten«).

Die zweite Option bildet die Funktion CAST(). Der Vorteil dieser Funktion liegt darin, dass sie in verschachtelten Ausdrücken genutzt werden kann. Die folgende Funktion rundet z. B. einen Messwert auf die nächste ganze Zahl (CEIL) und gibt das Ergebnis als Text zurück: CAST(CEIL(Messwert) AS text). So ersparen Sie sich einen zusätzlichen Schritt.

| Funktion (Syntax) | Beschreibung |
|---|---|
| CAST(Feld oder Ausdruck AS Number) | Wandelt einen numerischen Text in eine Zahl um. |
| CAST(Feld oder Ausdruck AS Text) | Wandelt eine Zahl in Text um. |

Tabelle 4.10 Typumwandlung mit der Funktion CAST()

---

**Hinweis zur Nutzung der CAST()-Funktion**

Die CAST()-Funktion kann nicht bei Messwerten mit Aggregation genutzt werden. Unter der Voraussetzung, dass die Kennzahl nicht voraggregiert (ZUSAMMENFASSUNG = AUTOMATISCH) im Datensatz geliefert wird, können Sie den Messwert im Datenquelleneditor duplizieren und eine neue Kennzahl ohne Zusammenfassung erstellen.

---

### 4.6.1 Praktische Verwendung in Google Data Studio

In welchen Fällen Sie eine *Typumwandlung* mit der Funktion CAST() anwenden können, zeigen wir Ihnen in folgenden Praxisbeispielen.

#### Beispiel: Zusammengesetztes Feld in Zahl verwandeln

Ihre Produkte werden zu Wartungs- und Reparaturzwecken durch eine eindeutige ID gekennzeichnet. In Ihrem Datensatz wird diese als Text in den Feldern ID-1 und ID-2 gespeichert. Sie möchten diese Information nun in Data Studio verknüpfen und in einem numerischen Feld anzeigen, damit Sie nach der zusammengesetzten ID auswerten können. Dazu können Sie die folgende Formel verwenden: CAST(CONCAT(ID-1, ID-2) AS number).

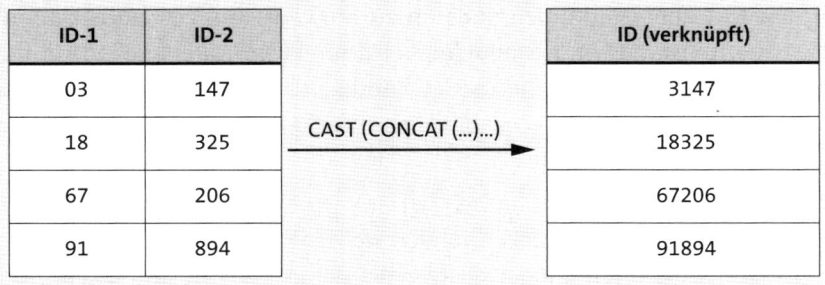

**Abbildung 4.5** Zusammengesetztes Feld in Zahl verwandeln

**Hinweis zur Konvertierung von numerischem Text in eine Zahl**

Beachten Sie bei der Konvertierung von numerischem Text in eine Zahl, dass führende Nullen eliminiert werden. In unserem Beispiel wird der Text in ID-1, '03', in den numerischen Wert 3 konvertiert.

**Beispiel: Text aus numerischem Feld extrahieren**

Damit Sie Ihre Kennzahlen wie Umsatz und Menge auch nach der Produktgruppe auswerten können, müssen Sie in diesem Beispiel die ersten drei Stellen der Artikelnummer extrahieren. Mit der Funktion SUBSTR(CAST(Artikelnummer AS text), 1, 3) wird zunächst mit dem Befehl CAST() die Artikelnummer in ein Textfeld konvertiert und anschließend die ersten drei Zeichen aus dem Text extrahiert. Die Funktion SUBSTR() ist dabei eine Textfunktion. Diese Funktionen erklären wir in Abschnitt 4.7.2, »Weitere Textfunktionen«.

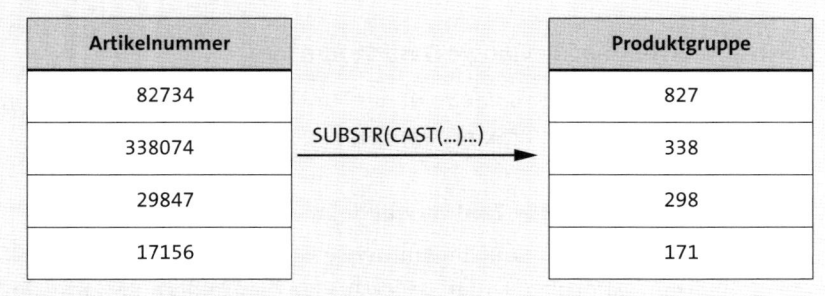

**Abbildung 4.6** Text aus numerischem Feld extrahieren

## 4.7    Textfunktionen

In diesem Abschnitt beschäftigen wir uns ausführlich mit den *Textfunktionen*. Sie lernen die gängigsten regulären Ausdrücke zum Finden oder Ersetzen von Zeichenfolgen kennen und erfahren, wie Sie sie in der Praxis anwenden. Anschließend stellen wir Ihnen weitere Textfunktionen wie z. B. das Verketten oder Subtrahieren von Texten vor, die für Ihre Arbeit mit Google Data Studio wichtig sind, und erklären Ihnen anhand von Beispielen, wann Sie sie verwenden können.

### 4.7.1    Reguläre Ausdrücke

Mit *regulären Ausdrücken* steht Ihnen ein mächtiges Werkzeug zur Verfügung, das Zeichenfolgen in Texten findet und ersetzt. Dazu übergeben Sie den zu durchsuchenden Text zusammen mit dem regulären Ausdruck an die Funktion. Mit Hilfe des Musters wird der Text auf bestimmte Zeichenkombinationen überprüft. Wenn Sie z. B. nach Dateien auf Ihrem Computer suchen, können Sie die Zeichen * und ? als Platzhalter verwenden. Das Zeichen * bedeutet »null oder mehr beliebige Zeichen«, und das Zeichen ? bedeutet »ein beliebiges Zeichen«. Wenn Sie ein Muster wie name? .* verwenden, werden Dateien wie *name1.txt*, *name1.doc* und *name9.doc* gefunden. Genau so funktionieren auch reguläre Ausdrücke, die Auswahl der Muster ist jedoch um einiges umfangreicher.

Reguläre Ausdrücke können in einer Vielzahl von Programmen und Programmiersprachen wie JavaScript, Python, PHP und Go eingesetzt werden. Ein regulärer Ausdruck in Data Studio wird auf Basis der Konventionen von Google RE2 (*https://github.com/google/re2/wiki/Syntax*) gebildet. In Tabelle 4.11 zeigen wir Ihnen eine Auswahl der gängigen regulären Ausdrücke:

| Regulärer Ausdruck | Beschreibung und Beispiele |
|---|---|
| ? | Entspricht dem vorherigen Zeichen. Das Zeichen muss null- oder einmal vorkommen. <br><br> Beispiel: <br> data? entspricht »dat« und »data«, aber nicht »dataaaa« oder »date«. |
| + | Entspricht dem vorherigen Zeichen. Das Zeichen muss mindestens einmal vorkommen. <br><br> Beispiel: <br> data+ entspricht »data«, »dataaaa«, »datamart«, aber nicht »dat« oder »date«. |

Tabelle 4.11  Übersicht gängiger regulärer Ausdrücke

| Regulärer Ausdruck | Beschreibung und Beispiele |
|---|---|
| * | Entspricht dem vorherigen Zeichen. Das Zeichen kann mehrmals vorkommen, aber auch ganz fehlen. Beispiel: data* entspricht »data«, »dataaaa«, »datastudio«, »dat« und »date«. |
| . | Entspricht einem einzelnen beliebigen Zeichen, mit Ausnahme des Zeilenumbruchs. Beispiel: d.ta entspricht »data« und »d1ta«. |
| [...] | Entspricht einem oder mehreren Buchstaben oder Ziffern aus der Klammer in beliebiger Reihenfolge. Die Zeichen können entweder einzeln ([123]) oder als Intervall ([1-3]) aufgeführt werden und ein beliebiger Kleinbuchstabe von a bis z ([a-z]) oder eine beliebige Zahl von 0 bis 9 ([0-9]) sein. Beispiele: [soi] ist enthalten in »datastudio« und »studio«, »sand«, »sommer«, aber nicht in »data«. [a-c] ist enthalten in »datastudio« und »sand«, aber nicht in »studio«, »sommer«. |
| (...) | Entspricht allen Zeichen in der Klammer, in der exakten Reihenfolge. Beispiel: (ata) ist enthalten in »datastudio« und »data«, aber nicht in »studio«. Achten Sie darauf, dass die Klammerung auch verwendet wird, um Zeichen, Zeichenfolgen oder reguläre Ausdrücke zu gruppieren. |
| ^ | Die Zeichenkette beginnt mit dem Ausdruck nach ^. Beispiel: ^studio passt auf »studio«, »studiowand«, aber nicht auf »datastudio«. Bitte beachten: Wenn das Zeichen ^ innerhalb von eckigen Klammern steht, wird die Zeichenauswahl negiert. Beispiel: st[^u]dio passt auf »stidio«, aber nicht auf »studio«. |

**Tabelle 4.11** Übersicht gängiger regulärer Ausdrücke (Forts.)

| Regulärer Ausdruck | Beschreibung und Beispiele |
|---|---|
| $ | Die Zeichenkette endet mit dem Ausdruck vor $. Beispiel: data$ entspricht »google data« und »data«, aber nicht »data studio«. Wenn Sie ^ und $ kombinieren, dann passt bei ^datastudio$ nur »datastudio«. |
| {n} | Der voranstehende Ausdruck muss exakt n-mal vorkommen. Beispiel: o{2} ist enthalten in »google«, aber nicht in »giigle«. |
| ?i | Deaktiviert die Berücksichtigung von Groß- und Kleinschreibung. Beispiel: (?i)DataStudio entspricht »datastudio«. |
| (...\|...) | Eine ODER-Verknüpfung zwischen zwei oder mehr Elementen. Beispiel: (data\|foto)studio entspricht »datastudio« und »fotostudio«. |
| (?: ...) | Die Klammern in regulären Ausdrücken dienen nicht nur zur Gruppierung einer Zeichenfolge, sondern liefern das Ergebnis auch an die Funktion zurück. Durch die Verwendung von ?: bewirken Sie, dass das Ergebnis des regulären Ausdrucks explizit nicht zurückgeliefert wird. Beispiel: (data\|studio) liefert bei Übereinstimmung »data« oder »studio« zurück. (?:data\|studio) liefert bei Übereinstimmung »null« zurück. |

**Tabelle 4.11** Übersicht gängiger regulärer Ausdrücke (Forts.)

---

**Tipp zum Überprüfen von regulären Ausdrücken**

Zum Erstellen und Überprüfen Ihrer regulären Ausdrücke stehen online diverse Werkzeuge wie *regular expressions 101* (*https://regex101.com*) zur Verfügung. Achten Sie bei der Verwendung solcher Tools darauf, dass sie die von Data Studio verwendete Syntax RE2 unterstützen. Wenn Sie das Online Tool regular expressions 101 nutzen möchten, müssen Sie dazu unter FLAVOR GOLANG auswählen. Die Programmiersprache Go nutzt ebenfalls RE2 für reguläre Ausdrücke.

Anhand regulärer Ausdrücke können Sie REGEXP-Funktionen (aus dem Englischen: *regular expression*) definieren. Mit Hilfe dieser Funktionen können Sie Zeichenfolgen extrahieren, auf Übereinstimmung überprüfen und ersetzen. Die Funktionen können dabei auch verschachtelt werden und so als Eingabeparameter für weitere Funktionen dienen. Den regulären Ausdruck setzen Sie dabei in Hochkommas, z. B. '(?i)google(.*)'.

In Tabelle 4.12 finden Sie zu jeder Funktion eine Beschreibung sowie ein praktisches Beispiel, das wir in Abschnitt 4.7.3, »Praktische Verwendung in Google Data Studio«, detailliert erläutern.

| Funktion (Syntax) | Beschreibung und Beispiele |
|---|---|
| REGEXP_EXTRACT<br>(Feld,regulärer Ausdruck) | Mit dieser Funktion extrahieren Sie eine Zeichenfolge, die auf das Muster des regulären Ausdrucks in Ihrem Feld passt. Die Rückgabe ist vom Datentyp Text.<br><br>Beispiele:<br>▶ REGEXP_EXTRACT(Produkt, '(?i)google(.*)')<br>▶ REGEXP_EXTRACT(Kampagne, '^(?:[^_]*_){2}([^_]*)_') |
| REGEXP_MATCH<br>(Feld,regulärer Ausdruck) | Die Funktion prüft, ob die in Feld übergebene Zeichenfolge mit dem Muster des regulären Ausdrucks übereinstimmt. Wird eine Übereinstimmung gefunden, wird der Wert true zurückgeliefert, ansonsten false.<br><br>Beispiele:<br>▶ REGEXP_MATCH(Seite, '(.*/de/.*)')<br>▶ REGEXP_MATCH(PLZ, '[0-9]{5}') |
| REGEXP_REPLACE<br>(Feld,regulärer Ausdruck,<br>Ersatzzeichenfolge) | Der Inhalt von Feld wird nach dem regulären Ausdruck durchsucht. Bei einer Übereinstimmung wird das reguläre Ausdrucksmuster durch die Ersatzzeichenfolge ersetzt. Die Rückgabe ist vom Datentyp Text.<br><br>Beispiele:<br>▶ REGEXP_REPLACE(E-Mail, '[a-zA-Z0-9_.+-]+@(?:(?:[a-zA-Z0-9-]+\\.)?[a-zA-Z]+\\.)?(gmail\|googlemail)\\.com', 'GMail')<br>▶ REGEXP_REPLACE(Pfad, '\\s', '/') |

**Tabelle 4.12** Übersicht über die REGEXP-Funktionen

> **Tipp zur Kombination von REGEXP_MATCH() und CASE-Anweisung**
>
> Häufig wird die Funktion REGEXP_MATCH() in Kombination mit der CASE-Anweisung verwendet. Diese bietet Ihnen z. B. die Möglichkeit, Ihre Dimensionen mit aussagekräftigen Werten anstatt true und false zu versehen. Ein Anwendungsbeispiel finden Sie in Abschnitt 4.9, »Eingeschränkte Messwerte erstellen«.

### 4.7.2 Weitere Textfunktionen

Neben den regulären Ausdrücken stehen Ihnen folgende Funktionen zur Bearbeitung von Textinformationen zur Verfügung. Sie können diese z. B. zum Einfügen von Elementen in Tabellen verwenden oder um weitere Anpassungen Ihrer Texte vorzunehmen.

| Funktion (Syntax) | Beschreibung und Beispiele |
|---|---|
| IMAGE(URL,Text) | Fügt ein Bild in eine Tabelle ein. Der Verweis auf das Feld erfolgt per URL. Optional können Sie zu dem Bild auch einen Text übergeben. Beispiel: IMAGE(https://www.domain.com/bild.gif, optionaler Text) |
| CONCAT(Feld 1, Feld 2) | Verknüpft den Inhalt zweier oder mehr Felder miteinander. Dabei muss mindestens eines der beteiligten Felder aus der Datenquelle stammen. Bei den weiteren Feldern kann es sich um Textkonstanten oder weitere Felder aus der Datenquelle handeln. Textkonstanten müssen zwischen Hochkommas ("...") dargestellt werden. Beispiel: CONCAT(Anrede, " ", Vorname, " ", Nachname) |
| LENGTH(Feld oder Ausdruck) | Gibt die Anzahl der Zeichen in Feld zurück. Beispiel: LENGTH(CONCAT(Anrede, " ", Vorname, " ", Nachname)) |
| LOWER(Feld oder Ausdruck) | Wandelt den Inhalt von Feld in Kleinbuchstaben um. Beispiel: LOWER(Produkt) |

Tabelle 4.13 Weitere Textfunktionen

| Funktion (Syntax) | Beschreibung und Beispiele |
|---|---|
| `HYPERLINK(URL, Linklabel)` | Fügt anklickbare Links in Ihre Data-Studio-Tabellen ein. Die Funktion unterstützt neben Links auch Websites (Protokolle *http* und *https*) sowie Verweise auf E-Mail-Adressen (*mailto*) und FTP-Server (*ftp*). Wenn Sie kein Protokoll angeben, wird standardmäßig *http://* der URL vorangestellt.<br><br>Optional können Sie zur URL auch eine Linkbeschreibung (`Linklabel`) mitgeben. Alternativ zur Linkbeschreibung als Text können Sie auch anklickbare Bilder über die Funktion `IMAGE()` einbinden.<br><br>Beispiele:<br>▶ `HYPERLINK(CONCAT('mailto:', Link), Vor- und Nach-name)`<br>▶ `HYPERLINK('https://www.domain.com', IMAGE(https://www.domain.com/bild.gif))` |
| `REPLACE(Feld oder Ausdruck, zu ersetzender Text, neuer Text)` | Gibt den Inhalt von `Feld` zurück, in dem alle Vorkommen des zu ersetzenden Textes durch den neuen Text ersetzt sind.<br><br>Beispiel:<br>`REPLACE(Produkt, 'o', 'i')` |
| `SUBSTR(Feld oder Ausdruck, Startindex, Länge)` | Gibt den Inhalt von `Feld` in einem gegebenen Intervall zurück. Der zurückgelieferte Text beginnt bei `Startindex` und umfasst die in `Länge` definierte Anzahl der Zeichen.<br><br>Beispiel:<br>`SUBSTR(Produkt, 3, 6)` |
| `TRIM(Feld oder Ausdruck)` | Gibt den Inhalt von `Feld` ohne vorangehende und nachstehende Leerzeichen zurück.<br><br>Beispiel:<br>`TRIM(Produkt)` |
| `UPPER(Feld oder Ausdruck)` | Wandelt den Inhalt von `Feld` in Großbuchstaben um.<br><br>Beispiel:<br>`UPPER(Produkt)` |

**Tabelle 4.13**  Weitere Textfunktionen (Forts.)

### 4.7.3 Praktische Verwendung in Google Data Studio

Um Ihnen die regulären Ausdrücke näherzubringen, möchten wir Ihnen ein paar Beispiele zur praktischen Verwendung in Google Data Studio vorstellen.

**Beispiele: Teile eines Textes extrahieren**

Um Berichte nutzerfreundlicher zu gestalten, können Sie aus langen Texten einer Dimension einen Teil extrahieren. Wie Sie dabei vorgehen, zeigen wir Ihnen in zwei Beispielen.

In Ihrem Datensatz werden u. a. Produktbezeichnungen im Feld PRODUKT geliefert. Diese haben folgenden Aufbau: Google Data Studio, Google Analytics, Google AdWords, Google G Suite etc. Die Produktbezeichnung soll nun aber ohne den Zusatz »Google« in Ihrem Bericht ausgegeben werden. Dafür können Sie folgende Funktion nutzen: `REGEXP_EXTRACT(Produkt, '(?i)google(.*)')`. Diese Funktion liefert alles, was nach dem Wort »Google« steht, ohne Berücksichtigung der Groß- und Kleinschreibung.

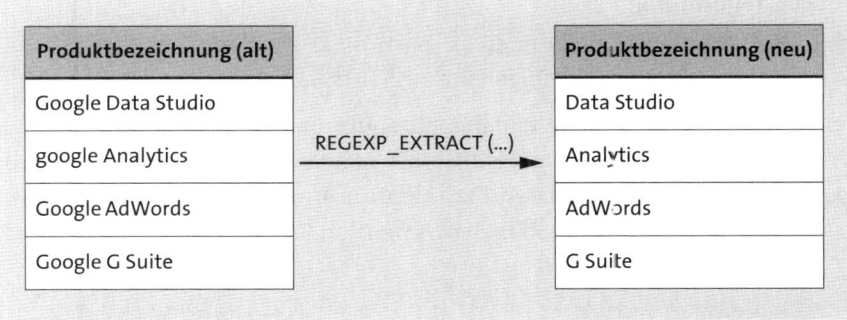

**Abbildung 4.7** Produktbezeichnung per REGEXP_EXTRACT() extrahieren

Sie haben in Ihren Kampagnen mehrere Parameter in der Form `utm_source=Parameter1&utm_medium=Parameter2&utm_campaign=Parameter3&utm_term=Parameter4` hinterlegt. Sie möchten nun den Namen der Kampagne (`Parameter3`) separat in Ihrem Bericht auswerten. Die Funktion `REGEXP_EXTRACT(Kampagne, '^(?:[^=]*=){3}([^=]*)&')` extrahiert den Namen der Kampagne zwischen `utm_campaign=` und `&`.

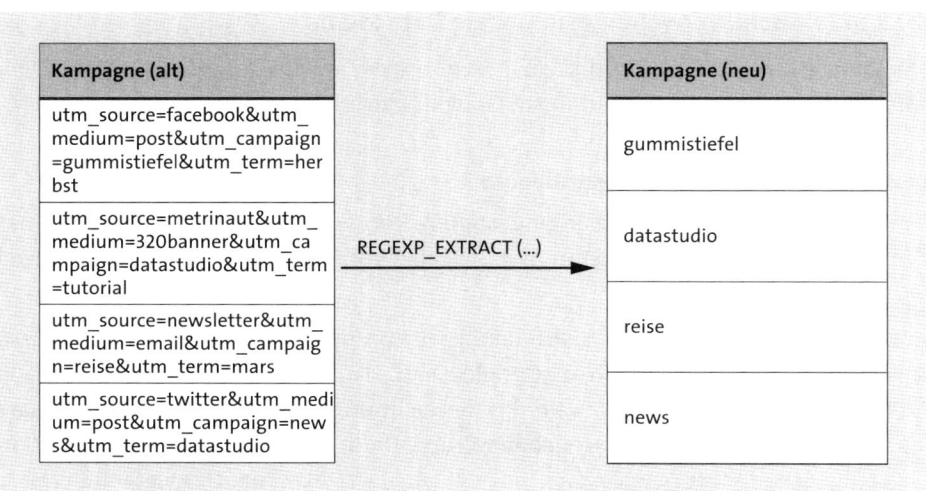

**Abbildung 4.8** Kampagnenname per REGEXP_EXTRACT() extrahieren

### Beispiele: Zeichenprüfung

Mit Hilfe einer Zeichenprüfung können Sie bestimmte Zeichen identifizieren oder auf ihre Gültigkeit prüfen, wie die folgenden zwei Beispiele darstellen.

Von Ihrer Website existieren Varianten in mehreren Sprachen. Die jeweilige Sprache ist in der URL kodiert. Sie wollen mit Hilfe eines regulären Ausdrucks alle deutschsprachigen Seiten in Ihrem Datensatz identifizieren. Die Funktion `REGEXP_MATCH(Seite, '(.*/de/.*)')` prüft, ob in der Dimension Seite der Text `'/de/'` enthalten ist.

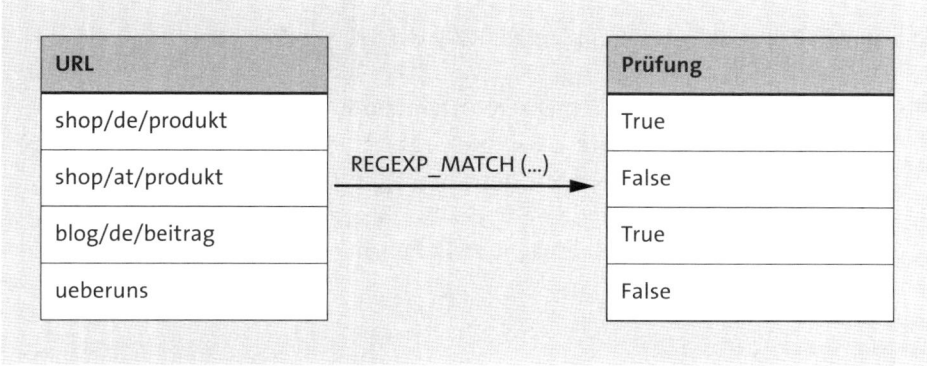

**Abbildung 4.9** URL per REGEXP_MATCH() prüfen

Eine weitere Anwendungsmöglichkeit besteht im Rahmen einer Qualitätsprüfung. Mit Hilfe einer Zeichenprüfung können Sie die Gültigkeit Ihrer Adressdaten verifizieren und überprüfen, ob alle Postleitzahlen fünfstellig sind. Die Funktion `REGEXP_`

MATCH(PLZ, '[0-9]{5}') liefert true zurück, wenn der Inhalt im Feld PLZ exakt fünf Ziffern umfasst.

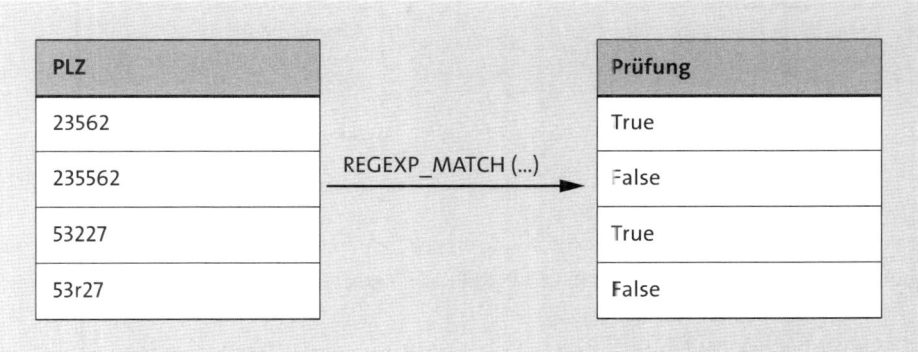

**Abbildung 4.10** Adressdaten per REGEXP_MATCH() prüfen

### Beispiele: Texte ersetzen

Durch das Ersetzen von Texten können Sie Zeichenketten anpassen und so eine einheitliche Darstellungsweise erreichen, wie unser nächstes Beispiel zeigt.

Stellen Sie sich vor, dass Sie einen Datensatz mit den Unternehmensnamen Ihrer Kunden vorliegen haben. Für eine Auswertung sollen die einzelnen Tochterfirmen dem Konzern zugeordnet werden. Die Funktion REGEXP_REPLACE(Unternehmen, '(? i)(Tochterfirma 1|Tochterfirma 2|Tochterfirma 3)', 'Konzern') sucht die Tochterfirmen 1, 2 und 3 und ordnet sie dem Konzern zu. Der Rest der Unternehmen bleibt unverändert.

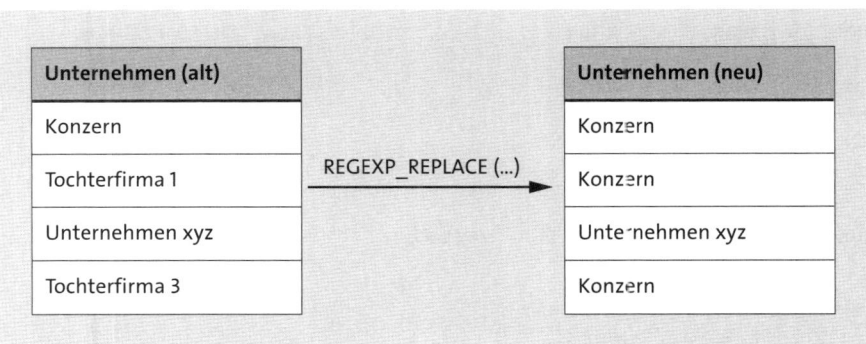

**Abbildung 4.11** Bezeichnung per REGEXP_REPLACE() ersetzen

Eine weitere Anwendungsmöglichkeit ist das Anpassen von URLs, wenn der URL-Pfad in Ihrem Datensatz als eine Datei aufgeführt wird. Zur besseren Lesbarkeit möchten Sie die Dateiendung entfernen. Mit der Funktion REGEXP_REPLACE(Seite, '(.php$|.html$)', ' ') werden die Dateiendungen *.php* oder *.html* eliminiert.

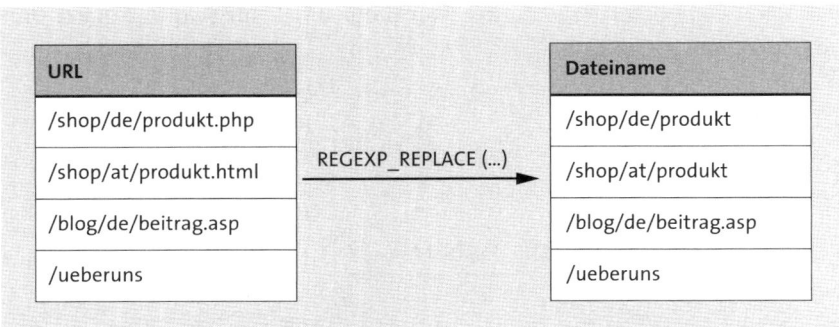

**Abbildung 4.12**  Dateiendung per REGEXP_REPLACE() ersetzen

Wie Sie einige der Textfunktionen in Data Studio einsetzen können, zeigen wir Ihnen anhand der folgenden Beispiele.

### Beispiel: Adressdaten verketten

Mit der Funktion CONCAT(Anrede, " ", Vorname, " ", Nachname) werden die im Datensatz gelieferten Felder ANREDE, VORNAME und NACHNAME in einem neuen Feld miteinander verkettet. Zur besseren Lesbarkeit wird zwischen den einzelnen Feldern ein Leerzeichen eingefügt.

| Anrede | Vorname | Nachname | | Neues Feld |
|--------|---------|----------|---|------------|
| Frau | Ada | Lovelace | | Frau Ada Lovelace |
| Herr | Alan | Turing | CONCAT (...) | Herr Alan Turing |
| Frau | Grace | Hopper | | Frau Grace Hopper |
| Herr | Heinz | Nixdorf | | Herr Heinz Nixdorf |

**Abbildung 4.13**  Adressdaten per CONCAT() verketten

### Beispiel: Link einfügen

In Ihrem Datensatz sind die E-Mail-Adressen der verantwortlichen Mitarbeiter hinterlegt. Damit sich direkt aus Google Data Studio heraus das E-Mail-Programm öffnet, können Sie die Funktion HYPERLINK(CONCAT('mailto:', EMail), Vor- und Nachname) benutzen. Mit der Funktion CONCAT() wird zunächst der Hyperlink für das E-Mail Programm erzeugt. Der Befehl mailto: wird mit dem Feld EMAIL verknüpft und erzeugt einen HTML-Link für die E-Mail-Adresse. In der Data-Studio-Tabelle werden nur der Vor- und Nachname des Mitarbeiters angezeigt.

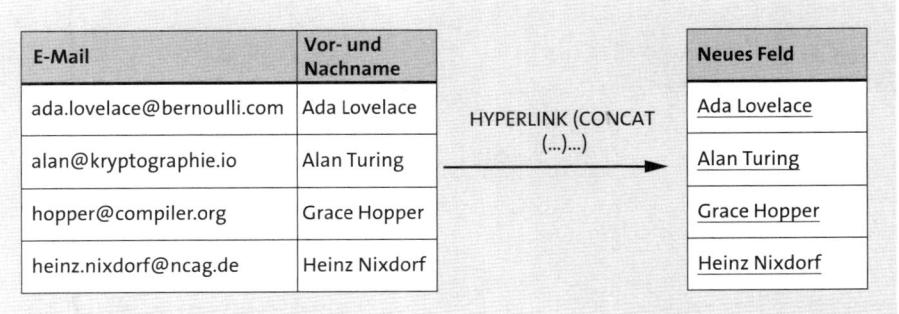

**Abbildung 4.14** Link per HYPERLINK() erzeugen

### Beispiel: Einheitliche Schreibweise gewährleisten

In einigen Ihrer Marketingkampagnen wurden für die Benennung sowohl Kleinbuchstaben als auch Großbuchstaben verwendet, wie z B. »Kampagne A«, »kampagne a« oder »KAMPAGNE A«. Dadurch wird das Reporting erschwert, da die einzelnen
Ausprägungen von Kampagne A von Data Studio als separate Kampagnen betrachtet
werden. Durch die Konvertierung in Klein- oder Großbuchstaben erreichen Sie eine
einheitliche Schreibweise und reduzieren die Anzahl an Ausprägungen. In unserem
Beispiel haben wir alle Kampagnen in Kleinbuchstaben mit der Funktion LOWER(Campaign) konvertiert, da es nutzerfreundlicher ist als das Verwenden von Großbuchstaben.

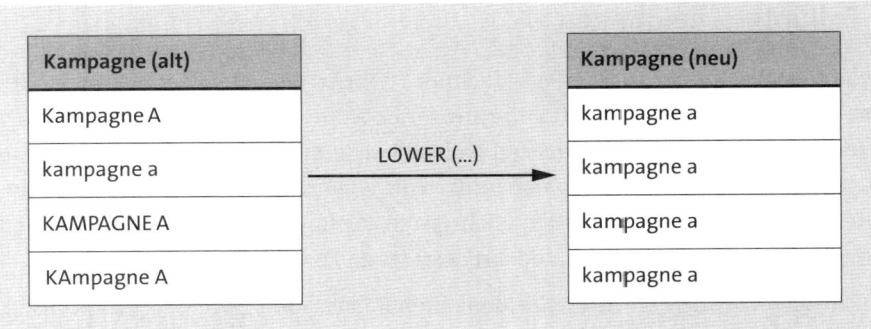

**Abbildung 4.15** Konvertierung in Kleinbuchstaben mit LOWER()

### Beispiel: Auswertung nach Produktkategorien

Ihre Produktbezeichnungen enthalten einen dreistelligen Code für die Produktkategorie. Um in Ihren Berichten auch nach der Produktkategorie auswerten zu können,
soll diese in einem zusätzlichen Feld gespeichert werden. Die Funktion SUBSTR(Produkt, 1, 3) extrahiert die Zeichen 1 bis 3.

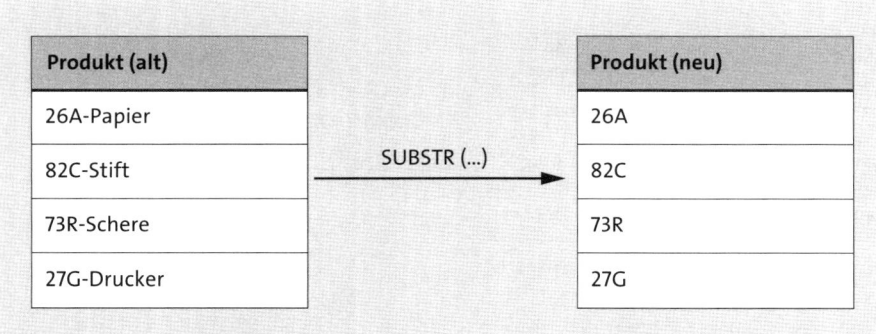

**Abbildung 4.16** Produktkategorien per SUBSTR() extrahieren

---

**Hinweis zum Extrahieren von Texten aus einer Dimension**

Wenn Sie Texte aus einer Dimension extrahieren wollen, stehen Ihnen zwei Möglichkeiten zur Verfügung. Die Funktion REGEXP_EXTRACT() nutzt reguläre Ausdrücke zur Extraktion von Zeichenfolgen. Sie eignet sich, wenn sich die Position bzw. Länge des zu extrahierenden Textes im Vorfeld nicht bestimmen lässt. Befindet sich der zu extrahierende Teil dagegen immer an der gleichen Position und hat eine konstante Länge, können Sie auch die Funktion SUBSTR() verwenden.

---

## 4.8   Fallunterscheidungen

Mit *Fallunterscheidungen* in Google Data Studio können Sie neue Dimensionen oder Messwerte erzeugen, deren Inhalt aufgrund einer Wenn-dann-Bedingung festgelegt wird. In Programmiersprachen werden Fallunterscheidungen den Kontrollstrukturen zugeordnet. Zu den Kontrollstrukturen wird allgemein eine Verzweigung oder Schleife gezählt. Sie gehören zu den wichtigsten Bestandteilen, mit denen Sie den Ablauf eines Programms steuern und auf bestimmte Zustände reagieren.

Stellen Sie sich vor, dass Sie Ihren Kunden einen Rabatt abhängig von ihrem Umsatz anbieten wollen. Wenn der Kunde

- mehr als 10.000 EUR Umsatz generiert, dann bekommt er 10 % Rabatt,
- mehr als 5.000 EUR Umsatz generiert, dann bekommt er 5 % Rabatt,
- sonst bekommt er keinen Rabatt.

Um das in Google Data Studio umzusetzen, wird der Befehl CASE genutzt. Der Befehl hat folgende Syntax:

```
CASE
    WHEN Bedingung THEN Ergebnis
    WHEN Bedingung THEN Ergebnis
    ...
    ELSE Ergebnis
END
```

### 4.8.1 Die WHEN-Anweisung

Die Bedingung beschreibt einen Ausdruck, der mit einem booleschen Wert (richtig oder falsch) ausgewertet werden kann (WHEN-Anweisung). Das Ergebnis enthält den Wert, der zurückgegeben wird, wenn die Bedingung erfüllt ist (THEN-Anweisung). Trifft keine der Bedingungen zu, wird der im ELSE-Zweig definierte Wert zurückgeliefert. Dieser Verarbeitungsschritt ist optional. Wenn keine der Bedingungen erfüllt ist und kein ELSE-Zweig definiert wurde, gibt die CASE-Anweisung ein leeres Feld zurück.

Abbildung 4.17 visualisiert unser Rabatt-Beispiel. Zunächst wird in der WHEN-Bedingung geprüft, ob die anzuwendende Bedingung erfüllt ist. Ist dies der Fall, wird das Ergebnis an die Dimension oder den Messwert zurückgeliefert. Ist es nicht der Fall, überprüft die nächste WHEN-Bedingung, ob die Bedingungen erfüllt sind. Der Prozess wiederholt sich, bis der Befehl beendet ist (END).

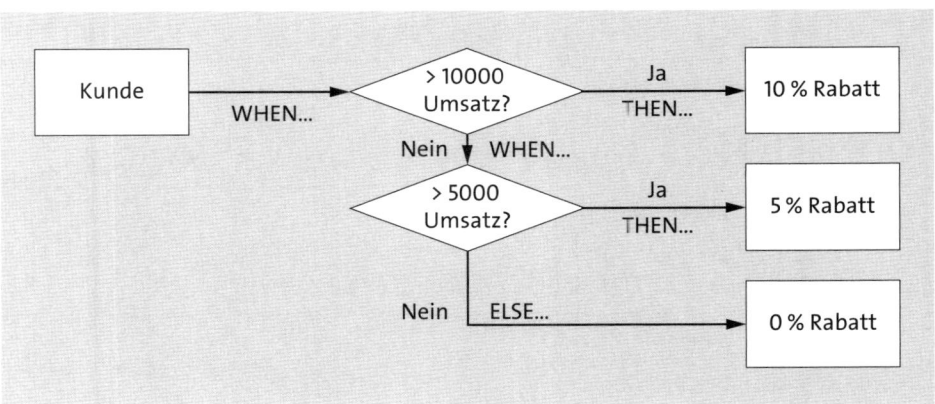

**Abbildung 4.17** WHEN-Bedingung anhand des Rabatt-Beispiels

Zur Definition der Bedingung stehen Vergleichsoperatoren, logische Operatoren und ausgewählte Funktionen zur Verfügung. Innerhalb einer CASE-Anweisung muss das Ergebnis immer den gleichen Datentyp besitzen. Dabei kann es sich um eine Dimension, einen Messwert oder einen Textstring handeln.

**Hinweis zur Verwendung von eingeschränkten Messwerten**

Bedingungen können normalerweise Dimensionen oder Messwerte, nicht jedoch beides enthalten. Wie Sie trotzdem Dimensionen und Messwerte in einer CASE-Anweisung gemeinsam verwenden können, erläutern wir in Abschnitt 4.9 »Eingeschränkte Messwerte erstellen«.

**Vergleichsoperatoren**

Vergleichsoperatoren dienen zum Vergleichen zweier Werte. Die Argumente links und rechts vom Vergleichsoperator müssen den gleichen Datentyp (Text, Zahl oder boolescher Wert) besitzen. Eines der beiden Argumente muss dabei ein Feld sein. Folgende Vergleichsoperatoren sind in der WHEN-Bedingung zulässig:

| Operator | Beschreibung und Beispiel |
|----------|---------------------------|
| >        | größer als<br><br>Beispiel:<br>CASE WHEN Preis > 10 THEN 1 ELSE 0 END |
| >=       | größer oder gleich<br><br>Beispiel:<br>CASE WHEN Seitentiefe >= 5 THEN 1 ELSE 0 END |
| <        | kleiner als<br><br>Beispiel:<br>CASE WHEN Kategorie < 'C' THEN 'Drucker' ELSE 'Zubehör' END |
| <=       | kleiner oder gleich<br><br>Beispiel:<br>CASE WHEN Einzelne Käufe <= 2 THEN 1 ELSE 0 END |
| =        | gleich<br><br>Beispiel:<br>CASE WHEN Produkt = 'Toner' THEN 'Laser' ELSE 'Tinte' END |
| !=       | ungleich<br><br>Beispiel:<br>CASE WHEN Kontinent != 'Europe' THEN 'kein Marktsegment' |

**Tabelle 4.14**  Vergleichsoperatoren für CASE-Funktion

## Logische Operatoren

Möchten Sie mehrere Bedingungen prüfen, können Sie sie mit den logischen Operatoren AND und OR verknüpfen. Durch Klammerung können Sie zusätzlich Bedingungen gruppieren sowie die Auswertungsreihenfolge festlegen.

| Operator | Beschreibung und Beispiel |
|---|---|
| AND | Und<br><br>Beispiel:<br>CASE WHEN (Produkt = 'Laser' AND Hersteller = 'HP') THEN 'HP Laser' WHEN (Produkt = 'Laser' AND Hersteller = 'Kyocera') THEN 'Kyocera Laser' ELSE 'Tinte' END |
| OR | Oder<br><br>Beispiel:<br>CASE WHEN (Browser = 'Internet Explorer' OR Browser = 'Edge') THEN 'Microsoft' END |
| AND … OR | Und … Oder<br><br>Beispiel:<br>CASE WHEN (Kategorie = '1' OR Kategorie = '2') AND BEWERTUNG != 'Negativ' THEN 'Premium' ELSE 'Standard' END |

**Tabelle 4.15** Logische Operatoren für CASE-Funktion

## Funktionen

In einer WHEN-Anweisung lassen sich die Funktionen IS NULL, IN, NOT IN und REGEXP_MATCH verwenden. Mit Ausnahme der Funktion REGEXP_MATCH können diese Funktionen nur in Zusammenhang mit CASE genutzt werden.

| Funktion – Syntax | Beschreibung und Beispiel |
|---|---|
| IS NULL<br>Feld IS NULL | Prüft, ob das übergebene Feld leer oder sein Wert null ist. Im positiven Fall wird der Wert true zurückgeliefert und das Ergebnis zugewiesen.<br><br>Bei diesem Feld kann es sich um eine Dimension oder einen Messwert handeln.<br><br>Beispiele:<br>▶ CASE WHEN Anzahl IS NULL THEN O ELSE Anzahl END<br>▶ CASE WHEN Region IS NULL THEN 'Region unbekannt' ELSE Region END |

**Tabelle 4.16** Funktionen in der CASE-Funktion

| Funktion – Syntax | Beschreibung und Beispiel |
|---|---|
| IN<br><br>Feld IN (Parameter 1, Parameter 2, Parameter 3, Parameter n) | Prüft, ob der Inhalt des übergebenen Feldes in der Liste enthalten ist. Im positiven Fall wird der Wert true zurückgeliefert und das Ergebnis zugewiesen.<br><br>Beispiel:<br><br>CASE WHEN Stadt IN ('New York', 'Rio', 'Tokyo') THEN 'Niederlassung' END |
| NOT IN<br><br>Feld NOT IN (Parameter 1, Parameter 2, Parameter 3, Parameter n) | Prüft, ob der Inhalt des übergebenen Feldes nicht in der Liste enthalten ist. Im positiven Fall wird der Wert true zurückgeliefert und das Ergebnis zugewiesen.<br><br>Beispiel:<br><br>CASE WHEN Zahl NOT IN ('2','3','5','7') THEN 'keine Primzahl' END |
| REGEXP_MATCH | Prüft, ob die in Feld übergebene Zeichenfolge mit dem Muster des regulären Ausdrucks übereinstimmt. Wird eine Übereinstimmung gefunden, wird der Wert true zurückgeliefert, ansonsten false.<br><br>Weitere Informationen und Beispiele zu REGEXP_MATCH finden Sie in Abschnitt 4.7.1, »Reguläre Ausdrücke«. |

**Tabelle 4.16**  Funktionen in der CASE-Funktion (Forts.)

### 4.8.2   Praktische Verwendung in Google Data Studio

Sie können mit Fallunterscheidungen Dimensionen oder Messwerte ableiten oder gruppieren. Folgende Szenarien sind beispielsweise mit Fallunterscheidungen in Google Data Studio umsetzbar:

**Beispiel: Anhand der Region den zuständigen Manager ableiten**

Sie haben vier Vertriebsregionen Nord, Süd, West und Ost und möchten sie nach ihren verantwortlichen Managern auswerten. Das Mapping von Vertriebsregionen zu Managern ist nicht im Datensatz vorhanden und muss in Data Studio ermittelt werden. Sie können hierfür folgende Fallunterscheidung verwenden:

```
CASE
   WHEN Region = 'Nord' THEN 'Aramis'
   WHEN Region = 'Süd' THEN 'Arthos'
   ELSE 'Porthos'
END
```

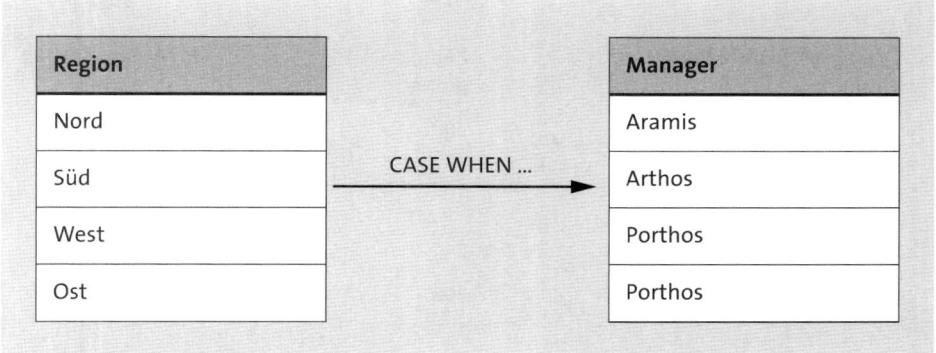

**Abbildung 4.18** Mapping von Vertriebsregionen zu Managern

**Beispiel: Kundengruppierung aus Artikelnummern ableiten**

Für eine Mailing-Aktion Ihres Onlineshops für Heimtierbedarf möchten Sie alle Kunden anschreiben, die in den letzten sechs Monaten bestimmte Produkte bei Ihnen gekauft haben. Anhand der Artikelnummer können Sie identifizieren, aus welchen Produktgruppen Artikel gekauft wurden, und daraus die entsprechende Gruppe für das Mailing ableiten.

Für die Zuordnung Ihrer Produktgruppe werden die ersten drei Stellen der Artikelnummer verwendet:

- Hundefutter: Artikelnummer 100xxx–199xxx
- Katzenfutter: Artikelnummer 200xxx–299xxx
- Zubehör: Artikelnummer 300xxx–499xxx

Da die Artikelnummern in Ihrem Datensatz als Text gespeichert sind, müssen Sie zuerst den dreistelligen Produktcode in eine Zahl konvertieren. Das Extrahieren der ersten drei Stellen aus der Artikelnummer und die Konvertierung in eine Zahl können Sie mit folgender Formel umsetzen: CAST(SUBSTR(Artikelnummer, 1, 3) AS number ).

Anschließend wenden Sie die CASE-Anweisung auf das neue Feld Produktgruppe an und befüllen so die Kategorien für das Mailing:

```
CASE
   WHEN ( Produktgruppe >= 100 AND Produktgruppe <= 199 )
     THEN 'Hundeliebhaber'
   WHEN ( Produktgruppe >= 200 AND Produktgruppe <= 299 )
     THEN 'Katzenliebhaber'
   WHEN ( Produktgruppe >= 300 AND Produktgruppe <= 499 ) THEN 'Zubehör'
   ELSE 'Nicht zugeordnet'
END
```

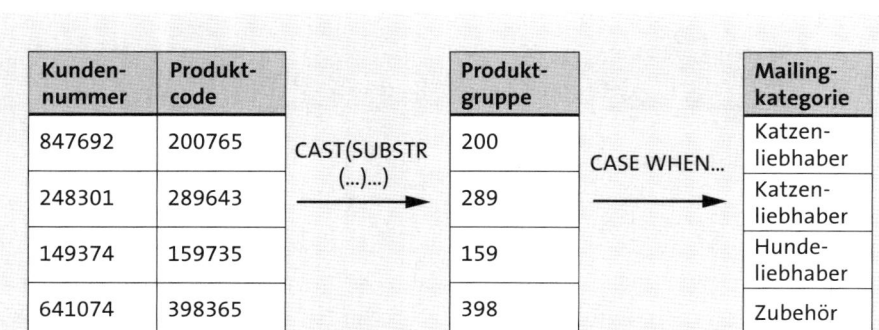

**Abbildung 4.19** Kundengruppierung aus Artikelnummern ableiten

### Beispiel: Abspieldauer von Videos auswerten

Sie möchten zur Auswertung Ihres YouTube-Kanals eine neue Kennzahl erstellen, die nur Aufrufe von Videos zählt, die länger als zehn Sekunden angeschaut wurden. Hierfür können Sie folgende Fallunterscheidung verwenden:

```
CASE
    WHEN Watch Time > 10 THEN 1
    ELSE 0
END
```

| Watch Time | | Ergebnis |
|---|---|---|
| 00:00:05 | | 0 |
| 00:00:11 | CASE WHEN ... | 1 |
| 00:01:15 | | 1 |
| 00:00:09 | | 0 |

**Abbildung 4.20** Abspieldauer von Videos auswerten

**Hinweise zur Einschränkung von CASE-Anweisungen**

▸ In der WHEN-Bedingung ist es nicht möglich, mathematische Formeln zur Berechnung Ihrer Kennzahlen zu verwenden. Wenn Ihre Kennzahlen noch berechnet werden müssen, so ist im Datenquelleneditor zunächst ein neuer Messwert zu erstellen. Dieses neue Feld können Sie dann in der CASE-Anweisung nutzen.

▶ Messwerte können in einer CASE-Anweisung nur gemeinsam genutzt werden, wenn sie den gleichen Aggregationstyp wie z. B. Summe oder Durchschnitt besitzen. Alternativ können Sie aber die Messwerte duplizieren und die ZUSAMMENFASSUNG der neuen Felder auf den Wert KEINE stellen. In der CASE-Anweisung können Sie dann die duplizierten Felder einsetzen und haben dadurch die Möglichkeit, die Aggregation für den neuen Messwert frei zu wählen. Bitte beachten Sie bei der Verwendung von Google-Produkt-Connectoren, dass dort die Messwerte als Zusammenfassung oft AUTOMATISCH voreingestellt haben. Diese Einstellung lässt sich auch im duplizierten Feld nicht ändern.

## 4.9   Eingeschränkte Messwerte erstellen

Dimensionen und Messwerte können nicht gemeinsam innerhalb einer CASE-Anweisung verwendet werden. Somit ist es theoretisch nicht möglich, neue Messwerte zu bilden, die sich auf bestimmte Ausprägungen in den Dimensionsdaten fokussieren. Google Data Studio bietet aber die Möglichkeit, *eingeschränkte Messwerte* zu erstellen. Damit haben Sie die Option, Dimensionen und Messwerte zu kombinieren, um daraus neue Kennzahlen wie z. B. den Umsatz pro Filiale zu generieren.

**Hinweis zur Verwendung von eingeschränkten Messwerten**

Damit die eingeschränkten Messwerte – in der Google-Hilfe als »bedingt berechnete Felder« bezeichnet – in Ihren Diagrammen die erwarteten Ergebnisse liefern, müssen Sie alle Dimensionen, die Sie in der WHEN-Bedingung verwenden, auch in die Diagramme aufnehmen. Wenn Sie also einen eingeschränkten Messwert für den Umsatz pro Filiale definieren, müssen Sie die Dimension Umsatz auch in alle Diagramme aufnehmen, in denen diese Kennzahl verwendet wird. Andernfalls würde nur der Basismesswert Umsatz angezeigt. Da das Visualisierungselement Kurzübersicht nur einen Messwert, aber keine Dimensionen enthält, können dort keine eingeschränkten Messwerte verwendet werden.

Die Herangehensweise zur Erstellung von eingeschränkten Messwerten unterscheidet sich je nachdem, ob Ihre Datenquelle auf einem Connector mit flexiblem oder festem Schema beruht. Wie Sie in beiden Fällen vorgehen, erläutern wir in den folgenden Abschnitten.

### 4.9.1   Eingeschränkte Messwerte bei Connectoren mit flexiblem Schema

Bei Connectoren mit flexiblem Schema haben Sie die Möglichkeit, die Aggregation der Messwerte selbst zu bestimmen. Das ist zum Beispiel bei Datenbanken, Google Sheets und CSV-Dateien der Fall. Um bei dieser Art Connector Dimensionen und

Messwerte innerhalb der CASE-Anweisung zu kombinieren, müssen Sie den Aggregationstyp aller beteiligten Messwerte auf Keine setzen. Um das ursprüngliche Feld als Messwert beizubehalten, können Sie es im Datenquelleneditor über das Kontextmenü duplizieren. Ändern Sie dann den Aggregationstyp des kopierten Felds in Keine, und verwenden Sie dieses Feld in der Formel. Eine detaillierte Beschreibung, wie Sie Felder im Datenquelleneditor duplizieren, finden Sie in Kapitel 3, »Datenquellen mit Google Data Studio verbinden und bearbeiten«.

### 4.9.2    Eingeschränkte Messwerte bei Connectoren mit festem Schema

Connectoren mit einem festen Schema werden in der Regel für die Anbindung von Daten aus Google-Anwendungen wie z. B. AdWords, DoubleClick, Google Analytics, Search Console oder YouTube verwendet. Die Messwerte in diesen Datensätzen sind häufig bereits in einer vordefinierten Aggregation gespeichert. Ihr Aggregationstyp ist dann auf Automatisch gesetzt und kann nicht mehr von Ihnen geändert werden. Somit haben Sie nicht die Möglichkeit, Ihre Messwerte in eine Dimension zu verwandeln. Damit Sie trotzdem eingeschränkte Messwerte erstellen können, müssen Sie in der Formel dafür sorgen, dass das Ergebnis Ihrer CASE-Anweisung einen Messwert zurückliefert. Dazu können Sie die CASE-Anweisung in eine Aggregationsfunktion wie z. B. MAX() einbetten. Die Formel setzt sich dabei nach folgendem Schema zusammen:

```
Messwert * MAX(CASE WHEN REGEXP_
MATCH(Dimension, 'regulärer Ausdruck') THEN 1 ELSE 0 END)
```

Das bedeutet, wenn die Funktion REGEXP_MATCH den regulären Ausdruck in Dimension findet, liefert die boolesche Funktion wahr zurück. In der CASE-Anweisung wird der THEN-Zweig durchlaufen, und der Messwert wird zurückgeliefert. Trifft der reguläre Ausdruck nicht zu, wird der ELSE-Zweig abgearbeitet und das Ergebnis 0 (Messwert * 0) zurückgeliefert.

### 4.9.3    Praktische Verwendung in Google Data Studio

#### Beispiel: Connectoren mit flexiblem Schema

Eingeschränkte Messwerte mit einem flexiblen Schema kommen z. B. in der Warenwirtschaft zum Einsatz. Ein Beispiel hierfür ist, dass Sie aus Ihrem Warenwirtschaftssystem den Lagerbestand je Artikel übermittelt bekommen. Sobald der Bestand eines Artikels unter einen vorher definierten Schwellwert sinkt (in unserem Beispiel 25), soll in der neuen Dimension Bestandsprüfung der Text »niedriger Bestand« ausgegeben werden.

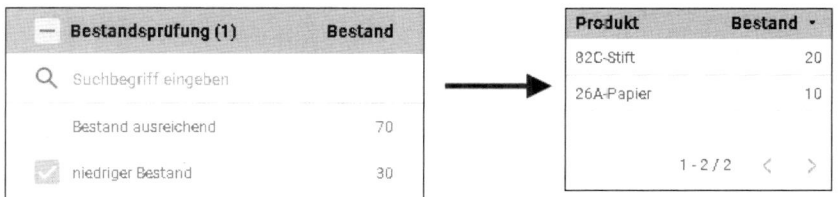

**Abbildung 4.21** Bestandsprüfung mit eingeschränkten Messwerten umsetzen

Hierfür können Sie folgendermaßen vorgehen:

Im ersten Schritt duplizieren Sie den Messwert Bestand im Datenquelleneditor und setzen die Aggregation auf KEINE. Damit wird der Messwert automatisch in eine Dimension konvertiert. Um Dimension und Messwert besser textlich unterscheiden zu können, ändern Sie die Beschreibung der neuen Dimension in »Bestand (Dim.)«.

Anschließend wird mit dem Formeleditor ein neues Feld BESTANDSPRÜFUNG angelegt und die folgende Formel hinterlegt:

```
CASE
   WHEN Bestand (Dim.) < 25
   THEN 'niedriger Bestand'
END
```

Mit einer Filtersteuerung hat der Anwender nun die Möglichkeit, sich nur die Artikel anzuzeigen, deren Bestand kritisch ist.

### Beispiel: Connectoren mit festem Schema

Jedes Produkt in Ihrem Onlineshop ist einer Produktkategorie zugeordnet. Für Ihr Reporting möchten Sie die Kennzahl Produktumsatz als eingeschränkten Messwert für übergeordnete Produktkategorien wie Bürozubehör, Elektronik oder Lifestyle abbilden. Dafür können Sie jeweils einen neuen Messwert mit der folgenden Formel anlegen:

▶ PK Bürozubehör: `Produktumsatz * SUM(CASE WHEN REGEXP_MATCH(Produktkategorie (erweiterter E-Commerce), 'Office|Accessories') THEN 1 ELSE 0 END)`

▶ PK Elektronik: `Produktumsatz * SUM(CASE WHEN REGEXP_MATCH(Produktkategorie (erweiterter E-Commerce), '^Nest.*|Electronics') THEN 1 ELSE 0 END)`

▶ PK Lifestyle: `Produktumsatz * SUM(CASE WHEN REGEXP_MATCH(Produktkategorie (erweiterter E-Commerce), 'Lifestyle|Apparel|Drinkwear|Bottles|Headgear') THEN 1 ELSE 0 END)`

Abbildung 4.22 zeigt die Dimensionen und Messwerte vor und nach der CASE-Anweisung. Auf der linken Seite sehen Sie mit Produktkategorie (erweiterter E-Commerce) und Produktumsatz die für die CASE-Anweisung relevanten Quellfelder. Auf der rechten Seite sind die neu hinzugekommenen Messwerte PK Elektronik, PK Bürozubehör und PK Lifestyle ersichtlich:

| Produktkategorie ... | Produktumsatz ▾ |
|---|---|
| Nest-USA | 280.967,00 $ |
| Nest | 177.279,00 $ |
| Office | 19.685,82 $ |
| Apparel | 17.365,03 $ |
| Bags | 11.115,72 $ |
| ${productitem.produ... | 7.209,65 $ |
| Nest-Canada | 5.830,00 $ |
| Drinkware | 4.989,26 $ |
| Lifestyle | 1.789,77 $ |
| Accessories | 1.648,68 $ |

| Produktkategorie... | PK Elektronik ▾ | PK Bürozubehör | PK Lifestyle |
|---|---|---|---|
| Nest-USA | 280.967,00 $ | 0,00 $ | 0 |
| Nest | 177.279,00 $ | 0,00 $ | 0 |
| Nest-Canada | 5.830,00 $ | 0,00 $ | 0 |
| Electronics | 674,31 $ | 0,00 $ | 0 |
| Office | 0,00 $ | 19.685,82 $ | 0 |
| Drinkware | 0,00 $ | 0,00 $ | 0 |
| Waze | 0,00 $ | 0,00 $ | 0 |
| ${productitem.produ... | 0,00 $ | 0,00 $ | 0 |
| Lifestyle | 0,00 $ | 0,00 $ | 1.789,77 |
| Headgear | 0,00 $ | 0,00 $ | 1.076,16 |

**Abbildung 4.22** Eingeschränkte Messwerte für Produktkategorien bilden

Im folgenden *Blasendiagramm* können Sie das Verhältnis zwischen dem durchschnittlichen Preis und der durchschnittlichen Menge je Transaktion in den verschiedenen Produktkategorien analysieren. Da ein besonderes Augenmerk auf unsere Produktkategorie Lifestyle gelegt werden soll, wurde der eingeschränkte Messwert PK Lifestyle als dritte Dimension hinzugefügt. Dieser Messwert wird die durch die Größe der Blase dargestellt.

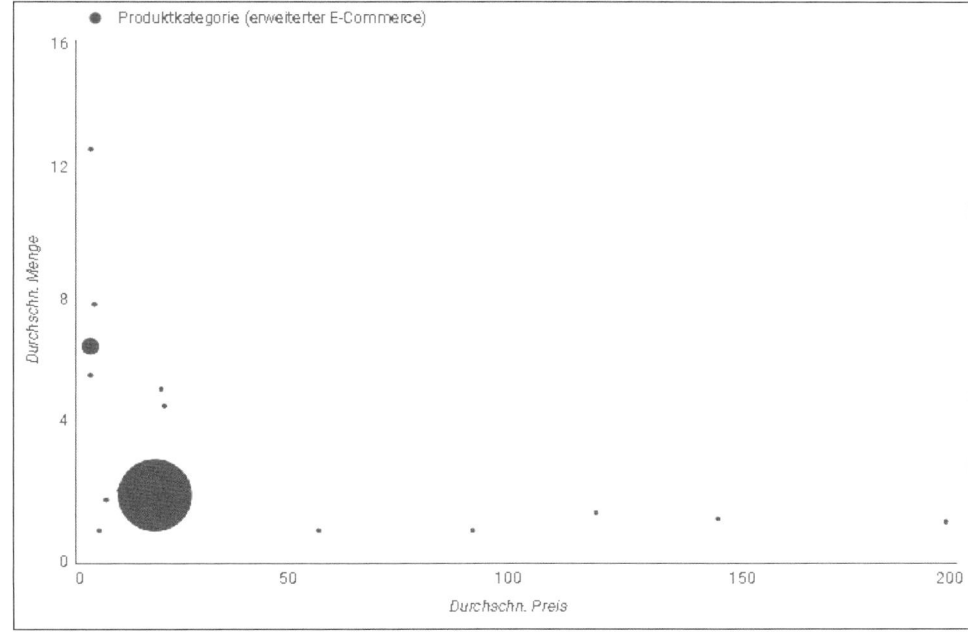

**Abbildung 4.23** Blasendiagramm zur Produktkategorie

## 4.10   Zusammenfassung

Nachdem Sie dieses Kapitel durchgearbeitet haben, sind Sie in der Lage, mit Hilfe des Formeleditors die Daten in die benötigte Form umzuwandeln. Sie haben die gängigsten mathematischen Formeln sowie Funktionen für Ortsangaben, Datum/Uhrzeit und Text kennengelernt.

Darüber hinaus wissen Sie nun, wie Sie durch die Verwendung von eingeschränkten Messwerten, Fallunterscheidungen oder Typumwandlungen neue Dimensionen oder Messwerte erstellen und auswerten. Somit sind Sie nun bestens darauf vorbereitet, die Daten in das Format zu konvertieren, das Sie für Ihr individuelles Dashboard benötigen.

4

# Kapitel 5
# Planung und Datenvisualisierung

*Was müssen Sie bei der Planung Ihres Dashboards und der Darstellung Ihrer Daten beachten? In diesem Kapitel zeigen wir Ihnen die wichtigsten Gestaltungsregeln, die Sie bei der Erstellung Ihres Dashboards beachten sollten, um einen relevanten, übersichtlichen Bericht zu erstellen.*

Die Auswahl der richtigen Kennzahlen und die Definition der Dashboard-Anforderungen sind grundlegende Erfolgsfaktoren bei der Erstellung eines Berichts, der einen tatsächlichen Mehrwert für seine Nutzer schafft. Die richtige Gestaltung des Dashboards ist jedoch mindestens genauso wichtig. Das Design Ihres Berichts sollte die Informationsaufnahme so einfach wie möglich machen und den Nutzer durch das Dashboard führen. Durch eine schlechte Darstellung können Informationen verlorengehen oder gar vom Betrachter falsch interpretiert werden. So können z. B. die Auswahl eines unpassenden Visualisierungselementes oder einer störenden Farbgebung die Informationsaufnahme erheblich beeinflussen.

Selbstverständlich gibt es für jeden Bericht unterschiedliche Anforderungen und Zielsetzungen. Jedoch lassen sich hinsichtlich der Planung übergreifende Prozesse und Gestaltungsgrundlagen ableiten. In diesem Kapitel erfahren Sie, was Sie in der Planungsphase Ihres Berichts beachten müssen und wie Sie an die notwendigen Informationen zur Gestaltung Ihres Dashboards gelangen. Wir geben Ihnen Tipps, worauf es bei der Anordnung Ihrer Elemente ankommt, wie Sie die Nutzerfreundlichkeit Ihres Dashboards steigern und was Sie bei Auswahl und Gestaltung Ihrer Elemente beachten müssen.

## 5.1 Planung des Dashboards

In diesem Abschnitt beschäftigen wir uns mit den wichtigsten Regeln zur Konzeption von Berichten. Sie lernen, welche Schritte Sie hierbei durchlaufen müssen und wie Ihnen ein iteratives Vorgehen dabei helfen kann, das Dashboard schrittweise an die Anforderungen der Nutzer anzupassen.

### 5.1.1 Vorgehen bei der Berichtserstellung

Natürlich hängt es bei der Dashboard-Erstellung immer stark von Ihren individuellen Anforderungen ab. Allerdings gibt es ein Schema, an dem Sie sich orientieren können, um sich die Erstellung zu erleichtern. Abbildung 5.1 zeigt Ihnen, welche Schritte Sie bei der Erstellung von Dashboards durchlaufen müssen.

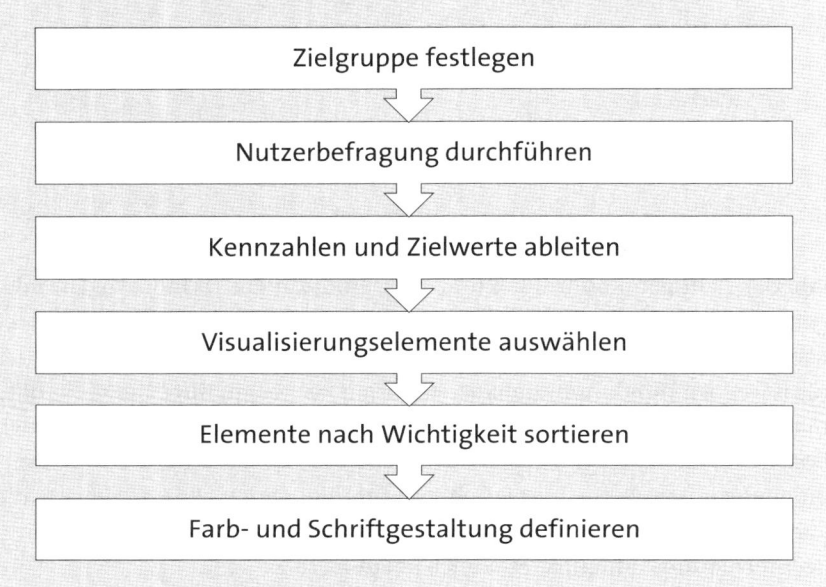

**Abbildung 5.1** Vorgehen bei der Berichtserstellung

Die einzelnen Schritte finden Sie im Folgenden genauer erklärt:

1. **Zielgruppe festlegen:** Im ersten Schritt sollten Sie sich Gedanken über Ihre Zielgruppe machen. Überlegen Sie sich, wer den Bericht nutzen soll, und behalten Sie diese konkreten Personen während der Erstellung im Hinterkopf.

2. **Nutzerbefragung durchführen:** Nachdem Sie die Zielgruppe identifiziert haben, erstellen Sie eine Liste mit Fragen, die für den Nutzer relevant sind. Welche Antworten benötigt er für seine tägliche Arbeit?

3. **Kennzahlen und Zielwerte ableiten:** Aus den Ergebnissen der Befragungen können Sie nun die passenden Kennzahlen und Zielwerte ableiten. Es ist wichtig, dass Sie diese Daten nun in einen Zusammenhang setzen und so den Nutzern die Informationen leichter zugänglich machen. Sortieren Sie die Daten z. B. nach Marketingkanälen, Schritten im Checkout oder Ähnlichem.

4. **Visualisierungselemente auswählen:** Je nachdem, welche Aussagen Sie mit den Daten unterstützen wollen, eignen sich unterschiedliche Visualisierungselemente. Entscheiden Sie, welches Element für Ihre Aussage am besten geeignet ist.

5. **Elemente nach Wichtigkeit sortieren:** Die wichtigsten Daten sollten Sie im Dashboard am weitesten oben platzieren und am größten darstellen. Priorisieren Sie die Daten, um zu beurteilen, an welcher Stelle und in welcher Größe sie dargestellt werden sollen.

6. **Farb- und Schriftgestaltung definieren:** Bevor Sie mit der Erstellung anfangen, legen Sie ein einheitliches Design fest. Wählen Sie die Farben und Schriften aus, die Sie im gesamten Dashboard gleichbleibend verwenden wollen.

**Hinweis zum Download der Checkliste**

Wir haben Ihnen das Schema als Checkliste zum Download hinterlegt: *https://goo.gl/2YXKdY*. Sie können diese Liste bei der Planung Ihrer Dashboards nutzen und haben so eine Grundlage für die Erstellung.

### 5.1.2 Iteratives Vorgehen

Was bringt es Ihnen, wenn Sie monatelang an einem Dashboard sitzen und sich letztendlich die relevanten Unternehmenskennzahlen geändert oder die Nutzer sich etwas vollkommen anderes unter dem Dashboard vorgestellt haben? Damit Sie diesen Fehler vermeiden, empfiehlt es sich, Ihr Dashboard in einem iterativen Vorgehen zu bauen, das in ähnlicher Form auch für die Durchführung von Projekten oder bei der Unternehmensgründung angewandt wird. Das bedeutet, die Erstellung Ihres Dashboards basiert auf einem zyklischen Prozess aus vier grundlegenden Schritten: Prototyping, Testen, Analyse und Anpassung.

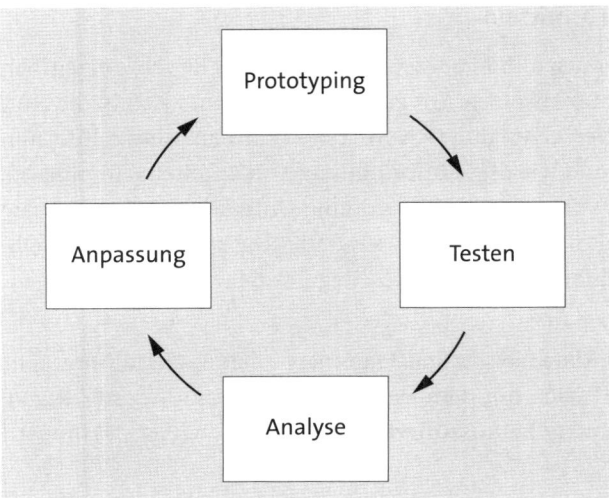

**Abbildung 5.2** Zyklischer Prozess der Dashboard-Erstellung

Zu Beginn (Prototyping) erstellen Sie zunächst das Minimum Viable Product (MVP), also in unserem Beispiel ein Dashboard, das nur über die grundlegendsten Elemente und Funktionen verfügt, um genutzt werden zu können. Das Dashboard muss zu diesem Zeitpunkt nicht perfekt sein. Es dient lediglich als Diskussionsgrundlage für die weitere Entwicklung.

Im nächsten Schritt (Testen) können die Nutzer das Dashboard testen und Feedback geben, was ihnen bereits gut gefällt und was noch verbessert werden muss. Fragen Sie die Nutzer beispielsweise, ob das Dashboard den notwendigen Kontext bietet, um die Daten zu verstehen, ob das Dashboard einfach zu bedienen ist oder ob es überflüssige Messwerte enthält. Am besten machen Sie sich im Vorfeld eine Liste mit Fragen, die die Nutzer auf jeden Fall beantworten sollten.

Anschließend (Analyse) wird das Feedback der Nutzer bewertet, um hieraus die weiteren Handlungsschritte abzuleiten. Hierbei ist es wichtig, sich auf die wichtigsten Anpassungen zu fokussieren und sich nicht in Kleinigkeiten zu verlieren. Machen Sie sich daher eine Liste mit den gewünschten Anpassungen, sortieren Sie diese nach der Priorität, und entscheiden Sie, welche Anpassungen Sie für den nächsten Prototyp umsetzen wollen.

Auf dieser Grundlage wird das Dashboard optimiert (Anpassung), und der Kreislauf beginnt wieder von vorn. Die Entwicklung eines Dashboards ist ein kontinuierlicher Prozess, da Unternehmensabläufe, Kennzahlen und Ziele sich laufend ändern können. Daher empfiehlt es sich auch, nach der anfänglichen Erstellung das iterative Vorgehen in gewissen Zeitabständen zu wiederholen.

### 5.1.3   Nutzeranforderungen ermitteln

Oftmals ist es schwieriger, herauszufinden, was die Nutzer eines Berichts eigentlich benötigen, als das Dashboard umzusetzen. Ein guter Designer muss sich in die Nutzer seines Dashboards hineinversetzen und sich vorstellen können, welche Informationen die Nutzer benötigen und wie diese Informationen aufbereitet sein müssen. Die Nutzer müssen erkennen, dass das Dashboard eine Unterstützung ist, um die relevanten Ziele ihrer Tätigkeit im Auge zu behalten und diese kontinuierlich nachverfolgen zu können. Hierfür gibt es eine Reihe von Regeln, die wir Ihnen im Folgenden vorstellen.

Jedes Dashboard benötigt eine klare Zielsetzung. Eine ansprechende Gestaltung steht erst an zweiter Stelle. Bevor Sie sich mit dem Design des Dashboards beschäftigen, geht es darum, die Ziele der Nutzer herauszufinden und diese durch das Dashboard zu unterstützen.

Setzen Sie sich mit den zukünftigen Nutzern des Dashboards zusammen, und versuchen Sie, Antworten auf Fragen bezüglich Nutzerkreis, gewünschte Inhalte und

Datengrundlage zu finden. Aus diesen Gesprächen sollten Sie grundlegende Eigenschaften ableiten können, die Ihnen bei der Gestaltung Ihres Berichts helfen.

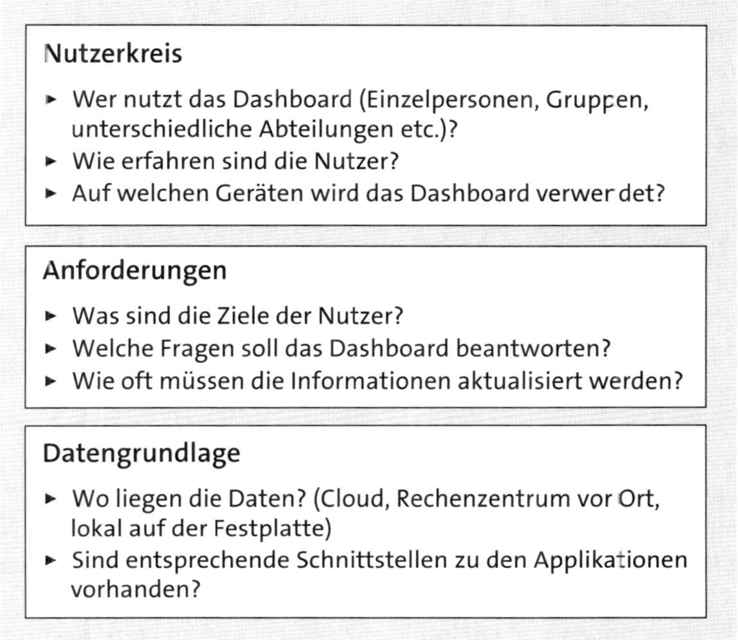

> ### Nutzerkreis
>
> ► Wer nutzt das Dashboard (Einzelpersonen, Gruppen, unterschiedliche Abteilungen etc.)?
> ► Wie erfahren sind die Nutzer?
> ► Auf welchen Geräten wird das Dashboard verwendet?

> ### Anforderungen
>
> ► Was sind die Ziele der Nutzer?
> ► Welche Fragen soll das Dashboard beantworten?
> ► Wie oft müssen die Informationen aktualisiert werden?

> ### Datengrundlage
>
> ► Wo liegen die Daten? (Cloud, Rechenzentrum vor Ort, lokal auf der Festplatte)
> ► Sind entsprechende Schnittstellen zu den Applikationen vorhanden?

**Abbildung 5.3** Nutzeranforderungen ermitteln

Diese Fragen sind nur eine grobe Orientierung und als Einstieg gedacht. Im Gespräch mit dem Nutzer werden sich anhand seiner Antworten viele weitere Fragen ergeben, so dass das Gespräch für die Erstellung eines Dashboards stark variieren kann.

### Nutzerkreis

Ein Dashboard, das nur für eine Einzelperson oder eine sehr homogene Zielgruppe erstellt wird, kann deutlich stärker individualisiert und auf die Bedürfnisse der Zielgruppe zugeschnitten werden als ein Bericht für eine Nutzergruppe mit heterogenen Zielen und Aufgaben. Wenn Sie sehr unterschiedliche Zielgruppen haben, dann sollten Sie darüber nachdenken, verschiedene Versionen des Dashboards anzulegen. Nur so lässt sich der individuelle Informationsbedarf der Nutzer decken.

Die Erfahrung der Nutzer ist ebenfalls entscheidend für die Auswahl der Informationen. Je nachdem, ob die Nutzergruppe aus Anfängern oder Experten besteht, können unterschiedlich viele Informationen aufgenommen werden. So kann ein Anfänger von einer großen Informationsflut leicht überfordert werden, für einen erfahrenen Nutzer liefern dagegen detaillierte Daten den entsprechenden Mehrwert.

Die Nutzungsgewohnheiten spielen genauso eine entscheidende Rolle. Je nachdem, ob die Nutzer das Dashboard überwiegend am Desktop-PC oder auf einem mobilen Gerät verwenden wollen, bieten sich unterschiedliche Gestaltungsspielräume. So kann ein Dashboard, das am Desktop-PC verwendet wird, eine deutliche größere Informationsdichte darstellen als ein Dashboard, das mobil verwendet wird.

---

### Hinweis zur Vergabe von Berechtigungen

Für die Konzeption des Dashboards ist auch das Thema Berechtigungen relevant. Sie müssen zum einen entscheiden, welche Ihrer Nutzer Berichtsersteller und Berichtsempfänger sind. Zum anderen ist es wichtig, festzulegen, wer welche Berichte bzw. wer welche Daten in den Berichten sehen darf. In Kapitel 8, »Berechtigungen«, finden Sie weitere Informationen darüber, was Sie bei diesem Thema beachten müssen.

---

### Anforderungen

Ein Dashboard sollte nur Informationen enthalten, die die Performance verbessern. Alles andere sind unnötige Informationen, die der Nutzer nicht wirklich braucht. Behalten Sie im Hinterkopf, dass Daten über die Performance in der Regel quantitativ sind. Das heißt, sie liegen in numerischer Form vor und können zum Erkennen relevanter Muster und Zusammenhänge genutzt werden. Qualitative Daten, die keinen numerischen Wert haben, finden nur vereinzelt Anwendung und können in einem Dashboard lediglich ergänzende Informationen bieten. Das kann z. B. eine Offene-Punkte-Liste sein oder eine Liste mit Leads, die kontaktiert werden müssen. Sollten Sie nur qualitative Daten darstellen wollen, müssen Sie sich überlegen, ob ein Dashboard überhaupt die geeignete Darstellungsform ist.

Analysieren Sie stets, ob die Nutzeranforderungen tatsächlich die Performance verbessern können. Fragen Sie den Nutzer, in welchen Situationen die gewünschten Informationen eine konkrete Handlung als Folge haben. Findet er hierauf keine Antwort, ist die Information unnötig und kann weggelassen werden.

Je nach den Anforderungen der Nutzer müssen die Daten in verschiedenen Zeitabständen wie z. B. in Echtzeit, stündlich, täglich oder wöchentlich aktualisiert werden. Allerdings ergeben sich aus der Aktualisierungshäufigkeit unterschiedliche Gestaltungsspielräume für die Berichte. Hierbei spielt vor allem die Ladegeschwindigkeit eine entscheidende Rolle. Damit ein Dashboard ohne lange Ladezeiten genutzt werden kann, gilt: Je häufiger ein Bericht aktualisiert werden soll, desto geringer ist die Informationsdichte des Berichts. Das ist nicht nur wichtig, damit das Dashboard schnell geladen werden kann, sondern auch um den Nutzer nicht zu überfordern. Ein Dashboard, das mehrmals täglich angesehen wird, muss schnell erfassbar sein. Für einen Bericht, der nur monatlich angeschaut wird, steht dem Nutzer in der Regel deutlich mehr Zeit zur Verfügung, die Daten zu analysieren.

---

**Hinweis zur Anzeige der letzten Datenaktualisierung**

Zusätzlich ist es wichtig, dass das letzte Aktualisierungsdatum genannt wird, damit der Nutzer weiß, wie aktuell die Daten sind. Die »letzte Aktualisierung der Daten« zeigt Data Studio automatisch im Bericht an.

---

### Datengrundlage

Um das Dashboard technisch umsetzen zu können, benötigen Sie Informationen darüber, wo sich die notwendigen Daten befinden und ob es bereits passende Schnittstellen gibt. Zusätzlich sollten Sie möglichst viele Informationen über die Datenqualität in Erfahrung bringen, um die weiteren Schritte abzuleiten. Es ist beispielsweise wichtig zu wissen, in welcher Granularität die Daten vorliegen und ob die Kennzahlen bereits in der Quelle vorhanden sind.

### 5.1.4 Kennzahlen und Zielwerte festlegen

Aus den Ergebnissen der Befragungen können Sie nun die passenden Kennzahlen und Zielwerte ableiten. Neben den oben beschriebenen Informationen, die sich aus den Interviewfragen ergeben, sollten Sie sich vor der Erstellung des Berichts Gedanken über die Dashboard-Art und den Datenkontext machen.

### Dashboard-Art

Je nachdem, welche Fragen Sie beantworten möchten, ergibt sich, was für ein Dashboard Sie benötigen. Es gibt folgende drei Hauptarten:

▶ *Operatives Dashboard*: Es beschreibt, was aktuell passiert, und wird verwendet um Kennzahlen im Blick zu behalten, die sich laufend ändern und die der Nutzer für seine tägliche Arbeit benötigt.

▶ *Strategisches Dashboard*: Es ist geeignet, um die wichtigsten Kennzahlen zu überwachen, die für die Erreichung der Unternehmensziele wichtig sind.

▶ *Analytisches Dashboard*: Das Dashboard kann genutzt werden, um Trends in den Daten zu erkennen, Voraussagen zu treffen oder Zusammenhänge zu erkennen.

### Datenkontext

Informationen sind nur relevant, wenn sie im Kontext betrachtet werden. Um Daten in einem Zusammenhang zu setzen, können Sie folgende Vergleiche verwenden:

▶ **Zielwerte:** Vergleichen Sie die Daten mit den Werten, die Sie erreichen wollen.

▶ **Standardwerte/Benchmarks:** Vergleichen Sie Ihre Daten mit den Durchschnittswerten, die es in Ihrer Branche gibt.

▶ **Historische Daten:** Vergleichen Sie die Daten mit den Daten der vergangenen Tage, Monate oder Jahre.

## 5.2  Visualisierungselemente

In diesem Abschnitt zeigen wir Ihnen, wie Sie bei der Auswahl des Visualisierungselements vorgehen. Zusätzlich geben wir Ihnen einen Überblick, welche verschiedene Visualisierungselemente es gibt und für welche Anwendungsfälle sie am besten geeignet sind.

### 5.2.1  Auswahl des passenden Visualisierungselements

Bevor wir Ihnen die in Data Studio verfügbaren Elemente kurz vorstellen, geht es zunächst darum, das beste Visualisierungselement auszuwählen. Je nachdem, welche Aussage Sie treffen wollen, lassen sich die Elemente in vier Kategorien einordnen:

▶ **Vergleich:** Vergleichsdiagramme werden verwendet, um zu analysieren, wie Werte miteinander interagieren. Daten können miteinander verglichen werden, z. B. um Minimal- und Maximalwerte zu identifizieren, Ist- und Planwerte zu vergleichen oder einen Vergleich mit dem vorhergehenden Zeitraum durchzuführen. Typische Fragestellungen sind: »Welche Anzeigenkampagne liefert den höchsten Umsatz?« oder »Wie haben sich unsere Nutzerzahlen im Vergleich zum letzten Quartal entwickelt?«.

▶ **Verteilung:** Verteilungsdiagramme werden verwendet, um zu sehen, wie sich quantitative Werte entlang einer Achse verteilen. Betrachten Sie die Verteilung, können Sie daraus eine Tendenz ableiten oder Ausreißer identifizieren. Verteilungsdiagramme werden genutzt, um Anfragen der Art wie »Zeige mir die Anzahl der Bestellungen nach dem Bestellstatus« zu beantworten.

▶ **Zusammensetzung:** Diagramme zur Zusammensetzung werden verwendet, um zu sehen, wie ein Teil im Verhältnis zum Ganzen steht oder wie ein Gesamtwert in seine Bestandteile aufgeteilt werden kann. Voraussetzung für die Verwendung ist, dass die Summe der einzelnen Bestandteile immer das Ganze abbildet (100 %). Häufige Fragen sind: »In welche Marketingkanäle ist unser Budget aufgeteilt?« oder »Mit welchem Gerätetyp wird unsere Website besucht?«.

▶ **Beziehung:** Wenn die Beziehung zwischen zwei oder mehr Variablen eine Rolle spielt, um Zusammenhänge, Wechselwirkungen oder Ausreißer zu erkennen, eignen sich Beziehungsdiagramme. Eine häufige Frage ist: »Wie ist der Zusammenhang zwischen unseren Marketingausgaben und dem Umsatz?«

In Abbildung 5.4 sehen Sie, welches Element für welche Kategorie am besten geeignet ist.

**Abbildung 5.4**  Visualisierungselemente nach Verwendungszweck

### 5.2.2   Visualisierungselemente in Google Data Studio

In Google Data Studio finden Sie die verschiedenen Visualisierungselemente direkt in der Menüleiste. Alternativ können Sie über MENÜ • EINFÜGEN das entsprechende Element auswählen.

Ihnen stehen folgende Visualisierungselemente zur Auswahl:

▶ Zeitreihe ❶
▶ Balkendiagramm ❷
▶ Kombinationsdiagramm ❸
▶ Kreisdiagramm ❹
▶ Tabelle ❺
▶ Landkarte ❻
▶ Kurzübersicht ❼
▶ Streudiagramm ❽
▶ Bullet-Diagramm ❾
▶ Flächendiagramm ❿
▶ Pivot-Tabelle ⓫

**Abbildung 5.5**  Übersicht über die Visualisierungselemente in Data Studio

159

**Hinweis zu weiteren Anpassungsmöglichkeiten der Elemente**

Weiterführende Informationen zu den jeweiligen Anpassungsmöglichkeiten finden Sie in Kapitel 6, »Berichtskomponenten in Google Data Studio anpassen«.

### 5.2.3   Diagramme

Bevor wir uns mit den diversen Diagrammen beschäftigen, möchten wir kurz die verschiedenen Skalenniveaus erläutern. Sie spielen eine wichtige Rolle bei der Auswahl der Diagramme. Es gibt drei Arten von Skalen:

▶ **Nominale Skalen** beschreiben Merkmale, die der gleichen Kategorie zugeordnet werden können, aber sich nicht aufeinander beziehen. Die Merkmale besitzen untereinander keine bestimmte Reihenfolge und geben keine quantitative Aussage wieder. Beispiele für nominale Skalen sind das Geschlecht (männlich/weiblich), Regionen (Afrika, Europa, Amerika, Asien, Ozeanien) oder Abteilungen (Vertrieb, Produktion, IT, Controlling).

▶ **Ordinale Skalen** enthalten Merkmale, die eine innere Rangordnung haben, die jedoch keinen quantitativen Werten entsprechen. Sie werden typischerweise für Rangfolgen wie »häufig, hin und wieder, selten«, »A, B, C« oder »klein, groß« genutzt.

▶ **Intervallskalen** bestehen aus Merkmalen mit einer inneren Rangordnung, die auch quantitative Werte repräsentieren. Eine Intervallskala besteht dabei aus einer sequentiellen Serie von gleich großen Abschnitten. Typisches Beispiel für Intervallskalen sind Jahreszahlen (2000–2009, 2010–2019)

### Liniendiagramm/Zeitreihe

*Liniendiagramme* sind eine weitverbreitete Darstellungsweise und daher für die meisten Betrachter leicht verständlich. Für die Darstellung von Liniendiagrammen ist es notwendig, dass die Daten in einer Intervallskala vorliegen. Sie sind vor allem geeignet, wenn Sie die zeitliche Entwicklung einer oder verschiedener Kennzahlen darstellen wollen. Der Fokus liegt darauf, bestimmte Muster – wie Schwankungen, saisonale Zyklen oder Trends – zu erkennen. Wenn Sie z. B. zeigen wollen, wie sich der Umsatz im Vergleich zum Vorjahr verändert hat, ist das Liniendiagramm eine gute Option (siehe Abbildung 5.6).

**Tipp zur Gestaltung von Linien**

Verwenden Sie nur durchgehende Linien, die sich ausreichend vom Hintergrund abheben. Das erleichtert die Lesbarkeit Ihrer Liniendiagramme.

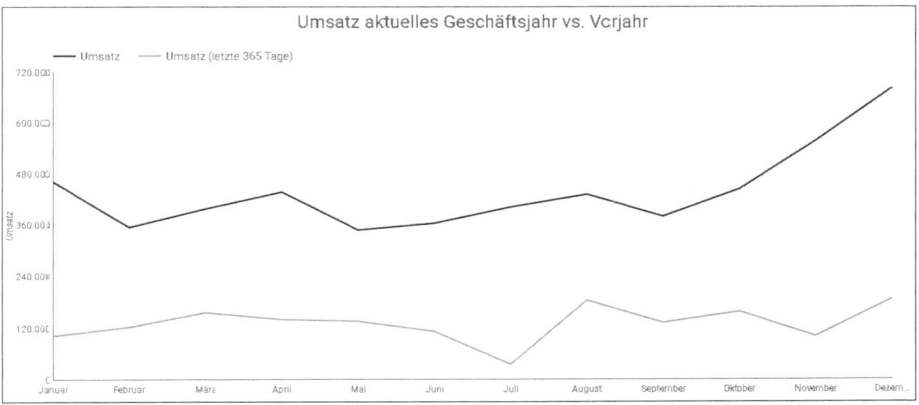

**Abbildung 5.6** Liniendiagramm zur Darstellung des Umsatzes

### Flächendiagramm

Ein *Flächendiagramm* ist eine besondere Form des Liniendiagramms. Neben der Entwicklung der Messwerte wird die Fläche zwischen Achse und Linie als farbige Fläche dargestellt. Es eignet sich, um Daten zusammenhängend in einer Intervallskala abzubilden. Es wird häufig verwendet, um Trends über einen Zeitraum in thematisch zusammenhängenden Dimensionen wie z. B. Akquisitionskanäle oder Verkaufsregionen abzubilden. Abbildung 5.7 zeigt beispielsweise die erreichten Zielvorhaben in Abhängigkeit vom Akquisitionskanal. Die Flächen können sich überlagern oder als übereinandergestapelte Schichten dargestellt werden. Bei überlagerten Flächen besteht die Gefahr, dass Messwerte verdeckt werden und daher für den Betrachter nicht sichtbar sind. Bei gestapelten Flächen ist es für den Betrachter schwierig, Veränderungen über die Zeit korrekt zu interpretieren, da nicht nur die Veränderung der Dimension, sondern die Veränderung aller Dimensionen unterhalb kombiniert dargestellt wird.

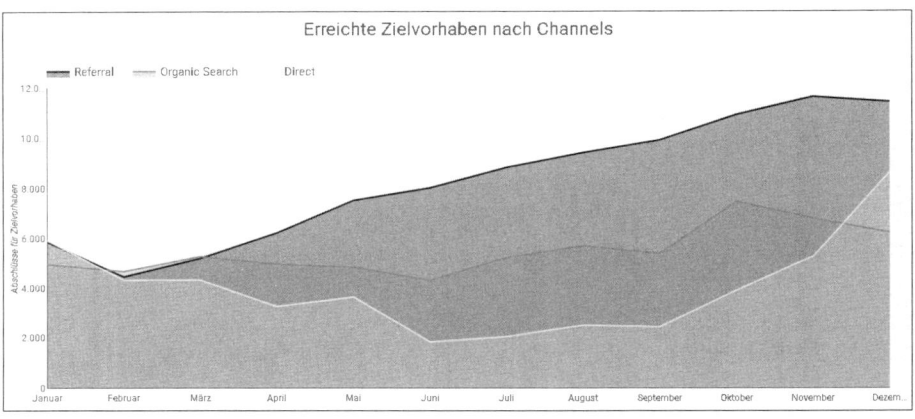

**Abbildung 5.7** Flächendiagramm zur Erreichung der Zielvorhaben

---

**Tipp zur Anzahl der Dimensionen**

Verwenden Sie bei dieser Darstellungsoption nicht mehr als vier Dimensionen, da das Flächendiagramm sonst leicht unübersichtlich wird.

---

Flächendiagramme verhalten sich ähnlich wie Balken- und Liniendiagramme. Wenn Sie einen Vergleich zwischen mehreren Reihen durchführen, denken Sie darüber nach, stattdessen ein vertikales Balkendiagramm zu verwenden. Für die Analyse von Trends über einen bestimmten Zeitraum ist ein Liniendiagramm unter Umständen besser geeignet.

### Balkendiagramm

Ähnlich wie das Liniendiagramm ist diese grafische Darstellung weitverbreitet und daher für Nutzer leicht verständlich. Ein Balkendiagramm sollten Sie in Erwägung ziehen, um nominale und ordinale Skalen abzubilden. Sie stellen eine gute Möglichkeit dar, Messwerte abzubilden, die einer Kategorie wie Region oder Abteilung zugeordnet werden können. Mit Hilfe eines Balkendiagramms können Sie verschiedene Datenpunkte einer Kennzahl miteinander vergleichen. Die Länge der einzelnen Balken richtet sich dabei nach der Größe des entsprechenden Datenpunktes. Je größer also der Wert desto, länger ist der Balken. Sie haben die Möglichkeit das Balkendiagramm entweder horizontal oder vertikal darzustellen. Generell ist eine vertikale Darstellung leichter lesbar. Wenn Sie jedoch mehr als zehn Dimensionen miteinander vergleichen wollen, empfiehlt sich die horizontale Darstellung.

Sie können diese Darstellungsform z. B. wie in Abbildung 5.8 verwenden, um den Umsatz nach Regionen darzustellen.

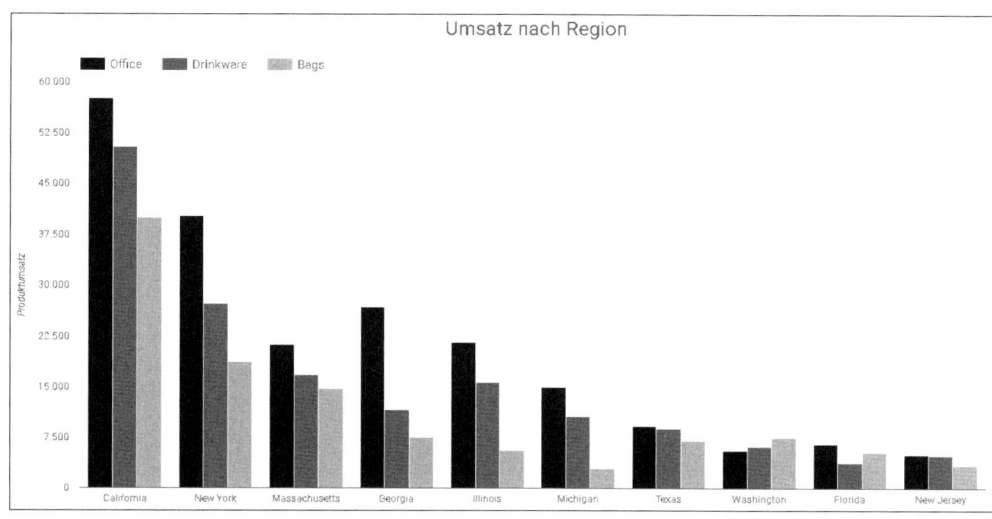

**Abbildung 5.8** Balkendiagramm zur Darstellung des Umsatzes

Eine besondere Art des Balkendiagramms bildet das *gestapelte Balkendiagramm* (siehe Abbildung 5.9). Dieses sollte nur dann zum Einsatz kommen, wenn Sie einen Messwert untergliedern möchten, dabei aber den größeren Akzent auf das Ganze legen wollen. Wenn wir das Balkendiagramm aus Abbildung 5.8 als gestapeltes Balkendiagramm einsetzen, ist es schwieriger, die Differenzen für die Kategorien Drinkware und Bags je Region zu erkennen. Der Fokus liegt in diesem Diagramm auf dem gesamten Umsatz.

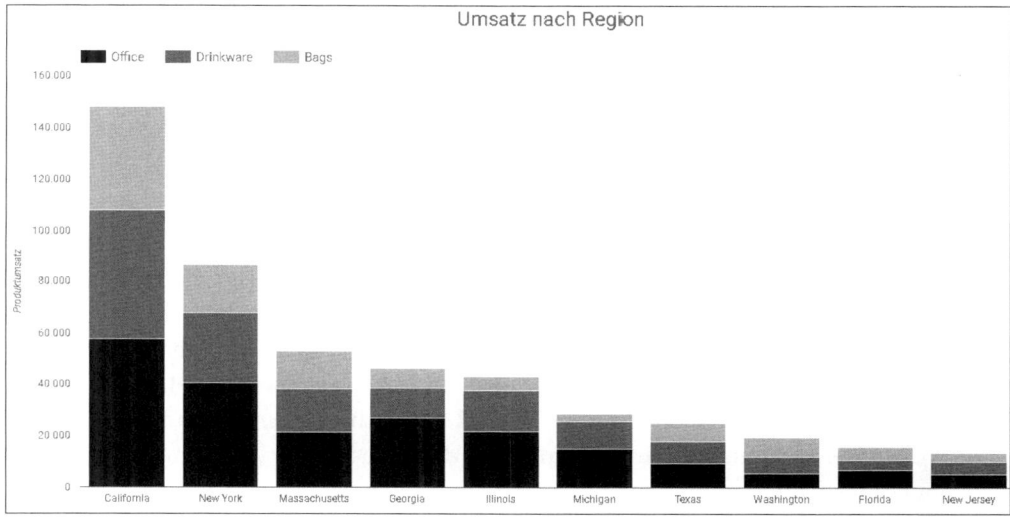

**Abbildung 5.9** Gestapeltes Balkendiagramm zur Hervorhebung des Gesamtumsatzes

**Tipp zum Startpunkt der y-Achse**

Starten Sie bei der y-Achse immer bei 0, es sei denn, Sie haben einen guten Grund, eine Ausnahme zu machen. Auf diese Weise ist die Grafik für den Nutzer leichter erfassbar.

## Bullet-Diagramm

Ein *Bullet-Diagramm* ist eine besondere Form des Balkendiagramms. Es stellt ein Balkendiagramm mit nur einem Balken dar. Sein Vorteil ist, dass es sehr platzsparend ist und dadurch eine hohe Informationsdichte ermöglicht. Für jeden Messwert können Sie optional einen Leistungsbereich wie z. B. »schlecht«, »durchschnittlich« und »gut« definieren. Wenn Sie Zielwerte definieren, können Sie zusätzlich Auskunft darüber geben, wie die Werte vom vorgegebenen Zielwert abweichen. Bullet-Diagramme sind mit ihren Eigenschaften ideal zur Darstellung von KPIs, wie Abbildung 5.10 zeigt.

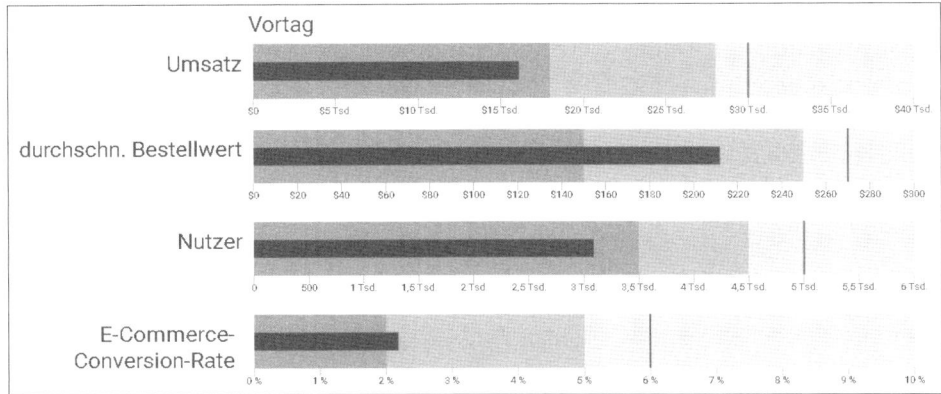

**Abbildung 5.10**  Bullet-Diagramm zur Darstellung ausgewählter E-Commerce-Kennzahlen

#### Kombinationsdiagramm

Diese Darstellungsform verbindet Linien- und Balkendiagramm miteinander. Der Vorteil hierbei ist es, dass Sie zwei unterschiedliche y-Achsen mit einer gemeinsamen x-Achse verwenden können. Ein *Kombinationsdiagramm* ist daher eine gute Möglichkeit, verschiedene Messwerte in einen Zusammenhang zu setzen, vor allem, wenn sich die Skalen dieser Messwerte stark unterscheiden und mit anderen Visualisierungselementen nur schwer kombiniert darstellen lassen. Allerdings ist das Kombinationsdiagramm nur für die Darstellung einer Dimension geeignet. Mehrere Dimensionen können nicht abgebildet werden. Abbildung 5.11 zeigt beispielsweise die zeitliche Entwicklung der geplanten Umsatzzahlen mit den tatsächlichen Umsätzen in einem Diagramm. So können Sie vergleichen, ob die tatsächlich erreichten Umsätze den Planzahlen entsprechen, und daraus Abweichungen, Ausreißer oder Trends erkennen – und bei Bedarf Maßnahmen zur Gegensteuerung einleiten.

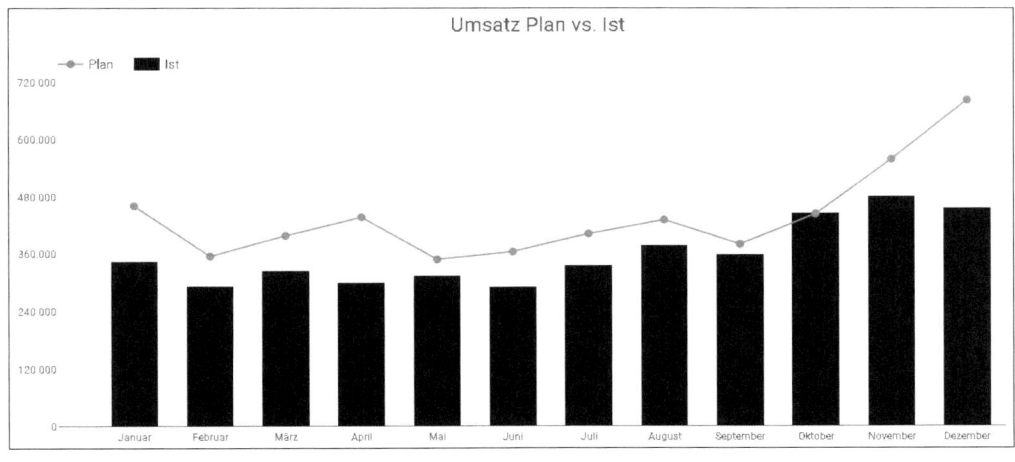

**Abbildung 5.11**  Kombinationsdiagramm zur Darstellung des Umsatzes

## Kreisdiagramm

*Kreisdiagramme* stellen die Verteilung von unterschiedlichen Dimensionen eines Datensatzes in einem Kreis oder einem Ring dar. Sie können nur verwendet werden, wenn die Summe aller einzelnen Anteile 100 Prozent ergibt. Allerdings fällt es Nutzern oft schwer, die genaue Größe der Segmente einzuschätzen und so in ein korrektes Verhältnis zu setzen. Vor allem bei vielen verschiedenen Dimensionen wird ein Kreisdiagramm schnell unübersichtlich. Ein Kreisdiagramm empfiehlt sich daher nur für die Darstellung von Daten mit wenigen Kategorien, wenn Sie die Zusammensetzung dieser Daten darstellen wollen.

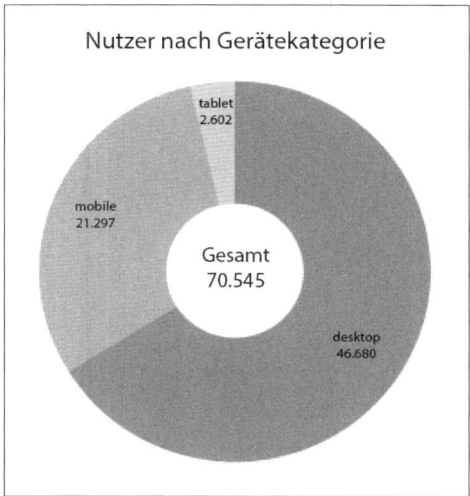

**Abbildung 5.12** Kreisdiagramm zur Darstellung der Nutzer nach Gerätekategorie

**Tipp zur Datenanordnung im Kreisdiagramm**

Wenn Sie die Daten der Größe nach anordnen, wird die Darstellung mit Hilfe des Kreisdiagramms leichter lesbar.

Ziehen Sie die Nutzung eines Balkendiagramms dem Kreisdiagramm vor. Wie das folgende Beispiel zeigt, ist es für den Betrachter einfacher, die Länge der Balken zu interpretieren als die zweidimensionalen Bereiche und Winkel des Kreisdiagramms als quantitativen Wert.

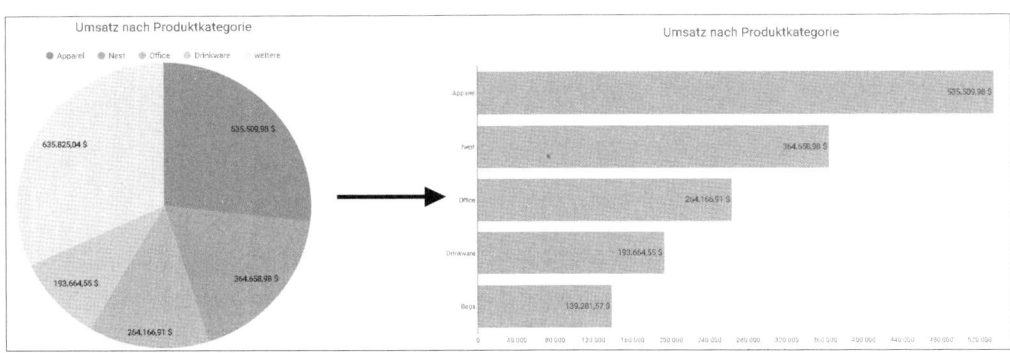

**Abbildung 5.13** Vergleich Kreisdiagramm und Balkendiagramm

### Streudiagramm/Blasendiagramm

Bei einem *Streudiagramm* werden Ihre Daten mit Hilfe von Punkten entlang der x-
und y-Achse dargestellt. Streudiagramme sind vor allem geeignet, um den Zusammenhang von zwei verschiedenen Messwerten darzustellen. Sie helfen, zu erkennen,
ob es innerhalb des Datensatzes bestimmte Ausreißer gibt oder sich ein Trend erkennen lässt. Damit der Betrachter den Zusammenhang zwischen den einzelnen Werten
schnell erkennen kann, empfiehlt sich der Einsatz von Trendlinien. Vor allem, wenn
Sie viele Datenpunkte darstellen wollen, ist ein Streudiagramm eine gute Wahl.
Abbildung 5.14 stellt die Beziehung zwischen Sitzungen und einzelnen Seitenaufrufen einer Website dar. Die Größe der Datenpunkte gibt zusätzlich Auskunft über die
Anzahl der erreichten Zielvorhaben.

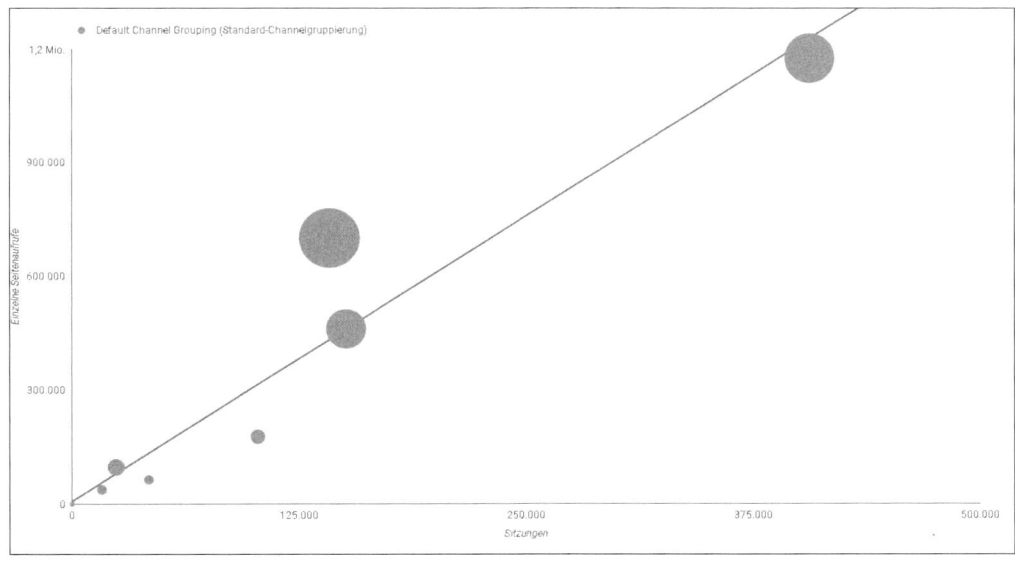

**Abbildung 5.14** Streudiagramm zur Darstellung von Sitzungen und Seitenaufrufen

**Hinweis zur Unterscheidung von Streu- und Blasendiagrammen**

Sie können in einem Streudiagramm auch Daten in drei Dimensionen anzeigen, indem Sie einen weiteren Messwert aufnehmen, der die Größe der Datenpunkte bestimmt. In diesem Fall spricht man von einem Blasendiagramm.

### 5.2.4   Tabellen

In Google Data Studio können Sie sowohl Standardtabellen zur Darstellung einer großen Informationsmenge verwenden als auch Pivot-Tabellen, um dem Nutzer zusätzliche Selektionsmöglichkeiten zu geben.

#### Standardtabelle

Eine Tabelle ist eine gute Möglichkeit, dem Nutzer möglichst viele Detailinformationen zu Verfügung zu stellen und Daten kompakt darzustellen. Grafische Elemente wie z. B. Balken oder Pfeile, die einen Trend anzeigen, können dabei helfen, die große Informationsdichte aufzulockern und dem Nutzer leichter zugänglich zu machen. Mit Hilfe von Tabellen können Sie vor allem verschiedene Daten miteinander vergleichen. In Abbildung 5.15 sind die Sitzungen und Zielvorhaben je Quelle dargestellt. Zu jeder Quelle werden die Abschlüsse absolut inklusive Änderung zum vorhergehenden Zeitraum und prozentual zur Anzahl der Sitzungen angezeigt.

| Quelle | Sitzungen ▾ | Abschlüsse für Zielvorhaben | % Δ | Rate der Zielvorhaben-Conversion |
|---|---|---|---|---|
| google | 47.693 | 6.746 | -11.8% ↓ | 14,14 % |
| (direct) | 13.944 | 2.717 | -24.4% ↓ | 19,49 % |
| youtube.com | 8.574 | 609 | 51.9% ↑ | 7,1 % |
| mall.googleplex.com | 7.778 | 4.396 | -1.0% ↓ | 56,52 % |
| gdeals.googleplex.com | 3.756 | 3.603 | 16.1% ↑ | 95,93 % |
| sites.google.com | 2.528 | 1.452 | -23.0% ↓ | 57,44 % |
| analytics.google.com | 2.424 | 259 | 6.6% ↑ | 10,68 % |
| Partners | 2.081 | 413 | 62.0% ↑ | 19,85 % |
| m.facebook.com | 538 | 17 | -19.0% ↓ | 3,16 % |
| reddit.com | 381 | 49 | 206.3% ↑ | 12,86 % |
| Gesamtsumme | 92.163 | 20.720 | -6.3% ↓ | 22,48 % |

**Abbildung 5.15**  Standardtabelle zur Darstellung von Sitzungen und Zielvorhaben

#### Pivot-Tabelle

*Pivot-Tabellen* sind eine besondere Form von Tabellen. Im Vergleich zu einer Standardtabelle liegt ihr größter Vorteil in der Strukturierung, Zusammenfassung und Anzeige großer Datenmengen. Dadurch fällt es dem Betrachter leichter, Vergleiche vorzunehmen sowie Muster und Trends in den Daten zu erkennen. In einer Pivot-

Tabelle können Sie, im Gegensatz zu einer Standardtabelle, die Dimensionen auch in den Spalten anordnen. Auf diese Weise können Sie die Daten so gruppieren und zusammenfassen, wie es in einer Standardtabelle nicht möglich ist. Durch diese Verdichtung ist der Anwender schnell in der Lage, seine individuelle Fragestellung zu beantworten. Abbildung 5.16 zeigt z. B. eine Pivot-Tabelle für den Umsatz je Medium und Region. Diese Darstellung ermöglicht Ihnen, mit einem Blick zu erfassen, wie hoch Ihr Umsatz je Medium in den einzelnen Regionen ist.

| Umsatz je Medium und Region | | | | | | | |
|---|---|---|---|---|---|---|---|
| | | | | | | | Region / Umsatz |
| Medium | California | Washington | New York | Texas | Massachusetts | New Jersey | Colorado | Gesamtsumme |
| referral | 257.615,66 $ | 25.961,12 $ | 21.008,94 $ | 8.634,59 $ | 9.557,14 $ | 10.729,28 $ | 8.979,31 $ | 389.890,78 $ |
| (none) | 17.747,63 $ | 1.465,45 $ | 5.203,54 $ | 3.175,76 $ | 2.152,13 $ | 917,50 $ | 53,48 $ | 39.224,66 $ |
| organic | 11.964,83 $ | 1.973,21 $ | 2.151,62 $ | 1.885,47 $ | 1.387,58 $ | 1.053,65 $ | . | 30.762,64 $ |
| cpm | 2.779,01 $ | . | 149,00 $ | 18,74 $ | | | 149,00 $ | 3.762,05 $ |
| cpc | 380,48 $ | . | 258,55 $ | . | . | 68,96 $ | . | 2.369,99 $ |
| affiliate | . | . | . | . | . | . | . | 2,99 $ |

**Abbildung 5.16**  Pivot-Tabelle zur Darstellung des Umsatzes

Im Vergleich dazu ist diese Information in einer Standardtabelle nicht direkt zu erfassen (siehe Abbildung 5.17).

| Medium | Region | Umsatz ▾ |
|---|---|---|
| referral | California | 283.055,44 $ |
| referral | Washington | 31.029,35 $ |
| referral | New York | 26.437,41 $ |
| (none) | California | 19.195,94 $ |
| organic | California | 15.902,61 $ |
| referral | New Jersey | 11.311,24 $ |
| referral | Massachusetts | 10.630,59 $ |
| referral | Colorado | 9.797,79 $ |
| referral | Texas | 9.278,31 $ |
| referral | Illinois | 7.214,77 $ |
| referral | Michigan | 6.692,31 $ |
| referral | Florida | 4.342,15 $ |
| referral | Pennsylvania | 4.145,06 $ |
| (none) | Illinois | 3.975,08 $ |
| referral | Georgia | 3.936,01 $ |

**Abbildung 5.17**  Standardtabelle zur Darstellung des Umsatzes

### 5.2.5   Landkarte

Wenn Sie Ihre Daten nach bestimmten Regionen aufschlüsseln wollen, ist die Verwendung einer Landkarte eine gute Option. Mit Hilfe einer Landkarte können Sie die Verteilung je nach Subkontinent, Kontinent oder global anschaulich darstellen.

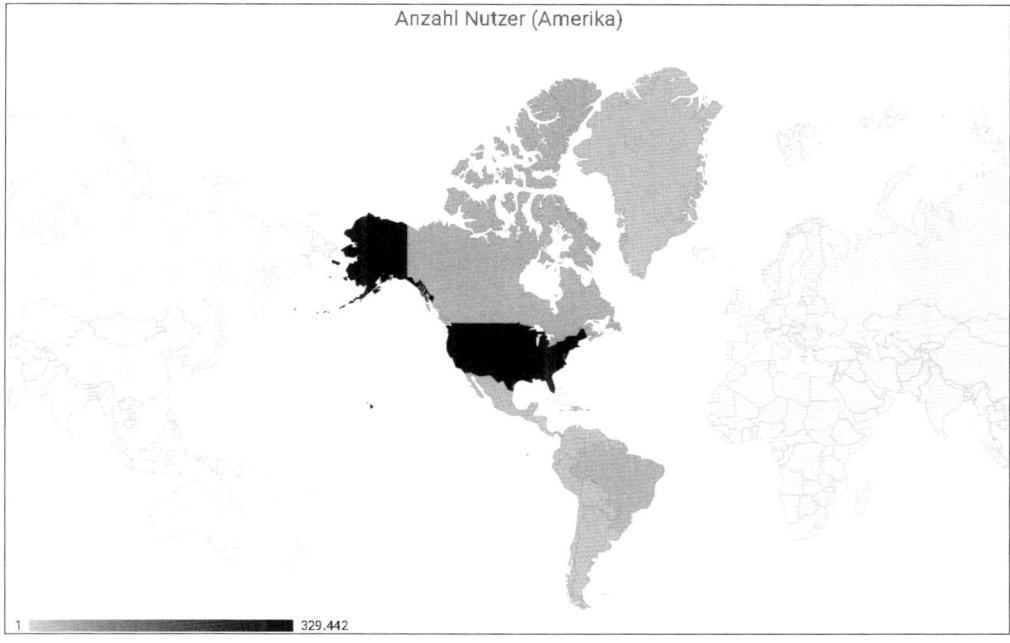

**Abbildung 5.18** Landkarte zur Darstellung der Nutzeranzahl

Berücksichtigen Sie, dass die konkreten Daten auf diese Weise für Nutzer schwer zugänglich sind. Um einen genauen Datenpunkt zu erhalten, müssen Nutzer jedes Mal über die entsprechende Region scrollen. Daher sollten Sie darüber nachdenken, die Landkarte z. B. mit einer Tabelle zu kombinieren, wenn die detaillierten Daten für die Nutzer auf einen Blick verfügbar sein sollen.

### 5.2.6   Kurzübersicht

Eine Kurzübersicht stellt eine wichtige Kennzahl mit Hilfe einer kurzen Beschreibung dar. Sie ist gut geeignet, um die wichtigsten Kennzahlen hervorzuheben, so dass sie den Nutzern direkt ins Auge springen. Durch die Einbeziehung von Daten aus einem Vergleichszeitraum ist der Betrachter in der Lage, die Entwicklung des Messwerts über die Zeit zu beurteilen. Benötigt der Nutzer weitere Detailinformationen zur entsprechenden Kennzahl, können Sie beispielsweise in der Kurzbeschreibung auf eine Detailseite mit weiteren Informationen verweisen. Abbildung 5.19

zeigt Ihnen ein Beispiel für die Entwicklung des Umsatzes im Vergleich zum vorhergehenden Zeitraum.

**Produktumsatz je Kauf**

**124,74 $**

↕ 39.1%

**Abbildung 5.19**  Kurzübersicht zur Darstellung des Umsatzes

## 5.3   Gestaltung des Dashboards

Nachdem Sie Informationen über die Nutzeranforderungen gesammelt, die benötigten Kennzahlen abgeleitet sowie das passende Visualisierungselement gewählt haben, geht es nun um das Design des Dashboards. Hierfür gibt es einige Regeln, die Ihnen dabei helfen, einfach verständliche, ansprechende Berichte zu erstellen. In diesem Abschnitt zeigen wir Ihnen, was Sie bei Informationsgehalt, Anordnung und Benutzerfreundlichkeit beachten müssen.

---

**Tipp zur leichteren Erstellung von Dashboards**

Bevor Sie mit der Erstellung des Dashboards anfangen, kann es hilfreich sein, das Dashboard auf einem Blatt Papier oder am PC schematisch zu skizzieren. So haben Sie bei der Erstellung ein konkretes Bild vor Augen, was Sie genau erstellen wollen.

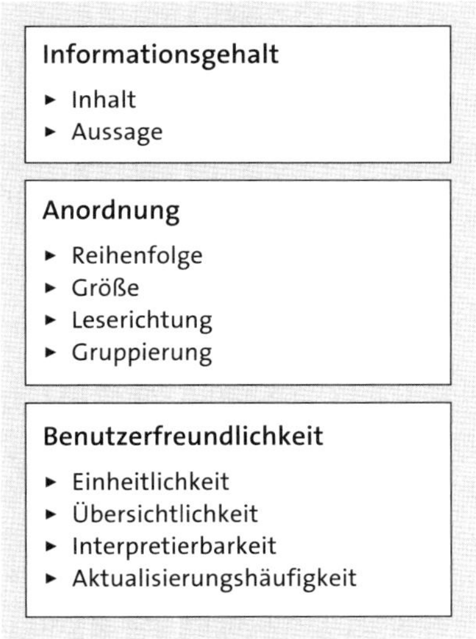

---

**Informationsgehalt**
► Inhalt
► Aussage

**Anordnung**
► Reihenfolge
► Größe
► Leserichtung
► Gruppierung

**Benutzerfreundlichkeit**
► Einheitlichkeit
► Übersichtlichkeit
► Interpretierbarkeit
► Aktualisierungshäufigkeit

**Abbildung 5.20**  Regeln zur Gestaltung von Dashboards

**Hinweis zu den International Business Communication Standards**

Die International Business Communication Standards (kurz: IBCS) geben Ihnen eben-falls detaillierte Regeln für die Gestaltung von Dashboards und die darin verwende-ten Visualisierungselemente. Sie erhalten hier z. B. Tipps zur Konzeption von Berichten sowie zum richtigen Aufbau und zur Gestaltung. Da Data Studio keine IBCS-konformen Diagramme und Tabellen unterstützt, können die Regeln zur Visua-lisierung nur bedingt angewandt werden, dennoch bieten sie eine hilfreiche Orien-tierung für die Gestaltung von Berichten. Sie finden die vollständige Liste der Regeln hier: *https://www.hichert.com/de/standards/#%3F=*.

### 5.3.1   Informationsgehalt

Der Bericht sollte so gestaltet sein, dass er die Fragen der Nutzer innerhalb von fünf Sekunden beantwortet. Stellen Sie sicher, dass die wichtigsten Informationen auf ei-nem Blick erkennbar sind. In manchen Fällen muss nicht jedes Detail abgebildet wer-den. Bilden Sie die Daten so ab, dass keine zusätzlichen Berechnungen von Nutzerseite notwendig sind und dieser die benötigten Daten direkt im Bericht ablesen kann.

**Tipp zur Erstellung von Dashboards für unterschiedliche Nutzergruppen**

Wenn Sie verschiedene Nutzergruppen haben, kann es sinnvoll sein, verschiedene Dashboards zu erstellen und diese gezielt auf die Bedürfnisse der entsprechenden Nutzergruppen zuzuschneiden, ohne dass Ihr Dashboard zu unübersichtlich wird. Für die Geschäftsleitung sind z. B. deutlich andere Kennzahlen interessant als für den Online Marketing Manager.

Die Auswahl des passenden Visualisierungselements spielt eine wichtige Rolle. Das Element muss eine möglichst einfache Informationsaufnahme gewährleisten und darf den Nutzer nicht zu falschen Schlussfolgerungen verleiten. Generell können Sie mit Hilfe von Visualisierungselementen folgende Aussagen unterstützen:

- **Beziehung:** In welchem Zusammenhang stehen die Daten zueinander? Stellen Sie beispielsweise dar, ob die Anzahl der Besucher auf Ihrer Website auch einen Ein-fluss auf die Kaufabschlüsse hat.

- **Vergleich:** Wie entwickeln sich die Daten? Vergleichen Sie etwa, wie sich der Umsatz über die vergangenen Monate entwickelt hat.

- **Zusammensetzung:** Wie gliedern sich die Daten auf? Stellen Sie unter anderem dar, von welchen Quellen die Besucher auf die Website gelangen.

- **Verteilung:** Wie verteilen sich die Daten über einen Zeitraum? Lassen sich Trends erkennen? Stellen Sie z. B. dar, ob es besonders viele Verkäufe in einer bestimmten Kategorie gibt.

Zur Darstellung dieser vier Aussagen stehen in Google Data Studio unterschiedliche Elemente zur Verfügung, die Sie in Abschnitt 5.2.2, »Visualisierungselemente in Google Data Studio«, bereits kennengelernt haben.

Vermeiden Sie unnötige Faktoren, die die Aufmerksamkeit von den wichtigen Informationen in Ihrem Dashboard ablenken. Das Data-Ink-Konzept von Edward Tufte kann Ihnen dabei helfen. In seinem Konzept unterscheidet Tufte zwei Gruppen: Data-Ink-Faktoren und Non-Data-Ink-Faktoren. Erstere können nicht weggelassen werden, ohne den Zusammenhang der Daten oder grundlegende Informationen zu verlieren. Die zweite Gruppe hingegen liefert keinen Mehrwert und ist nicht unbedingt notwendig für die Darstellung der Informationen. Das Ziel bei der Gestaltung Ihres Berichts ist es nun, einen möglichst hohen Anteil an Data-Ink-Faktoren einzubauen und alle Non-Data-Ink-Faktoren wegzulassen. Häufig verwendete Non-Data-Ink-Faktoren sind z. B.:

► **Farbe:** Die Farbauswahl spielt eine wichtige Rolle bei der Gestaltung von Dashboards, die Verwendung von zu vielen Farben kann jedoch verwirren. Beschränken Sie sich auf wenige ausgewählte Farben, und setzen Sie sie gezielt ein. Außerdem kann es die Lesbarkeit erschweren, wenn Sie Farben verwenden, die zu ähnlich sind. Stellen Sie sicher, dass sich die verwendeten Farben auf einen Blick voneinander unterscheiden. Verwenden Sie Farben, die einen allgemeingültigen Farbcode besitzen nur mit Bedacht. So zeigt Rot beispielsweise oft eine negative Entwicklung und Grün eine positive Entwicklung an. Vor allem, wenn Sie die beiden Farben zusammen verwenden, ohne negative und positive Entwicklungen darzustellen, verunsichert dies schnell.

► **Logo:** Wenn ein Bericht nur intern verwendet wird, können Sie in der Regel auf ein Logo verzichten. Der zusätzliche Platz lässt sich besser für die Darstellung von relevanten Inhalten nutzen.

► **3D-Elemente:** Verzichten Sie auf Spielereien wie 3D-Elemente. Zusätzliche Schatten oder die Neigung von Elementen lenken ab und enthalten keinen zusätzlichen Inhalt.

► **Umrandung:** Verwenden Sie Umrandungen nur sparsam, wenn es unbedingt für die Gestaltung notwendig ist. Umrandungen, die nur zur Dekoration verwendet werden, bieten keinen zusätzlichen Mehrwert.

---

**Tipp zur Gestaltung von Dashboards**

Natürlich macht es mehr Spaß, ein ästhetisches Dashboard zu nutzen. Die oben genannten Tipps sollen Sie daher nicht davon abhalten, den Bericht ansprechend zu gestalten. Allerdings sollten die Informationsvermittlung und Nutzerfreundlichkeit immer die höchste Priorität besitzen.

### 5.3.2   Anordnung

Neben der Auswahl der passenden Daten ist die Anordnung der Elemente von großer Bedeutung. Achten Sie deswegen auf eine logische Reihenfolge und eine passende Gruppierung der Daten. Hierbei können Sie sich z. B. am Prinzip der umgekehrten Pyramide orientieren. Das Prinzip sortiert die Informationen innerhalb eines Berichtes nach ihrer Bedeutung: Zunächst wird die Kernaussage genannt, anschließend erhält der Nutzer die wichtigsten Hauptinformationen und zum Abschluss weiterführende Hintergrundinformationen. Obwohl das Prinzip eigentlich für journalistische Artikel entwickelt wurde, lässt es sich auch gut für die Anordnung von Dashboard-Elementen in Google Data Studio übertragen, denn letztendlich erzählen sowohl der Artikel als auch das Dashboard eine Geschichte. Behalten Sie daher das Prinzip der umgekehrten Pyramide als eine sinnvolle Strukturierungshilfe im Hinterkopf, wenn Sie den Aufbau Ihres Berichts planen. Abbildung 5.21 zeigt Ihnen ein Beispiel für den Aufbau eines Dashboards.

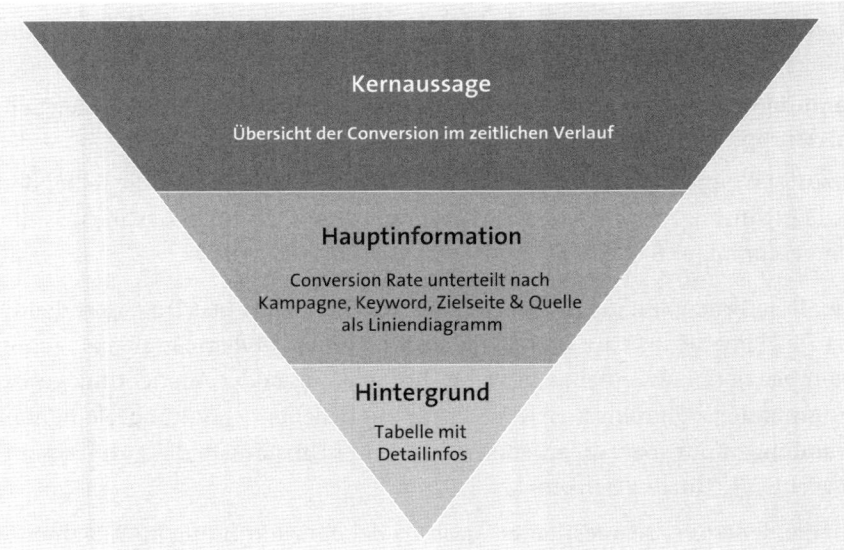

**Abbildung 5.21** Aufbau eines Dashboards anhand der umgekehrten Pyramide

Neben der Reihenfolge spielt die Größe der Elemente eine entscheidende Rolle. Die wichtigsten Elemente sollten am größten dargestellt sein und den meisten Platz im Bericht einnehmen.

Zusätzlich sollten Sie bei der Anordnung der Visualisierungselemente die Leserichtung berücksichtigen. Zumindest in europäischen Ländern fängt ein Nutzer bei der Betrachtung eines Berichts in der Regel oben links an und arbeitet sich dann nach unten rechts vor. Das entspricht der normalen Leserichtung, die wir bereits in der Schule gelernt haben und die auch im Webdesign Verwendung findet. Gestalten Sie

Ihr Dashboard daher so, dass es von links nach rechts gelesen werden kann. Die wichtigsten Daten sollten sich demnach oben links im Dashboard befinden.

Außerdem erleichtert es die Informationsaufnahme und das Finden von relevanten Informationen, wenn Sie Ihre Daten thematisch gruppieren. Damit verschiedene Elemente als Gruppe wahrgenommen werden, können Sie unterschiedliche Gestaltungsmöglichkeiten verwenden. Die Berliner Schule für Gestaltpsychologie hat beispielsweise sechs Prinzipien abgeleitet, die Sie als Orientierung verwenden können:

- ▶ **Nähe:** Wenn Elemente nah genug zusammen platziert werden, werden sie als Gruppe wahrgenommen.
- ▶ **Ähnlichkeit:** Wenn Elemente eine ähnliche Gestalt, Größe oder Ausrichtung besitzen, werden sie als Gruppe wahrgenommen, selbst wenn sie nicht nebeneinander platziert sind.
- ▶ **Kontinuität:** Wenn Elemente gleich ausgerichtet sind, werden sie als ein kontinuierliches Element oder eine Serie wahrgenommen.
- ▶ **Verbindung:** Wenn Elemente oder Formen durch eine Linie miteinander verbunden sind, werden sie als ein Paar bzw. eine Gruppe wahrgenommen.
- ▶ **Umrandung:** Wenn Elemente von einer Grenze umgeben sind, werden sie ebenfalls als Gruppe wahrgenommen.
- ▶ **Ergänzung:** Wenn eine Figur unvollständig ist, kann unser Gehirn die fehlenden Bereiche ergänzen. Dieser Erkenntnis ist für die Gestaltung von Dashboards nur von eingeschränkter Bedeutung

Wenn Sie diese Prinzipien auf die Gestaltung von Berichten übertragen, bedeutet dies, dass Sie Elemente als eine Gruppe darstellen können, indem Sie sie nah genug zusammen platzieren, ihnen eine ähnliche Gestalt, Größe oder Ausrichtung geben oder sie umranden. Allerdings sollten Sie mit zusätzlichen Gestaltungselementen wie Umrandungen nur sparsam arbeiten, da sie unter Umständen die Aufmerksamkeit von wichtigem Inhalt ablenken.

Zusammenfassend lässt sich festhalten, dass Sie bei der Anordnung Ihrer Elemente folgende Punkte beachten sollten:

- ▶ Sortieren Sie Ihre Daten nach der Wichtigkeit, und platzieren Sie die wichtigsten Daten möglichst weit oben und möglichst groß.
- ▶ Beachten Sie die natürliche Leserichtung (von links nach rechts in Europa).
- ▶ Stellen Sie die Daten in thematischen Gruppen dar.

### 5.3.3   Benutzerfreundlichkeit

Das Ziel eines Berichts ist die einfache und verständliche Darstellung von komplexen Sachverhalten. Die umfassenden Möglichkeiten in Google Data Studio verleiten leicht dazu, mit vielen verschiedenen Elementen und Gestaltungsoptionen zu spielen. Versuchen Sie, die verfügbaren Gestaltungsmöglichkeiten jedoch nur so sparsam wie möglich einzusetzen, da viele unterschiedliche Darstellungen das Erfassen der Inhalte unnötig schwierig machen:

▶ Verzichten Sie auf unnötige dekorative Elemente, wie zusätzliche Linien, Logos oder farbliche Hintergründe.

▶ Beschränken Sie sich auf das Wesentliche, und lassen Sie alles weg, was nicht notwendig ist.

▶ Verwenden Sie einen einheitlichen Aufbau der Grafiken und Filter, und behalten Sie eine gleichbleibende Farbgebung bei.

▶ Wenn Sie ähnliche Daten darstellen, sollten Sie für sie auch das gleiche Visualisierungselement verwenden. Wenn Sie z. B. die Nutzerzahlen einmal nach Region und einmal nach Kanal aufgliedern wollen, nutzen Sie für beide Darstellungen ein Liniendiagramm.

▶ Ähnlich sieht es bei der Benennung von Achsen und Titeln aus. Legen Sie ein einheitliches Wording fest. Wenn Sie beispielsweise einmal den Begriff »Warenkorb« benutzen, verwenden Sie nicht im nächsten Diagramm den Begriff »Einkaufswagen«, sondern verwenden Sie jedes Mal den gleichen Begriff.

▶ Verwenden Sie nicht mehr als fünf bis neun Visualisierungselemente pro Seite. Mehr kann das Gehirn nicht verarbeiten. Natürlich ist es gut, wenn ein Bericht möglichst viele Informationen enthält, doch der Nutzer muss die Informationen auch verarbeiten können.

Stellen Sie zusätzlich sicher, dass die Navigation Ihres Dashboards schlank und übersichtlich bleibt. Wenn Sie z. B. herunterscrollen müssen, um ein Element vollständig zu sehen, sollten Sie überlegen, wie Sie die Darstellung optimieren können, so dass alle Informationen direkt ersichtlich sind. Um eine übersichtlichere, schlankere Gestaltung zu erreichen, können Sie z. B. mit Filtersteuerungen arbeiten oder Unterseiten verwenden, um Detailinfos darzustellen. Wenn Sie etwa auf der Übersichtsseite Akquisitionskosten für Ihre Kunden im zeitlichen Verlauf darstellen, können Sie über einen Link zur Detailseite weitere Informationen wie die Kosten nach Quelle oder Kampagne zur Verfügung stellen.

**Tipp zur Verwendung von Whitespace**

Achten Sie darauf, ausreichend Platz (Whitespace) zwischen Ihren Elementen zu lassen. Ansonsten wirkt das Dashboard schnell überladen, und es ist schwieriger für den Betrachter zu verstehen. Whitespace kann zusätzlich dabei helfen, Datengruppen voneinander abzugrenzen. Wenn Sie ausreichend Platz zwischen Elementen lassen, werden diese automatisch als getrennte Bereiche wahrgenommen. Weitere Möglichkeiten zum Gruppieren haben wir in Abschnitt 5.3.2, »Anordnung«, erläutert.

Gestalten Sie die Interpretation so einfach wie möglich. Eine große Datenmenge kann den Nutzer schnell überfordern und bedeutungslos bleiben, wenn er den Zusammenhang der Daten nicht versteht. Stellen Sie sicher, dass alle Elemente eindeutig benannt sind. Häufig wird es z. B. vergessen, den Titel der Grafiken oder den Namen der Achsen anzugeben. Zusätzlich zu den grundlegenden Textelementen können Sie bedeutende Datenpunkte mit einem Text hervorheben und so die Informationen in einen Zusammenhang setzen oder ihnen eine Bedeutung geben. Eine weitere Möglichkeit ist es beispielsweise, durch eine farbliche Hervorhebung oder zusätzliche Textelemente eine Auskunft zu geben, ob eine Entwicklung positiv oder negativ ist oder ob die gemessenen Daten normal oder eher ungewöhnlich sind.

Es ist wichtig, dass die Daten korrekt dargestellt werden, sich konkrete Handlungsempfehlungen ableiten lassen und Trends ersichtlich sind. Setzen Sie Echtzeitdaten nur ein, wenn es wirklich notwendig ist. In vielen Fällen reicht es aus, wenn Ihre Daten auf wöchentlicher, täglicher oder stündlicher Basis aktualisiert werden. Eine zu häufige Aktualisierung verwirrt den Nutzer eher, anstatt einen wirklichen Mehrwert zu liefern, es sei denn, Sie wollen ein Live-Event analysieren.

Hinsichtlich der nutzerfreundlichen Gestaltung Ihres Berichts sollten Sie also vor allem auf folgende Punkte achten:

▶ Behalten Sie eine konsistente Gestaltung hinsichtlich Auswahl der Visualisierungselemente, des Wordings sowie der Farbgebung bei.

▶ Halten Sie die Navigation Ihres Dashboards so schlank wie möglich. Arbeiten Sie, wenn nötig, mit Filtersteuerungen und Unterseiten.

▶ Gestalten Sie die Informationsaufnahme so einfach wie möglich, und setzen Sie die Informationen in einen Zusammenhang.

▶ Verwenden Sie Echtzeitdaten nur, wenn es unbedingt notwendig ist.

## 5.4   Tipps für die Nutzung von Schriften und Farben

Neben dem Darstellen der relevanten Kennzahlen und dem Auswählen des Visualisierungselements spielt auch die visuelle Gestaltung eine wichtige Rolle. So kann eine unpassende Darstellung den Betrachter ablenken oder sogar falsche Informationen vermitteln. In diesem Abschnitt möchten wir daher gezielt auf zwei wichtige Visualisierungsmittel eingehen: Farbe und Schriftart. Beides sind grundlegende Elemente für eine ansprechende und professionelle Gestaltung von Dashboards. Wir geben Ihnen im Folgenden Tipps, was Sie bei beiden Gestaltungsmitteln beachten müssen.

### 5.4.1   Farben

Wenn wir uns mit dem Thema Farbe beschäftigen, gibt es drei grundlegende Eigenschaften, die wir betrachten müssen: Farbton, Sättigung und Helligkeit. Die offensichtlichste Unterscheidungsmöglichkeit bei Farben ist der Farbton (Blau, Rot, Grün etc.). Die Sättigung beschreibt, wie intensiv die Farbe ist. Die Helligkeit gibt Auskunft darüber, wie hell oder dunkel eine Farbe wahrgenommen wird.

Bei der Auswahl der Farbtöne gilt: Weniger ist mehr. Beschränken Sie sich bei der Auswahl auf maximal zwei bis drei Farben, die Sie kontinuierlich im Bericht verwenden. Wenn Sie einen Bericht für Ihr Unternehmen erstellen, kann es passend sein, die Farbgestaltung an die Unternehmensfarben anzupassen. Generell lässt sich durch einen Farbton, der mit unterschiedlicher Sättigung verwendet wird, eine gute Unterscheidung von verschiedenen Kategorien innerhalb der Diagramme erreichen. Eine Verwendung von mehr als drei Farbtönen ist daher in der Regel nicht notwendig.

Farben, die besonders grell sind (also einen hohen Sättigungsgrad haben) oder besonders dunkel wahrgenommen werden (also eine geringe Farbhelligkeit aufweisen), ziehen mehr Aufmerksamkeit auf sich. Wenn Sie zu viele grelle oder dunkle Farben verwenden, ist es sehr anstrengend, das Dashboard zu lesen. Daher sollten Sie sehr grelle und dunkle Farben auf ein Minimum beschränken. Grelle Farben sollten Sie nur nutzen, wenn Sie besonders wichtige Daten hervorheben wollen.

Für den Hintergrund Ihres Berichts empfiehlt sich ein heller Grauton. Dadurch wird der sonst starke Kontrast zum weißen Hintergrund verringert. Das macht das Betrachten des Berichts deutlich angenehmer.

> **Tipp zum Verwenden einheitlicher Dimensionsfarben**
>
> In Google Data Studio können Sie Dimensionen feste Farben zuweisen. So garantieren Sie eine einheitliche Darstellung der Grafiken in Ihrem gesamten Dashboard. Die Farben können Sie im Menü anpassen unter RESSOURCE • FARBEN FÜR DIMENSIONS-WERTE VERWALTEN. Weitere Informationen, wie Sie die Dimensionen in Ihren Berichten einfärben, finden Sie in Kapitel 6, »Berichtskomponenten in Google Data Studio anpassen«.

### 5.4.2   Schriftarten

Neben den passenden Farben ist auch die Schriftgestaltung von Bedeutung. Hierbei sollten Sie vor allem auf die gute Lesbarkeit der Schrift achten. Wie auch bei den anderen Gestaltungselementen ist es wichtig, dass Sie sich auf eine Reihe von Schriften festlegen und diese konsistent verwenden. Definieren Sie eine Schrift für den Fließtext und eine für die Überschriften, und bleiben Sie dabei. Generell sollten Sie nicht mehr als drei verschiedene Schriften verwenden. Zusätzlich sollten Sie eine feste Größe für die unterschiedlichen Textbausteine benutzen und diese konsistent einhalten.

Die Schrift in einem Dashboard sollte nicht die Aufmerksamkeit auf sich ziehen, sondern die Aussage der Daten unterstützen. Eine verschnörkelte Schrift mag zwar für die Gestaltung eines Posters geeignet sein, jedoch weniger für die Erstellung eines Berichts. Achten Sie bei der Auswahl und Gestaltung Ihrer Schriften vor allem auf folgende Punkte:

▶ Verwenden Sie keinen farbigen Hintergrund, um Überschriften hervorzuheben.

▶ Schreiben Sie Ihre Überschriften nicht vollständig in Großbuchstaben.

▶ Nutzen Sie keine kursive oder fette Hervorhebung, weder für den Fließtext noch für die Achsenbeschriftung. Nutzen Sie eine fette Schrift lediglich, wenn Sie etwas auf einem farbigen oder schattierten Hintergrund hervorheben wollen. Generell sollten Sie jedoch nur die wichtigsten Informationen hervorheben und auf kursive Schrift vollständig verzichten.

▶ Eine Verbindung aus Serifen- und serifenlosen Schriften bildet in der Regel eine gute Kombination. Das ermöglicht Ihnen einen größeren Gestaltungsspielraum, ohne zu sehr von den Daten abzulenken. Generell sind Serifen-Schriften, die im Vergleich zu serifenlosen Schriften feine Striche an den Buchstabenenden haben, schwerer zu lesen. Vor allem bei kleinen Schriftgrößen sollten Sie daher eine serifenlose Schrift einsetzen.

▶ Verzichten Sie bei der Darstellung von Texten auf zusätzliche Effektelemente wie Schatten, die die Schrift schwerer lesbar machen.

## 5.5    Zusammenfassung

Wenn Sie dieses Kapitel durchgearbeitet haben, besitzen Sie nun einen umfassenden Überblick, was Sie bei der Planung und Gestaltung Ihrer Dashboards beachten müssen. Bei der Berichtserstellung haben wir Ihnen die wichtigsten Schritte zur Erstellung eines Dashboards zusammengefasst. Sie wissen nun, wie Sie das iterative Verfahren zur Erstellung von optimal gestalteten Berichten einsetzen und wie Sie mit geeigneten Fragen die Nutzeranforderungen herausfinden.

Sie haben die verschiedenen Visualisierungselemente von Google Data Studio kennengelernt und haben erfahren, welches Element sich für welche Aussagen am besten eignet. Darüber hinaus haben Sie praktische Tipps hinsichtlich Informationsgehalt, Anordnung und Benutzerfreundlichkeit erhalten, um Ihre Berichte visuell ansprechender zu gestalten und um Ihre Informationen mit Hilfe von Farben und Schriften in den Mittelpunkt des Berichtes zu stellen.

# Kapitel 6

# Berichtskomponenten in Google Data Studio anpassen

*Wie können Sie die Berichte in Google Data Studio nach Ihren Bedürf-*
*nissen anpassen? Dieses Kapitel zeigt Ihnen, wie Sie die verschiedenen*
*Visualisierungselemente bearbeiten und Ihre Dashboards dynami-*
*scher gestalten.*

In diesem Kapitel beschäftigen wir uns vertieft mit den Einstellungsoptionen der verschiedenen Visualisierungselemente. Sie erhalten zunächst einen Überblick, welche elementübergreifenden Optionen es für die Anpassungen Ihrer Berichte gibt. Anschließend gehen wir auf die elementspezifischen Einstellungsmöglichkeiten ein und geben Ihnen Tipps, wann Sie welche Option am besten verwenden.

Im zweiten Teil des Kapitels zeigen wir Ihnen, wie Sie Ihre Berichte flexibler gestalten können. Wir beschäftigen uns damit, wie Sie zeitabhängige Daten in Ihren Berichten verwenden sowie Filter vererben und verwalten. Darüber hinaus lernen Sie anhand verschiedener Anwendungsszenarien, wie Sie Filtersteuerungen und die Datenkontrolle zur Erstellung dynamischer Berichte verwenden.

## 6.1 Visualisierungselemente anpassen

Google Data Studio bietet die Möglichkeit, verschiedene Komponenten in Ihre Berichte einzubauen. In Kapitel 2, »Die ersten Schritte mit Google Data Studio«, haben wir Ihnen bereits einen ausführlichen Überblick über die verschiedenen Optionen gegeben. Für dieses Kapitel ist es wichtig, sich vor allem das Einfügen der Komponenten noch einmal in Erinnerung zu rufen.

Zusammengefasst: Sie fügen Visualisierungselemente ein, indem Sie einen Bericht öffnen und in den Bearbeitungsmodus wechseln. Wählen Sie in der Symbolleiste das gewünschte Element aus, und positionieren Sie das Fadenkreuz an der Stelle, an der Sie das Element platzieren wollen. Sobald Sie das Element platziert haben, können Sie es entsprechend anpassen. Einige grundlegende Optionen hierfür haben wir Ihnen bereits in Kapitel 2 erklärt. In diesem Kapitel beschäftigen wir uns ausführlicher mit den Anpassungsmöglichkeiten der einzelnen Elemente.

## 6.2  Eigenschaften der Visualisierungselemente

In Kapitel 5, »Planung und Datenvisualisierung«, haben wir uns detailliert mit den verschiedenen Visualisierungselementen auseinandergesetzt und in welchen Fällen sie am besten geeignet sind. In diesem Kapitel geht es darum, diese Visualisierungselemente so anzupassen, wie Sie sie für Ihre individuellen Berichte benötigen.

Es gibt für alle Visualisierungselemente zwei Tabs für Anpassungen an den Elementen. Im Tab DATEN treffen Sie Einstellungen hinsichtlich der angebundenen Daten. Im Tab STIL ändern Sie die Gestaltung der Elemente. Da es einige Einstellungsoptionen gibt, die übergreifend für unterschiedliche Visualisierungselemente gelten, werden wir diese zusammenfassend vorstellen. Anschließend werden wir auf die elementspezifischen Einstellungsoptionen der einzelnen Visualisierungselemente eingehen.

### 6.2.1  Allgemeine Einstellungsoptionen im Tab »Daten«

Im Tab DATEN passen Sie die Optionen für Ihre angebundenen Daten an. Abbildung 6.1 zeigt Ihnen die allgemeinen Einstellungsoptionen, die wir Ihnen im folgenden Abschnitt ausführlicher vorstellen.

- ▶ DIAGRAMMTYP ❶
- ▶ DATENQUELLE ❷
- ▶ DIMENSION ❸
- ▶ MESSWERT ❹
- ▶ STANDARDZEITRAUM ❺
- ▶ FILTER ❻

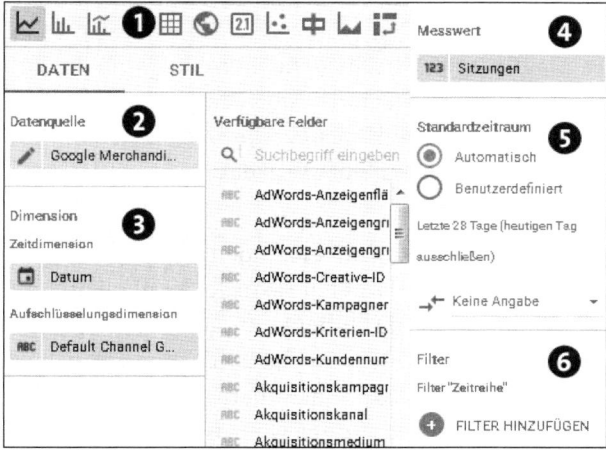

**Abbildung 6.1** Übersicht Einstellungsoptionen im Tab »Daten«

Die Funktionen DIAGRAMMTYP, DATENQUELLE, MESSWERT und FILTER stehen für jedes Visualisierungselement zur Verfügung. Die Anpassungen der Dimensionen sind für alle Visualisierungselemente bis auf Kurzübersicht und Bullet-Diagramm möglich, da diese Elemente die Darstellung von Dimensionen nicht ermöglichen. Die Funktion STANDARDZEITRAUM steht zur Verfügung, wenn Sie eine Zeitraumdimension des Datentyps Datum ausgewählt haben.

### Diagrammtyp

Im Bereich DIAGRAMMTYP wechseln Sie zwischen den unterschiedlichen Darstellungsformen, indem Sie auf die verschiedenen Icons klicken. Allerdings sollten Sie bereits in der vorbereitenden Konzeptionsphase das passende Visualisierungselement ausgewählt haben, so dass Sie in diesem Bereich in der Regel keine Änderungen vornehmen müssen. In Kapitel 5, »Planung und Datenvisualisierung«, haben wir Ihnen bereits erklärt, wie Sie bei der Planung Ihres Dashboards vorgehen können und welche Regeln Sie hinsichtlich der Gestaltung beachten sollten. Falls Sie dennoch den Diagrammtyp ändern wollen, stehen Ihnen, wie auch in der Menüleiste, folgende Visualisierungselemente zur Auswahl (siehe Abbildung 6.2):

▶ Zeitreihe ❶
▶ Balkendiagramm ❷
▶ Kombinationsdiagramm ❸
▶ Kreisdiagramm ❹
▶ Tabelle ❺
▶ Landkarte ❻
▶ Kurzübersicht ❼
▶ Streudiagramm ❽
▶ Bullet-Diagramm ❾
▶ Flächendiagramm ❿
▶ Pivot-Tabelle ⓫

**Abbildung 6.2** Übersicht Visualisierungselemente

**Hinweis zur Komponente Filtersteuerung**

Auf die Komponente Filtersteuerung gehen wir separat in Abschnitt 6.3.2, »Globale Filter erstellen, vererben und verwalten«, ein.

## Datenquelle

Im Bereich DATENQUELLE (Abbildung 6.3) wählen Sie aus, welche Daten für das entsprechende Visualisierungselement verwendet werden sollen. Hierfür klicken Sie auf das dunkelgraue Feld ❶. Anschließend gelangen Sie in ein Auswahlmenü für die Datenquellen ❷. Sie sehen hier zum einen eine Liste mit Datenquellen, die Sie bereits zum Bericht hinzugefügt haben, sowie eine Liste mit generell verfügbaren Datenquellen, die noch nicht zur Bericht gehören. Sie können hier entweder die Quelle aus der Liste auswählen oder die Suchfunktion oben rechts verwenden. Bereits hinzugefügte Datenquellen werden direkt für das Visualisierungselement übernommen. Wenn Sie eine Datenquelle aus der Liste VERFÜGBARE DATENQUELLEN ausgewählt haben, erscheint ein Popup-Fenster, in dem Sie das Hinzufügen zum Bericht bestätigen müssen ❸.

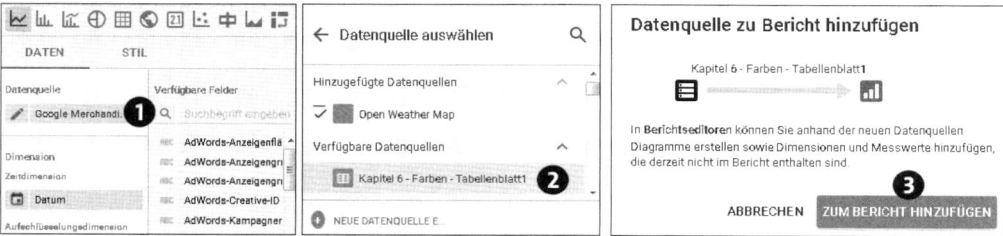

**Abbildung 6.3** Datenquelle auswählen

---

### Hinweis zur Erstellung neuer Datenquellen

Alternativ können Sie über den Button NEUE DATENQUELLE ERSTELLEN auch eine neue Datenquelle in Google Data Studio importieren. Wie Sie dabei vorgehen, haben wir Ihnen in Kapitel 3, »Datenquellen mit Google Data Studio verbinden und bearbeiten«, ausführlicher beschrieben.

---

## Dimension

Im Bereich DIMENSIONEN können Sie je nach Visualisierungselement eine oder mehrere Dimensionen auswählen. Abbildung 6.4 zeigt Ihnen, wie Sie dabei vorgehen: Wählen Sie die gewünschte Dimension aus der Liste VERFÜGBARE FELDER aus ❶. Halten Sie die Maustaste gedrückt, und ziehen Sie das Feld an die gewünschte Stelle im Bereich DIMENSION. Alternativ können Sie zum Ändern der Dimension auch auf die grün hinterlegte Bezeichnung klicken. Anschließend erscheint eine Liste mit den vorhandenen Dimensionen ❷. Wählen Sie hier entweder eine Dimension aus der Liste aus, oder suchen Sie sie über die Suchfunktion. Sollte das Visualisierungselement die Darstellung von mehreren Dimensionen erlauben, so finden Sie zusätzlich den Button DIMENSION HINZUFÜGEN. Das ist z. B. bei Streudiagrammen und Tabellen der Fall. Durch Anklicken gelangen Sie wieder zur Auswahlliste, in der Sie eine zusätzliche Dimension auswählen. Bei den Visualisierungselementen Zeitreihe und Flächendiagramm gibt es darüber hinaus die Möglichkeit, eine Aufschlüsselungsdimension ❸ auszuwählen. Damit können Sie beispielsweise in einer Zeitreihe die Anzahl Ihrer Besucher nach der Aufschlüsselungsdimension Kanal aufgliedern.

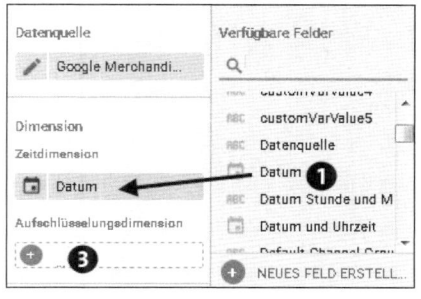

**Abbildung 6.4** Dimension auswählen

---

**Hinweis zum Ändern des Dimensionsnamens und -typs**

Sie haben die Möglichkeit, sowohl den Namen als auch den Typ der Dimension zu ändern, wenn in der Datenquelle die Option FELDER IN BERICHTEN BEARBEITEN aktiviert ist. Die Änderungen werden nur für den aktuellen Bericht übernommen. Wenn Sie den Namen oder den Typ berichtsübergreifend ändern wollen, können Sie dies in der Datenquelle vornehmen. Wie Sie dabei vorgehen, haben wir Ihnen in Kapitel 3, »Datenquellen mit Google Data Studio verbinden und bearbeiten«, beschrieben.

---

### Messwerte

Ähnlich wie bei der Auswahl der Dimensionen lassen sich für den Bereich Messwerte je nach Visualisierungselement ein oder mehrere Messwerte auswählen, wie in Abbildung 6.5 angezeigt. Sie können einen Messwert ändern, indem Sie den gewünschten Messwert aus den verfügbaren Feldern per Drag & Drop in die Liste auf der linken Seite übernehmen ❶ oder indem Sie den blau hinterlegten Messwert-Namen auswählen. Anschließend gelangen Sie zur Liste mit den verfügbaren Messwerten, die Sie durch Anklicken auswählen ❷. Bei einigen Elementen wie z. B. beim Balken- oder Streudiagramm können Sie zusätzlich festlegen, welche Dimension oder welcher Messwert ❸ als Grundlage für die Sortierung (absteigend oder aufsteigend) dient.

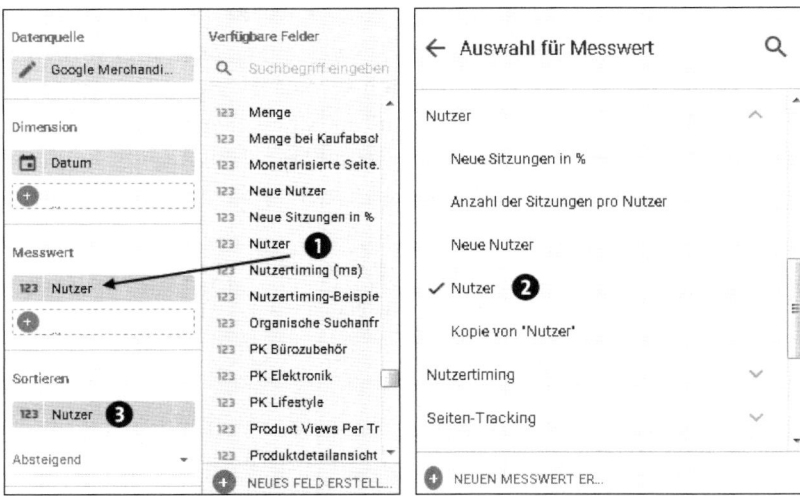

**Abbildung 6.5** Messwert auswählen

Die Eigenschaften der Messwerte können Sie nach Bedarf anpassen (Abbildung 6.6). Klicken Sie auf das 123-Symbol ❶, um Name ❷, Zusammenfassung ❸, Typ ❹ oder die analytische Funktion ❺ des Messwerts zu ändern.

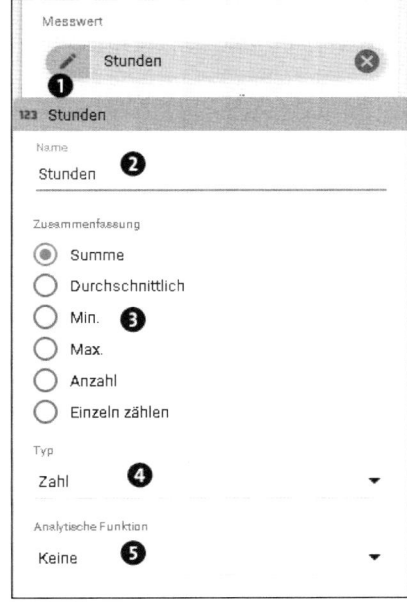

**Abbildung 6.6** Eigenschaften Messwert anpassen

Eine Anpassung der Aggregation (ZUSAMMENFASSUNG) ❸ kann notwendig sein, wenn in einer Datenquelle z. B. der Messwert Umsatz mit der Aggregation »Summation« geliefert wird. Für Ihren neuen Bericht soll jedoch der durchschnittliche Umsatz ausgewertet werden können. Die Aggregation könnten Sie nun für diese Anforderung direkt im Bericht anpassen und in der Beschreibung des Messwerts entsprechend vermerken (z. B. »Umsatz (durchschn.)«). Somit weiß der Berichtsempfänger, dass es sich nicht um die Standardaggregation handelt.

---

**Hinweis zur Änderung der Aggregation**

Die Aggregation können Sie direkt im Bericht oder in der Datenquelle ändern. Ändern Sie sie direkt im Bericht, wirken sich die Änderungen nur auf den Bericht aus. In Kapitel 3, »Datenquellen mit Google Data Studio verbinden und bearbeiten«, geben wir Ihnen eine Übersicht über die Aggregationen. Sollten Sie einen Connector mit festem Schema verwenden, ist die Aggregation häufig auf AUTOMATISCH voreingestellt. Eine Änderung ist bei diesem Typ nicht möglich. Die genauen Besonderheiten von Connectoren mit festem und mit flexiblem Schema finden Sie ebenso in Kapitel 3 beschrieben.

---

Auch den Datentyp ❹ können Sie ändern. Eine Änderung kann notwendig sein, wenn Sie z. B. ein Datum in einem anderen Format ausgeben möchten. Es stehen Ihnen folgende Datentypen zur Verfügung:

▶ numerisch als ZAHL, PROZENT oder DAUER (in Sekunden)

▶ TEXT

▶ DATUM/UHRZEIT

▶ BOOLESCH

▶ STANDORT

▶ WÄHRUNG

▶ URL

Zusätzlich zu den Einstellungen der Aggregation und des Datentyps können Sie analytische Funktionen auf jeden Messwert anwenden ❺. Dadurch können Sie weitere Analysen durchführen, ohne berechnete Felder in der Datenquelle erstellen zu müssen (siehe hierzu Kapitel 4, »Eigene Dimensionen und Messwerte erstellen«). Es stehen folgende analytische Funktionen zur Auswahl:

▶ % DER GESAMTSUMME

▶ DIFFERENZ DER GESAMTSUMME

▶ PROZENTUALE DIFFERENZ DER GESAMTSUMME

Abbildung 6.7 verdeutlicht die Unterschiede zwischen diesen analytischen Funktionen. In unserem Beispiel werden die Nutzer der Website nach den in Google Analytics definierten Default-Channels angezeigt. Die Kennzahl »Nutzer« wird dabei als absoluter Wert ❶, als prozentualer Anteil der Gesamtsumme ❷ sowie als absolute ❸ und prozentuale Differenz von der Gesamtsumme ❹ abgebildet.

| Default Channel Grouping … | ❶ Nutzer ▾ | ❷ Gesamt (%) | ❸ Differenz Gesamt (abs.) | ❹ Differenz Gesamt (%) |
|---|---|---|---|---|
| Organic Search | 8.887 | 39,64 % | -13.535 | -60,36 % |
| Social | 4.199 | 18,73 % | -18.223 | -81,27 % |
| Referral | 3.987 | 17,78 % | -18.435 | -82,22 % |
| Direct | 3.478 | 15,51 % | -18.944 | -84,49 % |
| Display | 1.046 | 4,67 % | -21.376 | -95,33 % |
| Paid Search | 838 | 3,74 % | -21.584 | -96,26 % |
| Affiliates | 355 | 1,58 % | -22.067 | -98,42 % |
| (Other) | 2 | 0,01 % | -22.420 | -99,99 % |

**Abbildung 6.7** Unterschiede zwischen den analytischen Funktionen

### Standardzeitraum

Bei Visualisierungselementen, die Daten in einem zeitlichen Verlauf darstellen, können Sie den *Standardzeitraum* festlegen. Dieser definiert den anzuzeigenden Zeitraum für das Visualisierungselement. Er kann vom Anwender nicht geändert werden. Diese Funktion steht Ihnen nur zur Verfügung, wenn Sie eine *Zeitraumdimension* des Datentyps Datum ausgewählt haben.

Eine Zeitraumdimension definiert den Datumsbereich, den Ihre Diagramme umfassen. Sie wird beispielsweise genutzt, wenn Sie für das Diagramm eine Eigenschaft für den Zeitraum festgelegt haben oder wenn der Betrachter des Berichts den Zeitraum mit Hilfe einer Zeitraumsteuerung beschränkt.

---

**Hinweise zur Verwendung von Zeitraumdimensionen**

▸ Die Zeitraumdimension muss vom Datentyp Datum sein und aus Jahr, Monat und Tag (JJJJMMTT) bestehen.

▸ Bei Google-Analytics-Komponenten wird die Dimension ga:date automatisch als Zeitraumdimension verwendet. Für andere Datenquelltypen versucht Data Studio, die beste Dimension zu ermitteln. Sie müssen die Dimension nur dann manuell festlegen, wenn Data Studio keine gültige Dimension ermittelt oder Sie eine andere Dimension aus Ihrer Datenquelle verwenden möchten.

---

Als Berichtsersteller haben Sie die Möglichkeit, den Standardzeitraum als AUTOMATISCH oder BENUTZERDEFINIERT zu wählen, wie Abbildung 6.8 zeigt. Wenn Sie sich für die Option AUTOMATISCH ❶ entscheiden, so hängt der gewählte Zeitraum von der importierten Datenquelle ab. Für Daten aus Google Analytics beträgt der Standardzeitraum beispielsweise 28 Tage, für Daten aus Google Sheets wird standardmäßig der gesamte Zeitraum angezeigt. Die benutzerdefinierte Option ❷ ermöglicht Ihnen hingegen eine taggenaue Einstellung. Hierbei kann es sich entweder um ein festes oder relatives Zeitintervall handeln ❸. Feste Zeiträume bleiben immer gleich, unabhängig davon, wann Sie den Bericht anzeigen. Relative Zeiträume sind relativ zu »heute«. Beispiele für relative Zeiträume sind GESTERN, DIESE WOCHE (BEGINNT AM MONTAG), LETZTE 30 TAGE, DIESES QUARTAL und LETZTES JAHR. Beachten Sie bitte, dass je nach Datenquelle hier auch ein anderer Zeitraum vordefiniert sein kann.

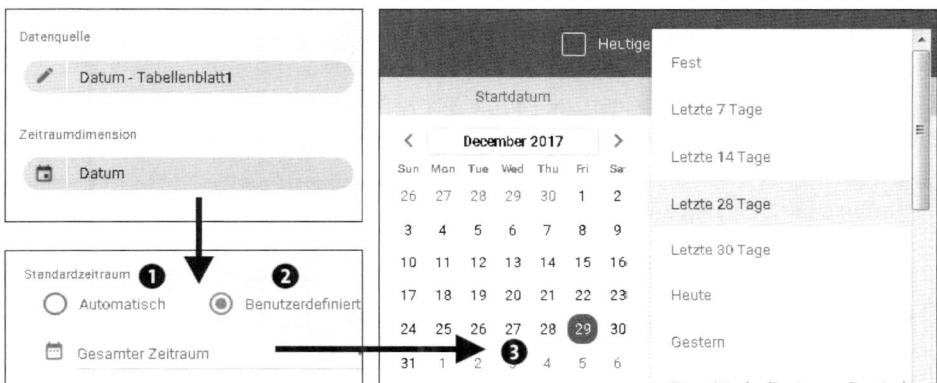

**Abbildung 6.8**  Standardzeitraum auswählen

In den Visualisierungselementen Zeitreihe, Tabellen, Kurzübersicht, Streudiagramm und Bullet-Diagramm können Sie Zeiträume miteinander vergleichen, beispielsweise den selektierten Zeitraum mit dem entsprechenden vorherigen Zeitraum, also etwa diesen Monat mit dem Vormonat, oder mit demselben Zeitraum im letzten Jahr.

Um den *Datumsvergleichtyp* festzulegen (Abbildung 6.9), wählen Sie eines oder mehrere Diagramme aus, bei denen Sie die Zeiträume miteinander vergleichen möchten. Wechseln Sie anschließend rechts im Eigenschaftenbereich in den Tab DATEN. Scrollen Sie nach unten bis zur Eigenschaft STANDARDZEITRAUM. Klicken Sie auf KEINE ANGABE, um die Datumsvergleichstypen anzuzeigen. Dort können Sie zwischen VORHERIGER ZEITRAUM oder VORJAHR auswählen. In unserem Beispiel sehen Sie im Diagramm die Nutzer für den aktuellen Zeitraum und für das Vorjahr.

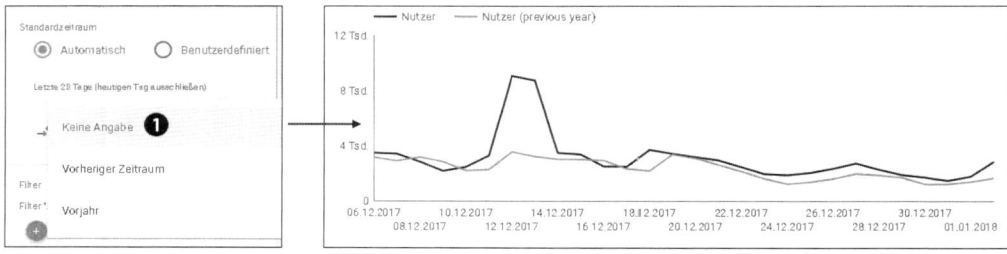

**Abbildung 6.9**  Datumsvergleichtyp festlegen

> **Hinweis zum Anlegen von komponentenübergreifenden Zeiträumen**
>
> Weitere Informationen wie Sie Zeiträume für Berichte, Seiten, Diagramm und Steuerungen anlegen, erfahren Sie in Abschnitt 6.3, »Komponentenübergreifende Einstellungen«.

### Filter

Filter können Ihnen dabei helfen, sich auf die wirklich relevanten Daten in Ihrem Bericht zu konzentrieren, indem Sie Bedingungen dafür definieren, wann bestimmte Daten ein- oder ausgeschlossen werden. Filter beschränken lediglich die Menge der Daten, die in einem Bericht angezeigt werden. Ihre Daten bleiben dabei unverändert.

> **Hinweis zur Bearbeitung von Filtern**
>
> Bitte beachten Sie, dass Filter nur von Berichtserstellern bearbeitet werden können. Wenn die Selektionskriterien für die Berichtsempfänger auswählbar sein sollen, dann sollten Sie besser eine Filtersteuerung nutzen. Wie Sie dabei vorgehen, zeigen wir Ihnen in Abschnitt 6.3.2, »Globale Filter erstellen, vererben und verwalten«.

Filter werden auf Ebene der Datenquelle definiert und stehen allen anderen Visualisierungselementen, die auf der gleichen Datenquelle basieren, zur Verfügung. Eine Filterbedingung kann die selektierten Daten einschließen oder ausschließen. Wenn Sie Filter zum Einschließen setzen, werden nur die Datensätze angezeigt, die den Bedingungen entsprechen. Bei Filtern zum Ausschließen verhält es sich umgekehrt: Es werden nur die Datensätze aufgeführt, die *nicht* mit den Bedingungen übereinstimmen.

Filterbedingungen bestehen aus mindestens einer Klausel. Mehrere Klauseln lassen sich mit der ODER-Logik (wahr, wenn eine der Bedingungen zutrifft) oder der UND-Logik (wahr, wenn alle Bedingungen zutreffen) verknüpfen. Auch eine Kombination aus UND- und ODER-Logiken ist möglich.

Auf eine Komponente können mehrere Filter angewendet werden. In diesem Fall wird jeder Filter wie eine UND-Klausel behandelt. Das bedeutet, dass nur die Datenzeilen erfasst werden, die allen Filterbedingungen entsprechen.

Wie Sie einen Filter zu einem Diagramm oder einer Filtersteuerung hinzufügen, zeigen wir Ihnen in Abbildung 6.10. Mit einem Klick auf den Button FILTER HINZUFÜGEN ❶ gelangen Sie zur Auswahlliste der Filter. Wählen Sie hier entweder einen bestehenden Filter aus denjenigen aus, die Sie für die gleiche Datenquelle schon im Bericht definiert haben ❷, oder legen Sie über FILTER ERSTELLEN ❸ einen neuen an.

**Abbildung 6.10** Filter hinzufügen

Im darauffolgenden Dialogfenster (siehe Abbildung 6.11) geben Sie dem neuen Filter im ersten Schritt einen eindeutigen Namen ❶. Stellen Sie anschließend ein, welche Felder ein- oder ausgeschlossen werden sollen ❷. Sobald Sie eine Dimension (z. B. Land) oder einen Messwert (z. B. Preis) ausgewählt haben ❸, definieren Sie im Auswahlmenü ❹, wann die Daten des entsprechenden Wertes ein- oder ausgeschlossen werden sollen und welche Bedingung für die ausgewählten Daten gelten soll. Anschließend geben Sie im Eingabefeld ❺ den Vergleichswert für die Bedingung an. Falls der Filter mehrere Bedingungen umfassen soll, fügen Sie über UND eine weitere Bedingung hinzu ❻. Soll nur eine von mehreren Bedingungen zutreffen, fügen Sie über ODER eine weitere Bedingung hinzu ❼. Nachdem Sie alle Einstellungen vorgenommen haben, klicken Sie zum Bestätigen auf Speichern ❽. Nun bekommen Sie den neuen Filter in der Liste angezeigt und können ihn für Ihr Visualisierungselement verwenden.

> **Hinweis zum Ändern von Datenquellen-Filtern**
>
> Die Datenquelle des Filters wird durch die ausgewählte Komponente (Bericht, Seite, Visualisierungselement) vorgegeben und kann an dieser Stelle nicht geändert werden. Falls Sie sie nachträglich ändern müssen, z. B. weil Sie eine andere Datenansicht in Google Analytics nutzen möchten, können Sie dafür den *Filtermanager* nutzen (siehe Abschnitt 6.3.2, »Globale Filter erstellen, vererben und verwalten«).

**Abbildung 6.11** Filter definieren

Im Folgenden möchten wir noch einmal ausführlicher auf die unterschiedlichen Möglichkeiten im Auswahlmenü BEDINGUNG AUSWÄHLEN ❹ eingehen. Hier stehen Ihnen je nach Datentyp (numerisch, Text, Datum/Uhrzeit oder boolesch) unterschiedliche Optionen zur Verfügung:

- **Numerisch und Datum/Uhrzeit:**
  - GLEICH (=): Der Wert entspricht genau dem Vergleichswert.
  - ZWISCHEN (>=&&=<): Der Wert liegt zwischen den beiden angegebenen Zahlen.
  - GRÖSSER ODER GLEICH (>=): Der Wert entspricht dem Vergleichswert oder ist größer als dieser.
  - GRÖSSER ALS (>): Der Wert ist größer als der Vergleichswert.
  - KLEINER ODER GLEICH (<=): Der Wert entspricht dem Vergleichswert oder ist kleiner als dieser.
  - KLEINER (<): Der Wert ist kleiner als der Vergleichswert.
  - IST NULL: Das Feld ist leer oder der Wert des Feldes ist `null`.
- **Text:**
  - GLEICH (=): Der Wert stimmt genau mit Vergleichswert überein.
  - ENTHÄLT: Der Wert ist im Vergleichswert enthalten. Beispiel: `Studio` ist in »Data Studio« enthalten, aber aufgrund der Berücksichtigung der Groß- und Kleinschreibung nicht in »studio«.
  - BEGINNT MIT: Der Wert beginnt mit dem Vergleichswert. Beispiel: `Data` entspricht dem Vergleichswert »Data Studio«, »Google Data Studio« dagegen nicht.
  - ÜBEREINSTIMMUNG MIT REGULÄREM AUSDRUCK: Der Wert entspricht dem regulären Ausdruck. Die Zeichenfolge im Vergleichswert muss genau mit dem regulären Ausdruck übereinstimmen. Beispiel: `(?i)studio?` entspricht dem Vergleichswert »studi« und »studio«, aber nicht »studiooo« oder »studie«. Die Groß- und Kleinschreibung wird nicht berücksichtigt.
  - ENTHALTEN IN REGULÄREN AUSDRUCK: Der Wert enthält den regulären Ausdruck. Die Zeichenfolge im Vergleichswert davor und danach bleibt unberücksichtigt. Beispiel: `(?i)st.dio` entspricht dem Vergleichswert »studio« oder »Data Studio«. Die Groß- und Kleinschreibung wird nicht berücksichtigt.
  - ENTHALTEN: Der Wert stimmt genau mit dem Vergleichswert überein. Die Bedingung funktioniert genau wie GLEICH, es können jedoch mehrere Vergleichswerte angegeben werden, und zwar als kommagetrennte Liste. Beispiel: `Data, Studio, Data Studio`.
  - IST NULL: Das Feld ist leer oder der Wert des Feldes ist `null`.

▶ **Boolesch:**

- – WAHR: Der angegebene Wert ist wahr.
- – FALSCH: Der angegebene Wert ist falsch.
- – IST NULL: Das Feld ist leer oder der angegebene Wert ist null.

---

**Hinweise zur Verwendung von Filterbedingungen**

▶ Bei Filterbedingungen mit dem Datentyp Text wird die Groß- und Kleinschreibung der Feldinhalte berücksichtigt. Soll die Groß- und Kleinschreibung nicht beachtet werden, können Sie die Operatoren für reguläre Ausdrücke ENTHALTEN IN REGULÄREM AUSDRUCK und ÜBEREINSTIMMUNG MIT REGULÄREM AUSDRUCK in Kombination mit dem Parameter (?i) verwenden. Dieser deaktiviert die Berücksichtigung von Groß- und Kleinschreibung. Weitere Informationen zur Nutzung von regulären Ausdrücken in Data Studio finden Sie in Kapitel 4, »Eigene Dimensionen und Messwerte erstellen«.

▶ Wenn die Vergleichswerte beim Operator ENTHALTEN Kommas oder einen Backslash (\) enthalten, müssen Sie jeweils einen weiteren Backslash als Escape-Zeichen hinzufügen. Beispiele: Der Vergleichswert 3,1415 muss als 3\,1415 dargestellt werden, aus C:\Programme wird C:\\Programme.

---

Wenn Sie Filter für mehrere Elemente verwenden möchten, so können Sie diese auch gruppieren und für die gesamte Gruppe einen Filter erstellen (Abbildung 6.12). Voraussetzung dafür ist, dass alle Elemente der Gruppe die gleiche Datenquelle nutzen. Dazu selektieren Sie die gewünschten Komponenten mit gedrückter [Strg]-Taste. Alternativ können Sie die Elemente auch auswählen, wenn Sie mit gedrückter linker Maustaste über diese fahren. Klicken Sie mit der rechten Maustaste auf die ausgewählten Komponenten, und wählen Sie GRUPPIEREN ❶ aus. In den Gruppeneigenschaften können Sie nun einen Filter für die ausgewählten Diagramme hinzufügen ❷.

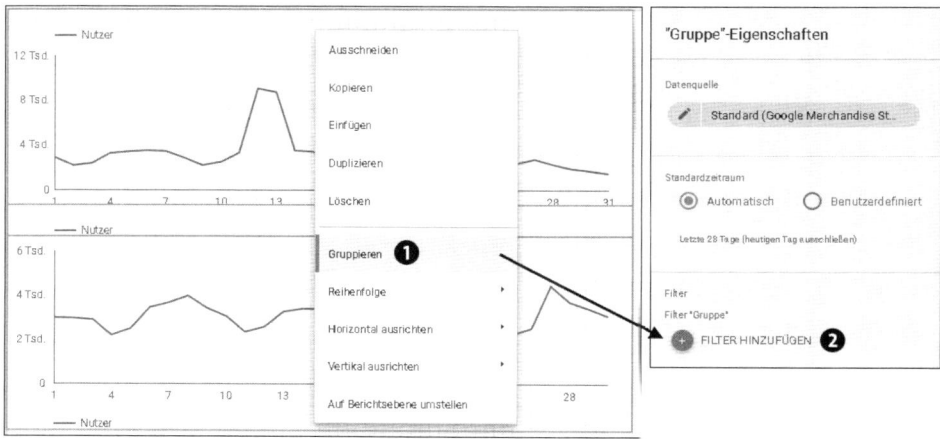

**Abbildung 6.12** Elemente gruppieren

Wie Sie Filter zum gesamten Bericht hinzufügen, in den verschiedenen Ebenen vererben oder wie Sie Ihre Filter verwalten, erklären wir Ihnen in Abschnitt 6.3.2, »Globale Filter erstellen, vererben und verwalten«.

**Hinweise zur Einschränkung von Filtern**

▶ In einer Filterdefinition können Sie maximal 75 Filterbedingungen definieren.

▶ Die Anzahl der ODER-Klauseln in einem Filter ist auf 10 beschränkt. Benötigen Sie mehrere ODER-Klauseln, dann sollten Sie bei der Filterdefinition möglichst die Option ENTHALTEN verwenden.

▶ In einer ODER-Klausel können Sie entweder Messwerte oder Dimensionen, aber nicht beides verwenden.

▶ Eine Änderung des Datentyps von einem Messwert in eine Dimension oder umgekehrt führt dazu, dass alle von diesem Feld verwendeten Filter deaktiviert werden.

### 6.2.2   Allgemeine Einstellungsoptionen im Tab »Stil«

Im Tab STIL gibt es ebenfalls einige Einstellungsoptionen, die übergreifend für die meisten Visualisierungselemente gelten. Diese haben wir für Sie in Abbildung 6.13 dargestellt.

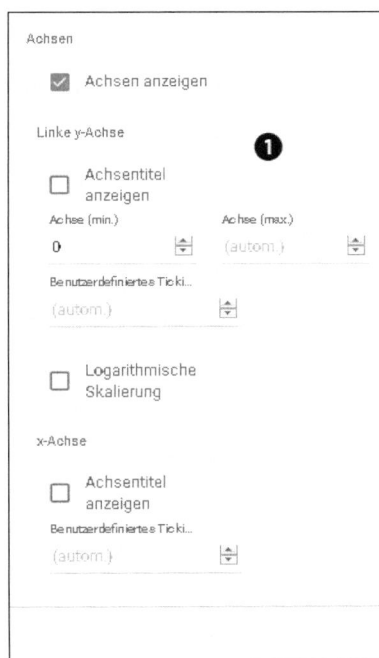
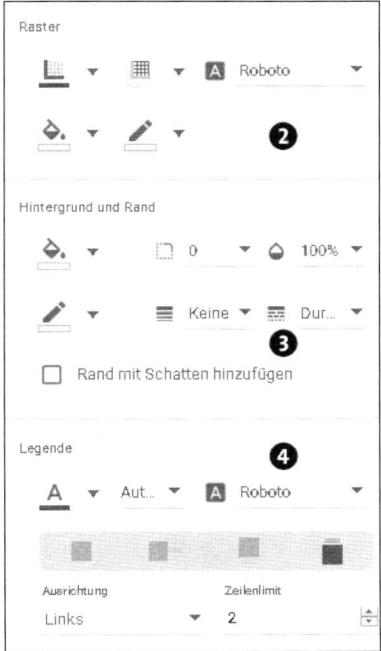

**Abbildung 6.13** Übersicht Einstellungsoptionen im Tab »Stil«

- ► ACHSEN ❶
- ► RASTER ❷
- ► HINTERGRUND UND RAND ❸
- ► LEGENDE ❹

---

**Tipp zum Zurücksetzen der Einstellungen von Visualisierungselementen**

Wenn Sie die Einstellungen Ihres Visualisierungselements zurücksetzen wollen, klicken Sie unten im Tab STIL den Link AUF BERICHTSDESIGN ZURÜCKSETZEN.

---

Abbildung 6.14 zeigt Ihnen, für welche Visualisierungselemente die unterschiedlichen Einstellungsoptionen verfügbar sind.

| Achsen | Raster | Hintergrund & Rand | Legende |
|--------|--------|--------------------|---------|
| ► Liniendiagramm/ Zeitreihe | ► Liniendiagramm/ Zeitreihe | ► Liniendiagramm/ Zeitreihe | ► Liniendiagramm/ Zeitreihe |
| ► Flächendiagramm | ► Flächendiagramm | ► Flächendiagramm | ► Flächendiagramm |
| ► Balkendiagramm | ► Balkendiagramm | ► Balkendiagramm | ► Balkendiagramm |
| ► Kombinationsdiagramm | ► Kombinationsdiagramm | ► Kombinationsdiagramm | ► Kombinationsdiagramm |
| | | ► Kreisdiagramm | ► Kreisdiagramm |
| ► Bullet-Diagramm | | ► Bullet-Diagramm | |
| ► Streu-/Blasendiagramm | ► Streu-/Blasendiagramm | ► Streu-/Blasendiagramm | ► Streu-/Blasendiagramm |
| | | ► Tabelle | |
| | | ► Pivot-Tabelle | ► Pivot-Tabelle |
| | | ► Landkarte | |

**Abbildung 6.14** Einstellungsoptionen der Visualisierungselemente

### Farbgebung für Visualisierungselemente

Die Farbgebung für Visualisierungselemente in Google Data Studio lässt sich auf verschiedenen Ebenen festlegen:

- ► **Ebene »Bericht«:** Im Menü LAYOUT UND DESIGN weisen Sie Farben und allgemeine Einstellungen für alle Elemente zu. Dadurch stellen Sie eine einheitliche Darstellung Ihres Berichts sicher.

- ► **Ebene »Visualisierungselement«:** Auf der Ebene der Visualisierungselemente haben Sie zwei unterschiedliche Möglichkeiten, Einstellungen vorzunehmen. Im Menü HINTERGRUND UND RAND weisen Sie die Farbeinstellungen für das gesamte Visualisierungselement zu. Im Menü RASTER passen Sie die Farbgebung der Diagrammfläche separat an.

---

**Hinweis zum Einsatz von Farbe und Schrift**

Mit allen diesen Einstellungsoptionen sollten Sie allerdings nur sparsam arbeiten und stets darauf achten, nicht von der eigentlichen Aussage der Daten abzulenken. In Kapitel 5, »Planung und Datenvisualisierung«, haben wir für Sie zusammengefasst, worauf Sie bei der Farb- und Schriftgestaltung besonders achten müssen.

---

Abbildung 6.15 zeigt eine Beispielfarbgebung, damit Sie einen anschaulichen Überblick über die unterschiedlichen Einstellungsoptionen bekommen. Bitte achten Sie darauf, dass diese Beispiele nur Möglichkeiten darstellen, aber nicht die »Best Practices« repräsentieren.

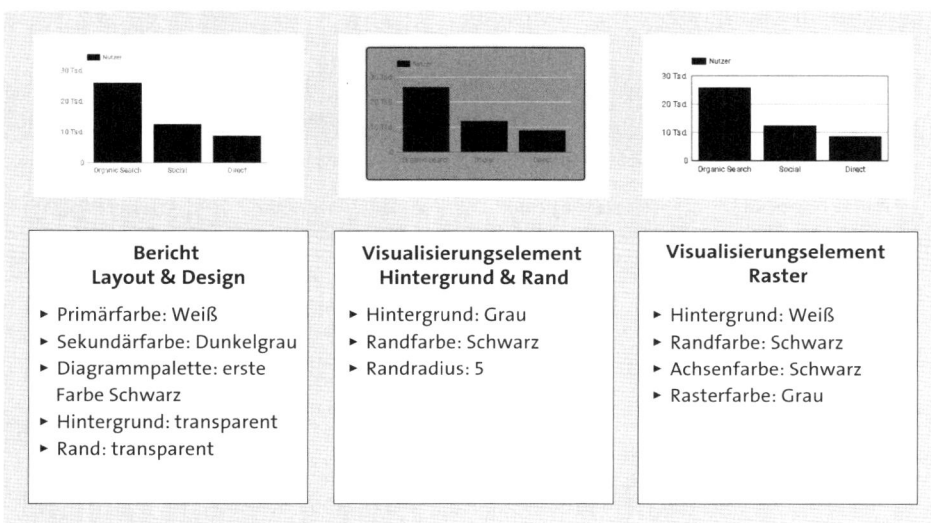

**Abbildung 6.15** Beispiele Farbgebung

Zuerst können Sie, wie bereits in Kapitel 2, »Die ersten Schritte mit Google Data Studio«, erklärt, berichtsübergreifend festlegen, nach welchem Prinzip die Farben für die Dimensionsdaten ausgewählt werden. Sie nehmen die Anpassungen vor, indem Sie auf einen beliebigen Punkt in Ihrem Bericht klicken, so dass kein Visualisierungselement ausgewählt ist. Nun finden Sie auf der rechten Seite das Menü für LAYOUT UND DESIGN. Im Tab DESIGN legen Sie die Primär- und Sekundärfarben Ihres Berichts fest (siehe Abbildung 6.16):

▶ PRIMÄRFARBE ❶: Diese Einstellung hat Auswirkungen auf die Hintergrundfarbe Ihres Berichts.

▶ PRIMÄRE SCHRIFTFARBE ❶: Legt die primäre Schriftfarbe fest, die standardmäßig für Textelemente wie Überschriften oder Achsenbeschriftungen verwendet wird.

▸ SEKUNDÄRFARBE ❷: Die Kopfzeile von Tabellen und Pivot-Tabellen sowie Kreise und Rechtecke werden in der Sekundärfarbe dargestellt.

▸ SEKUNDÄRE SCHRIFTFARBE ❷: Legt die sekundäre Schriftfarbe fest, die standardmäßig für die Kopfzeile von Tabellen und Pivot-Tabellen verwendet wird.

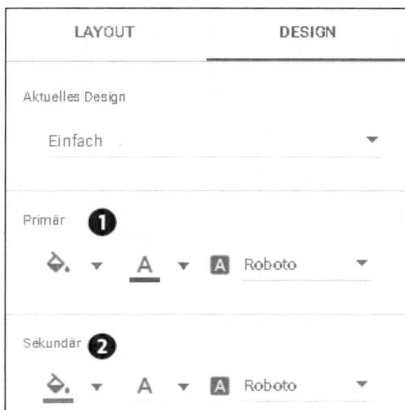

**Abbildung 6.16** Einstellungsoptionen für Farbgebung

---

**Hinweis zum Ändern der Schriftart**

Zusätzlich zu den primären und sekundären (Schrift-)Farben können Sie im Tab DESIGN die primäre ❶ und sekundäre ❷ Schriftart für den gesamten Bericht festlegen.

---

Neben den Berichtsfarben können Sie die Farben der Dimensionsdaten ändern. Sie haben zwei Optionen:

▸ Farbe nach REIHENFOLGE IM REIHENDIAGRAMM ❸: Die Farbgebung erfolgt anhand der Reihenfolge im Datensatz. Diese Option färbt die Daten abhängig von der Position im Diagramm. Hierfür wird das vorgegebene Farbdesign verwendet. Es gibt zwei vorgegebene Farbdesigns: EINFACH und EINFACH DUNKEL. Diese stellen Sie ebenfalls unter LAYOUT UND DESIGN ein. Um einzelne Farben dieser Palette ❻ auszutauschen, klicken Sie auf das entsprechende farbige Quadrat.

▸ Farbe nach DIMENSIONSWERTEN ❹: Wenn Sie hingegen garantieren wollen, dass jede Dimension im gesamten Bericht die gleiche Farbe hat, so sollten Sie die Einstellung der Farbgebung nach DIMENSIONSWERTEN für Ihre Diagramme wählen. Die Position der Daten spielt hierbei keine Rolle, sondern Dimensionen wie z. B. Länder sind automatisch einer bestimmten Farbe zugeordnet. Um Farben zu ändern, klicken Sie auf FARBEN FÜR DIMENSIONSWERTE VERWALTEN ❺.

In Abbildung 6.17 sehen Sie die Anpassungsmöglichkeiten der Farben für Dimensionswerte. Standardmäßig sind bereits Farben für jeden Dimensionswert voreingestellt.

**Hinweis zum Finden von Farben für Dimensionswerte**

Wenn Sie besonders viele Werte verwenden, dann können Sie die gewünschten Werte über die Suchfunktion oben rechts schneller finden.

Zum Ändern der Farben klicken Sie auf den farbigen Kasten des entsprechenden Dimensionswerts ❶ und wählen die gewünschte Farbe aus. Zusätzlich haben Sie die Möglichkeit, neue Werte hinzuzufügen, indem Sie auf WERT HINZUFÜGEN klicken ❷. Wählen Sie anschließend eine Farbe ❸, und geben Sie einen Namen ein ❹. Mit einem Klick auf WERT ERSTELLEN bestätigen Sie Ihre Eingabe.

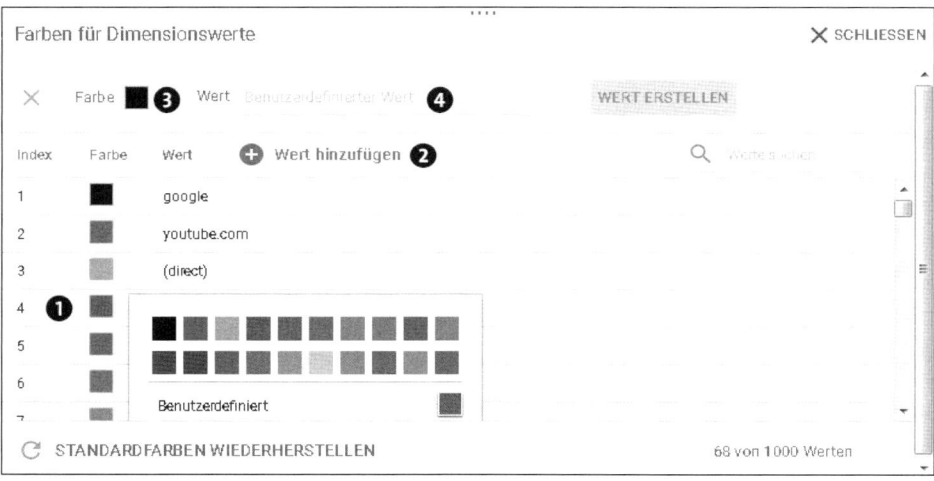

**Abbildung 6.17** Farben für Dimensionswerte ändern

Damit Sie ein besseres Verständnis dafür bekommen, wie sich die Optionen FARBEN NACH REIHENFOLGE IM REIHENDIAGRAMM und FARBEN NACH DIMENSIONSWERTEN unterscheiden, haben wir Ihnen in Abbildung 6.18 einmal beide Optionen in einem Beispieldiagramm gegenübergestellt.

**Hinweis zur Farbgebung von Diagrammen**

In einigen Diagrammen wie z. B. den Balkendiagrammen können Sie eine Farbe auswählen und diese in verschiedenen Schattierungen verwenden. Die Anpassungen erfolgen in diesem Fall über den Tab DESIGN des jeweiligen Visualisierungselements. Wie Sie dabei genau vorgehen, erklären wir Ihnen in den folgenden Abschnitten der Visualisierungselemente.

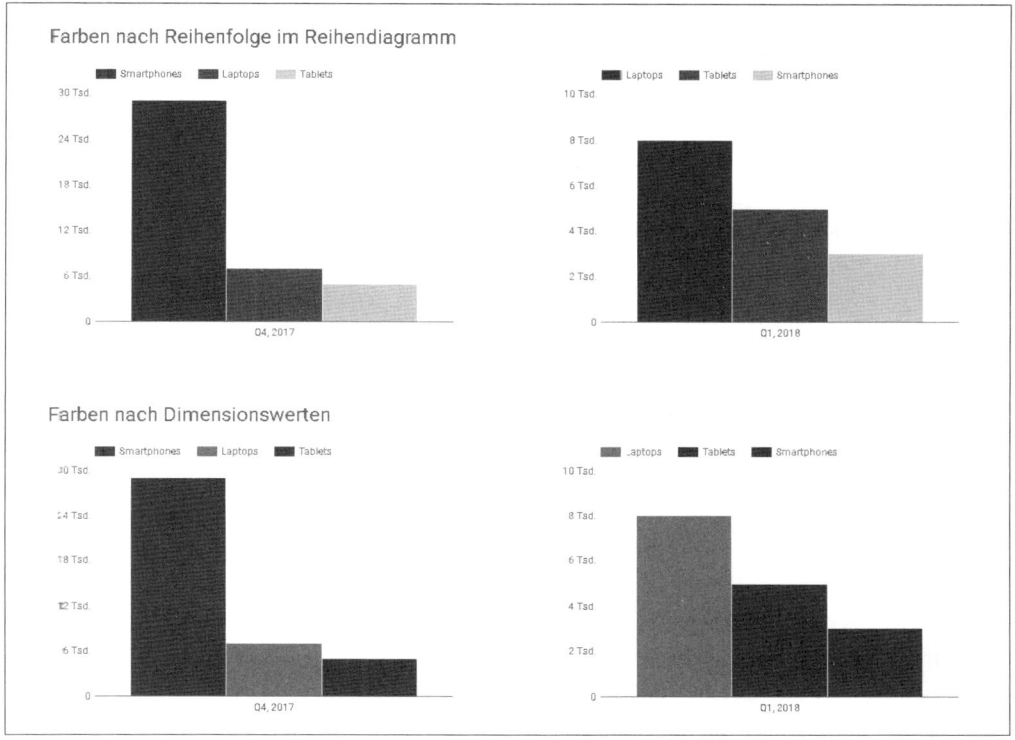

**Abbildung 6.18** Optionen für Farbgebung in Diagrammen

Die weiteren Einstellungsmöglichkeiten für Farbgebung finden Sie weiter unten in den Abschnitten zu den Themen Achsen, Raster sowie Hintergrund und Rand.

### Achsen

Im Bereich ACHSEN (Abbildung 6.19) stellen Sie ein, ob und wie die Achsen angezeigt werden. Die Achsen eines Diagramms geben Auskunft über die verwendeten Einheiten des Diagramms und ermöglichen, die Werte der einzelnen Datenpunkte innerhalb des Diagramms abzulesen. Ihnen stehen folgende Einstellungsoptionen zur Verfügung:

▶ ACHSEN ANZEIGEN ❶: Sollen die Achsen im Diagramm dargestellt werden oder nicht? Ist der Haken bei dieser Box nicht gesetzt, werden auch die weiteren Einstellungsoptionen nicht angezeigt.

▶ ACHSENTITEL ANZEIGEN ❷: Soll der Titel der Achsen angezeigt werden? Diese Option können Sie für x- und y-Achse getrennt auswählen, indem Sie die entsprechende Checkbox markieren.

▶ ACHSEN (MIN.)/(MAX.) ❸: Für die y-Achse lässt sich zudem ein Minimal- und ein Maximalwert angeben. In den Voreinstellungen sind diese Werte auf »automatisch« gesetzt. Es empfiehlt sich, bei den Achsen immer bei 0 zu starten, es sei denn, Sie haben einen guten Grund, es nicht zu tun.

▶ BENUTZERDEFINIERTES TICKINTERVALL ❹: Wie auch bei den Minimal- und Maximalwerten ist diese Option standardmäßig auf automatisch gestellt. Sie haben jedoch die Möglichkeit, die Dateninkremente manuell zu ändern, indem Sie einen Wert eintragen.

▶ LOGARITHMISCHE SKALIERUNG ❺: Bei einigen Visualisierungselementen haben Sie zudem die Möglichkeit, die y-Achse durch Auswählen der Checkbox logarithmisch zu skalieren. Das bedeutet, anstatt normaler Werte (z. B. 1, 2, 3) werden die Potenzen der Werte (z. B. $10^1$, $10^2$, $10^3$) verwendet.

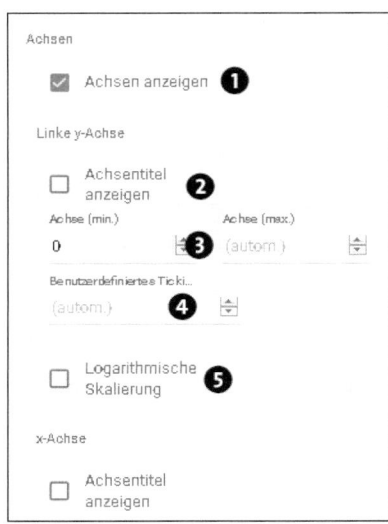

**Abbildung 6.19** Einstellungsoptionen für Achsen

In Abbildung 6.20 haben wir für Sie einige dieser Einstellungen dargestellt. Das linke Beispiel zeigt Ihnen eine möglichst schlanke Darstellungsweise. Diese ist leicht zu erfassen, ihr Informationsgehalt ist jedoch aufgrund der fehlenden Achsen begrenzt. Diese Darstellung wird auch als *Sparklines* bezeichnet und eignet sich, um die historische Entwicklung einer Kennzahl in einem Zeitreihendiagramm platzsparend zu visualisieren. Im Vergleich dazu hat das mittlere Diagramm durch die Anzeige der Achsen und -titel einen deutlich höheren Informationsgehalt. In der Regel ist es ausreichend, wenn Sie das Achsen-Maximum und das Tickintervall auf automatisch eingestellt lassen und die y-Achse bei 0 beginnt. So ist das Diagramm für den Nutzer einfacher lesbar. Wenn Sie allerdings viele Werte haben, die sehr nah zusammenliegen und sich nur in einem kleinen Achsenabschnitt befinden, kann es sinnvoll sein, das Achsen-Minimum, -Maximum sowie das Tickintervall, wie im rechten Beispiel, manuell festzulegen. Erleichtern Sie dem Berichtsempfänger das Lesen, indem Sie das Tickintervall der gängigen Zählweise anpassen, wie z. B. 0, 5, 10, 15, 20 oder 0, 25, 50, 75, 100.

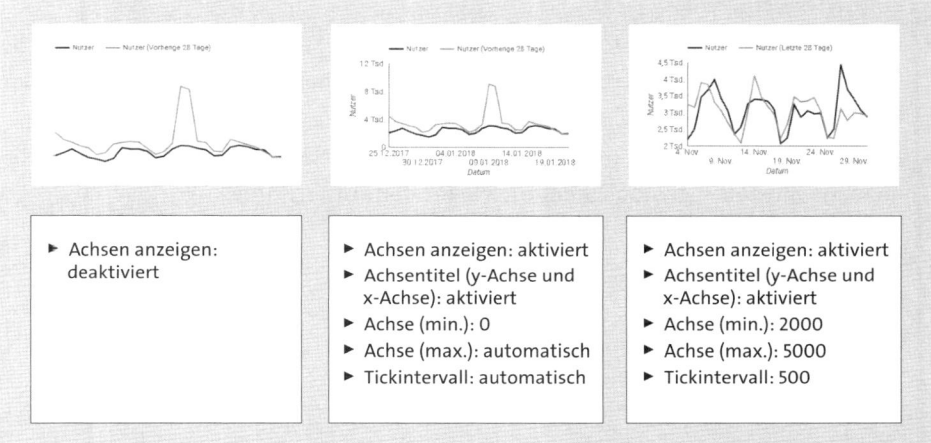

**Abbildung 6.20** Beispiele Achsendarstellung

### Raster

Ein Raster erleichtert es den Nutzern, die Datenpunkte innerhalb eines Diagramms abzulesen, da bei der Verwendung zusätzlich Linien innerhalb des Diagramms angezeigt werden. Vor allem wenn Sie Datenpunkte haben, die nah beieinanderliegen, und das Ablesen des genauen Wertes sinnvoll ist, ist die Verwendung eines Rasters zu empfehlen. Allerdings sollten Sie bei der Farbwahl darauf achten, dass die Rasterlinien nicht von den eigentlichen Daten ablenken, sondern nur eine unterstützende Funktion haben. Neben der Rasterfarbe lassen sich in diesem Bereich die Farben für die Achsen, den Hintergrund und die Randfarbe einstellen.

Unabhängig davon, welche Einstellungen Sie im Bereich LAYOUT UND DESIGN gewählt haben, können Sie für jedes einzelne Element unterschiedliche Einstellungsoptionen wählen (siehe Abbildung 6.21). Generell sollten Sie jedoch auf eine einheitliche Darstellung Ihres gesamten Berichts achten.

Im Bereich RASTER haben Sie folgende Einstellungsmöglichkeiten:

► ACHSENFARBE ❶: Für die Achsenfarbe kann entweder eine Farbe aus der Farbpalette oder eine benutzerdefinierte Farbe verwendet werden. Die Farbe bezieht sich nicht nur auf die Achsenlinien, sondern auch auf die angegebenen Einheiten.

► RASTERFARBE ❷: Für die Rasterfarbe können Sie ebenfalls eine vordefinierte oder eine benutzerdefinierte Farbe verwenden, oder Sie stellen die Rasterfarbe auf transparent.

► SCHRIFTFAMILIE ❸: Die Schriftfamilie für die Rasterbeschriftung lässt sich ebenfalls individuell anpassen. Beachten Sie, dass Anpassungen der Schriftfarbe und -größe bei der Achsenbeschriftung nicht möglich sind. Lediglich die Schriftart können Sie einstellen.

► HINTERGRUND FÜR DIAGRAMME ❹: Stellen Sie den Hintergrund der Diagramme entweder auf transparent, oder weisen Sie ihm eine benutzerdefinierte Farbe oder einen Farbverlauf zu.

► RANDFARBE FÜR DIAGRAMME ❺: Für die Randfarbe der Diagramme haben Sie die gleichen Einstellungsmöglichkeiten wie für den Hintergrund.

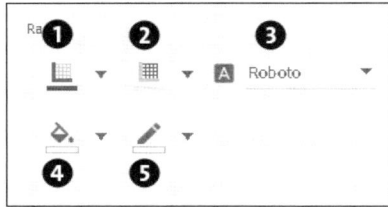

**Abbildung 6.21** Einstellungsoptionen für Raster

Mögliche Einstellungsoptionen finden Sie in Abbildung 6.22. Wenn es nicht notwendig ist, den genauen Datenwert abzulesen, können Sie eine schlanke Darstellung mit transparentem Raster, Hintergrund und Rand wählen, wie im linken Beispiel. Das Diagramm wirkt so aufgeräumter und lässt die wichtigsten Entwicklungen auf einen Blick erfassen. Ist das genaue Ablesen der Daten wichtig, sollten Sie wie im mittleren Beispiel eine neutrale Farbe für die Rasterdarstellung verwenden. Mit der Option DATEN-LABELS ANZEIGEN zeigen Sie zusätzlich den Wert für jede Datenreihe im Diagramm an. Ein weiterer Unterschied zwischen dem linken und dem mittleren Beispiel ist die gewählte Farbe für die Achsen. Generell sollte die Achse durch die Farbgebung nicht in den Vordergrund treten. Daher ist die Variante der grauen Achsenfarbe bei diesen Beispielen die bessere Wahl. Im rechten Beispiel wird zusätzlich ein Diagrammrand verwendet. Generell sollten Sie Umrandungen jedoch nur sparsam einsetzen, wenn sie unbedingt zur Abgrenzung der dargestellten Daten benötigt werden.

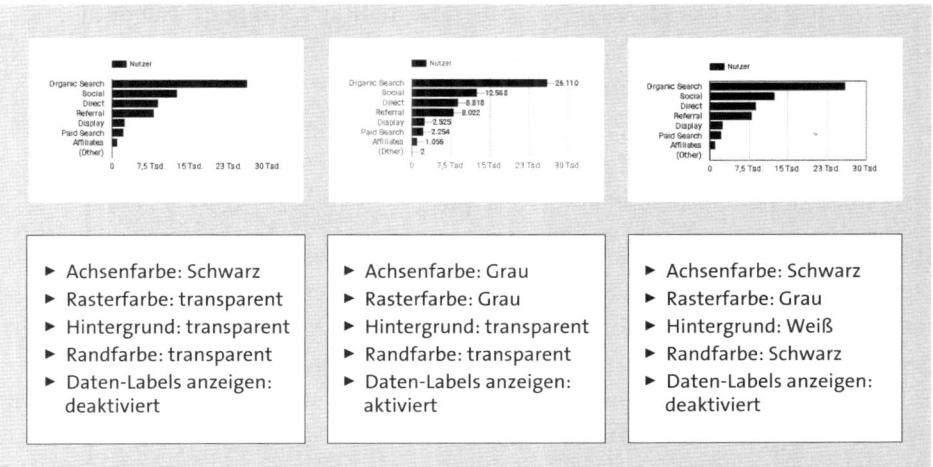

| ▶ Achsenfarbe: Schwarz | ▶ Achsenfarbe: Grau | ▶ Achsenfarbe: Schwarz |
| ▶ Rasterfarbe: transparent | ▶ Rasterfarbe: Grau | ▶ Rasterfarbe: Grau |
| ▶ Hintergrund: transparent | ▶ Hintergrund: transparent | ▶ Hintergrund: Weiß |
| ▶ Randfarbe: transparent | ▶ Randfarbe: transparent | ▶ Randfarbe: Schwarz |
| ▶ Daten-Labels anzeigen: deaktiviert | ▶ Daten-Labels anzeigen: aktiviert | ▶ Daten-Labels anzeigen: deaktiviert |

**Abbildung 6.22** Beispiele Rasterdarstellung

## Hintergrund und Rand

Im Bereich HINTERGRUND UND RAND (Abbildung 6.23) können Sie die Gestaltung Ihrer Visualisierungselemente anpassen, indem Sie Farbe, Deckkraft und Stärke dieser beiden Gestaltungsoptionen ändern.

**Abbildung 6.23** Einstellungsoptionen für Hintergrund und Rand

▶ HINTERGRUND ❶: Ändert die Hintergrundfarbe des gesamten Visualisierungselements und nicht nur die Farbe der Diagrammfläche, wie es beim Raster der Fall ist.

▶ RANDRADIUS ❷: Rundet die Ecken. Je größer Sie den RANDRADIUS wählen, desto stärker werden die Ecken der Umrandung abgerundet.

▶ DECKKRAFT ❸: Ändert die Deckkraft des Visualisierungselements. Vorsicht: Nicht nur die Deckkraft des Hintergrunds und des Rands, sondern auch die Deckkraft der Graphen und der Schrift wird geändert. Dies führt zu einer schlechteren Lesbarkeit und sollte daher mit Bedacht verwendet werden.

▶ RANDFARBE ❹: Die Randfarbe lässt sich individuell anpassen.

▶ RANDLINIENSTÄRKE ❺: Auch die Stärke der Randlinien können Sie ändern.

▶ RANDSTIL ❻: Wählen Sie bei der Gestaltung der Randlinien zwischen DURCHGÄN-GIG, GESTRICHELT, GEPUNKTET und DOPPELT.

▶ RAND MIT SCHATTEN HINZUFÜGEN: Fügen Sie auf Wunsch dem Rand durch Anklicken der Checkbox einen Schatten hinzu. Diese Option steht nicht in den allgemeinen Designeinstellungen zur Verfügung.

In Abbildung 6.24 haben wir einige dieser Einstellungen beispielhaft für Sie dargestellt. So zeigt Ihnen das linke Beispiel eine möglichst schlanke Darstellung. Alle Einstellungsoptionen für den Bereich HINTERGRUND UND RAND sind auf TRANSPARENT gestellt oder abgeschaltet, so dass keine zusätzliche Hervorhebung verwendet wurde. Falls Sie das Diagramm in Ihrem Bericht hervorheben wollen, haben Sie zwei Möglichkeiten: Stellen Sie wie im mittleren Beispiel das Diagramm mit einem Hintergrund dar, oder verwenden Sie wie im rechten Beispiel eine Umrandung. Generell ist eine Darstellung wie im linken Beispiel dem mittleren und rechten Beispiel vorzuziehen, da unnötige Hintergründe und Umrandungen von der eigentlichen Aussage Ihrer Daten ablenken. Beachten Sie in diesem Zusammenhang auch unsere Hinweise zum Data-Ink-Konzept von Edward Tufte in Kapitel 5, »Planung und Datenvisualisierung«.

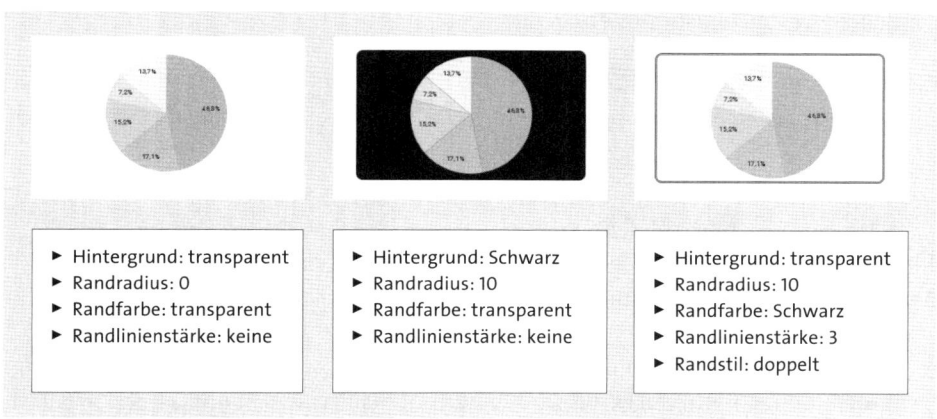

**Abbildung 6.24** Beispiele Hintergrund und Rand

### Legende

Die Legende gibt bei einem Visualisierungselement Auskunft darüber, welche Daten genau dargestellt werden. Google Data Studio bietet Ihnen vielfältige Möglichkeiten, die Legenden Ihrer Visualisierungselemente für Ihre Berichte zu individualisieren, wie Sie in Abbildung 6.25 sehen.

▶ FARBE DER LEGENDENSCHRIFT ❶: Die Schriftfarbe der Legende können Sie individuell anpassen.

▶ SCHRIFTGRÖSSE ❷: Die Größe der Schrift lässt sich ebenfalls individuell einstellen.

▶ SCHRIFTFAMILIE ❸: Sie können die Schriftart für die Legende aus den vorhandenen Schriften auswählen.

▶ LEGENDENPLATZIERUNG ❹: Wählen Sie bei der Legendenausrichtung zwischen keine, rechts, unten und oben.

▶ TEXTAUSRICHTUNG ❺: Richten Sie den Text rechts, links oder zentriert aus.

▶ ZEILENLIMIT ❻: Sie haben die Möglichkeit, das Zeilenlimit zu begrenzen.

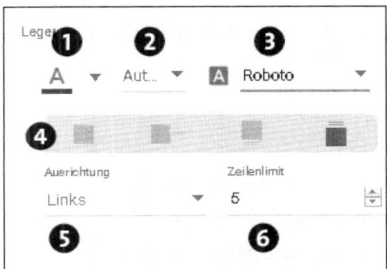

**Abbildung 6.25** Einstellungsoptionen Legende

In Abbildung 6.26 zeigen wir Ihnen die verschiedenen Optionen für die Legendendarstellung. So wurde im linken Beispiel keine Legende ausgewählt. Diese Einstellung ist jedoch nur sinnvoll, wenn Sie lediglich eine Dimension oder einen Messwert darstellen, so dass auch ohne Legende klar wird, was im Diagramm dargestellt wird. Sollten Sie ein Diagramm haben, bei dem es verschiedene Dimensionen und Messwerte gibt, empfiehlt sich eine Darstellung wie im mittleren oder rechten Beispiel.

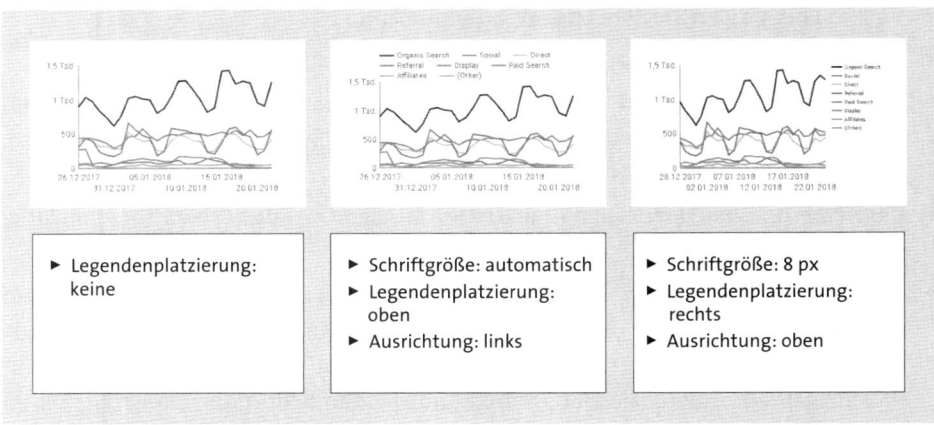

**Abbildung 6.26** Beispiele Legende

203

Je nachdem, welche Option zu Ihrem Bericht visuell am besten passt, können Sie die Legende z. B. über dem Diagramm oder auf der rechten Seite anzeigen. Damit der Betrachter die Information schnell erfassen kann, vermeiden Sie es jedoch, die Legende unterhalb des Diagramms zu positionieren. Sollten Sie nur wenig Platz zur Verfügung haben, so können Sie die Schriftgröße der Legende manuell anpassen. Hierbei sollten Sie jedoch keine Schriftgröße verwenden, die kleiner ist als 8 px, andernfalls ist der Text der Legende für den Nutzer sehr schwer lesbar.

### 6.2.3    Diagrammspezifische Einstellungsoptionen

Neben den Einstellungsoptionen, die für eine Vielzahl der Diagramme gelten, gibt es eine Reihe von elementspezifischen Einstellungsoptionen, die wir Ihnen im folgenden Abschnitt vorstellen wollen.

#### Liniendiagramm/Zeitreihe

Alle Einstellungen des Tabs DATEN für diese Diagrammart sind Standardeinstellungen. Generell sind Liniendiagramme/Zeitreihen auf eine Zeitdimension und 10 Messwerte begrenzt. Optional ist eine Aufschlüsselungsdimension möglich.

Für Liniendiagramme/Zeitreihen ist vor allem die Darstellung der Linien bzw. Balken für eine nutzerfreundliche Gestaltung von großer Bedeutung. Daher haben Sie im Tab STIL zusätzlich zu den allgemeinen Einstellungsoptionen vielfältige weitere Anpassungsmöglichkeiten, je nachdem, ob Sie sich für ein Diagramm als Linien (links) oder Balken (rechts) entscheiden (siehe Abbildung 6.27).

▶ REIHE 1-N: Wählen Sie zwischen einer Darstellung als Linie ❶ oder als Balken ❷. Sollten Sie sich für eine Darstellung als Linie entscheiden, können Sie zudem die Linienstärke ❹ einstellen.

▶ FARBE: Hier passen Sie die Farbe ❸ individuell an.

▶ KUMULIERT: Wählen Sie optional eine summierte Darstellung der Daten aus ❺.

▶ DATEN-LABELS ANZEIGEN: Sie haben die Möglichkeit, die Beschriftung der Daten anzuzeigen ❻. Bei der Darstellung als Linien können Sie zusätzlich die Datenwerte als Punkte ❼ anzeigen lassen.

▶ TRENDLINIE: Das Hinzufügen eine Trendlinie ❽ ist bei der Darstellung als Linie möglich.

▶ FEHLENDE DATEN: Zudem können Sie wählen, was bei fehlenden Daten passieren soll ❾: LINIE AUF NULL, ZEILENUMBRÜCHE und LINEARER INTERPOLATIONSTYP. Wenn LINEARER INTERPOLATIONSTYP ausgewählt ist, wird die Reihe in Data Studio fortgesetzt, indem die Datenpunkte auf beiden Seiten der fehlenden Daten verbunden werden.

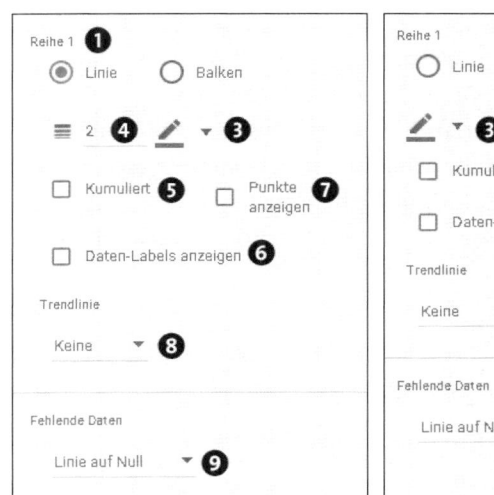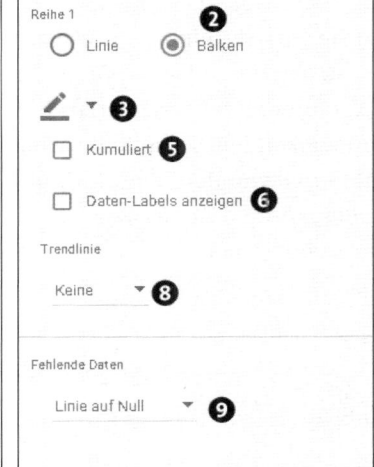

**Abbildung 6.27** Einstellungsoptionen Liniendiagramm/Zeitreihe im Tab »Stil«

Mit Hilfe einer Trendlinie ❽ heben Sie einen Zusammenhang zwischen den Daten her. Folgende Trendlinien stehen zur Verfügung:

▶ Linear: Eine grade Linie, die versucht, sich den dargestellten Datenpunkten so nah wie möglich anzunähern und so eine lineare Entwicklung der Daten hervorzuheben.

▶ Exponentiell: Eine weitere Möglichkeit ist die Verwendung einer exponentiellen Linie, wenn Sie zeigen wollen, dass sich Ihre Werte innerhalb eines gleichbleibenden Zeitabschnitts um den gleichen Faktor ändern.

▶ Polynom: Wenn Sie eine große Anzahl an Daten haben, die sich stark voneinander unterschieden, ist die Linienform empfehlenswert. Sie zieht eine gebogene Linie, um die Datenpunkte miteinander zu verbinden.

---

**Hinweis zur Unterscheidung von Zeitreihe/Liniendiagramm und Balkendiagramm**

Bei den Visualisierungselementen Zeitreihe/Liniendiagramm und Balkendiagramm gibt es zahlreiche Überschneidungen. Ein einfaches Diagramm ließe sich mit beiden Varianten identisch umsetzen, allerdings lassen sich bei Zeitreihe/Liniendiagramm nur Zeitdimensionen auswählen, die zusätzlich nach einer Dimension (z. B. Quelle) aufgeschlüsselt werden können. Beim Balkendiagramm können Sie frei zwischen Zeit- und anderen Dimensionen wählen.

---

Abbildung 6.28 zeigt Ihnen einige Einstellungen für ein Zeitreihendiagramm, das einen Messwert mit Hilfe von Linien visualisiert. Eine Darstellung wie im linken Beispiel ist vor allem gut geeignet, wenn Sie die Entwicklung von Messwerten im zeitlichen Verlauf darstellen wollen, ohne dass es notwendig, ist einzelne Werte abzulesen. Möchten Sie auch die einzelnen Werte als Punkte mit Angabe der jeweiligen Werte anzeigen, so aktivieren Sie die Optionen PUNKTE ANZEIGEN und DATEN-LABELS ANZEIGEN. Allerdings wird diese Variante bei einer großen Anzahl von Datenpunkten schnell unübersichtlich. Sie sollten sie daher nur bei einem Diagramm mit wenigen Datenpunkten verwenden. Wenn Sie auf einen positiven oder negativen Trend hinweisen wollen, können Sie zusätzlich eine lineare Trendlinie verwenden, um die Entwicklung zu verdeutlichen.

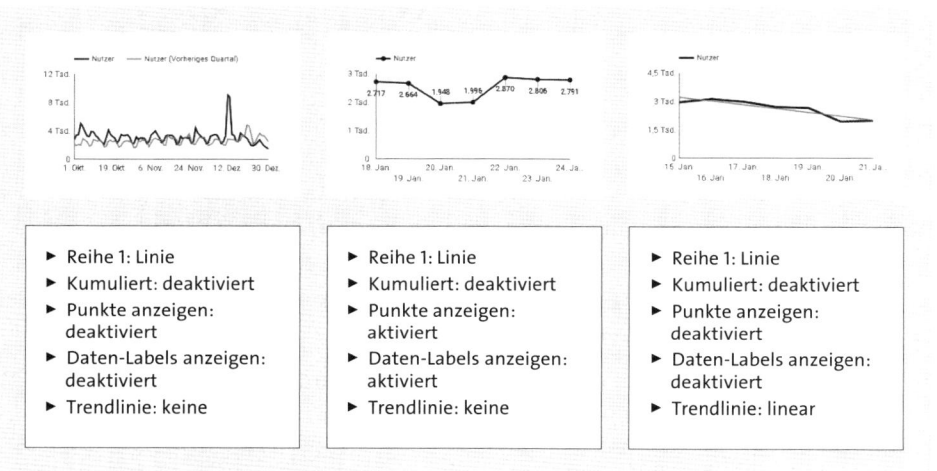

**Abbildung 6.28**  Beispiele Liniendiagramm/Zeitreihe Liniendarstellung

In Abbildung 6.29 zeigen wir Ihnen, wie Sie denselben Messwert aus Abbildung 6.28 als Balken visualisieren. Ähnlich wie bei der vorherigen Abbildung zeigt das linke Beispiel eine gute Möglichkeit, Messwerte im zeitlichen Verlauf abzubilden. Sollten die genauen Messwerte wichtig sein, können Sie auch bei dieser Variante die Werte einblenden, indem Sie die Option DATEN-LABELS ANZEIGEN aktivieren (Mitte). Das rechte Beispiel zeigt Ihnen, wie die Werte in einer kumulierten Darstellung aussehen. Die Werte werden in diesem Fall nicht für jedes Datum einzeln aufgelistet, sondern zu den vorherigen Werten addiert. So lässt sich in diesem Beispiel gut die Gesamtanzahl der Nutzer erkennen.

**Tipp zum Vergleich von Messwerten in einer Zeitreihe**

Wenn Sie einzelne Messwerte in einer Zeitreihe miteinander vergleichen wollen, ist die Darstellung als Balken einer Darstellung als Linien vorzuziehen. So ist beispielsweise für die Anzahl der Transaktionen je Kampagne ein Balkendiagramm eine gute Wahl. Darüber hinaus eignen sich Balkendiagramme gut für Mengenangaben auf der y-Achse wie z. B. Umsatz, Stück oder User und Liniendiagramme für kontinuierliche Daten.

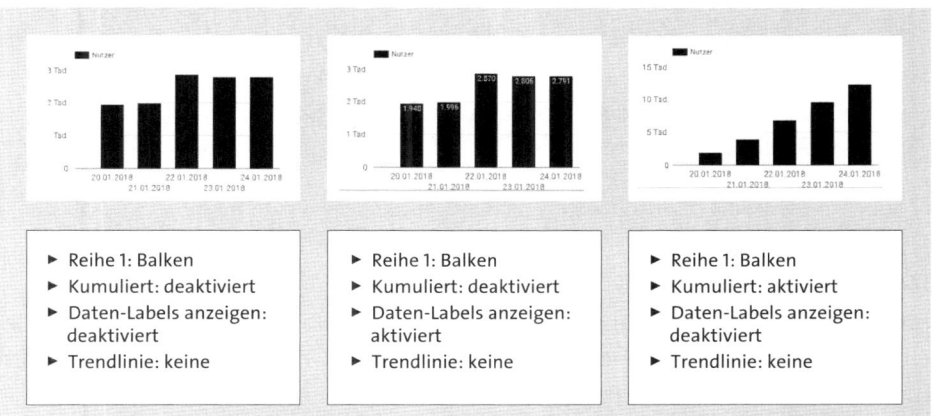

**Abbildung 6.29** Beispiele Liniendiagramm/Zeitreihe Balkendarstellung

Zuletzt zeigt Abbildung 6.30 ein Diagramm mit zwei Messwerten. Diese Art der Darstellung hilft dabei, relevante Muster und Zusammenhänge in den Zeitreihen zu erkennen. In dieser Abbildung wollen wir Ihnen vor allem zeigen, wie sich die Darstellung des Diagramms bei Änderungen der Achsen- und Reiheneinstellungen ändert. Im linken Beispiel sehen Sie die Darstellung zweier Messwerte als Linien. Für beide Messwerte wird dieselbe y-Achse auf der linken Seite verwendet. Diese ist vor allem sinnvoll, wenn beide Messwerte Datenpunkte auf einem ähnlichen Skalenbereich besitzen. Falls die Datenpunkte der beiden Messwerte jedoch zu weit auseinanderliegen, kann es notwendig sein, zwei verschiedene Skalen zu verwenden. Generell ist diese Option jedoch für die Nutzer schwieriger lesbar und sollte nur verwendet werden, wenn die Datenpunkte nicht mit einer Skala abgebildet werden können. Das rechte Beispiel zeigt eine kombinierte Darstellung aus Linie und Balken. Die Daten von Messwert 1 werden hierbei als Linie dargestellt, die Daten von Messwert 2 als Balken.

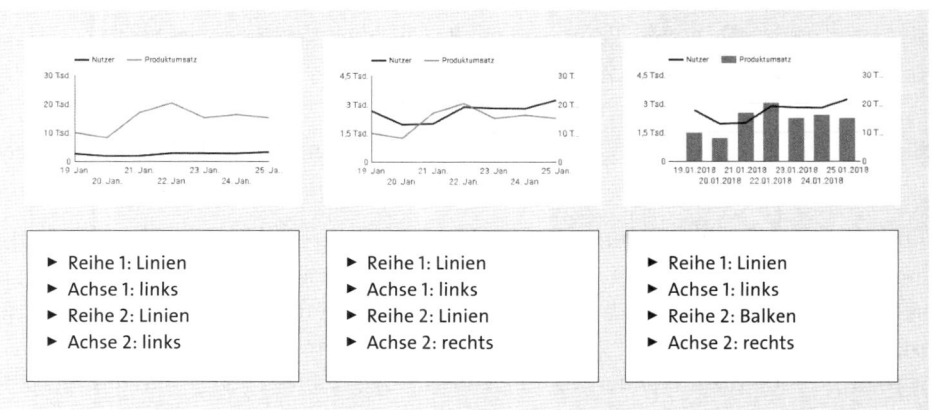

**Abbildung 6.30** Beispiele Liniendiagramm/Zeitreihe mit zwei Messwerten

**Hinweis zur Unterscheidung von Kombinationsdiagramm und Zeitreihe**

Zwar weisen Kombinationsdiagramme und Zeitreihen einige Gemeinsamkeiten auf, es gibt jedoch auch Unterschiede: So lassen sich auf der x-Achse beim Kombinationsdiagramm zeitbasierte Daten als auch nicht zeitbasierte Daten darstellen. Bei der Zeitreihe gehen nur zeitbasierte Daten.

### Flächendiagramm

Bei Flächendiagrammen gibt es keine zusätzlichen Optionen im Tab DATEN. Das Flächendiagramm ermöglicht eine Zeitdimension, eine Aufschlüsselungsdimension und einen Messwert.

Sie haben jedoch zahlreiche Anpassungsmöglichkeiten im Tab STIL, wie Ihnen Abbildung 6.31 zeigt.

- STAPEL ANZEIGEN: Die Flächen des Diagramms werden aufeinander aufgesetzt, so dass es keine Überschneidung der Flächen gibt ❶.
- BIS 100 % STAPELN: Die y-Achse wird in Prozentwerten bis 100 % dargestellt ❷.
- KUMULIERTE DATEN ANZEIGEN: Eine summierte Darstellung der Daten wird verwendet ❸.
- PUNKTE ANZEIGEN: Die Datenpunkte werden im Diagramm hervorgehoben ❹.
- DATEN-LABELS ANZEIGEN: Die konkreten Werte der Daten werden angezeigt ❺.
- KOMPAKTE ZAHLEN: Wenn diese Option aktiviert ist, werden die Zahlen gerundet und mit einer Einheit angezeigt ❻.
- DEZIMALSTELLEN: Es können bis zu drei Dezimalstellen angezeigt werden ❼. Weniger oder eine automatische Darstellung der Dezimalstellen ist ebenfalls möglich.
- ANZAHL DER REIHEN: 1–10 Reihen sind möglich ❽.
- FARBE NACH: Die Farben können entweder nach der REIHENFOLGE IM DIAGRAMM oder nach den DIMENSIONSWERTEN verwendet werden ❾. Die Farbauswahl ist dabei mit beiden Optionen individuell möglich.
- FEHLENDE DATEN: Fehlende Daten werden nicht angezeigt oder als Null dargestellt ❿.

Abbildung 6.32 zeigt die verschiedenen Optionen zur Darstellung der Flächen in einem Flächendiagramm. Im linken Beispiel ist nur die Option STAPEL ANZEIGEN aktiviert. Beachten Sie, dass es bei gestapelten Flächen für den Betrachter schwierig ist, Veränderungen über die Zeit korrekt zu interpretieren. Bei Flächendiagrammen wird nicht nur die Veränderung der Dimension, sondern die Veränderung aller Dimensionen unterhalb kombiniert dargestellt. Das mittlere Beispiel zeigt die Darstellung der Flächen als kumulierte Werte.

**Abbildung 6.31** Einstellungsoptionen Flächendiagramm im Tab »Stil«

Die Werte werden in diesem Fall immer zu den vorherigen Werten addiert. Im rechten Beispiel werden die Daten als gestapelte Werte angezeigt. Im Vergleich zum linken Beispiel wird für die y-Achse eine Einteilung in Prozent verwendet und nicht die Einheit der Daten. Diese Darstellung eignet sich daher gut, um verschiedene Werte in Relation zu setzen.

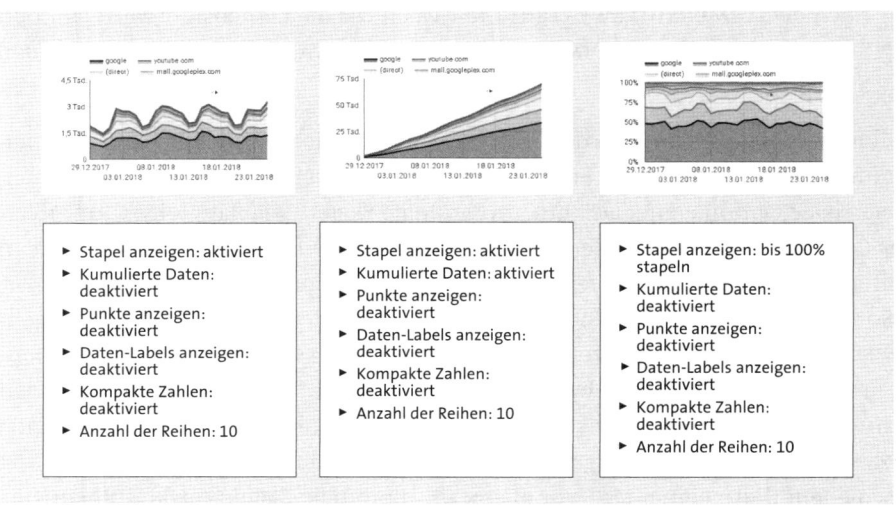

**Abbildung 6.32** Beispiele Flächendiagramm

### Balkendiagramm

Bei einem Balkendiagramm stehen Ihnen im Tab DATEN nur die Standardoptionen zur Verfügung. In Diagrammen mit einer Dimension können Sie bis zu 10 Messwerte auswählen. In Diagrammen mit zwei Dimensionen kann nur ein Messwert dargestellt werden. Die erste Dimension dient als primäre Datenreihe im Diagramm. Eine zweite Dimension dient gegebenenfalls als Aufschlüsselungsdimension für die erste Dimension. Im Tab STIL (siehe Abbildung 6.33) gibt es folgende spezifische Anpassungsmöglichkeiten:

▸ BALKENDIAGRAMM: In diesem Abschnitt wählen Sie, ob die Balken horizontal oder vertikal ❶ angezeigt werden.

▸ BALKEN: Die Anzahl der Balken ❷ lässt sich individuell anpassen.

▸ REIHEN: Sollten Sie eine zweite Dimension auswählen, können Sie die Anzahl der dargestellten Reihen dieser zweiten Dimension anpassen ❸.

▸ GESTAPELTE BALKEN: Wählen Sie optional eine gestapelte Darstellung aus ❹. Wenn Sie den Haken bei GESTAPELTE BALKEN setzen, werden die Balken als summierte Balken dargestellt. Wenn Sie zusätzlich die Option BIS 100 % STAPELN aktivieren, wird die Verteilung der einzelnen Daten in Relation zu 100 % dargestellt.

▸ DATEN-LABELS ANZEIGEN: Durch Anhaken der Checkbox ❺ werden die konkreten Werte der Daten ausgewählt.

▸ FARBE NACH: Für die Farbdarstellung haben Sie drei Optionen ❻ zur Verfügung:
  – EINFARBIG: Die Segmente werden in verschiedenen Abstufungen der gewählten Farbe eingefärbt.
  – Nach der REIHENFOLGE IM BALKENDIAGRAMM: Die Farben können Sie einzeln festlegen.
  – Nach den DIMENSIONSWERTEN: Die Farben für die Dimensionswerte können Sie über FARBEN FÜR DIMENSIONSWERTE VERWALTEN ebenfalls individuell anpassen.

Abbildung 6.34 zeigt verschiedene Darstellungsmöglichkeiten für ein Balkendiagramm. Im linken Beispiel haben wir eine vertikale Präsentation der Balken gewählt. Die vertikale Option eignet sich gut, um ordinale Skalen, wie Rangfolgen für Alters- oder Gehaltsklassen, abzubilden. Die verschiedenen Dimensionen werden hier in separaten Balken nebeneinander angezeigt, da die gestapelte Darstellung deaktiviert ist. So sind die Werte der Dimensionen leicht miteinander zu vergleichen. Im Gegensatz dazu haben wir im mittleren Beispiel, die Option GESTAPELTE BALKEN aktiviert. Das ermöglicht es, die Werte der Dimensionen leichter in Zusammenhang mit den gesamten Werten zu setzen. Das rechte Beispiel verfügt über dieselben Einstellungen wie das linke Beispiel. Allerdings haben wir uns hier für eine horizontale Darstellung entschieden. Diese eignet sich vor allem, um nominale Skalen – wie Abteilungen, Länder oder Eiscremesorten – abzubilden.

**Abbildung 6.33** Einstellungsoptionen Balkendiagramm

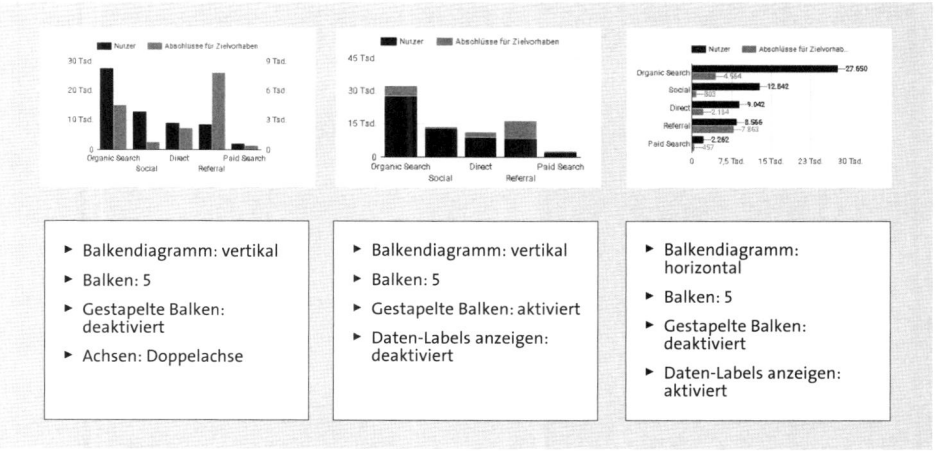

**Abbildung 6.34** Beispiele Balkendiagramm

### Kombinationsdiagramm

In einem Kombinationsdiagramm können Sie, im Gegensatz zum Zeitreihendiagramm, sowohl datumsbasierte Dimensionen als auch andere Dimensionen abbilden. In einem Kombinationsdiagramm können Sie eine einzelne Dimension mit bis zu 10 Messwerten oder zwei Dimensionen mit einem einzelnen Messwert abbilden. Wenn Sie zwei Dimensionen verwenden, wird die zweite Dimension als Aufschlüsselungsdimension benutzt, das heißt, der Messwert wird nach den einzelnen Ausprägungen in der Dimension dargestellt. Darüber hinaus haben Sie die Möglichkeit, auszuwählen, nach welcher Dimension oder welchem Messwert das Diagramm sortiert werden soll.

Im Tab STIL legen Sie die Eigenschaften der Messwertreihen fest (siehe Abbildung 6.35). Sie haben hier ähnliche Einstellungsoptionen wie beim Zeitreihendiagramm. Die Unterschiede im Vergleich zum Zeitreihendiagramm sind Folgende:

▶ Sie können je Messwert definieren, welche der y-Achsen verwendet werden soll (links oder rechts) ❶.

▶ Die Option, eine Trendlinie zu verwenden, entfällt.

▶ Sie können zusätzlich die Anzahl der angezeigten Punkte ❷ festlegen. Das ist sinnvoll, wenn die ausgewählte Dimension eine große Anzahl an Punkten besitzt und nicht alle Werte angezeigt werden sollen.

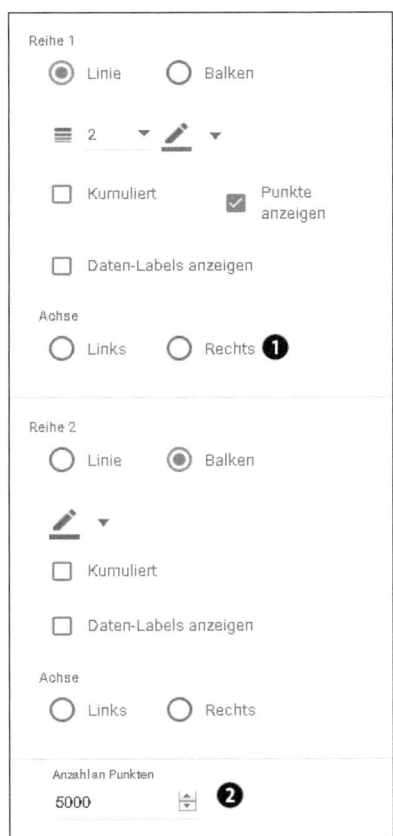

**Abbildung 6.35** Einstellungsoptionen Kombinationsdiagramm im Tab »Stil«

In Abbildung 6.36 finden Sie verschiedene Darstellungsvarianten für das Kombinationsdiagramm. Im linken und mittleren Diagramm haben wir jeweils eine Dimension und zwei Messwerte ausgewählt. Im mittleren Beispiel wurde zusätzlich eine rechte y-Achse eingeführt. Die rechte Abbildung besteht aus zwei Dimensionen und einem Messwert. Die zweite Dimension (Alter) wird als Aufschlüsselungsdimension genutzt, und die einzelnen Altersgruppen werden als Linien abgebildet.

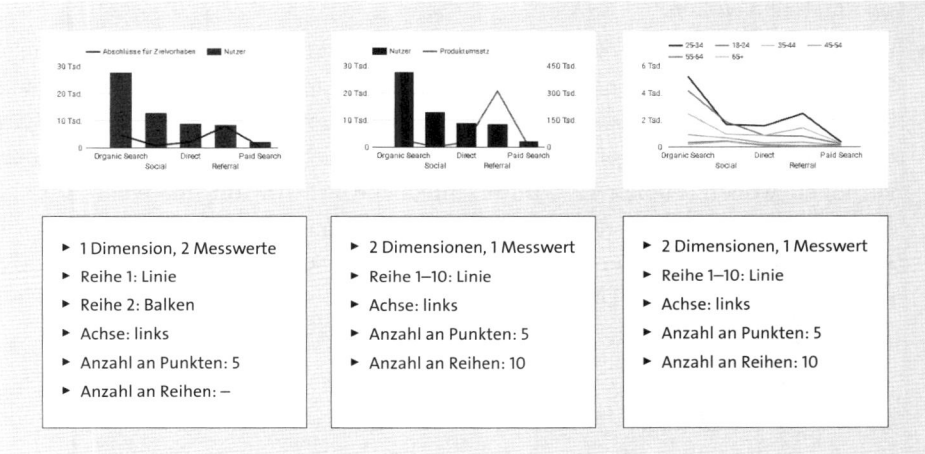

**Abbildung 6.36** Beispiele Kombinationsdiagramm

**Kreisdiagramm**

Bei einem Kreisdiagramm stehen Ihnen im Tab DATEN neben den Standardoptionen keine zusätzlichen Einstellungen zur Verfügung. Bei Kreisdiagrammen können Sie eine Dimension und einen Messwert auswählen.

> **Hinweis zur Leserichtung von Kreisdiagrammen**
>
> Kreisdiagramme werden wie eine Uhr gelesen. Das heißt, der Nutzer beginnt oben mit dem ersten Segment und arbeitet sich dann im Uhrzeigersinn weiter vor. Achten Sie daher darauf, dass sich das größte Segment oben befindet. Sie erreichen dies, indem Sie im Tab DATEN für Ihren Messwert eine absteigende Sortierreihenfolge einstellen.

Im Tab STIL passen Sie die Farb- und Schriftgestaltung an (siehe Abbildung 6.37).

▶ KREISDIAGRAMM: Wählen Sie die Anzahl der Segmente ❶ aus. Bis zu zehn Elemente lassen sich darstellen.

▶ FARBE NACH: Für die Farbdarstellung ❷ haben Sie drei Optionen zur Verfügung:

– EINFARBIG: Die Segmente werden in verschiedenen Abstufungen der gewählten Farbe eingefärbt.

- Nach der REIHENFOLGE IM KREISDIAGRAMM: Die Farben können Sie einzeln festlegen.

- Nach den DIMENSIONSWERTEN: Die Farben für die Dimensionswerte können Sie über FARBEN FÜR DIMENSIONSWERTE VERWALTEN ebenfalls individuell anpassen.

▶ FORM: Stellen Sie über den Schieberegler ❸ ein, ob Sie einen Kreis oder einen Kringel darstellen wollen.

▶ LABEL: Für das Label ❹ können Sie beim Kreisdiagramm ebenfalls individuelle Einstellungen vornehmen. Sie können die Schriftfarbe und -art anpassen sowie festlegen, ob das Label als PROZENTSATZ, LABEL (Name der Kategorie) oder WERT angezeigt wird bzw. ausgeblendet wird. Je nachdem, welche Information Sie hervorheben wollen, eignen sich unterschiedliche Beschriftungen. Wenn Sie vor allem auf das Verhältnis der Werte aufmerksam machen wollen, eignet sich die Angabe von Prozentwerten, ist dagegen das Ablesen der konkreten Werte wichtig, sollten Sie diese auch im Diagramm anzeigen.

**Abbildung 6.37** Einstellungsoptionen Kreisdiagramm im Tab »Stil«

Abbildung 6.38 vergleicht unterschiedliche Darstellungsoptionen für Kreisdiagramme miteinander. In allen drei Beispielen werden nur einfarbige Segmente mit unterschiedlichen Schattierungen verwendet. Dadurch fällt es dem Leser leichter, die einzelnen Segmente im Vergleich zum ganzen Kreisdiagramm zu erfassen. Wenn Sie die Messwerte zusätzlich direkt im Diagramm hinterlegen (LABEL), ist es für den

Betrachter einfacher, die einzelnen Segmente untereinander zu vergleichen. Im linken Beispiel sehen Sie ein einfaches Kreisdiagramm. Da es allgemein schwierig ist, viele Segmente miteinander zu vergleichen, haben wir im mittleren Beispiel die Anzahl der Segmente im Kreisdiagramm auf 5 begrenzt. Die übrigen Segmente werden dann unter WEITERE zusammengefasst. Im rechten Beispiel haben wir ein Ringdiagramm gewählt. Dieses hat den Vorteil, dass im Diagramm der Gesamtwert der einzelnen Segmente hinzugefügt werden kann. Zusätzlich zeigen die Beispiele drei unterschiedliche Möglichkeiten zur Beschriftung des Kreisdiagramms: PROZENTSATZ (linkes Beispiel), WERT (mittleres Beispiel) und LABEL (rechtes Beispiel). Die Darstellung im rechten Beispiel eignet sich vor allem, wenn Sie sich den Platz für die Legende sparen möchten, da die Labels direkt im Diagramm angezeigt werden. Allerdings sollten Sie bei dieser Variante darauf achten, dass Sie möglichst kurze Labelnamen wählen, die ohne Probleme innerhalb des Diagramms angezeigt werden können. Data Studio bietet an dieser Stelle nicht die Möglichkeit, die Schriftgröße zu ändern.

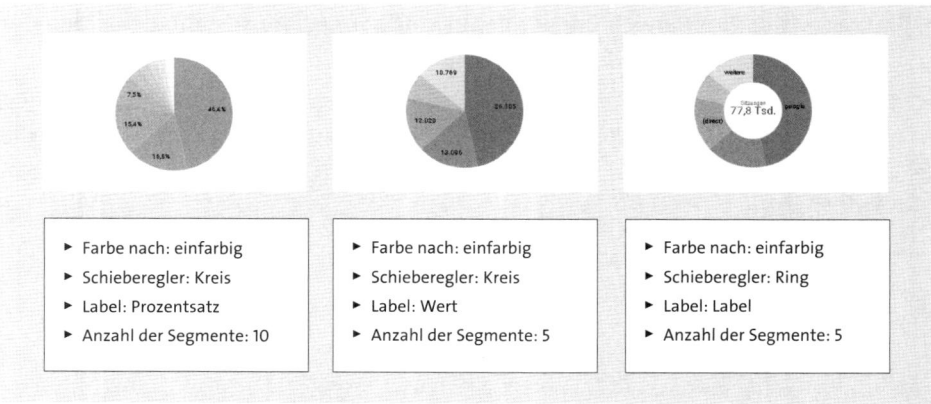

**Abbildung 6.38** Beispiele Kreisdiagramm

### Bullet-Diagramm

Bullet-Diagramme können nur einen einzelnen Messwert enthalten. Für diese Diagramme sind vor allem die Einstellung von Bereichsgrenzen und -zielen von großer Bedeutung. Im Tab DATEN lassen sich hierfür folgende Einstellungen (Abbildung 6.39) vornehmen:

▸ BEREICHSGRENZEN: Sie können bis zu drei Bereiche ❶ hervorheben. So lässt sich z. B. das Erreichen von Zwischenzielen besser überprüfen. Diese werden durch verschiedene Schattierungen des Hintergrunds voneinander abgesetzt. Ordnen Sie in jedem Fall einem der Bereiche einen Wert zu, da über diesen die Länge bzw. Skaleneinteilung des gesamten Balkens festgelegt wird. Die anderen beiden Bereichseinteilungen sind optional.

▸ ZIEL: Zusätzlich lässt sich für die Bullet-Diagramme ein Zielwert ❷ festlegen. Dieser wird durch eine vertikale Linie hervorgehoben.

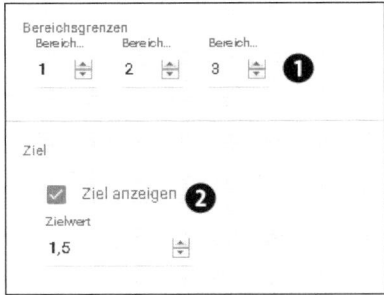

**Abbildung 6.39** Einstellungsoptionen Bullet-Diagramm im Tab »Daten«

Der Tab STIL ermöglicht für die Bullet-Diagramme individuelle Anpassungen (Abbildung 6.40) hinsichtlich der Farb- und Achsengestaltung.

▸ BALKENFARBE: Im Bereich BALKENFARBEN ❶ können Sie sowohl die Farben der Balken als auch die Farbe der Bereiche individuell anpassen.

▸ ACHSE: Entscheiden Sie bei den Achseneinstellungen ❷, ob die Achsen angezeigt werden sollen, in welcher Schriftart, Schriftfarbe, mit wie vielen Dezimalstellen die Zahlen dargestellt werden und ob diese gerundet (Option KOMPAKTE ZAHLEN) werden.

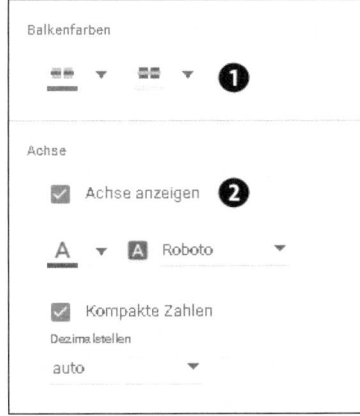

**Abbildung 6.40** Einstellungsoptionen Bullet-Diagramm im Tab »Stil«

Abbildung 6.41 zeigt unterschiedliche Einstellungsoptionen für Bullet-Diagramme. Wie Sie im linken Beispiel sehen, ist ein Bullet-Diagramm ohne Achsen und ohne Zielwert wenig aussagekräftig. Die Daten können in diesem Fall nicht abgelesen und in einen Zusammenhang gesetzt werden. Daher sollten Sie zumindest, wie im mittleren Beispiel, eine Achse und eine Ziellinie verwenden. Zusätzlich können Sie, wie im rechten Beispiel, unterschiedliche Bereichsfarben zuweisen, um die verschiedenen Leistungsbereiche wie z. B. schlecht, durchschnittlich und gut hervorzuheben und das Ablesen und Interpretieren zu erleichtern.

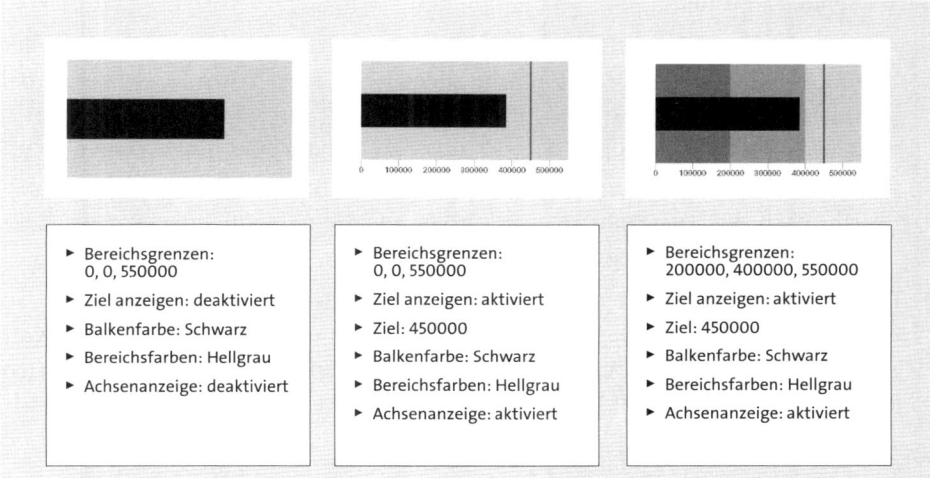

**Abbildung 6.41**  Beispiele Bullet-Diagramm

### Streu- und Blasendiagramme

In diesem Visualisierungselement werden zwei Messwerte dargestellt, einer auf jeder Achse. So lässt sich erkennen, ob Zusammenhänge zwischen zwei quantitativen Werten existieren. Bei Streudiagrammen können Sie bis zu drei Dimensionen und zwei Messwerte verwenden. Für Blasendiagramme steht Ihnen eine dritte Dimension zur Verfügung, die durch die Größe der Blasen visualisiert wird.

Im Tab STIL (siehe Abbildung 6.42) haben Sie folgende Einstellungsoptionen:

▶ DATEN-LABELS ANZEIGEN: Wählen Sie aus, ob die Daten-Label der einzelnen Ballons angezeigt werden ❶. Das ist allerdings nur bei wenigen Datenpunkten sinnvoll, da die Darstellung sonst schnell unübersichtlich wird.

▶ Schieberegler GRÖSSE INFO-BALLON: Dieser Schieberegler ❷ ist nur verfügbar, wenn Sie einen Messwert im Tab DATEN unter GRÖSSE INFO-BALLON ausgewählt haben.

▶ ANZAHL DER INFO-BALLONS: Sie können hier eine beliebige Anzahl zwischen 1 und 1.000 eingeben ❸. Sollten mehr Dimensionen als die eingetragene Anzahl an Info-Ballons verfügbar sein, so werden dementsprechend weniger Info-Ballons angezeigt.

▶ FARBE DES INFO-BALLONS: Hier legen Sie die Dimension fest, die die Farbe der Datenpunkte bestimmt ❹.

  – Mit der Option KEINES ist die Farbe für alle Info-Ballons einheitlich. Hierfür klicken Sie einfach auf die farbige Box bei FARBE NACH und wählen die entsprechende Farbe aus.

  – Wenn Sie eine Dimension ausgewählt haben, dann wird jedem Messwert der Dimension eine andere Ballonfarbe zugewiesen. Hier haben Sie, wie auch bei anderen Diagrammarten, die Auswahl nach der REIHENFOLGE IM BLASENDIA-GRAMM oder nach den DIMENSIONSWERTEN. Bei der Option REIHENFOLGE IM BLASENDIAGRAMM können Sie die Farben einzeln festlegen, bei der Farbauswahl nach den DIMENSIONSWERTEN können Sie global für den Bericht jeder Dimensionsausprägung einen Farbwert zuweisen.

▶ TRENDLINIE: Sollten Sie eine einfarbige Darstellung der Info-Ballons wählen, so können Sie zusätzlich eine Trendlinie ❺ verwenden und diese an Ihre Designvorgaben anpassen. Eine ausführlichere Erklärung der unterschiedlichen Trendlinien finden Sie in Abschnitt 6.2.3, »Diagrammspezifische Einstellungsoptionen«.

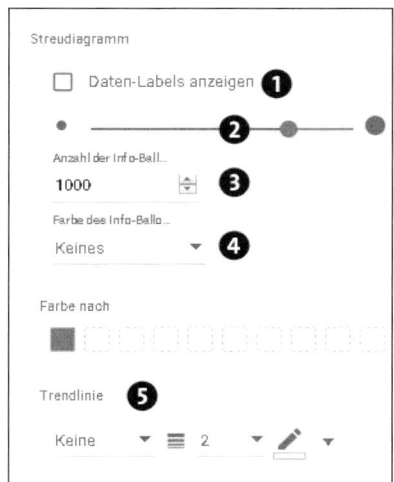

**Abbildung 6.42** Einstellungsoptionen Streu-/Blasendiagramm im Tab »Stil«

Abbildung 6.43 zeigt Ihnen unterschiedliche Möglichkeiten für die Darstellung von Streu- und Blasendiagrammen. Das linke Beispiel verzichtet auf eine Trendlinie. So ist es für den Betrachter schwieriger, den Trend in den Daten zu erkennen. Im mittleren Beispiel haben wir unterschiedliche Farben je Dimensionswert verwendet und zusätzlich eine dritte Dimension (Anzahl Nutzer) eingeführt, die über die Größe der Info-Ballons abgebildet wird. Im rechten Beispiel haben wir statt der unterschiedlichen Farben eine polynome Trendlinie verwendet. Durch die Trendlinie ist es einfacher, die Richtung und Stärke der Beziehung zwischen den Messwerten zu erkennen.

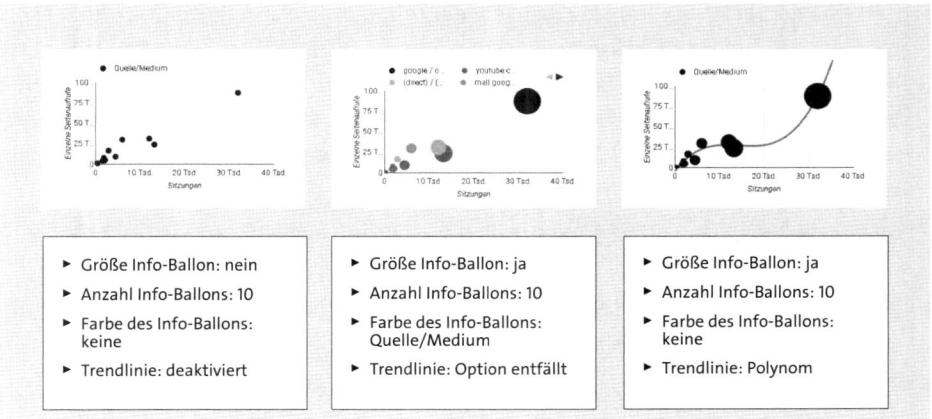

| ▶ Größe Info-Ballon: nein | ▶ Größe Info-Ballon: ja | ▶ Größe Info-Ballon: ja |
| ▶ Anzahl Info-Ballons: 10 | ▶ Anzahl Info-Ballons: 10 | ▶ Anzahl Info-Ballons: 10 |
| ▶ Farbe des Info-Ballons: keine | ▶ Farbe des Info-Ballons: Quelle/Medium | ▶ Farbe des Info-Ballons: keine |
| ▶ Trendlinie: deaktiviert | ▶ Trendlinie: Option entfällt | ▶ Trendlinie: Polynom |

**Abbildung 6.43** Beispiele Streu- und Blasendiagramm

### 6.2.4   Tabellenspezifische Einstellungsoptionen

Bei den Tabellen gibt es ebenfalls zahlreiche Einstellungsoptionen, die sich vor allem auf die Anpassungen der Zeilen und Spalten beziehen. Im Folgenden stellen wir Ihnen die wichtigsten Optionen für Standard- und Pivot-Tabellen vor.

**Standardtabelle**

Das Tab DATEN (siehe Abbildung 6.44) bietet Zugang zu folgenden Einstellungen:

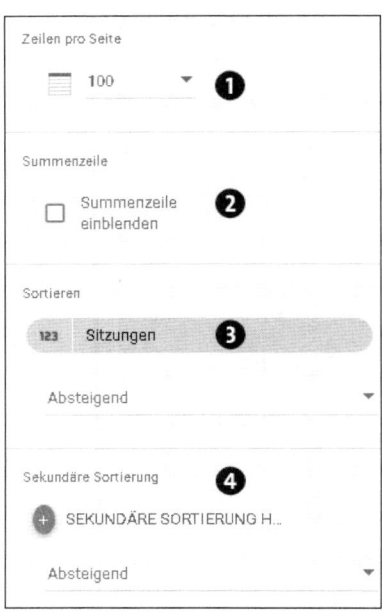

**Abbildung 6.44** Einstellungsoptionen Standardtabelle im Tab »Daten«

▶ ZEILEN PRO SEITE: Stellen Sie ein, wie viele Zeilen pro Seite angezeigt werden ❶. Es gibt elf verschiedene Optionen zwischen 5 und 5.000. Andere Zeilenanzahlen stehen nicht zur Auswahl. Beschränken Sie sich hier nach Möglichkeit auf eine geringe Anzahl an Zeilen. Für den Leser ist es aufwendig, eine große Anzahl an Zeilen zu vergleichen, des Weiteren leidet die Performance des Dashboards bei umfangreichen Tabellen.

▶ SUMMENZEILE EINBLENDEN: Wenn Sie diese Option auswählen, wird eine zusätzliche Zeile eingeblendet, die die Summe der Spalten berechnet ❷.

▶ SORTIEREN: Hier wählen Sie den Messwert oder die Dimension für die Sortierung und stellen ein, ob die Werte ab- oder aufsteigend sortiert werden ❸.

▶ SEKUNDÄRE SORTIERUNG: Google Data Studio erlaubt es bei Tabellen, zwei verschiedene Sortierungen anzulegen ❹. Die beiden ausgewählten Dimensionen oder Messwerte werden durch Zahlen (1, 2) kennzeichnet. Nutzer können durch Anklicken auswählen, welche Sortierung sie verwenden wollen.

Im Tab STIL (siehe Abbildung 6.45) können Sie folgende Einstellungen vornehmen:

▶ KOPFZEILE DER TABELLE: Sie haben die Möglichkeit, die Kopfzeile individuell zu gestalten, in dem Sie Schriftfarbe, -größe, -art sowie den ZEILENUMBRUCH einstellen ❶.

▶ TABELLENFARBEN: Hier können Sie verschiedene Bereiche der Tabellen farblich anpassen ❷. Sie können die Hintergrundfarbe der Kopfzeile, die Farbe der Zellenränder sowie die Zellenfarben für gerade und ungerade Zahlen separat einstellen.

▶ TABELLEN-LABELS: Für die Tabellenlabels ❸ haben Sie dieselben Anpassungsmöglichkeiten wie für die Kopfzeile.

▶ TABELLENTEXT: Stellen Sie optional ein, ob Ihre Tabelle ZEILENNUMMERN und einen ZEILENUMBRUCH verwenden soll ❹.

▶ FUSSZEILE DER TABELLE: Die Fußzeile der Tabelle ist ebenfalls hinsichtlich Farbe- und Schriftart sowie Rand individualisierbar ❺. Wählen Sie auf Wunsch zusätzlich für die Fußzeile eine Paginierung aus.

▶ SPALTEN: Zur Darstellung innerhalb der Spalten ❻ haben Sie folgende Möglichkeiten:

  – ZAHL: Der konkrete Datenwert wird direkt in der Tabelle angezeigt.

  – HEATMAP: Der Datenwert wird mit einem farbigen Hintergrund angezeigt. Je höher der Wert im Vergleich zu den anderen Werten, desto intensiver der Hintergrund.

  – BALKEN: Der Messwert wird in Form eines horizontalen Balkens angezeigt. Optional können Zielwert, Achsen und der konkrete Datenwert eingeblendet werden.

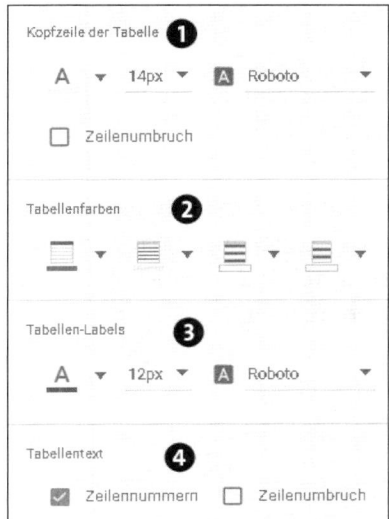
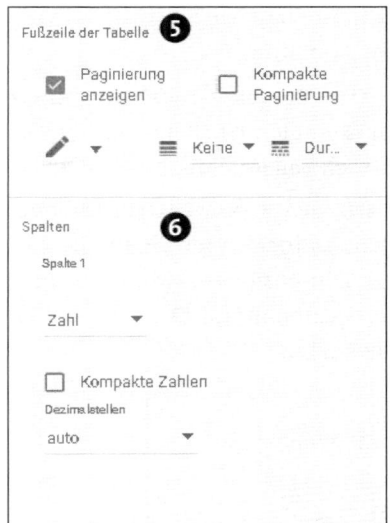

**Abbildung 6.45** Einstellungsoptionen Standardtabelle im Tab »Stil«

Abbildung 6.46 zeigt Ihnen, wie eine Standardtabelle für Google Data Studio aussehen kann. Sie sehen die verschiedenen Darstellungsmöglichkeiten innerhalb der
Spalten, wie die Angabe als absolute Zahlen, Prozentwerte, Heatmap oder Balken.
Zusätzlich werden die Summenzeile sowie eine Paginierung zur besseren Orientierung eingeblendet.

| Source / Medium | Users ▾ | Bounce Rate | Pages / Session | Ecommerce Conversion ... | % Δ | Transactions | Revenue | % Δ |
|---|---|---|---|---|---|---|---|---|
| google / organic | 7.475 | 46,66 % | 4,23 | 1,07 % | 38.7% ↑ | 91 | 19,7 Tsd.$ | 89.5% ↑ |
| youtube.com / referral | 2.873 | 66,07 % | 2,25 | 0 % | - | 0 | 0$ | - |
| (direct) / (none) | 2.198 | 50,98 % | 3,99 | 1,37 % | 38.5% ↑ | 37 | 6,6 Tsd.$ | 48.1% ↑ |
| mall.googleplex.com / referral | 1.287 | 10,95 % | 8,18 | 8,64 % | 28.2% ↑ | 142 | 22,2 Tsd.$ | 46.8% ↑ |
| analytics.google.com / referral | 510 | 51,96 % | 3,08 | 0 % | - | 0 | 0$ | - |
| gdeals.googleplex.com / referral | 484 | 10,02 % | 9,4 | 24,89 % | 9.0% ↑ | 164 | 39,9 Tsd.$ | 14.2% ↑ |
| google / cpc | 431 | 75,15 % | 2,51 | 0,19 % | -52.6% ↓ | 1 | 237$ | -27.7% ↓ |
| Partners / affiliate | 356 | 46,67 % | 5,3 | 0 % | - | 0 | 0$ | - |
| sites.google.com / referral | 318 | 18,85 % | 6,74 | 11,69 % | -5.3% ↓ | 49 | 11,9 Tsd.$ | 4.6% ↑ |
| waze.com / referral | 267 | 72,59 % | 2,01 | 0 % | - | 0 | 0$ | - |
| Gesamtsumme | 16.551 | 46,86 % | 4,31 | 2,52 % | 21.9% ↑ | 506 | 103,6 Tsd.$ | 30.2% ↑ |

1 - 10 / 244   ⟨   ⟩

**Abbildung 6.46** Beispiel Standardtabelle

### Pivot-Tabelle

Bei einer Pivot-Tabelle gibt es zahlreiche Einstellungen, die mit denen der Standardtabelle übereinstimmen. Allerdings gibt es auch einige Besonderheiten, die wir

vorstellen möchten. So haben Sie im Tab DATEN folgende abweichende Einstellungsoptionen (siehe Abbildung 6.47):

▸ GESAMTSUMME: Bei Pivot-Tabellen können Sie die Gesamtsumme der Zeilen ❶
und Spalten ❷ einblenden. Bei mehreren Dimensionen in den Zeilen oder Spalten
können Sie auch Teilergebnisse ausgeben.

▸ ZEILENANZAHL/SPALTENANZAHL: Die Option ZEILEN PRO SEITE gibt es für Pivot-
Tabellen nicht. Dafür können Sie für die Zeilen bzw. Spalten unter SORTIEREN die
verwendeten Dimensionen/Messwerte auf- bzw. absteigend sortieren ❸ und die
Zeilen- bzw. Spaltenanzahl ❹ festlegen. Eine Unterteilung in Seiten gibt es für
Pivot-Tabellen nicht.

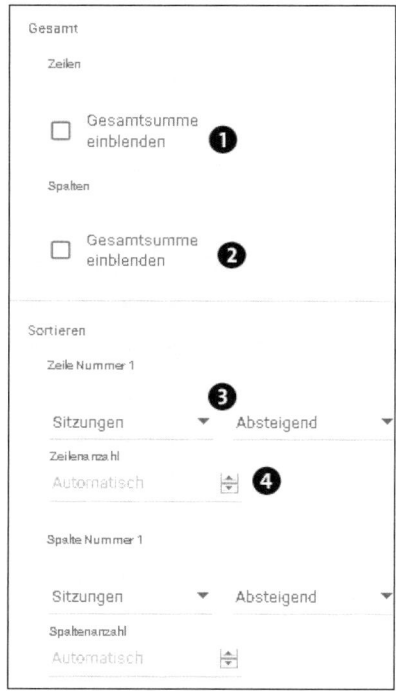

**Abbildung 6.47** Einstellungsoptionen Pivot-Tabelle im Tab »Daten«

Im Tab STIL müssen Sie im Vergleich zu den Standardtabellen folgende Besonderheiten beachten:

▸ Die Funktionen TABELLENTEXT und FUSSZEILE DER TABELLE stehen bei Pivot-
Tabellen nicht zur Verfügung.

▸ Die Einstellung der Darstellungsart (Zahl, Heatmap, Balken), die zuvor bei den
Standardtabellen unter SPALTEN zu finden war, erreichen Sie bei Pivot-Tabellen
unter MESSWERT.

Abbildung 6.48 zeigt Ihnen eine Pivot-Tabelle in Data Studio. Durch die Darstellung mittels einer Heatmap lässt sich direkt erkennen, in welchen Segmenten der höchste Produktumsatz stattgefunden hat. Zusätzlich werden die Summen für die Zeilen als auch die Summen und Zwischensummen für die Spalten angezeigt.

| | | 25-34 | | | | 35-44 | | 18-24 | Alter / Geschlecht / Produktumsatz |
|---|---|---|---|---|---|---|---|---|---|
| Default Channel Gr.. | male | female | Insgesamt | male | female | nsgesamt | male | female | Gesamtsumme |
| Referral | 49,8 Tsd.$ | 24,5 Tsd.$ | 74,4 Tsd.$ | 48,1 Tsd.$ | 11,5 Tsd.$ | 59,6 Tsd.$ | 11,5 Tsd.$ | 4,5 Tsd.$ | 165 Tsd.$ |
| Organic Search | 7 Tsd.$ | 7,3 Tsd.$ | 14,3 Tsd.$ | 2 Tsd.$ | 1,6 Tsd.$ | 3,6 Tsd.$ | 1,7 Tsd.$ | 364,6$ | 20,9 Tsd.$ |
| Direct | 4,3 Tsd.$ | 2 Tsd.$ | 6,3 Tsd.$ | 3 Tsd.$ | 919,3$ | 4 Tsd.$ | 330$ | - | 10,9 Tsd.$ |
| Social | 158$ | 149$ | 307$ | - | - | - | 99$ | - | 406$ |
| Paid Search | - | - | - | - | - | - | 52$ | - | 52$ |
| Display | - | - | - | - | - | - | - | - | 17,6$ |
| Gesamtsumme | 61,2 Tsd.$ | 34 Tsd.$ | 95,2 Tsd.$ | 53,1 Tsd.$ | 14 Tsd.$ | ▶7,1 Tsd.$ | 13,7 Tsd.$ | 4,9 Tsd.$ | 197,2 Tsd.$ |

**Abbildung 6.48**  Beispiel Pivot-Tabelle

Zwar sind Pivot-Tabellen ein hilfreiches Visualisierungselement, um große Datenmengen darzustellen, allerdings kommt auch diese Darstellungsoption irgendwann an ihre Grenzen. Pivot-Tabellen sind auf 50.000 Datenzeilen begrenzt. Doch auch bei Darstellungen, die die Grenze nicht erreichen, kann es je nach Anzahl der Ausprägungen bei den Dimensionen und Messwerten zu Einbußen in der Performance kommen. Daher ist es empfehlenswert, bei großen Datenmengen mit Filtern zu arbeiten und so die zu verarbeitende Datenmenge möglichst klein zu halten.

### 6.2.5    Landkartenspezifische Einstellungsoptionen

Für Landkarten gibt es ebenfalls Möglichkeiten zur Individualisierung. Neben der Auswahl des Legendendesigns, Schrift und Umrandung können Sie vor allem im Tab DATEN Anpassungen vornehmen (siehe Abbildung 6.49).

▶ ZOOMBEREICH: Im Tab DATEN stellen Sie den Zoombereich ❶ ein. Abhängig vom geografischen Feldtyp können Sie zwischen WELT, KONTINENT, SUBKONTINENT, LAND und REGION wählen.

▶ LANDKARTENDIAGRAMM: Im Tab STIL individualisieren Sie das Landkartendiagramm, indem Sie Farben ❷ für die unterschiedlichen Werte festlegen und entscheiden, ob die Landkarte eine Legende ❸ enthalten soll. Sie haben die Möglichkeit, Farben für drei unterschiedliche Werte festzulegen (Minimum, Mittelwert, Maximum).

▶ DIMENSIONEN: Je nachdem, welche geografischen Informationen Ihre Datenquelle in den Dimensionen ❹ liefert, stehen Ihnen anschließend unterschiedliche geografische Feldtypen zur Verfügung.

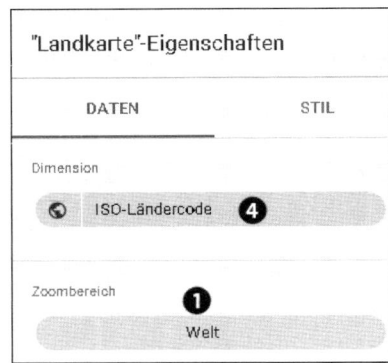 

**Abbildung 6.49** Einstellungsoptionen Landkarte

Einige der Feldtypen gibt es nur für Google Analytics, andere sind für alle Datenquellen verfügbar.

Für alle Datenquellen stehen folgende Typen zur Auswahl:

- ORT
  - Codierung: Name der Stadt, z. B. »Berlin«
  - unterstützte Zoombereiche: WELT, KONTINENT, SUBKONTINENT, LAND, REGION
- KONTINENTCODE
  - Codierung: Kontinenthierarchiecode
  - unterstützte Zoombereiche: WELT
- LAND
  - Codierung: Namen des Lands, z. B. »Schweiz«
  - unterstützte Zoombereiche: WELT, KONTINENT, SUBKONTINENT
- LÄNDERCODE
  - Codierung: Alpha-2-Codes nach ISO 3166-1
  - unterstützte Zoombereiche: WELT, KONTINENT, SUBKONTINENT
- BREITENGRAD, LÄNGENGRAD
  - Codierung: kommagetrennte Dezimalwerte für Breiten- und Längengrad
  - unterstützte Zoombereiche: WELT, KONTINENT, SUBKONTINENT, LAND, REGION
- GROSSRAUMCODE (nur für die USA verfügbar)
  - Codierung: Kriterien-ID für die geografische Ausrichtung
  - unterstützte Datenquellen: alle
  - unterstützte Zoombereiche: LAND, REGION

▶ REGION

– Codierung: Namen der Region angeben

– unterstützte Zoombereiche: LAND

▶ REGIONSCODE

– Codierung: Code nach ISO 3166-2

– unterstützte Zoombereiche: LAND

▶ SUBKONTINENTCODE

– Codierung: dreistelliger Kontinenthierarchiecode

– unterstützte Zoombereiche: WELT, KONTINENT

Für Google Analytics lassen sich zusätzlich folgende Typen verwenden:

▶ POSTLEITZAHL

– Codierung: AdWords-Kriterien-ID für die geografische Ausrichtung

– unterstützte Zoombereiche: WELT, KONTINENT, SUBKONTINENT, LAND, REGION

▶ KONTINENT

– Codierung: wird von Google Analytics geliefert

– unterstützte Zoombereiche: WELT

▶ GROSSRAUM (nur für die USA verfügbar)

– Codierung: wird von Google Analytics geliefert

– unterstützte Datenquellen: Google Analytics

– unterstützte Zoombereiche: LAND, REGION

▶ SUBKONTINENT

– Codierung: wird von Google Analytics geliefert

– unterstützte Zoombereiche: WELT, KONTINENT

---

**Hinweis zu Codierungscodes**

Weitere Informationen zu den unterschiedlichen Codierungscodes mit Beispielen finden Sie in Kapitel 4, »Eigene Dimensionen und Messwerte erstellen«.

---

In Abbildung 6.50 sehen Sie verschiedene Darstellungen für das Visualisierungselement Landkarte. Die Beispiele zeigen, wie sich die Wahl unterschiedlicher Dimensionen wie Stadt-ID (linkes Beispiel), Region (mittleres Beispiel) und Land (rechtes Beispiel) auf die Darstellung der Landkarte auswirkt.

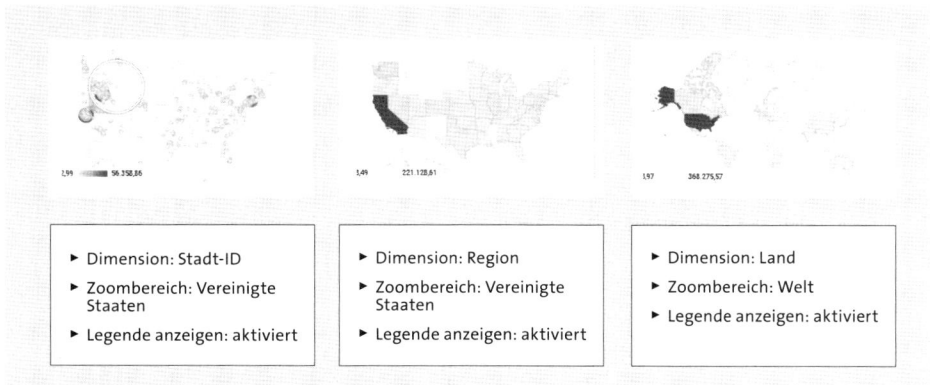

**Abbildung 6.50** Beispiele Landkarte

### 6.2.6 Kurzübersichtspezifische Einstellungsoptionen

Bei der Kurzübersicht geht es vor allem um die prägnante Hervorhebung einer bedeutenden Kennzahl. Hierfür können Sie im Tab STIL folgende Anpassungen vornehmen (siehe Abbildung 6.51):

▶ PRIMÄRER MESSWERT: Stellen Sie ein, ob der Messwert als KOMPAKTE ZAHL (gerundet) dargestellt wird ❶, und legen Sie die Anzahl der angezeigten Dezimalstellen fest.

▶ VERGLEICHSMESSWERT: Hier legen Sie die Farben für den Vergleichswert fest ❷. Diese Option steht Ihnen allerdings nur zur Verfügung, wenn Sie im Tab DATEN einen Datumsvergleichstyp ausgewählt haben. Auch für den Vergleichswert können Sie die Anzahl der Dezimalstellen auswählen und entscheiden, ob der Vergleichswert als Prozentwert oder als absolute Zahl angezeigt wird. Standardmäßig ist das Label für den Vergleichswert ausgeblendet.

▶ FEHLENDE DATEN: Fehlende Daten werden entweder nicht angezeigt oder als 0 dargestellt ❸.

▶ LABELS: Stellen Sie ein, ob der Messwertname angezeigt wird und wie der Messwertname, Messwert und Vergleichswert hinsichtlich Farbe, Größe, Schriftart und Ausrichtung gestaltet sind ❹.

Abbildung 6.52 stellt unterschiedliche Darstellungsoptionen für Kurzübersichten gegenüber. Je nachdem, wie viele Informationen Sie in der Kurzübersicht zur Verfügung stellen wollen, sind unterschiedliche Optionen geeignet. So können Sie entscheiden, ob eine gerundete Darstellung des Messwerts (kompakte Zahlen) besser geeignet ist.

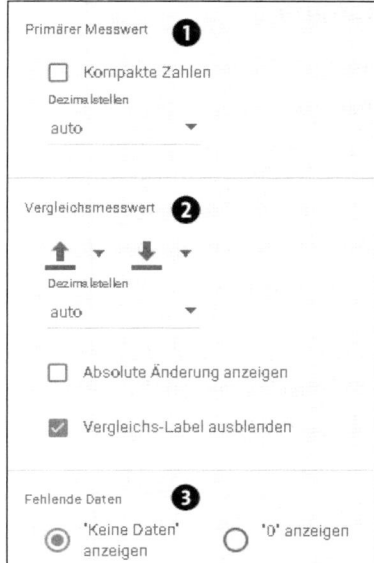 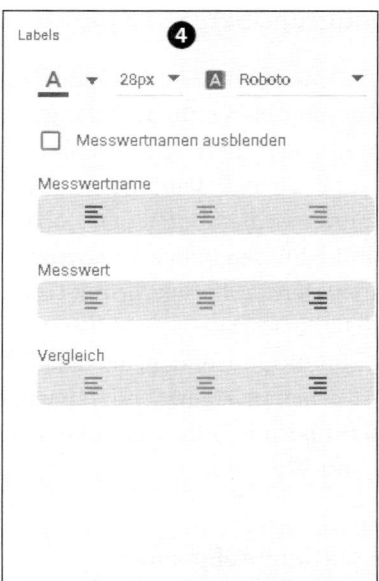

**Abbildung 6.51** Einstellungsoptionen Kurzübersicht im Tab ›Stil«

Es empfiehlt sich, den Vergleichsmesswert anzuzeigen (mittleres und rechtes Beispiel), damit der Nutzer die zeitliche Entwicklung besser einschätzen kann. Die Einblendung kann entweder als Prozentsatz (rechtes Beispiel) oder als absoluter Wert (mittleres Beispiel) erfolgen. Generell sollten Sie immer versuchen, dieses Visualisierungselement möglichst schlank zu halten und auf das Wesentliche zu beschränken.

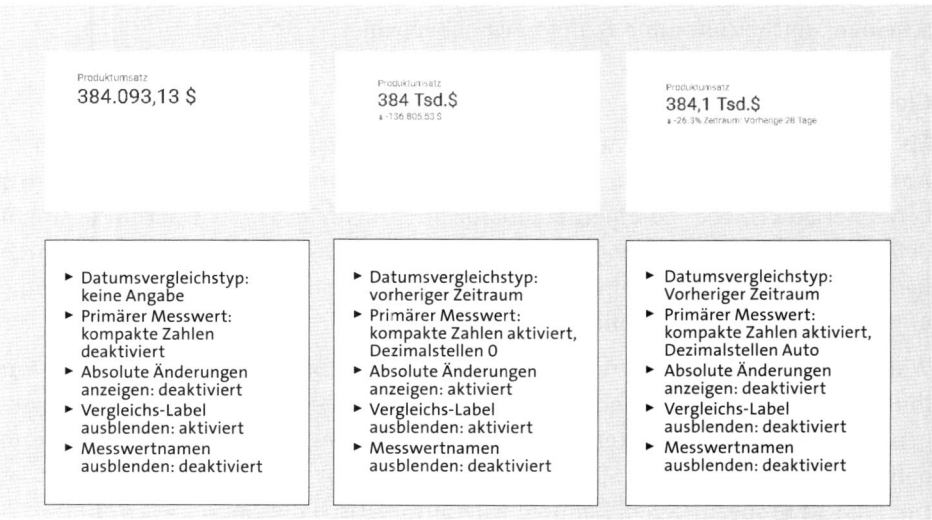

**Abbildung 6.52** Beispiele Kurzübersicht

## 6.3   Komponentenübergreifende Einstellungen

Nachdem wir uns im ersten Teil des Kapitels mit den konkreten Einstellungsoptionen der Visualisierungselemente beschäftigt haben, geht es in diesem Teil darum, mit komponentenübergreifenden Einstellungen Ihre Berichte nutzerfreundlicher und relevanter für die Berichtsempfänger zu machen. Hierfür zeigen wir Ihnen, wie Sie Berichtszeiträume vordefinieren und globale Filter und Filtersteuerungen nutzen können, um nur die für den Berichtsempfänger relevanten Informationen anzuzeigen. Darüber hinaus lernen Sie, wie Sie mit Hilfe der Datenkontrolle flexible und wiederverwendbare Berichte bauen, wir zeigen Ihnen, wie Sie die Segmente aus Google Analytics in Data Studio verwenden, um detaillierte Erkenntnisse über das Verhalten Ihrer Besucher zu erhalten. Zuletzt erklären wir, wie Sie die Navigation Ihrer Berichte anpassen können und mit Hilfe von Text-Hyperlinks individuelle Verknüpfungen innerhalb Ihrer Berichte erstellen.

### 6.3.1   Globale Zeiträume einrichten

In Kapitel 4, »Eigene Dimensionen und Messwerte erstellen«, sind wir bereits ausführlich auf die wichtigsten Funktionen zur Konvertierung zwischen verschiedenen Datumsformaten sowie zur Berechnung von Zeiträumen eingegangen. Doch es gibt auch noch weitere Möglichkeiten, zeitabhängige Daten in Ihren Berichten zu verwenden. In diesem Abschnitt lernen Sie, wie Sie Standardzeiträume global einrichten und Zeitraumsteuerungen einbinden. Zur Erinnerung: Standardzeiträume werden vom Berichtsersteller definiert und können vom Berichtsempfänger nicht geändert werden. Mit einer Zeitraumsteuerung kann der Berichtsempfänger dagegen entscheiden, welche Zeiträume er angezeigt haben will.

#### Globaler Standardzeitraum

Mit der Option STANDARDZEITRAUM passen Sie den initialen Datumsbereich an. In Abschnitt 6.2.1, »Allgemeine Einstellungsoptionen im Tab ›Daten‹«, haben wir bereits erläutert, wie Sie einen Standardzeitraum für ein Visualisierungselement definieren. In diesem Teil zeigen wir Ihnen, wie Sie diesen global für den gesamten Bericht, bestimmte Seiten, eine Gruppe von Diagrammen oder einzelne Diagramme und Steuerungselemente definieren.

Wie Sie einen Standardzeitraum für den gesamten Bericht festlegen, zeigen wir Ihnen in Abbildung 6.53. Über das Menü DATEI • BERICHTSEINSTELLUNGEN ❶ gelangen Sie in die globalen Einstellungen des Berichts. Damit Sie den Standardzeitraum definieren können, müssen Sie zunächst die DATENQUELLE ❷ und deren ZEITRAUMDIMENSION ❸ spezifizieren. Dadurch wird automatisch die Option STANDARDZEITRAUM eingeblendet. Wählen Sie BENUTZERDEFINIERT aus, um den Zeitraum gemäß Ihren Anforderungen anzupassen.

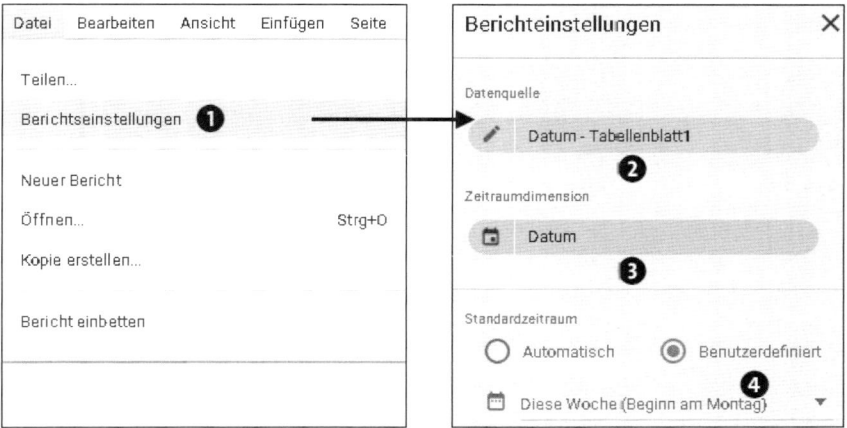

**Abbildung 6.53** Standardzeitraum festlegen

> **Hinweis zur Verwendung von Zeitraumdimensionen auf Berichtsebene**
>
> Sie können auf Berichtsebene die Zeitraumdimension nur für eine Datenquelle spezifizieren. Sollten Sie mehrere Datenquellen in Ihrem Bericht verwenden, so müssen Sie diese zusätzlich auf Seiten- oder Diagrammebene definieren.

Um einen Standardzeitraum für eine bestimmte Seite festzulegen, gehen Sie ähnlich vor. Über das Menü SEITE • AKTUELLE SEITENEINSTELLUNGEN gelangen Sie in die aktuellen Seiteneinstellungen. Die Konfigurationsoptionen entsprechen denen zur Definition des Standardzeitraums für den gesamten Bericht. Daher gehen wir nicht nochmals darauf ein.

### Zeitraumsteuerung

Im Gegensatz zu einem festgelegten Standardzeitraum hat der Betrachter eines Berichts mittels einer Zeitraumsteuerung die Möglichkeit, den Zeitraum zu ändern. Wie Sie diese anlegen, haben wir bereits in Kapitel 2, »Die ersten Schritte mit Google Data Studio«, beschrieben.

> **Hinweis zum Einrichten einer Zeitraumsteuerung**
>
> Damit Sie eine Zeitraumsteuerung einrichten können, muss in der Datenquelle eine Dimension mit dem Titel »Datum« existieren. Andernfalls ist Data Studio nicht in der Lage, die Zeitraumsteuerung mit der Datenquelle zu verknüpfen.

Wie eine Zeitraumsteuerung in Ihren Berichten aussehen kann, zeigt Abbildung 6.54.

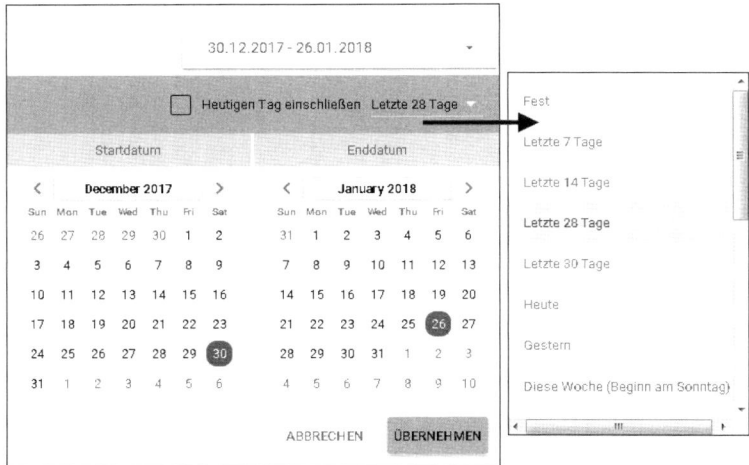

**Abbildung 6.54**  Beispiel Zeitraumsteuerung

Wenn Sie eine Zeitraumsteuerung einrichten, gilt sie standardmäßig für alle Visualisierungselemente auf der Seite, die unter STANDARDZEITRAUM die Einstellung AUTOMATISCH besitzen. Sie können den Geltungsbereich jedoch einschränken, indem Sie eine Gruppierung der Diagramme mit der Zeitraumsteuerung erstellen. Elemente außerhalb dieser Gruppierung bleiben von den Einstellungen unbeeinflusst. Auf Diagramme mit einem benutzerdefinierten Standardzeitraum hat die Steuerung ebenfalls keinen Einfluss.

In Abbildung 6.55 zeigen wir Ihnen, wie Sie den Geltungsbereich der Zeitraumsteuerung einschränken.

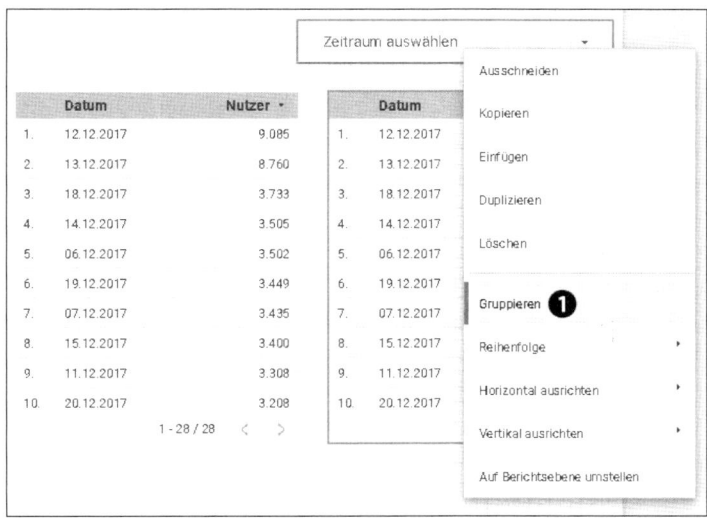

**Abbildung 6.55**  Zeitraumsteuerung und Tabelle gruppieren

In unserem Beispiel soll der Geltungsbereich auf die rechte Tabelle eingeschränkt werden. Daher selektieren Sie zunächst die Zeitraumsteuerung sowie die Tabelle, indem Sie die Elemente mit gedrückter ⬆-Taste nacheinander anklicken. Über die rechte Maustaste selektieren Sie das Kontextmenü und wählen dort GRUPPIEREN ❶ aus.

Abbildung 6.56 zeigt die Auswirkung unserer Gruppierung in der rechten Tabelle.

| | Datum | Nutzer ▾ | | Datum | Nutzer ▾ |
|---|---|---|---|---|---|
| | 02.01.2018 - 02.01.2018 | | | | ▾ |
| 1. | 12.12.2017 | 9.085 | 1. | 02.01.2018 | 2.874 |
| 2. | 13.12.2017 | 8.760 | | | |
| 3. | 18.12.2017 | 3.733 | | | |
| 4. | 14.12.2017 | 3.505 | | | |
| 5. | 06.12.2017 | 3.502 | | | |
| 6. | 19.12.2017 | 3.449 | | | |
| 7. | 07.12.2017 | 3.435 | | | |
| 8. | 15.12.2017 | 3.400 | | | |
| 9. | 11.12.2017 | 3.308 | | | |
| 10. | 20.12.2017 | 3.208 | | | |
| | 1 - 28 / 28  〈  〉 | | | 1 - 1 / 1  〈  〉 | |

**Abbildung 6.56**  Auswirkung Gruppierung

Wenn Sie einen mehrseitigen Bericht haben und die Zeitraumsteuerung auf jeder Seite einbinden möchten, machen Sie sie auf Berichtsebene verfügbar (Abbildung 6.57).

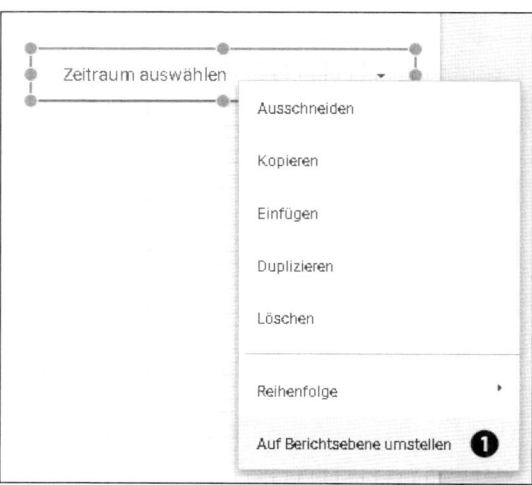

**Abbildung 6.57**  Zeitraumsteuerung auf Berichtsebene verfügbar machen

Klicken Sie dazu mit der rechten Maustaste auf die Steuerung, und wählen Sie im Kontextmenü AUF BERICHTSEBENE UMSTELLEN ❶. Die Zeitraumsteuerung wird nun an der gleichen Position auf jeder Seite Ihres Berichts angezeigt.

Weitere Informationen zur Berichts- und Seitenebene finden Sie in Kapitel 2, »Die ersten Schritte mit Google Data Studio«.

### 6.3.2   Globale Filter erstellen, vererben und verwalten

In Abschnitt 6.2.1, »Allgemeine Einstellungsoptionen im Tab ›Daten‹«, sind wir bereits darauf eingegangen, wie Sie Filter erstellen. In diesem Abschnitt zeigen wir Ihnen, wie Sie einen Filter für den gesamten Bericht oder einzelne Seiten hinzufügen, Ihre Filter zwischen den verschiedenen Ebenen vererben und welche Möglichkeiten Ihnen der Filtermanager bietet. Darüber hinaus erfahren Sie, wie Sie mit Hilfe einer Filtersteuerung dem Berichtsempfänger ermöglichen, die Daten im Bericht weiter einzuschränken.

**Globale Filter**

Sie können einen Filter zum gesamten Bericht oder einzelnen Seiten hinzufügen. Beachten Sie, dass diese Filter nur auf Komponenten angewendet werden, die im Bericht auf die Standarddatenquelle zugreifen. Die Standarddatenquelle kann optional auf Berichts- oder Seitenebene definiert werden und wird als Datenquelle für jede hinzugefügte Berichtskomponente voreingestellt. Sie kann aber jederzeit durch eine andere Datenquelle ersetzt werden.

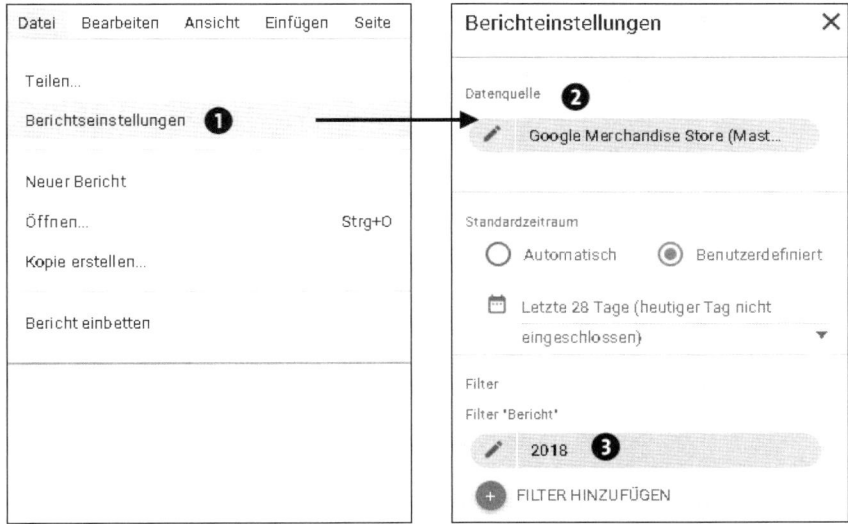

**Abbildung 6.58** Filter auf Berichtsebene definieren

Abbildung 6.58 zeigt Ihnen, wie Sie einen Filter auf Berichtsebene definieren. Klicken Sie hierfür im Menü auf DATEI • BERICHTSEINSTELLUNGEN ❶. Falls noch keine STANDARDDATENQUELLE ❷ definiert wurde, wählen Sie eine aus. Sie können nun den Filter ❸ nach dem gleichen Vorgehen hinzufügen und definieren, das Sie auch für Diagramme und Filtersteuerungen verwenden.

Genauso können Sie einen Bericht auf Seitenebene definieren. Gehen Sie dafür auf SEITE • AKTUELLE SEITENEINSTELLUNGEN. Im Tab DATEN können Sie die Datenquelle festlegen und den Filter definieren.

### Filter vererben

Sie können Filter zwischen verschiedenen hierarchischen Ebenen vererben. Das heißt, ein Filter für eine übergeordnete Ebene wie Bericht oder Seite kann auch für untergeordnete Komponenten wie Diagramme oder Filtersteuerungen übernommen werden. Beachten Sie, dass nur Komponenten, die die Standarddatenquelle nutzen, diesen Filter nutzen können.

Für die Vererbung wird die Reihenfolge aus der Komponentenhierarchie verwendet:

Berichtsebene → Seitenebene → Diagramm-/Steuerungsebene. Mehr zum Thema Komponentenhierarchie finden Sie in Kapitel 2, »Die ersten Schritte mit Google Data Studio«.

Sie können die Vererbung der Filter für die untergeordneten Komponenten jederzeit aktivieren und deaktivieren.

> **Hinweis zum Verwenden von Filtern**
>
> Wenn Sie auf übergeordneter Ebene mehrere Filter definiert haben, ist es jedoch nicht möglich, in einer untergeordneten Komponente diese Filter einzeln zu aktivieren oder zu deaktivieren.

In Abbildung 6.59 zeigen wir Ihnen, wie Sie die Vererbung für den Filter 2018 ❶ ändern. Dieser wurde auf Berichtsebene definiert und soll nun auf Seitenebene und auf Diagrammebene deaktiviert werden. Für die Deaktivierung auf Seitenebene gehen Sie auf SEITE • AKTUELLE SEITENEINSTELLUNGEN. Im Eigenschaftenmenü können Sie mit dem Schieberegler ❷ den Filter aktivieren und deaktivieren. Wenn Sie auf Visualisierungselementebene den Filter aktivieren oder deaktivieren wollen, finden Sie den Schieberegler ❸ im Tab DATEN des entsprechenden Elements.

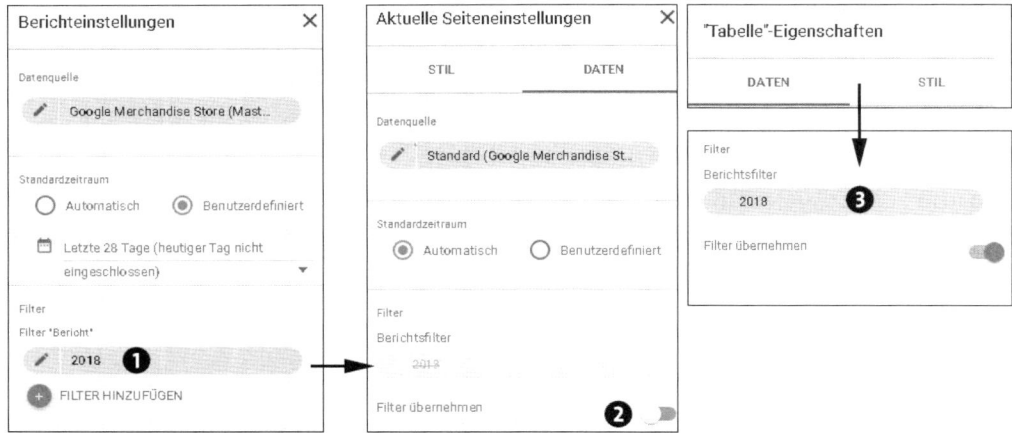

**Abbildung 6.59** Filtervererbung deaktivieren

### Filtermanager

Damit Sie Filter an einer zentralen Stelle bearbeiten zu können, stellt Data Studio den Filtermanager zur Verfügung. Mit ihm bearbeiten Sie bestehende Filter, entfernen sie oder erstellen neue Filter.

Um den Filtermanager zu verwenden, wählen Sie in der Menüleiste oben RESSOURCE • FILTER VERWALTEN aus. Sie erhalten eine Übersicht (siehe Abbildung 6.60) mit der Bezeichnung des Filters **❶**, der Angabe, in wie vielen Diagrammen er verwendet wird **❷**, sowie der Filterbedingung **❸**. Sie können diese Filter bearbeiten oder löschen **❹**. Über den Button FILTER HINZUFÜGEN **❺** legen Sie neue Filter an.

**Abbildung 6.60** Funktionen Filtermanager

**Tipp zum Anlegen von Filtern**

Wenn Sie einen Filter über den Filtermanager anlegen oder bearbeiten, können Sie auch die Datenquelle ändern. Das ist praktisch, wenn sich Ihre Datenquelle nachträglich ändert, weil Sie z. B. eine andere Datenansicht in Google Analytics nutzen möchten. Voraussetzung ist natürlich, dass die verwendeten Dimensionen oder Messwerte in beiden Datenquellen enthalten sind.

**Filtersteuerung**

Damit Ihre Berichte möglichst interaktiv von den Anwendern genutzt werden können, bietet Data Studio Filtersteuerungen an. So schränken Sie den Bericht während der Ausführung auf die Daten ein, die für die Analyse des Betrachters relevant sind. Filtersteuerungen beziehen sich immer auf eine Dimension wie z. B. Quelle, Kampagne oder Keyword. Eine Filtersteuerung kann immer nur eine Dimension umfassen, Sie können aber in einem Dashboard mehrere Filtersteuerungen einfügen.

**Hinweis zur Auswirkung von Filtersteuerungen**

Filtersteuerungen werden auf alle Diagramme angewendet, die die gleiche Datenquelle verwenden. Möchten Sie eine Filtersteuerung nur mit bestimmten Diagrammen der gleichen Datenquelle verknüpfen, können Sie diese gruppieren. Wie Sie dabei vorgehen, haben wir Ihnen in Abschnitt 6.3.1, »Globale Zeiträume einrichten«, beschrieben.

In Kapitel 2, »Die ersten Schritte mit Google Data Studio«, finden Sie ein Beispiel, wie Sie einem Bericht eine Filtersteuerung hinzufügen. Im Folgenden wollen wir Ihnen noch ein paar weitere Konfigurationsoptionen vorstellen (siehe Abbildung 6.61):

► Wenn der Messwert nicht in der Filtersteuerung angezeigt werden soll, blenden Sie ihn aus, indem Sie die Checkbox WERTE ANZEIGEN ❶ deaktivieren.

► Die REIHENFOLGE der Filterwerte orientiert sich entweder an der zugewiesenen DIMENSION oder dem MESSWERT ❷. Die Sortierreihenfolge kann dabei AUFSTEIGEND oder ABSTEIGEND ❸ sein. So stellen Sie z. B. sicher, dass die Kampagnen mit den meisten Aufrufen immer am Anfang Ihrer Filterliste stehen.

► Wenn Ihre Filterdimension sehr viele Ausprägungen hat, können Sie die Anzahl der angezeigten Werte mit der Option TOP # ANZEIGEN ❹ einschränken.

► Die Darstellung der Filtersteuerung lässt sich mittels der Option ERWEITERBAR ❺ verändern. Standardmäßig ist diese Option aktiviert, und die Filtersteuerung wird als Dropdown-Box angezeigt. Wenn Sie den Haken entfernen, wird eine in der Größe veränderbare Liste im Bericht dargestellt.

▶ Der Anwender hat in der Standardeinstellung die Möglichkeit, mehrere Werte in der Filtersteuerung zu selektieren. Soll aber nur ein Wert ausgewählt werden können, aktivieren Sie die Option EINZELAUSWAHL ❻. Optional geben Sie im Eingabefeld unter STANDARD einen Wert vor. Berücksichtigen Sie dabei die exakte Schreibweise des Dimensionswertes.

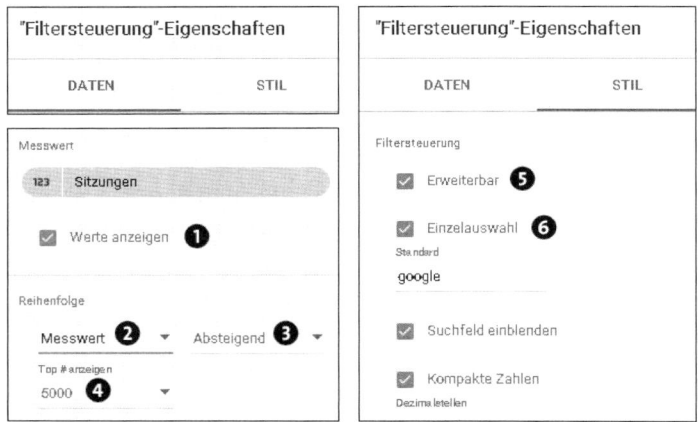

**Abbildung 6.61** Einstellungsoptionen Filtersteuerung

**Tipp zum Einblenden von Filtersteuerungen auf jeder Seite**

Wenn Sie einen mehrseitigen Bericht haben und die Filtersteuerung auf jeder Seite einblenden möchten, können Sie sie auf der Berichtsebene verfügbar machen. Die Vorgehensweise ist analog zur Zeitraumsteuerung.

In Abbildung 6.62 sehen Sie ein Beispiel für die Filtersteuerung.

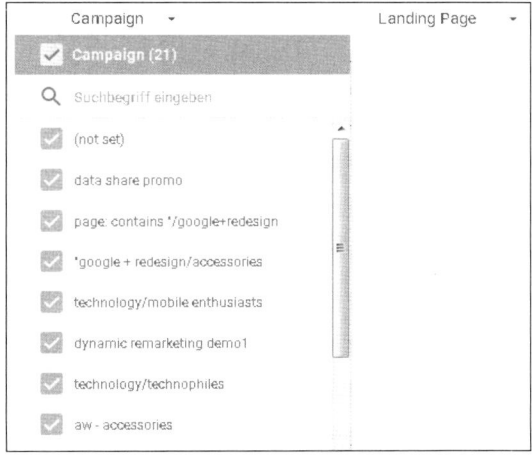

**Abbildung 6.62** Beispiel Filtersteuerung

Sie können die Filtereinstellungen eines Berichts auch als Lesezeichen speichern. Dadurch können die Berichtsempfänger benutzerdefinierte Ansichten Ihrer Dashboards erstellen. Stellen Sie sich vor, ein User ist z. B. nur an der Kampagne »data share promo« aus Abbildung 6.62 interessiert. In diesem Fall ist es für ihn nützlich, diesen Filterwert dauerhaft als Lesezeichen zu speichern. Sie aktivieren diese Funktion für Ihre Berichtsempfänger, indem Sie den Bericht im Bearbeitungsmodus öffnen und im Menü DATEI • BERICHTSEINSTELLUNGEN den Haken bei EINSTELLUNGEN DES BETRACHTERS IN BERICHTS-URL AKTIVIEREN setzen.

### 6.3.3   Flexible Standardberichte

Für Datenkontrollen gibt es verschiedene Anwendungsmöglichkeiten. Generell haben Ihre Berichtsempfänger mit einer Datenkontrolle die Möglichkeit, die Daten auszuwählen, die für sie relevant sind. Jeder Anwender kann mittels der Datenkontrolle zu einem anderen Konto wechseln, auf das er Zugriff hat.

Stellen Sie sich z. B. vor, Ihr Unternehmen verfügt über verschiedene Marken, die über separate Websites am Markt aktiv sind. Jede Website verfügt über ein separates Konto. Die zugrundeliegenden Konten z. B. aus Google Analytics, AdWords oder YouTube haben einen identischen Aufbau. In diesem Fall können Sie einen Standardbericht für alle Websites erstellen und mit einer Datenkontrolle versehen. Die Berichtsempfänger in Ihrer Organisation können dann mittels dieser Datenkontrolle die Konten auswählen, die für sie relevant sind.

Ein weiteres Anwendungsszenario ist das Erstellen eines monatlichen Reportings für Ihre Kunden, um beispielsweise die SEO-Maßnahmen mittels der Google Search Console zu kontrollieren. Über einen Standardbericht, den Sie allen Kunden zur Verfügung stellen, können diese mit Hilfe der Datenkontrolle genau die Search-Console-Daten abrufen, für die sie eine Berechtigung haben.

---

**Hinweise zur Verwendung von Datenkontrollen**

▶ Ein Berichtsempfänger sieht im Steuerelement Datenkontrolle immer nur die Konten, auf die er auch Zugriff hat.

▶ Ein Zugriff auf die Datensätze der Berichtsempfänger ist für den Berichtsersteller nicht automatisch möglich. Der Datenzugriff ist nur autorisierten Konten möglich, und die Daten können ohne die entsprechenden Zugangsrechte nicht eingesehen werden.

▶ Datenkontrollen können nicht in eingebetteten Berichten genutzt werden.

▶ Alle Konten, die Sie in einer Datenkontrolle nutzen möchten, müssen einen identischen Aufbau haben. Dies gilt insbesondere für Dimensionen und Messwerte, die in den Diagrammen verwendet werden. Diese müssen in jedem Konto vorhanden sein. Andernfalls kommt es zu einer Fehlermeldung, und die Diagramme lassen sich nicht anzeigen.

Die Datenkontrolle unterstützt derzeit folgende Produkte:

▶ AdWords

▶ TV Attribution in Attribution 360

▶ DFP (DoubleClick for Publishers)

▶ DoubleClick Campaign Manager

▶ Google Analytics

▶ Search Console

▶ YouTube

In Kapitel 2, »Die ersten Schritte mit Google Data Studio«, haben wir in einem Beispiel gezeigt, wie Sie für einen Bericht eine Datenkontrolle anlegen. Die Datenkontrolle umfasst standardmäßig alle Diagramme des ausgewählten Connector-Typs auf
einer Seite. Analog zu den Filter- und Zeitraumsteuerungen können Sie jedoch den
Geltungsbereich auf eine Gruppe von Visualisierungselementen einschränken,
indem Sie die Komponenten gruppieren. Wie Sie dabei vorgehen, haben wir Ihnen in
Abschnitt 6.3.1, »Globale Zeiträume einrichten«, beschrieben.

In Abbildung 6.63 zeigen wir Ihnen, wie die Datenkontrolle im Bericht angezeigt
wird.

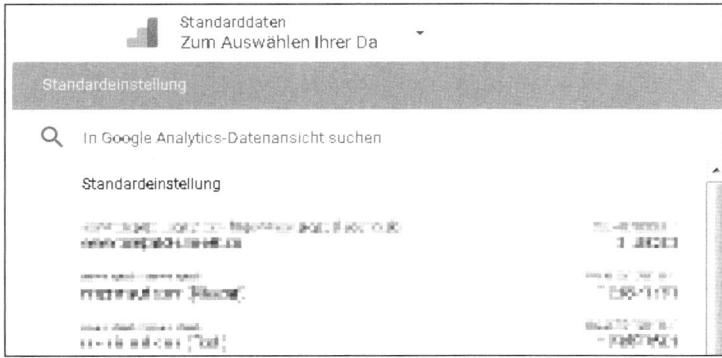

**Abbildung 6.63**  Beispiel Datenkontrolle

---

**Tipp zur Verwendung von Zeitraumsteuerung und Datenkontrolle**

▶ Wenn Sie einen mehrseitigen Bericht haben und die Zeitraumsteuerung auf
jeder Seite einblenden möchten, können Sie sie auf der Berichtsebene verfügbar
machen. In Abschnitt 6.3.1, »Globale Zeiträume einrichten«, finden Sie ein Beispiel dazu.

▶ Das in der Datenkontrolle ausgewählte Konto wird auch in der URL gespeichert.
Wenn Sie diese URL speichern (z. B. als Lesezeichen), können Sie zu einem späte-
ren Zeitpunkt immer wieder diese Konfiguration der Datenkontrolle aufrufen.

### 6.3.4   Google-Analytics-Segmente in Data Studio verwenden

In Google Analytics beschreibt ein *Segment* eine Teilmenge Ihrer Daten. Durch das Nutzen von Segmenten erhalten Sie tiefergehende Erkenntnisse in Bezug auf die Akquisition, das Verhalten und die Conversions Ihrer Besucher. Ein Segment kann beispielsweise nur Nutzer aus der DACH-Region umfassen oder interessierte Nutzer, die mehr als drei Seiten Ihrer Website besucht haben.

Sie haben in Data Studio Zugriff auf die gleichen Segmente, die Ihnen auch in der Google-Analytics-Datenansicht zur Verfügung stehen. Ein Segment in einem Data-Studio-Bericht verhält sich genauso wie in einem Analytics-Bericht; die Daten werden auf die gleiche Weise gefiltert.

---

**Hinweise zur Verwendung von Google-Analytics-Segmenten**

▶ Damit Sie ein Segment einem Bericht hinzufügen können, muss die Datenquelle auf der Google-Analytics-Datenansicht basieren, in der das Segment definiert wurde. Des Weiteren benötigen Sie die Berechtigung für den Zugriff auf das Segment in Google Analytics und natürlich die Berechtigung zum Bearbeiten des Berichts in Data Studio.

▶ Im Gegensatz zu Google Analytics können Sie einer Berichtskomponente immer nur ein Segment zuordnen.

---

In Analytics stehen Ihnen folgende Arten von Segmenten zur Verfügung:

▶ **Vordefinierte Segmente:** Es gibt vordefinierte Segmente, sogenannte *Systemsegmente*, die in allen Datenansichten vorhanden sind.

▶ **Benutzerdefinierte Segmente:** Die vordefinierten Segmente können Sie als Basis für eigene benutzerdefinierte Segmente nutzen. Die benutzerdefinierten Segmente stehen Ihnen jedoch nicht zwingend in allen Datenansichten zur Verfügung.

▶ **Importierte Segmente:** Zudem können Sie Segmente, die von anderen Nutzern freigegeben wurden, in Google Analytics importieren.

---

**Hinweis zum Kopieren von Segmenten**

Wenn Sie Komponenten oder Berichte kopieren, werden auch die darin enthaltenen Segmente kopiert.

---

### Segmente anwenden

Wenn Sie ein Segment einer Komponente hinzufügen möchten, gehen Sie wie in Abbildung 6.64 gezeigt vor: Scrollen Sie im Eigenschaftenbereich DATEN der Komponente bis zum Abschnitt GOOGLE ANALYTICS SEGMENT, und klicken Sie auf FÜGEN SIE EIN SEGMENT HINZU ❶.

Verwenden Sie die SEGMENTAUSWAHL, um das entsprechende Segment zu finden ❷: Sie können dem Bericht ein neues System-, benutzerdefiniertes oder gemeinsam genutztes Segment hinzufügen. Oder wählen Sie über HINZUGEFÜGTE SEGMENTE ein Segment aus, dass Sie bereits in diesem Bericht verwendet haben.

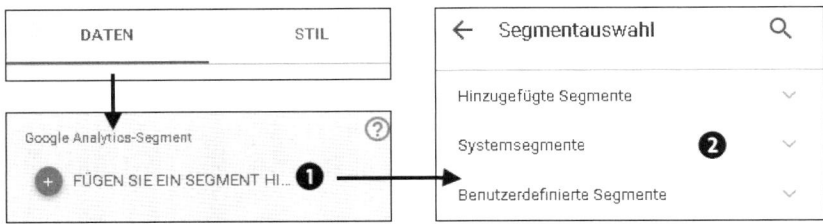

**Abbildung 6.64** Google-Analytics-Segment einer Komponente hinzufügen

> **Hinweis zur Deaktivierung der Synchronisierung von Segmenten**
>
> Die Segmente werden bei jeder Aktualisierung des Berichts neu geladen. Das kann der Fall sein, wenn Sie den Bericht öffnen, manuell die Daten aktualisieren oder der Cache im Hintergrund die Berichtsdaten aktualisiert. Wenn Sie z. B. neue Segmente in Google Analytics testen möchten, ohne dass diese Auswirkungen auf Ihre Dashboards haben, können Sie die Synchronisierung im Menü unter RESSOURCE • SEGMENTE VERWALTEN deaktivieren.

### Segmente verwalten

Ähnlich wie beim Filtermanager haben Sie auch bei den Segmenten die Möglichkeit, sie in einer Ansicht zu verwalten. Über das Menü RESSOURCE • SEGMENTE VERWALTEN erhalten Sie eine Übersicht aller Segmente, die Ihrem Bericht hinzugefügt wurden.

In der Übersicht (Abbildung 6.65) finden Sie die Bezeichnung des Segments ❶, die Angabe, in wie vielen Diagrammen es verwendet wird ❷, sowie den Status der automatischen Segmentsynchronisierung mit Google Analytics ❸. Sie können benutzerdefinierte Segmente in Google Analytics bearbeiten oder Segmente aus dem Dashboard entfernen ❹. Bei Bedarf können Sie auch Segmente mit Zugriffs- oder Synchronisierungsproblemen reparieren.

**Abbildung 6.65** Funktionen Segmentverwaltung

### 6.3.5   Navigation in mehrseitigen Berichten gestalten

Um in einem mehrseitigen Bericht zwischen den einzelnen Seiten zu navigieren, verwenden Sie die von Data Studio zur Verfügung gestellte Navigation oder erstellen eigene Hyperlinks mit dem Visualisierungselement Text.

Bei der Standardnavigation können Sie zusätzlich wählen, ob die Navigation in der Berichtskopfzeile oder in der Seitennavigation erscheinen soll. Diese Funktionalität steht Ihnen in jedem Bericht zur Verfügung. Diese Konfiguration nehmen Sie im Eigenschaftenbereich LAYOUT UND DESIGN (Abbildung 6.66) auf der rechten Seite Ihres Berichts vor. Dieser Bereich wird angezeigt, wenn keine andere Komponente ausgewählt ist.

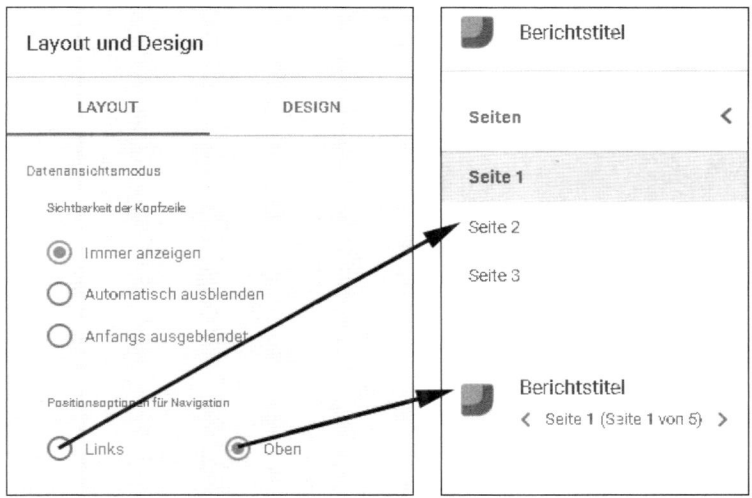

**Abbildung 6.66**  Positionsoptionen für Navigation

Ergänzend dazu können Sie Text-Hyperlinks direkt in Ihrem Dashboard platzieren (Abbildung 6.67). Jede Seite Ihres Berichts verfügt über eine eigene URL. Diese können Sie verwenden, um einen Textlink bereitzustellen, der auf diese Seite verweist.

Um einen Link zu erstellen, öffnen Sie zuerst Ihren Bericht im Ansichtsmodus und wechseln auf die zu verlinkende Seite (Zielseite). Kopieren Sie die gesamte URL aus der Adressleiste Ihres Browsers, und wechseln Sie in den Bearbeitungsmodus. Wechseln Sie zu der Seite, von der Sie verlinken möchten (Quellseite). Fügen Sie mit Hilfe des Textwerkzeugs ein neues Element hinzu ❶. Hinterlegen Sie einen Linktext (z. B. »Seite 2«) ❷, und markieren Sie ihn. Klicken Sie in den Texteigenschaften auf das Linksymbol ❸, und fügen Sie die URL der Seite in das Feld für den Link ein ❹. Entfernen Sie den Haken bei der Option LINK IN NEUEM TAB ÖFFNEN ❺ und beenden Sie Ihre Eingabe mit ÜBERNEHMEN ❻.

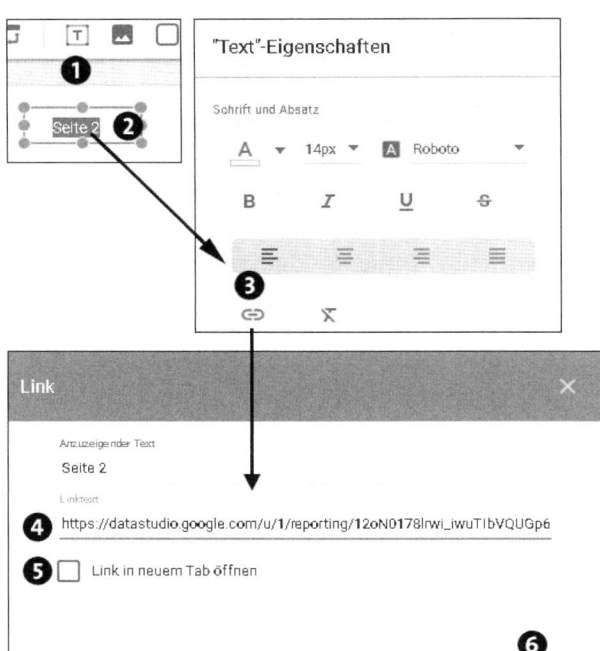

**Abbildung 6.67** Text-Hyperlinks platzieren

### 6.3.6   Layoutoptionen für die Berichtsanzeige

In Google Data Studio gibt es unterschiedliche Einstellungsmöglichkeiten für das Layout der angezeigten Berichte. Je nachdem, auf welchen Geräten die Nutzer die Berichte ansehen, sind unterschiedliche Einstellungen für Ihren Bericht geeignet. Die entsprechenden Einstellungen der Dashboard-Größe und der angezeigten Elemente treffen Sie im Tab LAYOUT UND DESIGN (siehe Abbildung 6.68).

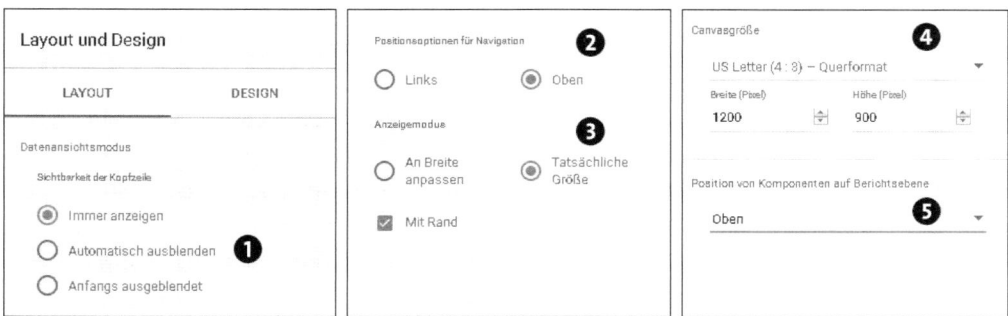

**Abbildung 6.68** Layoutoptionen für die Berichtsanzeige

▶ DATENANSICHTMODUS ❶: Hier wählen Sie aus, ob die Kopfzeile in den Berichten eingeblendet wird. Die Optionen lauten: IMMER ANZEIGEN, AUTOMATISCH AUS-BLENDEN und ANFANGS AUSGEBLENDET.

▶ POSITIONSOPTIONEN FÜR NAVIGATION ❷: Platzieren Sie die Navigation LINKS oder OBEN. Vor allem für die Ansicht auf kleinen Bildschirmen ist die Darstellung oben zu empfehlen, da so die begrenzte Breite nicht zusätzlich verkleinert wird.

▶ ANZEIGEMODUS ❸: Soll die Darstellung Ihres Dashboards an die Breite angepasst oder soll die tatsächliche Größe dargestellt werden? Vor allem wenn die Berichte auf unterschiedlichen Geräten angesehen werden, empfiehlt sich eine Darstellung mit angepasster Breite. So garantieren Sie, dass Ihre Berichte responsiv sind. Stan-dardmäßig werden die Berichte MIT RAND angezeigt. Deaktivieren Sie diese Option, belegt die Hintergrundfarbe des Berichts das gesamte Fenster.

▶ CANVASGRÖSSE ❹: Mit den Optionen für die CANVASGRÖSSE können Sie aus einer Reihe von voreingestellten Größen auswählen oder benutzerdefinierte Darstel-lungsdimensionen eingeben. Vordefinierte Größen sind: US LETTER (4 : 3) – HOCHFORMAT, US LETTER (4 : 3) – QUERFORMAT, BILDSCHIRM (16 : 9) – HOCH-FORMAT, BILDSCHIRM (16 : 9) – QUERFORMAT.

▶ POSITION VON KOMPONENTEN AUF BERICHTSEBENE ❺: Die Option bestimmt, wie sich Komponenten auf Berichtsebene in Bezug auf andere Seitenelemente verhal-ten. Es gibt die Möglichkeit, globale Berichtselemente auf jeder Seite im Vorder-grund (OBEN) oder im Hintergrund (UNTEN) darzustellen.

## 6.4   Zusammenfassung

In diesem Kapitel haben Sie die Individualisierungsoptionen der einzelnen Visuali-sierungselemente kennengelernt. Sie haben erfahren, welche elementübergreifen-den Anpassungsmöglichkeiten es gibt, und die elementspezifischen Optionen kennengelernt. In den zahlreichen Beispielen zu den einzelnen Visualisierungsele-menten haben Sie zudem Tipps zur praktischen Umsetzung erhalten. Wir haben Ihnen gezeigt, wie Sie Ihre Elemente möglichst nutzerfreundlich gestalten und wel-che Einstellungen Sie in welchem Fall am besten verwenden.

Neben den Anpassungsmöglichkeiten der Visualisierungselemente haben Sie Tipps erhalten, um Ihre Berichte dynamischer zu gestalten. So haben Sie z. B. gesehen, wie Sie zeitabhängige Berichte nutzen, Filter vererben und verwalten. Zusätzlich haben Sie in praktischen Beispielen erfahren, wie Sie mit Hilfe der Zeitraumsteuerung, Fil-tersteuerung, und Datenkontrolle Ihre Berichte dynamischer gestalten. Außerdem wissen Sie nun, wie Sie Google-Analytics-Segmente verwenden, um tiefgehende Erkenntnisse zum Verhalten Ihrer Besucher zu generieren und die Navigation in mehrseitigen Berichten möglichst nutzerfreundlich gestalten.

# Kapitel 7
# Community-Connectoren

*Community-Connectoren helfen Ihnen dabei, weitere Datenquellen in Google Data Studio anzubinden. Wir zeigen Ihnen, wie Sie vorhandene Community-Connectoren nutzen und eigene Connectoren erstellen.*

Community-Connectoren ermöglichen es Ihnen, nahezu jede Datenquelle mit Google Data Studio zu verknüpfen und so individuelle Dashboards zu erstellen. In diesem Kapitel geben wir Ihnen zunächst eine Einführung in das Thema Community-Connectoren und zeigen Ihnen, wie Sie bereits erstellte Community-Connectoren verwenden. Anschließend gehen wir auf Google Apps Script ein, da dieses die Grundlage für die Erstellung eigener Connectoren bildet. Danach erklären wir Ihnen, wie Sie bei der Erstellung eigener Community-Connectoren vorgehen. Hierbei zeigen wir Ihnen anhand eines Praxisbeispiels, was die wesentlichen Schritte bei der Implementierung sind sowie was Sie beim Testen und Teilen/Publizieren der Community-Connectoren beachten müssen.

## 7.1 Grundlagen zu Community-Connectoren

Ursprünglich war es in Google Data Studio nur möglich, Daten mit Hilfe der von Google zur Verfügung gestellten Connectoren anzubinden. Hiermit lassen sich jedoch hauptsächlich Daten aus den Google Tools wie Google Analytics oder Google Sheets in Google Data Studio nutzen. Zusätzlich ist es möglich, Daten mit Datenbank- oder Datei-Connectoren anzubinden.

> **Hinweis zur Funktionsweise und Verfügbarkeit von Connectoren**
>
> In Kapitel 3, »Datenquellen mit Google Data Studio verbinden und bearbeiten«, haben wir Ihnen bereits die Funktionsweise von Connectoren beschrieben und eine Übersicht über die verfügbaren Connectoren bereitgestellt.

Allerdings gibt es auch eine Reihe von Anwendungen, für die kein Connector angeboten wird. So stellt Google z. B. für die Daten Ihrer Facebook-Anzeigen, Ihrer Amazon-Produktverkäufe oder Ihrer MailChimp-Kampagnen keine passenden Connectoren zur Verfügung. An dieser Stelle kommen Community-Connectoren ins Spiel. Sie helfen dabei, Daten von Anwendungen außerhalb des Google-Ökosystems anzubinden, und machen es somit möglich, alle internetbasierten Datenquellen mit Google Data Studio zu verbinden.

Die Motivation, einen Community-Connector zu erstellen, kann dabei ganz unterschiedlich sein:

▶ **Individuelle Berichte für Ihre Unternehmen entwickeln.** Wie bereits erwähnt, stellt Google Data Studio nicht für alle Datenquellen einen Connector zur Verfügung. Community-Connectoren helfen Ihnen dabei, dennoch individuelle Berichte für Ihr Unternehmen zu erstellen und alle relevanten Daten mit Google Data Studio zu verbinden.

▶ **Zusatzfunktion für Kunden anbieten.** Wenn Sie z. B. ein SEO-Tool für Kunden anbieten, so können Sie über seine API (*Application Programming Interface*) auch eine Schnittstelle für das Reporting in Data Studio anbieten. Die Anwender dieses SEO-Tools können dann Berichte auf Basis der SEO-Daten erstellen und diese wiederum ihren Berichtsempfängern (intern oder extern) zur Verfügung stellen. Das wäre ein klarer Wettbewerbsvorteil gegenüber anderen Anbietern von SEO-Tools, die keine solche Schnittstelle anbieten.

▶ **Connectoren als zusätzliche Einnahmequelle.** Wenn Sie Ihre Connectoren in der Data Studio Community Connectors Gallery zur Verfügung stellen, haben Sie die Möglichkeit, hierfür eine Gebühr zu verlangen und so zusätzlichen Umsatz zu generieren. In der Regel erfolgt die Abrechnung über eine monatliche Nutzungsgebühr.

Community-Connectoren können von allen Data-Studio-Nutzern erstellt und geteilt werden. Allerdings sind hierfür grundlegende Kenntnisse in JavaScript und Google Apps Script erforderlich. Um von den zahlreichen Möglichkeiten der Community-Connectoren zu profitieren, müssen Sie diese jedoch nicht unbedingt selbst programmieren. Sie können auch Connectoren anderer Nutzer verwenden:

▶ **Community Connectors Gallery:** Sie finden eine große Auswahl an Community-Connectoren in der Community Connectors Gallery unter folgender URL: *https://developers.google.com/datastudio/connector/gallery*. Die meisten Connectoren hier sind kostenpflichtig, es gibt jedoch auch einige kostenlose. Sie können die Übersicht aus der Community Connectors Gallery auch direkt in Google Data Studio in der Ansicht DATENQUELLEN aufrufen. Weitere Informationen zur Vorgehensweise finden Sie im folgenden Abschnitt 7.2, »Vorhandene Community-Connectoren verwenden«.

▶ **GitHub:** Auf GitHub wird eine Reihe von Open-Source-Community-Connectoren angeboten, die Sie auch über die Community Connectors Gallery hinzufügen können. GitHub bietet auch Beispiele verschiedener Anwendungsfälle und »Best

Practices« für die Entwicklung von Community-Connectoren. Diese finden Sie unter folgender URL: *https://github.com/google/datastudio/#community-connectors.*

## 7.2   Vorhandene Community-Connectoren verwenden

Um einen vorhandenen Community-Connector zu verwenden, stehen Ihnen zwei Optionen zur Verfügung: Fügen Sie ihn direkt in Google Data Studio hinzu oder über die Community Connectors Gallery.

Um einen Community-Connector direkt in Data Studio hinzuzufügen, legen Sie eine neue Datenquelle an. Die Community-Connectoren finden Sie bei der Auswahl der Connectoren (Abbildung 7.1) im Abschnitt PARTNER-CONNECTORS. Wählen Sie aus der Übersicht den gewünschten Connector aus, und starten Sie die Autorisierung mittels AUSWÄHLEN ❶. Im Zuge dieses Prozesses muss Data Studio zum Verwenden des Community-Connectors berechtigt werden. Je nach Art des Connectors kann es hier noch weitere Konfigurationsschritte geben, um eine Verbindung mit dem Datensatz herzustellen. Sollten Probleme auftreten oder benötigen Sie weitere Informationen, können Sie den Anbieter des Community-Connectors kontaktieren ❷.

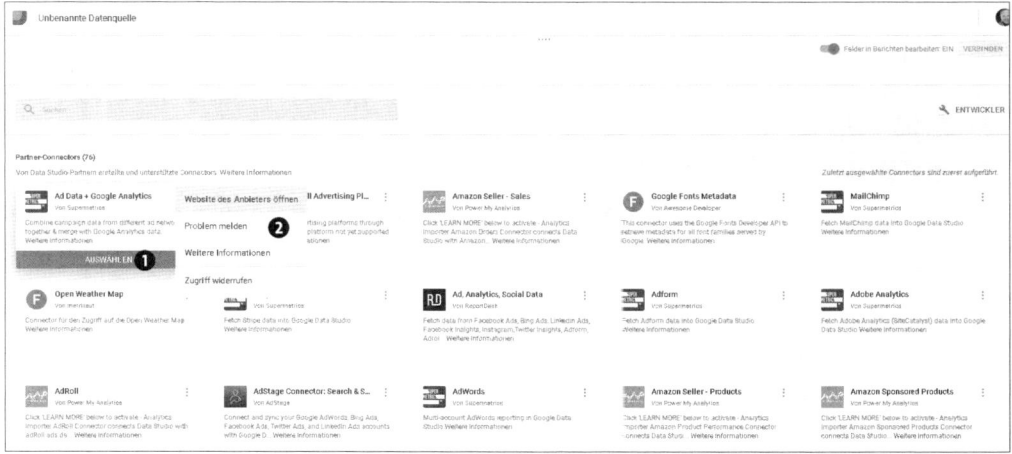

**Abbildung 7.1** Vorhandene Connectoren auswählen

Alternativ können Sie auch die Data Studio Community Connectors Gallery verwenden, um einen neuen Connector hinzuzufügen. Durch einen Klick auf ADD CONNECTOR werden Sie zu Data Studio weitergeleitet. Dort richten Sie den Connector wie zuvor beschrieben ein.

## 7.3   Grundlagen zu Google Apps Script

Community-Connectoren in Google Data Studio basieren auf Google Apps Script. Mit Hilfe dieser cloudbasierten Programmiersprache können Aufgaben Sie innerhalb von Google Tools automatisieren und Webanwendungen programmieren. Beispielsweise werden Add-ons für Google Docs oder Google Sheets mit Google Apps Script erstellt. Sie können Google Apps Script unter folgender URL aufrufen: *https://script.google.com*.

Google Apps Script basiert hauptsächlich auf JavaScript 1.6 mit einigen Teilen der Versionen 1.7 und 1.8 und ECMAScript 5, einer Standardisierung der Programmiersprache JavaScript. Sie können allgemeine Objekte wie `Array`, `Date` oder `RegExp` sowie die globalen Objekte `Math` und `Object` verwenden. Darüber hinaus verfügt Google Apps Script über viele die Funktionen, welche speziell für die Nutzung der Programme in der G Suite entwickelt wurden. Da der Google-Apps-Script-Code jedoch auf den Servern von Google ausgeführt wird, sind browserbasierte Funktionen wie die DOM-Manipulation oder die Windows-API nicht verfügbar.

Google Apps Script verfügt generell über folgende Eigenschaften:

▶ Es ist keine Installation notwendig. Sie können innerhalb des Browsers programmieren. Um den Quellcode ohne Internetverbindung auf Ihrem Rechner zu bearbeiten, können Sie *clasp* verwenden. Dabei handelt es sich um ein Open-Source-Tool, mit dem Sie Apps-Script-Projekte lokal entwickeln und verwalten. Weitere Informationen finden Sie unter *https://developers.google.com/apps-script/guides/clasp*.

▶ Die Skripte werden auf den Google-Servern gespeichert.

▶ Da Google Apps Script auf JavaScript basiert, ist das Programmieren einfach zu lernen, vor allem wenn Sie bereits mit JavaScript vertraut sind. Einsteiger finden eine Vielzahl von Literatur und Onlinekursen, um sich mit der Sprache vertraut zu machen. Exemplarisch sei hier »JavaScript – Das umfassende Handbuch« von Philip Ackermann genannt. Das Buch ist ebenfalls im Rheinwerk Verlag erschienen. Alternativ bietet die Codecademy einen Onlinekurs »JavaScript« an (*https://www.codecademy.com/tracks/javascript*).

▶ Es verfügt über ein cloudbasiertes Debugger-Tool, mit dem Sie Fehler bei der Programmierung erkennen.

▶ Es bietet eine Community für Fragen bei Problemen. Auf der Internetplattform Stack Overflow können Sie unter folgendem Link Fragen speziell zu Google Apps Script stellen: *https://stackoverflow.com/questions/tagged/google-apps-script*.

> **Hinweis zu Google-Apps-Script-Einschränkungen**
>
> Als ein cloudbasierter Dienst unterliegt Google Apps Script Einschränkungen, z. B. wie lange ein Skript laufen darf (und damit Ressourcen wie CPU und RAM in Anspruch nimmt). Mehr Informationen dazu finden Sie unter *https://developers.google.com/apps-script/guides/services/quotas.*

Nachdem wir Ihnen die wichtigsten Eigenschaften von Google Apps Scripts vorgestellt haben, möchten wir nun zwei Benutzeroberflächen präsentieren: die *Startseite* und den *Editor*.

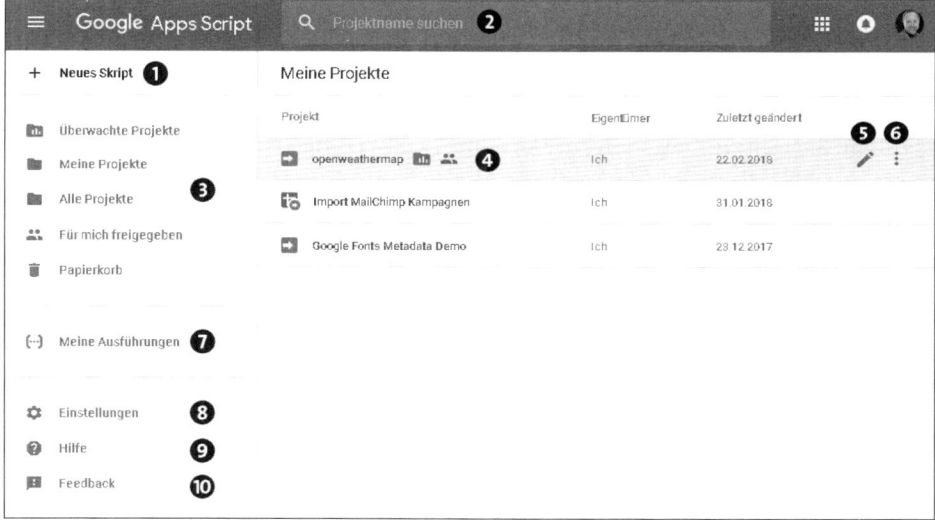

**Abbildung 7.2**  Startseite von Google Apps Script

In Abbildung 7.2 zeigen wir Ihnen, welche Aktionen Sie auf der Apps-Script-Startseite durchführen können:

- ► Legen Sie ein neues Skript an ❶, oder suchen Sie nach Ihren bestehenden Apps-Script-Projekten ❷.
- ► Im linken Navigationsfenster ❸ werden Ihre Projekte in die folgenden Kategorien unterteilt:
  - – Überwachte Projekte: Damit behalten Sie bereits produktive Projekte im Blick, die Sie nicht regelmäßig verwenden. Wenn Sie Ihre bestehenden Apps-Script-Projekte überwachen, bekommen Sie eine Zusammenfassung zur Fehlerrate, zur Anzahl der Skriptausführungen sowie zur Anzahl der Nutzer in einem Dashboard angezeigt. Sie fügen ein bestehendes Projekt zur Überwachung hinzu, indem Sie in der Übersicht der Projekte rechts auf das Überlaufmenü klicken und dort Überwachung starten auswählen.

- MEINE PROJEKTE: Listet die Projekte auf, bei denen Sie der Inhaber sind.

- ALLE PROJEKTE: Hier finden Sie die Projekte, bei denen Sie der Inhaber sind oder bei denen Sie die Berechtigungen zum Anzeigen oder Bearbeiten besitzen.

- FÜR MICH FREIGEGEBEN: Bei diesen Projekten sind Sie nicht der Inhaber, sie wurden aber mit Ihnen geteilt.

- PAPIERKORB: Der Papierkorb enthält Projekte, die Sie gelöscht haben.

▶ In der Projektübersicht werden zu jedem Projekt der Name, der Eigentümer und das Änderungsdatum angezeigt. Darüber hinaus zeigen Icons zusätzliche Informationen an, wie z. B. ob das Projekt überwacht wird. Wenn Sie auf eines Ihrer Projekte klicken ❹, werden weitere Details wie Fehlerrate, die Anzahl der Skriptausführungen und die Anzahl der Nutzer in einem Dashboard angezeigt.

▶ Um das Projekt direkt im Apps Script Editor zu öffnen, klicken Sie auf den Stift ❺. Der Editor öffnet sich daraufhin in einer neuen Registerkarte. Im Überlaufmenü ❻ finden Sie weitere Optionen zur Verwaltung Ihres Projekts.

▶ MEINE AUSFÜHRUNGEN ❼: Hier können Sie sich ein Protokoll aller ausgeführten Apps-Skripte der letzten sieben Tage anzeigen lassen. Standardmäßig werden alle Ausführungen angezeigt, bei deren Projekten Sie Inhaber oder Mitbearbeiter sind oder eine Leseberechtigung besitzen.

▶ EINSTELLUNGEN ❽: In diesem Bereich können Sie den API-Zugriff auf Ihre Google-Apps-Skripte gewähren. Der Zugriff auf Ihre Skriptprojekte ist standardmäßig deaktiviert. Nachdem Sie den Zugriff aktiviert haben, können alle von Ihnen autorisierten Drittanbieteranwendungen die API zum Ändern Ihrer Deployments und Skripte verwenden. Sie können diesen Zugriff im Bereich EINSTELLUNGEN jederzeit widerrufen.

▶ HILFE ❾: Die Hilfeseite für Google Apps Script wird aufgerufen.

▶ FEEDBACK ❿: Hier haben Sie die Möglichkeit, Ideen und Fehlermeldungen an das Google-Apps-Script-Team zu senden.

Mit Hilfe des Google Apps Script Editors legen Sie Ihren Quellcode an und bearbeiten ihn. Von dort aus öffnen Sie auch Ihre Projekte veröffentlichen. In Abbildung 7.3 zeigen wir Ihnen, welche Funktionen dafür zur Verfügung stehen:

▶ Durch Anklicken des Skriptnamens ❶ ändern Sie den Titel des Projekts.

▶ In der Menüleiste ❷ finden Sie viele Funktionen wie die Versionsverwaltung oder die Veröffentlichung (Deployment), die Sie über das jeweilige Kontextmenü auswählen.

▶ In der darunterliegenden Zugriffsleiste ❸ sind die wichtigsten Funktionen zum Bearbeiten des Quellcodes zusammengefasst: Sie können Aktionen rückgängig machen oder wiederholen, den Quellcode durch Einrücken formatieren und speichern, eine periodische Ausführung einplanen oder direkt ausführen, den

Debugger zur Fehlerbehebung starten sowie direkt zu einer der Funktionen im Quellcode springen. Bei Bedarf gibt der Editor Hinweise zur Optimierung des Codes, z. B. wenn Sie veraltete Funktionen verwenden.

▶ Mit der Freigabefunktion ❹ stellen Sie Ihr Projekt anderen Entwicklern zur Verfügung. Weitere Details zur Vorgehensweise finden Sie in Abschnitt 7.4.6, »Community-Connector teilen bzw. publizieren«.

▶ Auf der linken Seite finden Sie eine Übersicht über die Projektdateien ❺. Von dort aus können Sie die Skripte in einzelnen Tabs im Editor öffnen. Über das Kontextmenü benennen Sie die Dateien darüber hinaus um, löschen sie oder kopieren sie.

▶ Der Arbeitsbereich ❻ dient zur Eingabe des Quelltextes. Um die Eingabe zu erleichtern, bietet der Editor u. a. eine Funktion zur Autovervollständigung (Menü BEARBEITEN • WORTVERVOLLSTÄNDIGUNG) sowie einem Assistenten, der in Abhängigkeit von der Eingabe Vorschläge zu den verfügbaren Objekten und Funktionen macht (Menü BEARBEITEN • INHALTSASSISTENT).

**Abbildung 7.3**  Bearbeiten des Quellcodes im Google Apps Script Editor

## 7.4    Schritt für Schritt zum eigenen Community-Connector

Um die Erstellung und Anwendung der Community-Connectoren anschaulicher zu beschreiben, wollen wir die notwendigen Schritte anhand eines Praxisbeispiels erklären. Hierfür zeigen wir Ihnen, wie Sie ein Google Apps Script für den eigenen Community-Connector erstellen.

Das Ziel unseres Community-Connectors ist es, die aktuellen Wetterdaten per API auszulesen. Als Datengrundlage werden wir den Datensatz des Onlinediensts Open-WeatherMap verwenden. Er bietet eine frei nutzbare Programmierschnittstelle für Entwickler, so dass diese ohne Probleme auf Daten wie Vorhersagen oder historische Daten zugreifen können. Die meisten Daten sind kostenlos in den Formaten JSON, XML oder HTML verfügbar. Per Skript soll die API von OpenWeatherMap aufgerufen, das zurückgelieferte Ergebnis aufbereitet und an Data Studio übergeben werden.

---

**Hinweis zum Praxisbeispiel**

Sie können den Quelltext für dieses Beispiel unter folgender URL herunterladen: *https://goo.gl/Tf8j8U*. In den Entwickler-Leitfäden für Community-Connectoren finden Sie weitere Beispiele auf Basis der OpenWeatherMap: *https://developers. google.com/datastudio/connector/build*.

---

### 7.4.1    Wetterdaten per API abrufen

Für unseren Community-Connector sollen die aktuellen Wetterdaten eines Orts abgerufen werden. Die Daten werden im höchsten und teuersten Service Level minütlich aktualisiert und alle zwei Stunden für die kostenlose API. Die Abfrage kann auf vier Arten erfolgen:

▶ durch Verwendung des Stadtnamens (200.000 Städte stehen zur Verfügung.)

▶ durch eine eindeutige ID

▶ durch die Verwendung geografischer Koordinaten

▶ durch den Postleitzahlencode

Abbildung 7.4 zeigt Ihnen, welche Schritte initial notwendig sind, um die Wetterdaten per API von OpenWeatherMap abzurufen.

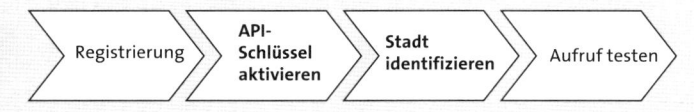

**Abbildung 7.4**  Prozess zum Abruf der Wetterdaten von OpenWeatherMap

### Registrierung für OpenWeatherMap

Um die Daten der OpenWeatherMap zu nutzen, müssen Sie sich zunächst für diesen Dienst registrieren. Abbildung 7.5 zeigt Ihnen die dafür benötigten Schritte. Rufen Sie zunächst die URL *http://openweathermap.org/appid* auf, und klicken Sie anschließend auf Sign up ❶. Nun öffnet sich ein Formular, in dem Sie die notwendigen Informationen eingeben ❷ und anschließend auf Create Account ❸ klicken. Zuletzt geben Sie noch den Namen Ihres Unternehmens (optional) und den Einsatzzweck ❹ ein, um die Einrichtung Ihres Accounts mit SAVE abzuschließen ❺.

**Abbildung 7.5**  Registrierung für OpenWeatherMap

### API-Schlüssel aktivieren

Damit Sie Zugang zur Wetter-API erhalten, benötigen Sie einen API-Schlüssel. Dieser wird während der Registrierung automatisch generiert (siehe Abbildung 7.6). Sie finden ihn unter folgender URL: *https://home.openweathermap.org/api_keys*.

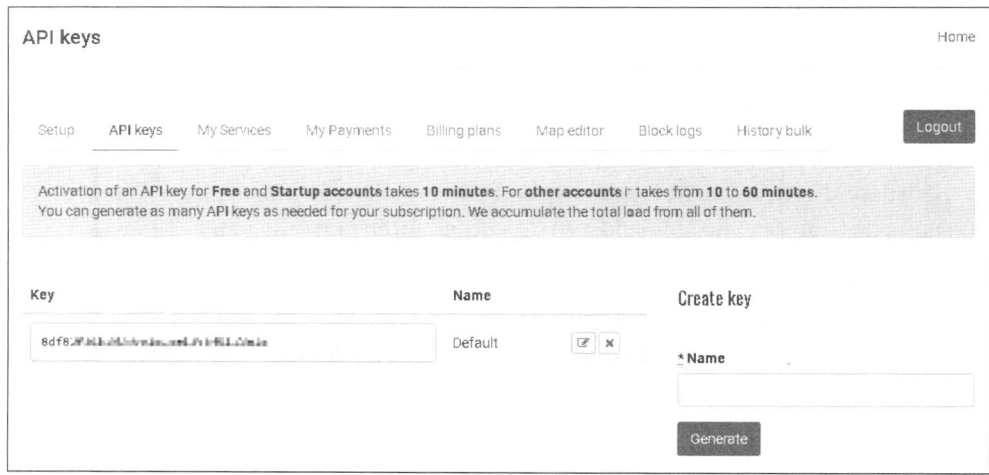

**Abbildung 7.6**  API-Schlüssel auswählen oder anlegen

### Stadt identifizieren

In unserem Beispiel soll das Wetter für Berlin über die ID abgerufen werden. Dazu müssen wir zunächst die Stadt-ID für Berlin identifizieren. Für das Mapping von Städtenamen und ID stellt OpenWeatherMap die Datei *city.list.json.gz* zur Verfügung. Diese kann über folgenden Link heruntergeladen werden: *http://bulk.openweather-map.org/sample/city.list.json.gz*.

Die Datei können Sie nach dem Download entpacken und in einem Texteditor öffnen. Für Berlin findet sich der unten aufgeführte Eintrag wieder. Der Zeile mit dem Eintrag id entnehmen wir die Stadt-ID für Berlin: 2950159.

```
{
    "id": 2950159,
    "name": "Berlin",
    "country": "DE",
    "coord": {
      "lon": 13.41053,
      "lat": 52.524368
    }
},
```

**Listing 7.1** Mapping der Städte-IDs in OpenWeatherMap

### API-Aufruf testen

Nun haben wir alle Informationen zusammen, um die API aufzurufen. Der Aufruf setzt sich zusammen aus der URL *http://api.openweathermap.org/data/2.5/weather* sowie den folgenden Parametern:

▶ id: Städte-ID des gewünschten Ortes. In unserem Beispiel 2950159 für Berlin

▶ appid: Ihr individueller API-Key

▶ units: Die Temperatur soll in der Einheit Celsius (units=metric) zurückgeliefert werden. Neben Celsius sind die Einheiten Fahrenheit (units=imperial) und Kelvin (Defaultwert) verfügbar.

Um den API-Aufruf zu überprüfen, geben Sie die folgende URL in einem Webbrowser ein; ersetzen Sie dabei das Feld <APIKEY> durch Ihren persönlichen API-Key:

*http://api.openweathermap.org/data/2.5/weather?id=2950159&appid=<APIKEY>& units=metric*

Wenn der Aufruf erfolgreich war, bekommen Sie von der API eine Rückmeldung, die in Firefox etwa derjenigen in Abbildung 7.7 entspricht.

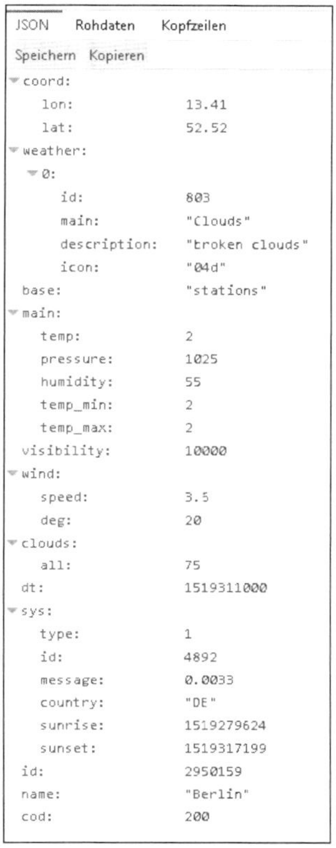

JSON    Rohdaten    Kopfzeilen

Speichern  Kopieren

▼ coord:
    lon:            13.41
    lat:            52.52
▼ weather:
    ▼ 0:
        id:             803
        main:           "Clouds"
        description:    "broken clouds"
        icon:           "04d"
    base:           "stations"
▼ main:
    temp:           2
    pressure:       1025
    humidity:       55
    temp_min:       2
    temp_max:       2
    visibility:     10000
▼ wind:
    speed:          3.5
    deg:            20
▼ clouds:
    all:            75
    dt:             1519311000
▼ sys:
    type:           1
    id:             4892
    message:        0.0033
    country:        "DE"
    sunrise:        1519279624
    sunset:         1519317199
    id:             2950159
    name:           "Berlin"
    cod:            200

**Abbildung 7.7** Rückmeldung positiver API-Aufruf

## 7.4.2    Code erstellen

Im Rahmen eines Google-Apps-Script-Projekts werden fünf Schritte durchlaufen, die wir schematisch in Abbildung 7.8 für Sie dargestellt haben.

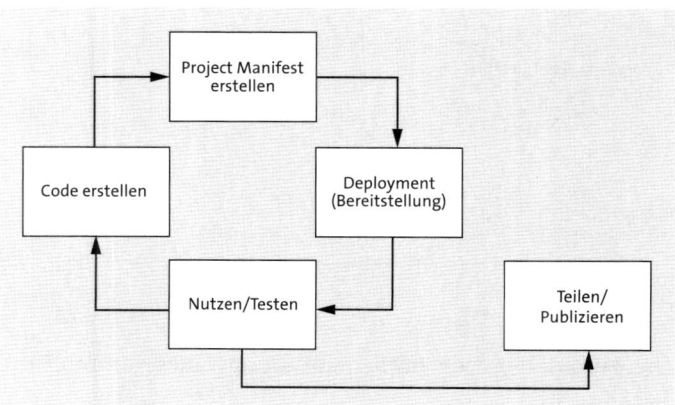

**Abbildung 7.8** Übersicht über die fünf Hauptschritte eines Google-Apps-Script-Projekts

Damit Sie Ihren Programmcode erstellen können, rufen Sie in Ihrem Webbrowser die Seite *https://script.google.com* auf und legen ein NEUES SKRIPT an ❶ (siehe Abbildung 7.9). Falls Sie Google Apps Script das erste Mal aufrufen, erhalten Sie zunächst eine Einführung. Mit einem Klick auf den Button START SCRIPTING gelangen Sie in den Editor.

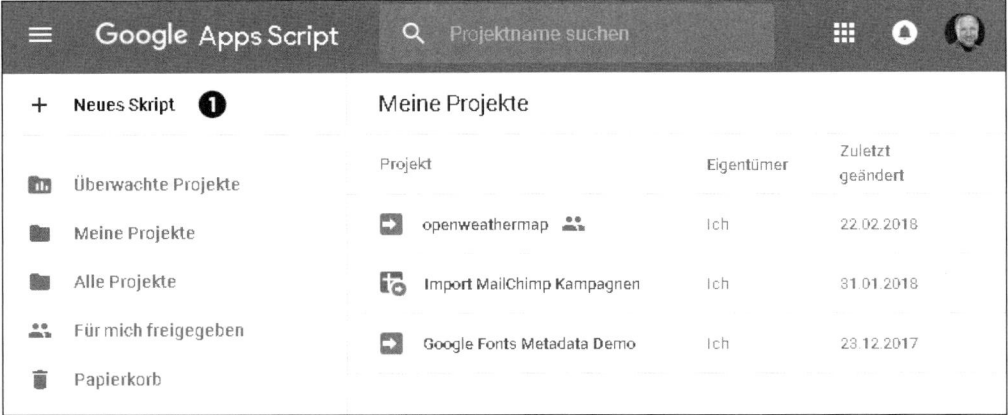

**Abbildung 7.9**  Übersichtsseite Google Apps Script

Im Skripteditor (Abbildung 7.10) wird die Datei *Code.gs* mit der Funktion myFunction() neu angelegt. Vergeben Sie zunächst eine Projektbezeichnung, indem Sie oben links auf der Seite auf UNBENANNTES PROJEKT ❶ klicken und einen entsprechenden Namen eingeben, z. B. »OpenWeatherMap«. Löschen Sie außerdem die vordefinierte Funktion myFunction() ❷.

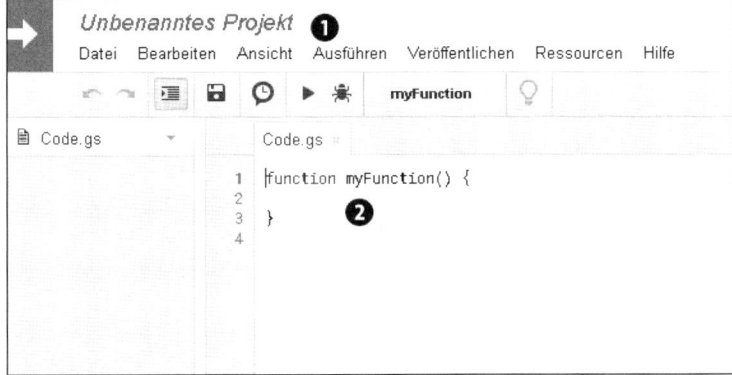

**Abbildung 7.10**  Google Apps Script Editor

Es gibt vier erforderliche Funktionen zur Implementierung eines Community-Connectors:

▶ getConfig(): Definiert einen Eingabebildschirm für den Benutzer zur Konfiguration des Connectors.

▶ getSchema(): Liefert Informationen darüber, wie die Daten des Connectors organisiert sind. Jedes Feld enthält Details wie Name, Beschreibung und Datentyp.

▶ getData(): Sendet die Anfrage an die API und liefert die Tabellendaten für die angegebene Anforderung zurück.

▶ getAuthType(): Definiert die Authentifizierungsmethode, die der Connector benötigt, um sich bei der API zu autorisieren.

Im folgenden Abschnitt gehen wir weiter auf diese vier Funktionen ein. Wir erklären dabei die verschiedenen Felder und geben ein Codebeispiel anhand unseres Community-Connectors für OpenWeatherMap.

### Konfigurationsbildschirm definieren mit »getconfig()«

In der Funktion getconfig() definieren Sie Eingabeparameter wie Textfelder, Dropdown-Menüs oder Checkboxen zur Konfiguration des Connectors. Dadurch hat der Anwender die Möglichkeit, den Connector gemäß seiner Anforderungen zu konfigurieren. Die hier gemachten Angaben werden dann im Konfigurationsbildschirm zum Anlegen einer neuen Datenquelle in Data Studio angezeigt.

Die Konfiguration wird über folgende Struktur definiert:

```
{
  "configParams": [
    {
      "type": string(ConfigType),
      "name": string,
      "displayName": string,
      "helpText": string,
      "placeholder": string,
      "options": [
        {
          "label": string,
          "value": string
        }
      ]
    }
  ],
  "dateRangeRequired": boolean
}
```

**Listing 7.2** Konfigurationsstruktur der Funktion »getconfig()«

Die Eingabeparameter der Funktion getconfig() sind über folgende Felder definiert:

| Feld | Typ | Beschreibung |
|---|---|---|
| configParams[] | Objekt | Apps-Script-Objekt zur Speicherung der Eigenschaften des Konfigurationsbildschirms |
| configParams[].type | Text | Datentyp des Eingabefeldes. Siehe Tabelle 7.2. |
| configParams[].name | Text | ID des Eingabefeldes (ohne Leerzeichen) |
| configParams[].displayName | Text | Beschriftung für das Eingabefeld |
| configParams[].helpText | Text | Hilfetext für das Eingabefeld |
| configParams[].placeholder | Text | Hinweistext bei Eingabefeldern vom Typ TEXTINPUT oder TEXTAREA |
| configParams[].options[] | Liste | Enthält eine Liste aller Optionen bei Eingabefeldern vom Typ SELECT_SINGLE oder SELECT_MULTIPLE. |
| options[].label | Text | Bezeichnung der Auswahloption |
| options[].value | Text | Wert der Auswahloption (ohne Leerzeichen oder Kommas) |
| dateRangeRequired | Boolean | Wird auf true gesetzt, wenn die angefragte API ein Datumsintervall fordert. Start- und Enddatum definieren Sie in der Funktion getData(). Der Standardwert ist false. |

**Tabelle 7.1** Übersicht Eingabeparameter für »getconfig()«

Der Eingabeparameter configParams[].type bietet folgende Eingabeelemente an:

| Datentyp | Beschreibung |
|---|---|
| TEXTINPUT | einzeiliges Textfeld |
| TEXTAREA | mehrzeilige Textbox |
| SELECT_SINGLE | Dropdown-Menü für Einzelauswahloptionen |

**Tabelle 7.2** Übersicht Eingabeparameter für »configParams[].type«

| Datentyp | Beschreibung |
|---|---|
| SELECT_MULTIPLE | Dropdown-Menü für Mehrfachauswahloptionen |
| CHECKBOX | Checkbox zur Erfassung boolescher Werte |
| INFO | Textfeld, das Anweisungen oder Informationen für den Benutzer bereitstellt |

**Tabelle 7.2** Übersicht Eingabeparameter für »configParams[].type« (Forts.)

Unser Konfigurationsbildschirm soll ein Texteingabefeld enthalten, in dem die gewünschte Städte-ID hinterlegt werden kann. Als Voreinstellung ist die ID von Berlin hinterlegt (2950159). Für unsere Beispielapplikation sieht die Funktion getconfig() folgendermaßen aus:

```
// Ersetzen Sie <APIKEY> durch Ihren persönlichen API-Schlüssel von
// OpenWeatherMap
var API_KEY = <APIKEY>;

function getConfig(request) {
  var config = {
    configParams: [
      {
        type: 'TEXTINPUT',
        name: 'ID',
        displayName: 'ID',
        helpText: 'Geben Sie die ID ein, für die Sie das aktuelle Wetter ⊃
                   abrufen möchten.',
        placeholder: '2172797'
      }
    ]
  };
  return config;
}
```

**Listing 7.3** Funktion »getconfig()«

Gemäß unseren Angaben erscheint ein Konfigurationsbildschirm beim Aufruf des Community-Connectors in Data Studio wie in Abbildung 7.11. Der Konfigurationsbildschirm setzt sich aus den Angaben im Project Manifest ❶ (siehe Abschnitt 7.4.3, »Project Manifest erstellen«) und den Eingabeparametern der Funktion getconfig() ❷ zusammen.

**Abbildung 7.11** Konfigurationsbildschirm Community-Connector

### Feldstruktur definieren mit »getSchema()«

Die Funktion getSchema() gibt die Struktur der Felder für die weitere Verarbeitung im Community-Connector zurück. Das Schema liefert Informationen darüber, wie das Datenmodell des Connectors organisiert ist. Für jedes Feld enthält es Details wie Bezeichner, Namen und Datentypen. Alle Konfigurationsparameter, die von der Funktion getConfig() definiert wurden, werden im Anforderungsargument bereitgestellt.

Jedes einzelne Feld der Struktur hat folgenden Aufbau:

```
{
  "name": string,
  "label": string,
  "description": string,
  "dataType": string(DataType),
  "group": string,
  "formula": string,
  "isDefault": boolean,
  "defaultAggregationType": string(DefaultAggregationType),
  "semantics": {
    "conceptType": string(ConceptType),
    "semanticType": string(SemanticType),
    "semanticGroup": string(SemanticGroup),
    "isReaggregatable": boolean
  }
}
```

**Listing 7.4** Aufbau der Datenstruktur

Die Felder haben folgende Bedeutung:

| Feld | Typ | Beschreibung |
| --- | --- | --- |
| name | Text | Der technische Name des Feldes. Erlaubt sind alphanumerische Zeichen und Unterstriche. |
| label | Text | Der Anzeigename für das Feld. Der Name wird in der Data-Studio-Datenquelle in der Spalte FELD angezeigt. |
| description | Text | Beschreibung des Feldes (optional). Die Beschreibung wird in der Data-Studio-Datenquelle in der Spalte BESCHREIBUNG angezeigt. |
| dataType | Text | Als Datentyp für das Feld sind STRING, NUMBER und BOOLEAN zulässig. |
| group | Text | Felder können optional in der Auswahl der Dimensionen und Messwerte in Data Studio gruppiert werden. Felder ohne Gruppenzuordnung werden der »Standardgruppe« zugewiesen. |
| formula | Text | Auf die Datentypen STRING und NUMBER können optional Formeln angewandt werden. Wenden Sie für einen Messwert z. B. die Formel COUNT() an, um die Anzahl der Messwerte zu ermitteln. Formelfelder können im Datenquelleneditor nicht bearbeitet werden. Weitere Informationen zur Anwendung von Formeln finden Sie in Kapitel 4, »Eigene Dimensionen und Messwerte erstellen«. |
| isDefault | Boolean | Wenn der optionale Parameter auf true steht, wird das Feld als Standarddimension oder -messwert definiert. Es sollte nur eine Standarddimension und ein Standardmesswert für das Schema definiert werden. |
| default-AggregationType | Text | Die Standardaggregation kann optional definiert werden. Mögliche Aggregationstypen sind: AVG, COUNT, COUNT_DISTINCT, MAX, MIN, SUM. Weitere Informationen zu den Aggregatfunktionen finden Sie in Kapitel 4. |

**Tabelle 7.3**  Übersicht Eingabeparameter für »getSchema()«

| Feld | Typ | Beschreibung |
|---|---|---|
| semantics | Objekt | Manuelle Bereitstellung von semantischen Informationen zu den Feldern. Semantische Typen ergänzen die zugrundeliegenden Datentypen, um den Feldinhalt genauer zu beschreiben. So kann es sich bei dem Datentyp STRING semantisch z. B. um eine URL handeln. |
| semantics. conceptType | Text | Der Parameter gibt an, ob es sich bei dem Feld um eine Dimension oder einen Messwert handelt. Die möglichen Ausprägungen sind DIMENSION und METRIC. |
| semantics. semanticType | Text | Der semantische Typ für das Feld, wie z. B. Zahl, Jahr und Monat oder URL. |
| semantics. semanticGroup | Text | Die semantische Gruppe für das Feld (optional). Ermöglicht die Gruppierung semantischer Typen. Mögliche Ausprägungen sind: NUMERIC, DATETIME, GEO, CURRENCY. Eigene Ausprägungen sind hier möglich. |
| semantics. isReaggregatable | Boolean | Dieser Parameter ist nur auf Messwerte anwendbar. Steht der Parameter auf true, bedeutet dies, dass der Messwert in Data Studio aggregiert werden kann. Im Datenquelleneditor kann die Standardaggregation SUM vom Benutzer geändert werden.  Bei false kann keine Aggregation auf das Feld angewendet werden, z. B. weil das Feld im Datensatz bereits voraggregiert gespeichert wird. In Data Studio wird die Aggregation dann auf AUTO voreingestellt, und der Benutzer kann die Aggregation nicht ändern.  Der Standardwert ist true. |

**Tabelle 7.3**  Übersicht Eingabeparameter für »getSchema()« (Forts.)

Wenn Sie einen Community-Connector erstellen, benötigt jedes Feld, das Sie im Schema definieren, einen Datentyp. Wie in Tabelle 7.3 ersichtlich, werden als Datentypen nur STRING, NUMBER und BOOLEAN unterstützt. In Data Studio werden neben dem Datentyp auch semantische Typen verwendet. Semantische Typen helfen dabei, die Art von Informationen zu beschreiben, die die Daten darstellen. Beispielsweise kann ein Feld mit einem NUMBER-Datentyp semantisch einen Währungsbetrag darstellen und ein Feld mit einem STRING-Datentyp einen Ort. In der Feldansicht von Data Studio werden die semantischen Typen genutzt. Die Definition der semantischen Typen leiten Sie entweder mit Hilfe des automatischen semantischen Erkennungsprozesses ab, oder sie definieren die Typen manuell.

Für unsere Beispielapplikation wollen wir die Dimension Stadt (als Text) und den Messwert Temperatur (als Zahl) definieren. Die Einheit (Celsius) haben wir bereits im Aufruf der API festgelegt (siehe Abschnitt 7.4.1, »Wetterdaten per API abrufen«). Wir haben uns für eine automatische semantische Typerkennung entschieden. Was es dabei im Detail zu beachten gilt, finden Sie unter *https://developers.google.com/ datastudio/connector/semantics#setting_semantic_information* beschrieben. Die Schemadefinition sowie die aufrufende Funktion getSchema() sehen folgendermaßen aus:

```
var fixedSchema = [
  {
    name: 'CityName',
    label: 'Stadt',
    description: 'Name der Stadt',
    dataType: 'STRING',
    semantics: {
      conceptType: 'DIMENSION',
    }
  },
  {
    name: 'Temperature',
    label: 'Temperatur',
    description: 'Temperatur in Celsius'
    dataType: 'NUMBER',
    semantics: {
      conceptType: 'METRIC',
    }
  },
];

function getSchema(request) {
  return {schema: fixedSchema};
}
```

**Listing 7.5** Funktion »getSchema()«

Das oben definierte Schema führt in der Feldübersicht von Data Studio zu der Anzeige aus Abbildung 7.12:

**Abbildung 7.12** Feldübersicht Google Data Studio

### Daten abrufen und zurückgeben mit »getData()«

Die Funktion getData() ist das Kernstück des Connectors. Hier werden zunächst die Daten durch die externe API abgerufen. Anschließend werden die Daten in dem von Ihnen vorgegebenen Schema formatiert und an Data Studio zurückgegeben.

Der Aufruf enthält alle Konfigurationsparameter mit Werten sowie eine Liste der ausgewählten Dimensionen und Metriken.

Er hat folgende Struktur:

```
{
  "configParams": object,
  "scriptParams": {
    "sampleExtraction": boolean,
    "lastRefresh": string
  },
  "dateRange": {
    "startDate": string,
    "endDate": string
  },
  "fields": [
    {
      object(Field)
    }
  ]
}
```

**Listing 7.6** Übergabestruktur der Funktion »getData()«

Eine Übersicht über die Bedeutung der Felder gibt Tabelle 7.4.

| Feld | Typ | Beschreibung |
|------|-----|--------------|
| configParams | Objekt | Ein JavaScript-Objekt, das die vom Benutzer im Konfigurationsbildschirm hinterlegten Werte enthält. |
| scriptParams | Objekt | Ein JavaScript-Objekt, das Informationen zur Connector-Ausführung enthält. |
| scriptParams. sampleExtraction | Boolean | Steht der Parameter auf true, wird eine Teilmenge der Daten zur automatischen Erkennung der semantischen Datentypen aus dem Datensatz extrahiert. |
| scriptParams. lastRefresh | Text | Der Parameter enthält den Zeitstempel, zu dem die Daten das letzte Mal aktualisiert wurden. |
| dateRange | Objekt | Als Selektionszeitraum werden standardmäßig 28 Tage (ohne den heutigen Tag) vorgegeben. Wenn im Bericht ein Datumsbereich gefiltert wird, so wird dieser als Datumsbereich für die Selektion übernommen. |
| dateRange. startDate | Text | Das Startdatum für den zu selektierenden Datumsbereich. Der Parameter ist nur gültig, wenn dateRangeRequired: true in der Funktion getConfig() definiert wurde. Das Datum muss im Format JJJJ-MM-TT sein. |
| dateRange. endDate | Text | Das Enddatum für den zu selektierenden Datumsbereich. Weitere Optionen siehe dateRange.startDate. |
| fields[] | Objekt | Das Objekt enthält die Liste der Felder, für die Daten angefordert wurden. Die Feldnamen entsprechen den in getSchema() definierten Namen. |

**Tabelle 7.4** Übersicht Eingabeparameter für »getData()«

In unserer Beispielapplikation werden in der Funktion getData() folgende Schritte durchlaufen:

In der Variablen response wird das Ergebnis des API-Aufrufs gespeichert. Für den Abruf der Daten wird die Klasse UrlFetchApp genutzt. Damit können Skripte mit anderen Anwendungen kommunizieren oder auf andere Ressourcen im Web per URL zugreifen. Die URL der API inklusive der Parameter ist in der Variablen url gespeichert.

Die Variable weather enthält die Rückmeldung der API im JSON-Format.

Im nächsten Schritt wird ein Array (dataSchema) für die angeforderten Felder vorbereitet, bevor die in der Variablen weather gespeicherten Werte nun zeilenweise durchlaufen und dem Array zugeordnet werden.

Der verbleibende Teil der Funktion gibt die Werte von dataSchema und data zurück. Wenn alle oben genannten Schritte erfolgreich waren, werden die Daten aus der API an Data Studio zurückgegeben.

Der zugehörige Quelltext sieht folgendermaßen aus:

```
function getData(request) {
  // Erzeugen der URL, um die Wetterdaten mit Hilfe der OpenWeatherMap-API
     abzurufen.
  var url = [
    'http://api.openweathermap.org/data/2.5/weather?id=
',request.configParams.ID,'&appid=',API_KEY,'&units=metric'];

  // Daten holen
  var response = UrlFetchApp.fetch(url.join(''));
  var weather = JSON.parse(response.getContentText());

  // Schema für die angeforderten Felder vorbereiten.
  var dataSchema = [];
  request.fields.forEach(function(field) {
    for (var i=0; i < fixedSchema.length; i++) {
      if (fixedSchema[i].name == field.name) {
        dataSchema.push(fixedSchema[i]);
        break;
      }
    }
  });

// Protokolleintrag für das Schema erzeugen
  Logger.log(dataSchema);

  // Übergabetabelle befüllen.
  var data = [];
    var values = [];
    // Werte wie vom Schema vorgegeben bereitstellen.
    dataSchema.forEach(function(field) {
      switch(field.name) {
        case 'CityName':
          values.push(weather.name);
```

```
      break;
    case 'Temperature':
      values.push(weather.main.temp);
      break;
    default:
      values.push('');
  }
});

// Protokolleintrag für die zu übertragenden Werte erzeugen
Logger.log(values);

  data.push({
    values: values
  });


  return {
    schema: dataSchema,
    rows: data
  };
}
```

**Listing 7.7** Funktion »getData()«

### Authentifizierungsart in »getAuthType()« definieren

Die Funktion getAuthType() wird verwendet, um spezielle Verbindungsanforderungen für den Zugriff auf die externe API zu definieren. Wenn die aufzurufende API OAuth 2.0 zur Authentifizierung verwendet, kann diese Variante über den Parameter type definiert werden.

Die Authentifizierungsart definieren Sie über folgenden Parameter:

| Feld | Typ | Beschreibung |
|------|-----|--------------|
| type | Text | Folgende Authentifizierungsvarianten sind zulässig: <br> ▶ NONE (keine Authentifizierung erforderlich) <br> ▶ OAUTH2 (OAuth 2.0 wird zur Authentifizierung verwendet.) |

**Tabelle 7.5** Übersicht Eingabeparameter für »getAuthType()«

Die OpenWeatherMap-API erfordert eine einfache HTTP-Authentifizierung, daher sind hier keine spezifischen Regeln erforderlich. Der Authentifizierungstyp wird deswegen als NONE definiert.

```
function getAuthType() {
  var response = {
    "type": "NONE"
  };
  return response;
}
```

**Listing 7.8** Funktion »getAuthType()«

**Hinweis zur Authentifizierung mit OAUTH2**

Wenn für Ihre Datenquelle eine OAuth-2.0-Authentifizierung erforderlich ist, sind neben der Funktion getAuthType() weitere Schritte zur Unterstützung dieser Authentifizierungsmethode notwendig. Dazu gehören:

▸ Hinzufügen der Bibliothek *OAuth2 for Apps Script* zum eigenen Google-Apps-Script-Projekt

▸ Implementierung der folgenden Funktionen:

 – isAuthValid(): Sie müssen prüfen, ob die Authentifizierung für die externe API gültig ist.

 – get3PAuthorizationUrls(): Wenn keine gültige Authentifizierung vorliegt, können Sie diese Funktion nutzen, um die URL zu erhalten, die zum Initiieren des Authentifizierungsflusses für den Dienst des Drittanbieters erforderlich ist.

 – resetAuth(): Löscht alle Anmeldeinformationen, die für den Benutzer zur Nutzung der externen API gespeichert sind. Dies kann z. B. erforderlich sein, wenn ein Authentifizierungsproblem vorliegt.

Weitere Informationen zur Authentifizierung mit OAuth finden Sie im Authentifizierungshandbuch unter folgendem Link: *https://developers.google.com/datastudio/connector/oauth2.*

### 7.4.3   Project Manifest erstellen

Die Manifestdatei enthält Informationen zu Ihrem Community-Connector, die für die Bereitstellung und Verwendung Ihres Connectors in Data Studio erforderlich sind. Die im Project Manifest hinterlegten Informationen wie Name, Company und Description werden u. a. für den Konfigurationsbildschirm verwendet. Sie sollten hier also nur öffentlich zugängliche Informationen hinterlegen. Die Datei wird im JSON-Format innerhalb Ihres Apps-Script-Connector-Projekts gespeichert.

Um die Manifestdatei in der Google-Apps-Script-Entwicklungsumgebung zu bearbeiten, klicken Sie auf das Menü Ansehen • Manifestdatei anzeigen ❶ (siehe Abbildung 7.13). Dadurch wird ein neues Project Manifest mit dem Titel *appsscript.json* erstellt.

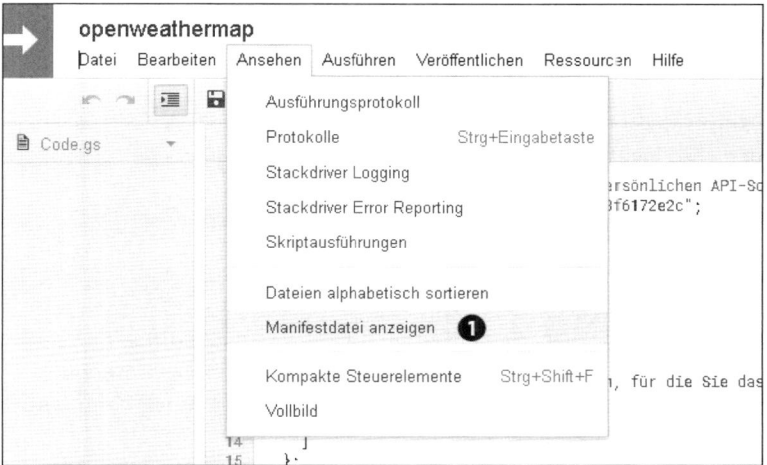

**Abbildung 7.13** Project Manifest in Google Apps Script anlegen

Für das Project Manifest sind folgende Parameter erforderlich:

| Attribut | Typ | Beschreibung |
|---|---|---|
| name | Text | Name des Connectors (begrenzt auf 28 Zeichen) |
| company | Text | Name der Organisation oder des Entwicklers |
| companyUrl | URL | Link zur Website des Unternehmens oder Entwicklers |
| logoUrl | URL | Die URL zu einem Logo für Ihren Connector. Die erforderlichen Abmessungen sind 40 × 40 Pixel. |
| addonUrl | URL | URL zu einer Website mit weiteren Informationen zum Connector. Diese Seite muss Ihre Nutzungsbedingungen und Datenschutzrichtlinien enthalten oder auf diese verweisen. Für die Erstellung und das Hosting der Seite sind Sie verantwortlich. |
| supportUrl | URL | Link zu einer Supportseite oder E-Mail-Adresse, damit Benutzer Probleme mit dem Connector melden können. Für die Erstellung und das Hosting der Seite sind Sie verantwortlich. |

**Tabelle 7.6** Erforderliche Eingabeparameter für das Project Manifest

| Attribut | Typ | Beschreibung |
|---|---|---|
| Description | Text | Die Beschreibung für Ihren Connector. |
| | | Beachten Sie, dass nur die ersten 155 Zeichen der Beschreibung in der Community Connectors Gallery sichtbar sind. Benutzer sehen die vollständige Beschreibung auf Ihrer Connector-Konfigurationsseite. |

**Tabelle 7.6** Erforderliche Eingabeparameter für das Project Manifest (Forts.)

Optional können Sie noch folgende Parameter ergänzen:

| Attribut | Typ | Beschreibung |
|---|---|---|
| sources | Text | Die Liste der Datenquellen, mit denen dieser Connector eine Verbindung herstellen kann. Die Datenquellen separieren Sie in der Aufzählung durch Kommas. |
| templates | Objekt | ein Data-Studio-Bericht, der als Vorlage verwendet wird |

**Tabelle 7.7** Optionale Eingabeparameter für das Project Manifest

**Hinweis zum Parameter »templates«**

Während der Anbindung des Connectors bekommt der Anwender eine Checkbox angezeigt, in der er wählt, ob er die Standardvorlage verwenden möchte oder nicht. Die Checkbox ist standardmäßig aktiviert.

Als Parameter wird die Berichts-ID des Data-Studio-Berichts verwendet, der als Vorlage genutzt werden soll. Die Berichts-ID entspricht dem Teil in der Berichts-URL zwischen */reporting/* und */page*. In der URL *https://datastudio.google.com/reporting/ 1AvWOhV4mAYz-i0L9He3UYL1Ubl3IEr8V/page/bOqN* ist *1AvWOhV4mAYz-i0L9He3UY L1Ubl3IEr8V1AvWOhV4mAYz-i0L9He3UYL1Ubl3IEr8V* beispielsweise die Berichts-ID.

Bei G-Suite-Konten ist die Freigabe in der Domain möglicherweise eingeschränkt. In solchen Fällen sollten Sie die Berichtsvorlage mit einem kostenlosen Google-Konto erstellen, das nicht zur G Suite gehört.

Im Project Manifest zu unserer Beispielapplikation werden der Name des Community-Connectors (name) und des Unternehmens (company) mitsamt Logo (logoUrl) spezifiziert. Für weitere Informationen (addonUrl) und Support (supportUrl) werden Hyperlinks generiert und durch eine kurze Beschreibung (description) ergänzt. In Abbildung 7.11 sehen Sie den Konfigurationsbildschirm zu der folgenden Definition:

```
{
  "dataStudio": {
    "name": "OpenWeatherMap",
    "company": "metrinaut",
    "logoUrl": "https://www.gstatic.com/images/branding/product/1x/
              google_fonts_48dp.png",
    "addonUrl": "https://developers.google.com/datastudio/connector/
              getstarted",
    "supportUrl": "https://developers.google.com/datastudio/connector/faq",
    "description": "Connector für den Zugriff auf die OpenWeatherMap."
  }
}
```

**Listing 7.9** Project-Manifest-Datei

---

**Hinweis zu externen Bibliotheken**

Wenn Sie Ihrem Connector eine externe Bibliothek wie z. B. zur OAUTH2-Authentifizierung hinzufügen, fügt Apps Script automatisch Einträge zu Ihrer Manifestdatei unter dem Eintrag dependencies hinzu. Diese Einträge sollten Sie nicht entfernen, wenn Sie die externe Bibliothek in Ihrem Connector verwenden möchten.

---

### 7.4.4    Bereitstellung (Deployment)

Unter *Deployment* versteht man die Bereitstellung von Software. Sie können Ihren eigenen Community-Connector direkt aus Google Apps Script bereitstellen. Wie Sie dabei vorgehen, zeigen wir Ihnen in Abbildung 7.14. In der Entwicklungsumgebung von Google Apps Script rufen Sie im Menü VERÖFFENTLICHEN • BEREITSTELLUNG VOM MANIFEST AUS DURCHFÜHREN ❶ auf. In dem nun erscheinenden Popup-Fenster klicken Sie auf LATEST VERSION (HEAD) ❷. Jetzt wird zusätzlich der Link zum Aufruf des Connectors in Data Studio angezeigt ❸. Wenn Sie auf den Link klicken, wird ein neues Fenster in Data Studio geöffnet, in dem Ihr Connector bereits ausgewählt ist und auf die Autorisierung wartet. Von hier aus können Sie Ihren Connector konfigurieren und in einem Data-Studio-Bericht die Funktionalität testen.

---

**Hinweis zum Deployment aus unterschiedlichen Domänen**

Wenn sich das Eigentümerkonto des Connectors in einer G-Suite-Domain befindet, muss der Connector von einem Konto in derselben Domain bereitgestellt werden. Kostenlose Gmail-Konten oder Konten anderer G-Suite-Domänen können nicht zum Aktualisieren von Deployments verwendet werden.

---

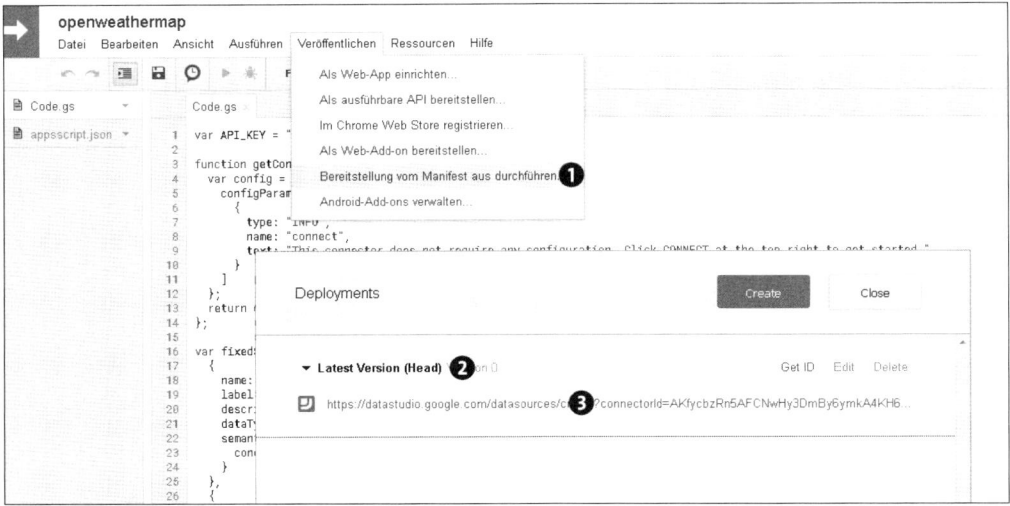

**Abbildung 7.14** Bereitstellung eigener Connectoren

Wenn Sie Änderungen am Quelltext vornehmen, empfiehlt es sich, den Code als neue Version zu speichern. Andernfalls wird bei jedem Deployment eine neue Datenquelle in Data Studio erzeugt.

Zur Administration der Codevarianten steht Ihnen im Apps Script Editor die Versionsverwaltung zur Verfügung. Auf diese Weise müssen die Benutzer nichts weiter tun und erhalten das Update automatisch.

In Abbildung 7.15 zeigen wir Ihnen, wie Sie die Versionsverwaltung von Google Apps Script benutzen. Speichern Sie Ihren Code, indem Sie die Versionsverwaltung über DATEI • VERSIONEN VERWALTEN ❶ aufrufen. In dem nun erscheinenden Fenster VERSIONEN VERWALTEN können Sie eine Beschreibung Ihrer Änderungen eingeben ❷ und die neue Version speichern ❸. Die gespeicherte Version finden Sie nun in der Versionstabelle ❹. Bestätigen Sie Ihre Eingaben mit OK ❺.

Für das Deployment einer Codeversion sind die Schritte aus Abbildung 7.16 notwendig. Klicken Sie im Menü auf VERÖFFENTLICHEN • BEREITSTELLUNG VOM MANIFEST AUS DURCHFÜHREN. In dem nun erscheinenden Popup-Fenster wählen Sie das gewünschte Deployment aus und klicken Sie rechts auf EDIT ❶. Wählen Sie in den Einstellungen die zu publizierende VERSION aus ❷, und speichern Sie Ihre Einstellungen ❸. Der Community Connector in Data Studio wird jetzt automatisch aktualisiert.

**Abbildung 7.15** Funktionen der Google-Apps-Script-Versionsverwaltung

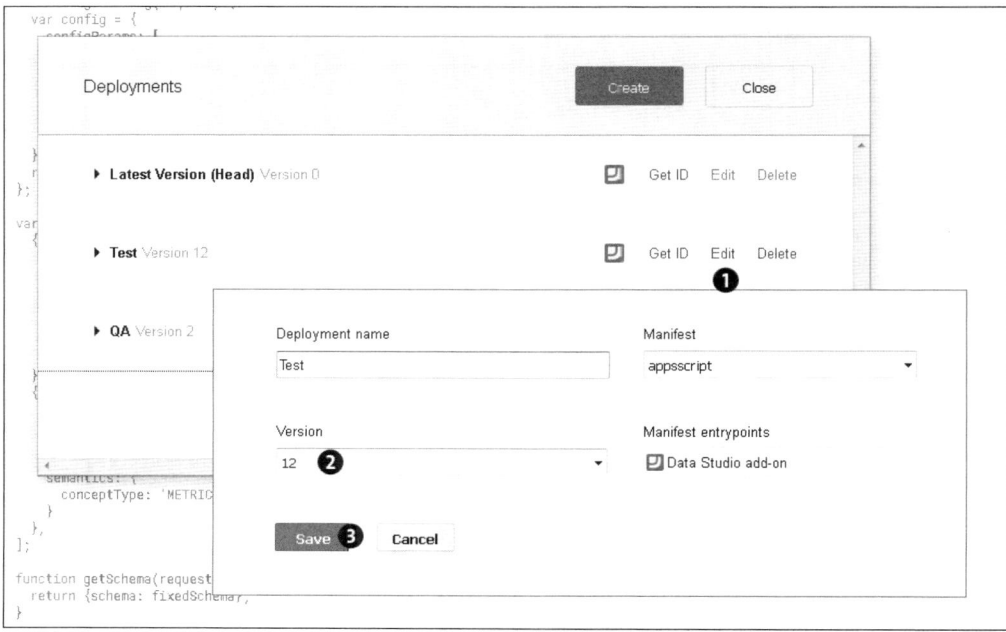

**Abbildung 7.16** Vorgehen beim Deployment einer Codeversion

---

**Hinweis zur Codeverwaltung**

In der Praxis empfiehlt es sich, zusätzliche Versionen und Deployments für Test und Produktion anzulegen. Mit einem entsprechenden Testmanagement ist sichergestellt, dass Sie nur stabile und getestete Versionen Ihres Connectors an die Anwender freigeben. Weitere Informationen dazu finden Sie in der Community-Connector-Hilfe unter *https://developers.google.com/datastudio/connector/deploy*.

---

### 7.4.5   Community-Connector testen

Sollte es zu Fehlermeldungen während der Ausführung des Data-Studio-Berichts wie z. B. in Abbildung 7.17 kommen, können Sie zur Fehleranalyse die Community-Connector-Debugfunktionen aktivieren, indem Sie die Funktion isAdminUser() verwenden. Diese Funktion überprüft, ob der aktuelle Benutzer ein Administrator des Connectors ist oder nicht. Wenn isAdminUser() den Wert true zurückgibt, zeigt Data Studio die Ausführungsfehler an. Wenn die Funktion isAdminUser() nicht definiert ist oder false zurückgibt, werden die Fehlerdetails ohne SCRIPT ERROR MESSAGE angezeigt.

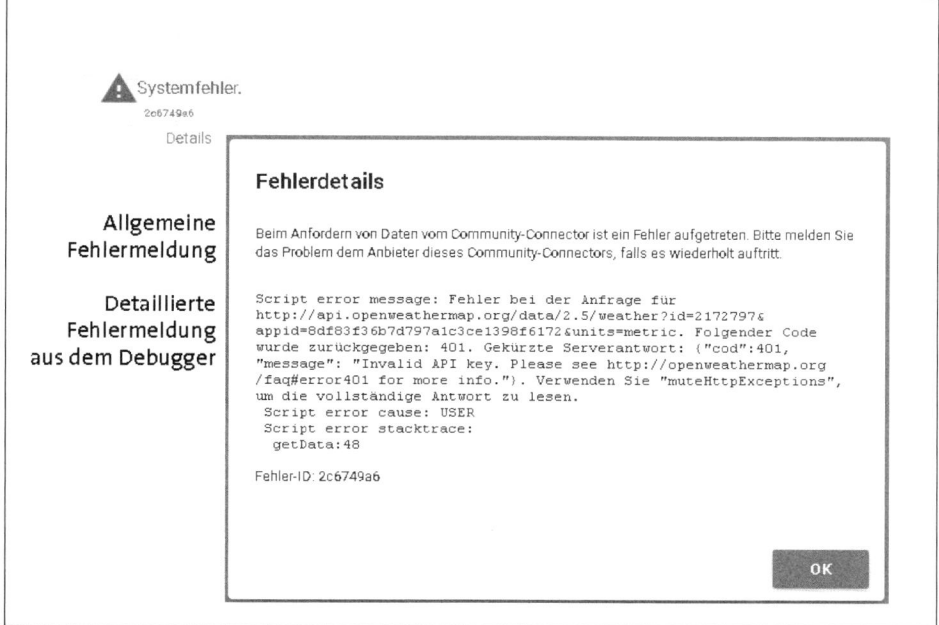

**Abbildung 7.17** Allgemeine und detaillierte Fehlermeldungen in Data Studio

Die Funktion isAdminUser() ist in unserer Beispielapplikation so entworfen, dass sie bei einem Fehler immer den Wert true zurückgibt. Diese Konfiguration empfiehlt

sich während der Entwicklungsphase. In diesem Fall sieht die Funktion isAdminUser()
folgendermaßen aus:

```
function isAdminUser() {
  return true;
}
```

**Listing 7.10** Funktion »isAdminUser()«

Für den produktiven Einsatz des Community-Connectors können Sie z. B. definieren,
dass die Debugfunktionen nur dann aktiviert werden, wenn ein bestimmter User den
Connector ausführt. Mit der Funktion getEffectiveUser() ermitteln Sie den aktuellen User.

Um Fehler während der Entwicklung des Community-Connectors zu analysieren, ist
es oftmals hilfreich, Informationen wie beispielsweise den Inhalt einer Variablen während der Programmausführung zu protokollieren. Google Apps Script bietet für die
Protokollierung verschiedene Mechanismen an. Der im Editor integrierte Apps Script
Logger ist die einfachste Variante zur Protokollierung. Diese Protokolle sind für einfache Überprüfungen während der Entwicklung und des Debuggens gedacht, werden
aber bei jedem Programmdurchlauf wieder überschrieben. Für längerfristige Speicherung und komplexere Protokollierungen stehen darüber hinaus Stackdriver Logging
und Stackdriver Error Reporting zur Verfügung. Bei Stackdriver Error Reporting handelt es sich um einen Service, der die in Ihrem produktiven Skript erzeugten Fehler
aggregiert und in einem Dashboard für das Fehlermanagement anzeigt. In unserer
Beispielapplikation wird für die Protokollierung der Apps Script Logger genutzt.

In der Funktion getData() sollen das Array mit der Datenstruktur (dataSchema) sowie
der Inhalt der an Data Studio zu übertragenden Werte protokolliert werden. Dazu
wird die Methode log(data) genutzt. Diese schreibt den Inhalt des Parameters data in
die Protokollausgabe. Die Aufrufe zur Protokollierung haben wir im folgenden Auszug aus der Funktion getData() hervorgehoben:

```
// Schema für die angeforderten Felder vorbereiter.
var dataSchema = [];
request.fields.forEach(function(field) {
  for (var i=0; i < fixedSchema.length; i++) {
    if (fixedSchema[i].name == field.name) {
      dataSchema.push(fixedSchema[i]);
      break;
    }
  }
});
```

```
// Protokolleintrag für das Schema erzeugen
  Logger.log(dataSchema);

  // Übergabetabelle befüllen.
  var data = [];
    var values = [];
    // Werte wie vom Schema vorgegeben bereitstellen.
    dataSchema.forEach(function(field) {
      switch(field.name) {
        case 'CityName':
          values.push(weather.name);
          break;
        case 'Temperature':
          values.push(weather.main.temp);
          break;
        default:
          values.push('');
      }
    });

  // Protokolleintrag für die zu übertragenden Werte erzeugen
  Logger.log(values);
```

**Listing 7.11** Protokollierung in der Funktion »getdata()«

Um sich das Protokoll anzeigen zu lassen, gehen Sie auf ANSEHEN • PROTOKOLLE (siehe Abbildung 7.18). In dem nun erscheinenden Popup Fenster wird zunächst das Schema für unsere Datenstruktur ❶ und anschließend die an Data Studio zu übertragenden Wetterdaten ❷ angezeigt.

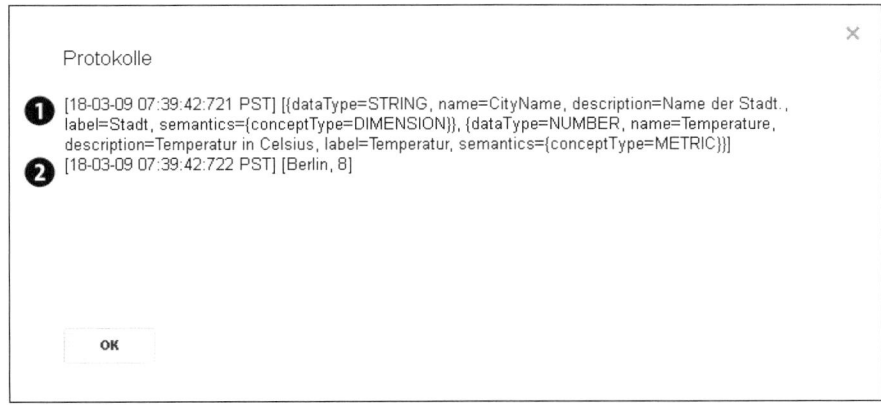

**Abbildung 7.18** Protokollierung mit dem Apps Script Logger

**Hinweis zur Fehlerbehandlung für Community-Connectoren**

Weiterführende Informationen zur Behandlung von Fehlern, die bei der Verwendung Ihres Connectors auftreten können, finden Sie in der Google-Developers-Hilfe unter folgender URL: *https://developers.google.com/datastudio/connector/error-handling*.

### 7.4.6 Community-Connector teilen bzw. publizieren

Wenn auch andere Anwender die Möglichkeit bekommen sollen, Ihren Community-Connector zu nutzen, dann müssen Sie zunächst Ihr Google-Apps-Projekt freigeben. Um das Skript für beliebige Nutzer auszuführen, benötigt Google Data Studio lesenden Zugriff auf Ihr Google-Apps-Projekt. Um die Linkfreigabe für das Projekt zu aktivieren, gehen Sie folgendermaßen vor (siehe Abbildung 7.19).

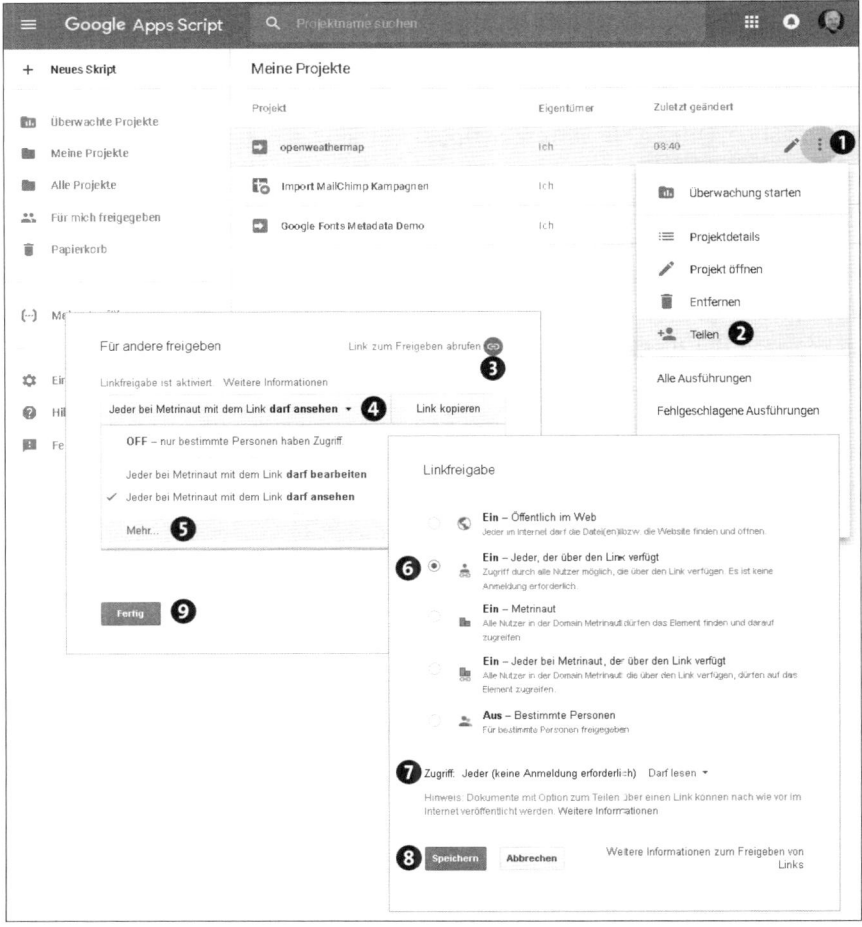

**Abbildung 7.19** Linkfreigabe für Projekte aktivieren

Öffnen Sie die Startseite von Google Apps Script. Klicken Sie nun auf das Überlaufmenü rechts neben dem Projekt ❶, und wählen Sie TEILEN aus ❷. In dem nun erscheinenden Popup zur Skriptfreigabe müssen Sie zunächst die Linkfreigabe aktivieren, indem Sie auf LINK ZUM FREIGEBEN ABRUFEN ❸ klicken. In unserem Beispiel nutzen wir einen User in einer G-Suite-Domäne. Je nachdem, ob Sie mit einem Gmail-Konto oder in einer G-Suite-Umgebung arbeiten, kann sich der nachfolgende Freigabedialog unterscheiden. Um den lesenden Zugriff auf das Projekt zu aktivieren, klicken Sie zunächst auf JEDER BEI (DOMAINNAME) MIT DEM LINK DARF ANSEHEN ❹ und dann auf MEHR... ❺. Im nun erscheinenden Popup zur Linkfreigabe wählen Sie die Option EIN – JEDER, DER ÜBER DEN LINK VERFÜGT aus ❻. Achten Sie darauf, dass der Zugriff auf DARF LESEN steht ❼. SPEICHERN Sie Ihre Änderungen ❽, und schließen Sie Ihre Eingaben mit FERTIG ab ❾.

Mit der Freigabe des Projekts haben Sie die notwendigen Voraussetzungen geschaffen, um einen Link zu Ihrem Community-Connector mit anderen Data-Studio-Usern zu teilen. Der Ablauf zum Erhalten des Links zum Teilen Ihres Community-Connectors (Abbildung 7.20) ist nahezu identisch mit dem demjenigen beim Deployment Ihres Connectors, wie wir ihn in Abschnitt 7.4.4, »Bereitstellung (Deployment)«, beschrieben haben. Öffnen Sie in Apps Script das Projekt, das Sie freigeben möchten. Klicken Sie auf VERÖFFENTLICHEN • BEREITSTELLUNG VOM MANIFEST AUS DURCHFÜHREN. In dem nun erscheinenden Popup wählen Sie das gewünschte Deployment mit einem Klick auf den Namen aus ❶. Jetzt wird zusätzlich der Link zum Aufruf des Connectors in Data Studio angezeigt. Die URL können Sie über das Kontextmenü des Browsers kopieren ❷. Alternativ rufen Sie die Deployment-ID ab, indem Sie auf GET ID ❸ klicken und die ID ❹ dann an die folgende URL anhängen, um den Link zu erhalten: *https://datastudio.google.com/datasources/create?connectorId=<Deployment_ID>*.

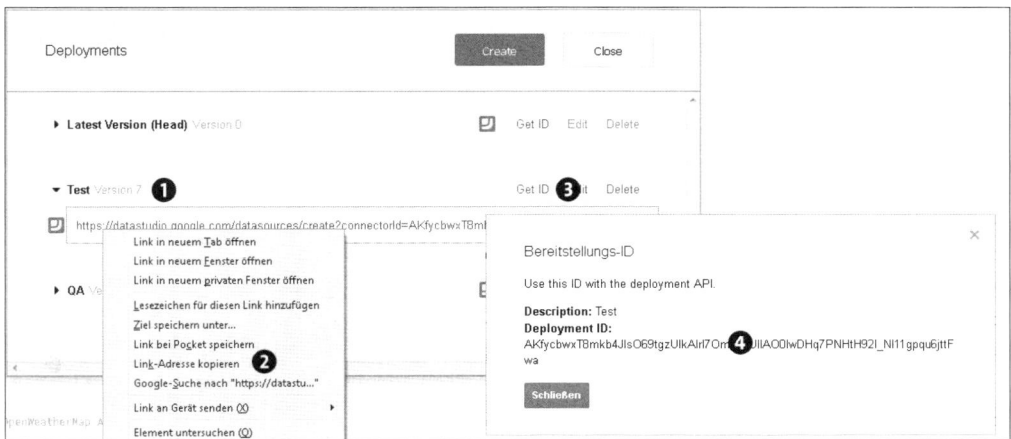

**Abbildung 7.20** Link zum Teilen erhalten

Wenn ein Benutzer dem Link folgt, wird er direkt mit dem ausgewählten Connector zu Data Studio weitergeleitet und kann diesen dort konfigurieren.

Darüber hinaus können Sie Ihren Connector öffentlich in Data Studio zur Verfügung stellen. Die Nutzer benötigen dann nicht mehr den Link, sondern können ihn direkt aus Data Studio heraus verwenden. Um Ihren Connector zu veröffentlichen, muss er von Google verifiziert werden. Für den Genehmigungsprozess hat Google eine Checkliste unter *https://developers.google.com/datastudio/connector/publish-connector#review_publishing_checklist* zusammengestellt. Diese listet auf, welche Voraussetzungen Ihr Community-Connector erfüllen muss. Das Formular zur Veröffentlichung Ihres Connectors finden Sie hier: *https://goo.gl/forms/Odw4ZWD-NN3iKOjjl1*.

## 7.5   Zusammenfassung

In diesem Kapitel haben Sie gelernt, wie Sie mit Hilfe von Community-Connectoren weitere Datenquellen an Google Data Studio anbinden. Sie haben eine Einführung in das Thema Community-Connectoren erhalten und wissen nun, wie Sie bereits vorhandene Community-Connectoren verwenden. Darüber hinaus haben Sie ein grundlegendes Verständnis von Google Apps Script bekommen und kennen die notwendigen Schritte zur Erstellung und Verwendung eigener Connectoren. Anhand des Praxisbeispiels OpenWeatherMap haben Sie Schritt für Schritt gelernt, wie Sie für den Datensatz eines externen Anbieters einen passenden Community-Connector bauen. Wir haben Ihnen zunächst gezeigt, wie Sie beim Erstellen vorgehen. Anschließend haben Sie erfahren, was Sie beim Testen und Teilen bzw. Publizieren beachten müssen.

# Kapitel 8
# Berechtigungen

*Mit Hilfe von individuellen Berechtigungen können Sie Nutzern die Daten zur Verfügung stellen, die wirklich wichtig sind. Wir zeigen Ihnen, wie Sie die Berechtigungen für Berichte und Datenquellen entsprechend anpassen.*

Mit Hilfe von *Berechtigungen* können Sie jedem Berichtsempfänger die Informationen bereitstellen, die er benötigt. So gibt es besonders schützenswerte Daten z. B. im Personalbereich, auf die nur ein kleiner Kreis von Mitarbeitern Zugriff haben darf. Andere Daten möchten Sie gegebenenfalls mit externen Berichtsempfängern teilen oder auf Ihrer Website zur Verfügung stellen.

Wir zeigen Ihnen in diesem Kapitel, wie Sie die Berechtigungen für Ihre Datenquellen und Berichte gemäß Ihren Anforderungen einstellen. Hierfür lernen Sie zunächst die unterschiedlichen Berechtigungsarten kennen und erfahren, welche Rechte die jeweiligen Rollen besitzen. Anschließend zeigen wir Ihnen, wie Sie die Freigaben anpassen, und stellen Ihnen einige Anwendungsfälle vor, bei denen das Thema Berechtigungen besonders relevant ist.

## 8.1 Berechtigungsarten

Zunächst einmal ist es sinnvoll, dass wir uns die verschiedenen Berechtigungsarten für Berichte und Datenquellen anschauen. Berechtigungen für Berichte und Datenquellen werden getrennt voneinander vergeben. So kann z. B. ein Bericht genutzt werden, ohne dass die Datenquelle dafür freigegeben werden muss. Generell gibt es zwei unterschiedliche Arten der Zugriffsberechtigung: DARF LESEN und DARF BEARBEITEN.

▶ DARF LESEN: Haben Sie diese Einstellung gewählt, können die Nutzer den vollständigen Bericht sehen (bzw. sich die Struktur der Datenquelle ansehen). Zusätzlich ist es für die Anwender möglich, Elemente wie Filter- oder Zeitraumsteuerungen zu verwenden, wenn diese vom Berichtsersteller zuvor angelegt wurden. Nutzer können jedoch keine Änderungen an Berichten (bzw. Datenquellen) vornehmen.

▶ DARF BEARBEITEN: Verfügt ein Nutzer über den Bearbeitungszugriff, kann er zusätzlich zu den Rechten der Option DARF LESEN Änderungen an dem Bericht (bzw. der Datenquelle) vornehmen. Er darf also neue Visualisierung- und Steuerungselemente hinzufügen oder sie entfernen und die Struktur des Berichts ändern. Zusätzlich können diese Nutzer Daten herunterladen, kopieren und drucken sowie Berichte für andere Nutzer freigeben oder sperren.

### 8.1.1    Berechtigungen für Datenquellen

Da sich die verfügbaren Aktionen für Datenquellen und Berichte unterscheiden, gehen wir im folgenden Abschnitt zunächst auf die Berechtigungen für Datenquellen ein. Dabei müssen wir zwischen dem Zugriff auf die Datenquelle zur Ausführung des Berichts und der Freigabe der Datenquelle zur Ansicht oder Bearbeitung differenzieren. Sie erfahren zunächst, welche Optionen Data Studio anbietet, damit weitere Nutzer Ihre Berichte aufrufen oder die Datenquelle für Ihre eigenen Berichte verwenden können. Anschließend gehen wir auf die Freigabe von Datenquellen ein, mit der Sie anderen Nutzern erlauben, Ihre Berichte oder Datenquellen anzusehen oder zu bearbeiten.

**Zugriff auf die Datenquelle einrichten**

Die Daten in Ihrem Bericht werden nicht in Data Studio gespeichert, sondern über die Datenquelle aus dem Datensatz extrahiert. Wenn Sie die Daten in einem Bericht anzeigen oder die Datenquelle in einem eigenen Bericht verwenden möchten, benötigen Sie daher einen Zugriff auf die zugrundeliegenden Daten.

Es gibt zwei unterschiedliche Zugriffsarten:

▶ Zugriff über die **Anmeldedaten des Eigentümers**: Wenn Sie diese Option wählen, können die Nutzer die entsprechenden Daten des Datensatzes aufrufen und für Berichte verwenden, ohne dass Sie die Zugriffsrechte für den Datensatz benötigen. Die Anmeldedaten des Eigentümers sind dabei für die Nutzer des Berichts nicht sichtbar.

▶ Zugriff über die **Anmeldedaten des Betrachters**: Jeder Nutzer muss seine Anmeldedaten zur Verfügung stellen, um Zugriff auf die Datenquelle zu erhalten und die Daten im Bericht sehen zu können. Voraussetzung ist, dass der Betrachter über entsprechende Zugriffsrechte auf den Datensatz verfügt.

Der Zugriff über die Anmeldedaten des Eigentümers bietet sich an, wenn Sie sicherstellen können, dass über die Freigabe von Datenquellen und Berichten kein unerlaubter Zugriff auf den Datensatz stattfindet. Der Zugriff über die Anmeldedaten des Betrachters ist für sensible Datensätze geeignet, da er gewährleistet, dass nur diejenigen Nutzer Daten angezeigt bekommen, die über einen Zugriff auf den Datensatz verfügen. Tabelle 8.1 zeigt, wie sich die unterschiedlichen Zugriffsrechte auf die Anzeige der Daten im Bericht auswirken.

| | Sie (Daten-quellen- und Berichts-ersteller) | Berichtsempfänger A | | Berichtsempfänger B | |
|---|---|---|---|---|---|
| Daten-satz | Zugriffs-rechte | Zugriffsrechte | | Keine Zugriffsrechte | |
| Daten-quelle | Eigentümer | Zugriff über die Anmelde-daten des Eigentümers | Zugriff über die Anmelde-daten des Betrachters | Zugriff über die Anmelde-daten des Eigentümers | Zugriff über die Anmelde-daten des Betrachters |
| Bericht | Eigentümer | Kann die Daten ansehen | | | Kann die Daten *nicht* ansehen |

**Tabelle 8.1** Auswirkungen der Zugriffsrechte auf die Datenquelle

Um die Zugriffsrechte für Ihre Datenquellen zu ändern, rufen Sie zunächst die STARTSEITE für Datenquellen auf und klicken auf die entsprechende Datenquelle. Wie in Abbildung 8.1 gezeigt, finden Sie nun oben rechts die aktuelle Einstellung ❶. Klicken Sie darauf, um die Einstellungen zu ändern. Nun können Sie im Einstellungs-menü ❷ zwischen den beiden Optionen wechseln und anschließend die Änderungen speichern ❸.

**Abbildung 8.1** Anmeldedaten für Zugriff auf Datenquelle einrichten

**Hinweis zu den Anmeldedaten für Datenbank-Connectoren:**

Bei den Datenbank-Connectoren für MySQL, PostgreSQL oder Cloud SQL steht die Option ZUGRIFF ÜBER DIE ANMELDEDATEN DES BETRACHTERS nicht zur Verfügung. Bei diesen Connectoren werden die Zugangsdaten bereits während der Einrichtung fest hinterlegt.

### Freigabe von Datenquellen

Um anderen Nutzern zu erlauben, Ihre Datenquellen anzusehen oder zu bearbeiten, gibt es zusätzlich zu den Zugriffsrechten verschiedene Rollen, die über unterschiedliche Ansichts- und Bearbeitungsrechte verfügen. Die Google-Data-Studio-Hilfe bietet eine gute Übersicht, welche Aktionen vom EIGENTÜMER und Nutzern mit den Rechten DARF BEARBEITEN und DARF LESEN durchgeführt werden können. So zeigt Ihnen Tabelle 8.2 beispielsweise, dass Nutzer mit den Rechten DARF LESEN die Datenquelle für eigene Berichte nutzen, aber keine Änderungen in der Datenquelle vornehmen dürfen. Nutzer mit dem Recht DARF BEARBEITEN können hingegen Änderungen an der Struktur vornehmen. Zusätzlich verdeutlicht die Abbildung die bedeutende Rolle des EIGENTÜMERS. Nur dieser verfügt über alle Rechte und kann z. B. die Verbindung zur Datenquelle bearbeiten.

| Aktion | Ist Eigentümer | Darf bearbeiten | Darf lesen |
|---|:---:|:---:|:---:|
| Die Datenquelle zu Berichten hinzufügen | ✓ | ✓ | ✓ |
| Daten aus der Datenquelle in Berichten ansehen | ✓ | ✓ | ✓ |
| Schema der Datenquelle ansehen | ✓ | ✓ | ✓ |
| Datenquelle freigeben bzw. Freigabe beenden | ✓ | ✓ | – |
| Datenquelle bearbeiten | ✓ | ✓ | – |
| Datenquelle kopieren | ✓ | ✓ | ✓ |
| Kopieren der Datenquelle verhindern | ✓ | – | – |
| Anmeldedaten für Datenquelle ändern | ✓ | – | – |
| Auf Datensatz zugreifen | ✓ | – | – |

**Tabelle 8.2** Berechtigungen für Datenquellen

**Hinweise zu den Berechtigungen auf Datenquellen**

▶ Damit Sie Daten aus der Datenquelle im Bericht ansehen können, müssen Sie Zugriff auf den Datensatz besitzen. Wenn in einer Datenquelle die Anmelde-daten des Betrachters gelten, er aber keinen Zugriff auf den Datensatz hat, dann kann er keine Daten aus der Datenquelle im Bericht ansehen.

▶ Sie können die Eigentumsrechte für eine Datenquelle oder einen Bericht weiter-geben. Wann das sinnvoll ist und wie Sie dabei vorgehen, erfahren Sie in Abschnitt 8.3, »Eigentumsrechte für Datenquellen und Berichte abgeben«.

### 8.1.2   Berechtigungen für Berichte

Ähnlich wie bei den Datenquellen gibt es für die Berichte die Optionen EIGENTÜMER, DARF BEARBEITEN und DARF LESEN. Zusätzlich haben Sie die Möglichkeit, die Berichte öffentlich zur Verfügung zu stellen.

Tabelle 8.3 gibt Ihnen einen Überblick, welche Funktionen mit den jeweiligen Berech-tigungen ausgeführt werden können. Wenn Sie z. B. Berichte teilen wollen, ohne dass sie von den Nutzern bearbeitet werden können, so ist die Option DARF LESEN eine gute Wahl. Nutzer erhalten hierbei nur die Berechtigung, den Bericht zu sehen, nicht aber ihn zu ändern. Generell können die Berichte auch ohne Anmeldung (öffentlich) angesehen werden, sofern die entsprechende Leseberechtigung erteilt ist. Möchten Nutzer mit Bearbeitungsrechten Änderungen am Bericht vornehmen, so müssen sie sich allerdings mit einem Google-Konto anmelden.

**Hinweis zur Freigabe von Berichten und Datenquellen**

Geben Sie einen Bericht frei, so umfasst dies nicht automatisch die Freigabe der Datenquelle. Berichte und Datenquellen müssen Sie unabhängig voneinander frei-geben. Allerdings können Nutzer mit der Berechtigung DARF BEARBEITEN Datenquel-len hinzufügen oder entfernen und die Dimensionen/Messwerte der Datenquellen des Berichts nutzen, um neue Elemente wie Diagramme und Steuerungen hinzuzu-fügen. Hierfür ist keine Freigabe der Datenquelle notwendig.

| Aktion | Ist Eigentümer | Darf bearbeiten | Darf lesen | Öffentlich |
|---|---|---|---|---|
| Daten im Bericht ansehen (abhän-gig von den Anmeldedaten für die Datenquelle) | ✓ | ✓ | ✓ | ✓ |

**Tabelle 8.3** Berechtigungen für Berichte

| Aktion | Ist Eigentümer | Darf bearbeiten | Darf lesen | Öffentlich |
|---|---|---|---|---|
| Bericht kopieren | ✓ | ✓ | ✓ | – |
| Kopieren des Berichts verhindern | ✓ | – | – | – |
| Bericht für andere Nutzer freigeben | ✓ | ✓ | ✓ | – |
| Freigabe des Berichts verhindern | ✓ | – | – | – |
| Bericht ändern | ✓ | ✓ | – | – |
| Daten aus hinzugefügten Datenquellen verwenden und ändern | ✓ | ✓ | – | – |
| Datenquellen hinzufügen/entfernen | ✓ | ✓ | – | – |
| Bericht erstellen/löschen | ✓ | – | – | – |
| Daten aus dem Bericht herunterladen | ✓ | ✓ | ✓ | ✓ |
| Das Herunterladen von Daten verhindern | ✓ | – | – | – |

**Tabelle 8.3** Berechtigungen für Berichte (Forts.)

**Hinweis zur Aktion »Bericht für andere Nutzer freigeben«**

Nutzer mit der Berechtigung Darf lesen haben nicht die Möglichkeit, einen Bericht direkt freizugeben. Stattdessen müssen sie über die Berichtsfreigabe beim Eigentümer eine Zutrittsanfrage für die neuen User stellen.

## 8.2   Berichte und Datenquellen freigeben

Nachdem wir die verschiedenen Berechtigungsarten erläutert haben, geht es in diesem Abschnitt darum, wie Sie diese Berechtigungen erteilen. Mit Hilfe der Freigabeberechtigungen können Sie für Ihre Berichte und Datenquellen die Rechte der Nutzer zur Bearbeitung und Ansicht individuell festlegen: z. B. kann es für Standardberichte sinnvoll sein, dass nur spezielle Teams über die Bearbeitungsrechte verfügen, während für andere Mitarbeiter die Berechtigungen zur Ansicht ausreicht. So können Sie verhindern, dass unerwünschte Änderungen am Bericht oder den Datenquellen vorgenommen werden.

> **Hinweis zur Bedeutung von Google Drive**
>
> Für die Freigabe und Speicherung der Berichte und Datenquellen wird Google Drive verwendet. Wenn in Ihrem Unternehmen der Zugriff auf Google Drive gesperrt ist, können Sie Berichte und Datenquellen weder erstellen noch freigeben. Allerdings ist es möglich, Berichte zu öffnen, die bereits freigegeben wurden, z. B. direkt über die Google-Data-Studio-Startseite oder über einen Link.

Sie haben zwei verschiedene Optionen, Berichte oder Datenquellen freizugeben: Erteilen Sie die Freigabe für bestimmte Nutzer und Gruppen, oder rufen Sie einen Link zur Freigabe ab, für den Sie die entsprechenden Rechte festlegen.

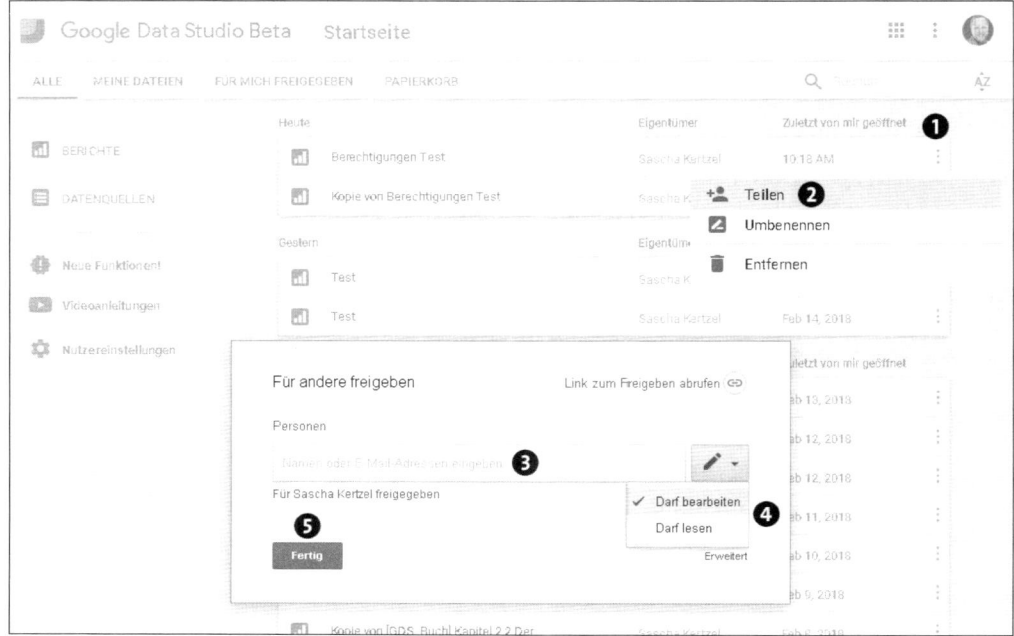

**Abbildung 8.2** Einstellungen »Teilen« aufrufen

In Abbildung 8.2 zeigen wir Ihnen die Anpassung der Freigabeoptionen anhand eines Berichts. Rufen Sie zunächst die STARTSEITE für Ihre Berichte auf, und suchen Sie anschließend nach dem Bericht, den Sie anpassen wollen. Klicken Sie nun auf das Überlaufmenü rechts neben dem Bericht ❶, und wählen Sie TEILEN aus ❷. Im Menü zur Berichtsfreigabe geben Sie Ihren Bericht für bestimmte Nutzer oder Gruppen frei. Tippen Sie hierfür den Namen oder die E-Mail-Adresse des Nutzers oder der Gruppe ein ❸. Anschließend vergeben Sie über das Dropdown-Menü für jeden Nutzer oder jede Gruppe die entsprechenden Rechte zur Ansicht oder Bearbeitung ❹. Bestätigen Sie Ihre Auswahl, indem Sie auf FERTIG klicken ❺.

---

**Hinweise zur Freigabe für Berichte und Datenquellen**

▶ Wenn Sie sich im Bericht oder in der Datenquelle selbst befinden, können Sie das Menü auch über das Personen-Icon oben rechts aufrufen.

▶ Die Freigabe für Berichte und Datenquellen erfolgt auf die gleiche Weise. Die Anpassungen für die Datenquellen können Sie analog durchführen.

Die zweite Möglichkeit, die Freigabe durch einen Link (Abbildung 8.3), bietet sich an, wenn Sie den Bericht z. B. für eine große Nutzergruppe zugänglich machen wollen. Hierfür müssen Sie zunächst die Linkfreigabe aktivieren, indem Sie auf LINK ZUM FREIGEBEN ABRUFEN ❶ klicken. Data Studio generiert einen Link für den Bericht, den Sie über die Funktion LINK KOPIEREN ❷ in die Zwischenablage übernehmen können. Im Standardfreigabemenü ❸ wählen Sie aus, ob die Empfänger den Bericht ansehen oder bearbeiten dürfen. Mit dem Button FERTIG ❹ übernehmen Sie die Einstellungen.

Für die Standardfreigaben stehen Ihnen folgende Optionen zur Verfügung:

▶ **Jeder bei (Domainname) mit dem Link darf bearbeiten**: Jede Person, die den Link kennt, kann den Bericht oder die Datenquelle bearbeiten. Der Link kann bei Unternehmenskonten von allen genutzt werden, die sich in der gleichen Domain befinden. Standardmäßig kann jeder Nutzer die Freigabe auch für andere Nutzer erteilen. Wie Sie dies unterbinden, erfahren Sie in Abschnitt 8.4.4, »Ändern der Zugriffsberechtigungen verhindern«.

▶ **Jeder bei (Domainname) mit dem Link darf ansehen**: Jede Person, die den Link kennt, kann den Bericht oder die Datenquelle ansehen. Bei Unternehmenskonten ist die Nutzung auf die eigene Domain eingeschränkt. Wenn Sie ein privates Google-Konto verwenden, entfällt dementsprechend die Einschränkung auf die Domain.

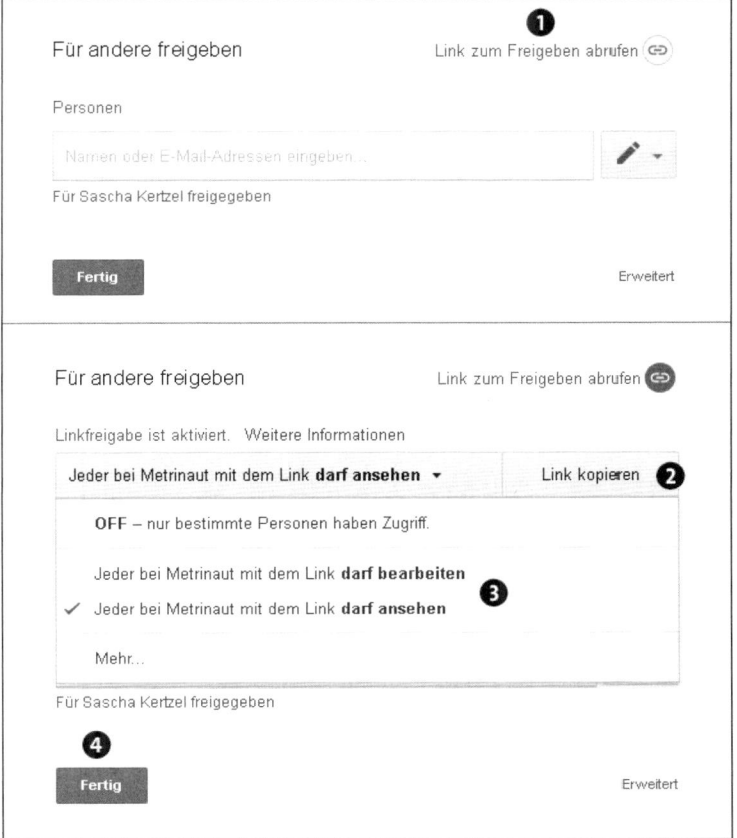

**Abbildung 8.3**  Bericht über einen Link freigeben

Sollten Sie spezifischere Berechtigungsanforderungen haben, gelangen Sie im Standardfreigabemenü über Mehr zu weiteren Berechtigungsoptionen. In Abbildung 8.4 haben wir Ihnen die Optionen zur Linkfreigabe eines privaten Google-Kontos ❶ und eines Unternehmenskontos ❷ gegenübergestellt. Im Rahmen der Freigabeoptionen können Sie außerdem festlegen, ob der Berechtigungsempfänger den Bericht nur ansehen (Darf lesen) oder auch bearbeiten darf.

Für die Linkfreigabe stehen Ihnen für Privat- und Unternehmenskonten folgende Optionen zur Verfügung:

► Ein – Öffentlich im Web: Jeder kann den Bericht oder die Datenquelle über die Google-Suche finden und darauf zugreifen, ohne an einem Google-Konto angemeldet zu sein. Damit kein zusätzlicher Login erscheint, muss der Zugriff auf die Datenquelle über die Anmeldedaten des Eigentümers konfiguriert werden.

▶ EIN – JEDER, DER ÜBER DEN LINK VERFÜGT: Alle Personen, die den Link kennen, können auf den Bericht oder die Datenquelle zugreifen, ohne an einem Google-Konto angemeldet zu sein. Auch hier ist der Zugriff auf die Datenquelle über die Anmeldedaten des Eigentümers zu wählen.

▶ AUS – BESTIMMTE PERSONEN: Diese Option deaktiviert die Linkfreigabe.

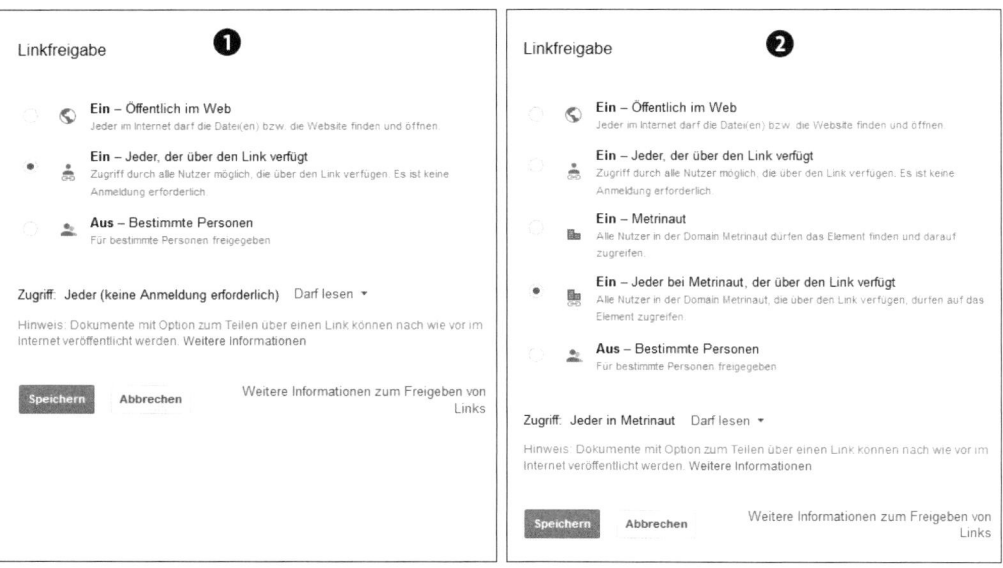

**Abbildung 8.4** Erweiterte Linkfreigabe

Folgende weitere Optionen stehen nur bei der Nutzung von Unternehmenskonten zur Verfügung:

▶ EIN – (DOMAINNAME): Jeder Mitarbeiter im Unternehmen darf auf den Bericht zugreifen.

▶ EIN – JEDER BEI (DOMAINNAME), DER ÜBER DEN LINK VERFÜGT: Jeder Mitarbeiter im Unternehmen, der über den Link verfügt, hat Zugriff.

**Hinweise zu unterschiedlichen Google-Konten**

Um Google-Gruppen zu verwenden, müssen Sie »Google Groups for Business« aktiviert haben oder als Administrator Gruppen mit Hilfe der Admin-Konsole erstellen.

Die Linkfreigabe für Nutzer außerhalb Ihrer Domain kann in der G Suite gesperrt werden. Kontaktieren Sie im Zweifelsfall Ihren Domainadministrator.

## 8.3 Eigentumsrechte für Datenquellen und Berichte abgeben

Neben den beiden Rollen DARF LESEN und DARF BEARBEITEN gibt es die Rolle des EIGENTÜMERS. Wenn Sie einen Bericht erstellen oder eine Datenquelle anlegen, sind Sie zunächst einmal der EIGENTÜMER dieses Berichts oder der Datenquelle. Jedoch ist es in einigen Fällen notwendig, dass Sie die Eigentumsrechte Ihrer Berichte und Datenquellen abgeben. Das kann z. B. der Fall sein, wenn Sie Berichte für andere Unternehmen erstellen oder wenn ein Mitarbeiter das Unternehmen verlässt und ein anderer Mitarbeiter die Betreuung der Berichte übernehmen soll.

Zurzeit ist es jedoch mit einem privaten Google-Account nicht möglich, den Eigentümer eines Berichtes in Data Studio zu ändern. Die Option steht Ihnen nur zur Verfügung, wenn Sie in Ihrem Unternehmen die kostenpflichtige G Suite nutzen. Diese bietet Unternehmen neben den frei zugänglichen Möglichkeiten der Google Tools zusätzliche Funktionen wie das Anlegen von geschäftlichen E-Mail-Adressen mit Unternehmensnamen oder ein Supportteam, das bei Problemen weiterhilft.

Wenn Sie über ein G-Suite-Konto verfügen, haben Sie in den erweiterten Freigabeeinstellungen die Option, den Eigentümer zu übertragen (Abbildung 8.5). Voraussetzung dafür ist, dass Sie den Bericht oder die Datenquelle zuerst mit dem neuen Eigentümer teilen, bevor Sie die Eigentumsrechte übertragen können. Andernfalls wird der Nutzer nicht in den Freigabeeinstellungen angezeigt. Die Eigentumsrechte Ihrer Berichte können Sie dabei auf dieselbe Weise übertragen, wie Sie auch die anderen Rechte vergeben. In Abschnitt 8.2, »Berichte und Datenquellen freigeben«, haben wir Ihnen die Vorgehensweise bereits beschrieben.

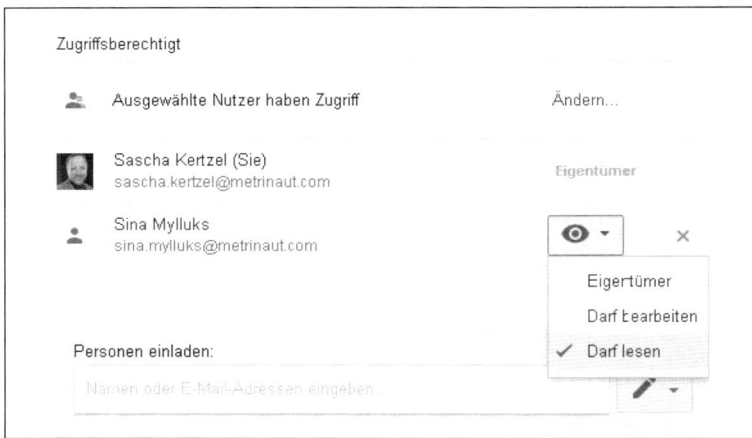

**Abbildung 8.5** Eigentumsrechte ändern

Im Gegensatz zur Erteilung der anderen Zugriffsrechte erhalten Sie bei der Übertragung der Eigentumsrechte eine zusätzliche Warnmeldung (Abbildung 8.6), denn die

Übertragung der Eigentumsrechte sollte gut überlegt sein. Je Bericht oder Datenquellen kann es immer nur einen EIGENTÜMER geben. Wenn Sie sich also entscheiden, die Eigentumsrechte zu übertragen, verlieren Sie damit automatisch Ihre Rechte als EIGENTÜMER. Anschließend haben Sie nur die Rechte der Option DARF BEARBEITEN.

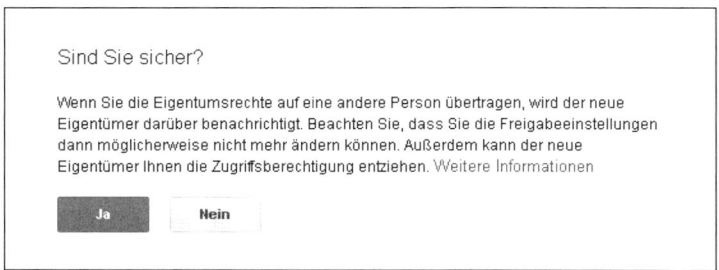

**Abbildung 8.6** Warnmeldung zur Übertragung der Eigentumsrechte

Wichtig ist hierbei zu wissen, dass eine Übertragung der Eigentumsrechte nur auf Nutzer in der eigenen Domain möglich ist. Versuchen Sie die Eigentumsrechte auf einen Nutzer außerhalb zu übertragen, so erhalten Sie eine Fehlermeldung. Um Probleme z. B. bei der Projektübergabe zu umgehen, sollten externe Dienstleister einen eigenen User in der G Suite Domain erhalten.

Wenn Sie die Eigentumsrechte für eine Datenquelle übertragen, muss zusätzlich sichergestellt werden, dass die Anmeldeinformationen des neuen Besitzers auf die Datenquelle übertragen werden. Dazu erhält der neue Besitzer automatisch eine E-Mail mit einem Link zur Datenquelle. Der neue Eigentümer akzeptiert die Übertragung, indem er die Datenquelle bearbeitet und erneut eine Verbindung mit den Daten herstellt.

**Hinweis zur Übertragung der Eigentumsrechte**
Das Übertragen der Eigentumsrechte an einer Datenquelle gewährt keinen Zugriff auf den zugrundeliegenden Datensatz. Wenn der neue Besitzer diesen Zugriff nicht hat, muss er einen anderen Datensatz auswählen, der mit dieser Datenquelle verwendet werden soll.

## 8.4   Anwendungsfälle

In diesem Abschnitt möchte wir Ihnen einige Anwendungsfälle vorstellen, bei der die Berechtigungen für Ihre Google-Data-Studio-Berichte und -Datenquellen eine wichtige Rolle spielen.

### 8.4.1 Berichtsfreigabe über Ordnereigenschaften verwalten

Die Freigabeoptionen, die für einen Ordner in Google Drive gelten, sind auch automatisch für die Data-Studio-Berichte gültig, die in diesem Ordner abgelegt werden. Darüber sollten Sie sich beim Verschieben Ihrer Berichte bewusst sein. Um einen Bericht zu verschieben, müssen Sie allerdings auch die notwendigen Berechtigungen besitzen.

Wenn Sie z. B. einen Bericht zur Messung der Marketingziele erstellen und diesen in den Teamordner der Marketingabteilung verschieben, hat jeder Mitarbeiter, der die Rechte für diesen Ordner besitzt, automatisch die entsprechenden Zugriffsrechte für Ihren Bericht. Das eröffnet eine einfache Möglichkeit, die Berichte für eine relevante Nutzergruppe freizugeben.

Weitere Informationen darüber, wie Sie Ihre Dateien in Google Drive organisieren, bietet die Google-Drive-Hilfe: *https://support.google.com/drive/answer/2375091*.

> **Tipp zum Ablaufdatum für Zugriffe**
>
> Wenn Sie die Berechtigungen für Data-Studio-Berichte auf Ebene der Ordner vergeben, können Sie bei der kostenpflichtigen G Suite zusätzlich ein Ablaufdatum für den Zugriff vergeben. Wie bei Google Drive üblich, ist dies jedoch nur für die Berechtigungsart DARF LESEN möglich. Für Anwender mit der Berechtigung DARF BEARBEITEN kann die Freigabe nicht zeitlich begrenzt werden. Wie Sie dabei vorgehen, ist unter folgendem Link beschrieben: *https://support.google.com/drive/answer/2494893*.

### 8.4.2 Berichte gemeinsam bearbeiten

Sobald Sie mehreren Nutzern die Berechtigung DARF EEARBEITEN zugeteilt haben, können Sie die Berichte gemeinsam im Team bearbeiten. Durch die Bearbeitung in Echtzeit ist garantiert, dass jeder Benutzer über die aktuelle Version des Berichts verfügt. Das hat den Vorteil, dass nicht unterschiedliche Versionen des gleichen Berichts existieren.

Sie können immer sehen, wer gerade mit Ihnen am Bericht arbeitet und welcher Bereich bearbeitet wird (siehe Abbildung 8.7). Hierfür haben Sie oben rechts kleine Symbole, die anzeigen, welche weiteren Nutzer gerade im Bericht aktiv sind ❶. Sollte der Nutzer den Bericht geöffnet haben, jedoch diesen eine Zeit lang nicht bearbeiten, so wird dieses Icon mit einer geringeren Deckkraft dargestellt und erhält dadurch eine leicht gräuliche Farbe. Anhand der farbigen Umrandungen der entsprechenden Elemente erkennen Sie, welche Elemente aktuell von welchem Nutzer bearbeitet werden ❷.

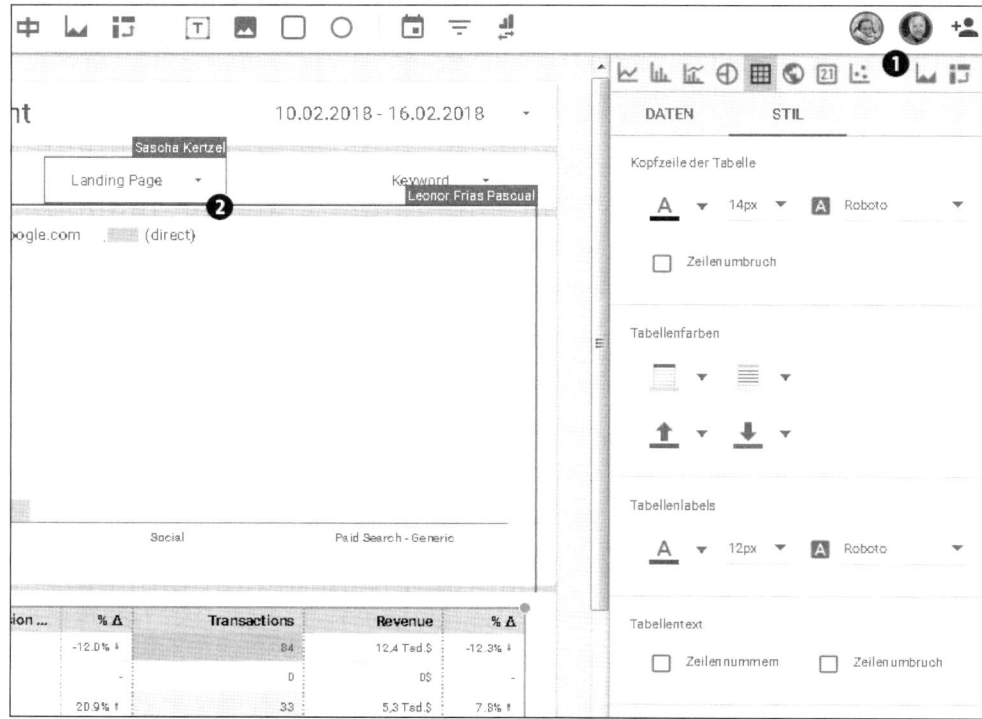

**Abbildung 8.7**  Bericht gemeinsam bearbeiten

### 8.4.3   Herunterladen, Drucken und Kopieren verhindern

Generell ist es in Google Data Studio möglich, Datenquellen, Berichte oder die Daten einzelner Visualisierungselemente herunterzuladen, zu drucken oder zu kopieren. Allerdings können Sie diese Funktionen für die Betrachter Ihrer Berichte mit der Berechtigungsstufe DARF LESEN deaktivieren. Es ist aktuell nur möglich, diese Optionen global für alle Nutzer mit der Berechtigung DARF LESEN zu aktivieren bzw. zu deaktivieren. Bearbeiter mit der Berechtigung DARF BEARBEITEN dürfen in diesem Fall weiterhin Daten herunterladen, drucken und kopieren.

Abbildung 8.8 zeigt Ihnen, wie Sie beim Deaktivieren der Funktionen vorgehen. Rufen Sie zunächst die STARTSEITE für Ihre Berichte auf, und suchen Sie anschließend nach dem Bericht, den Sie anpassen wollen. Klicken Sie nun auf das Überlaufmenü rechts neben dem Bericht ❶, und wählen Sie TEILEN aus ❷. Im Menü zur Berichtsfreigabe klicken Sie anschließend auf ERWEITERT ❸. Setzen Sie bei OPTIONEN ZUM HERUNTERLADEN, DRUCKEN UND KOPIEREN FÜR KOMMENTATOREN UND BETRACHTER DEAKTIVIEREN einen Haken ❹, und klicken anschließend auf SPEICHERN ❺. Nun können die Betrachter keine Daten des Berichts mehr exportieren.

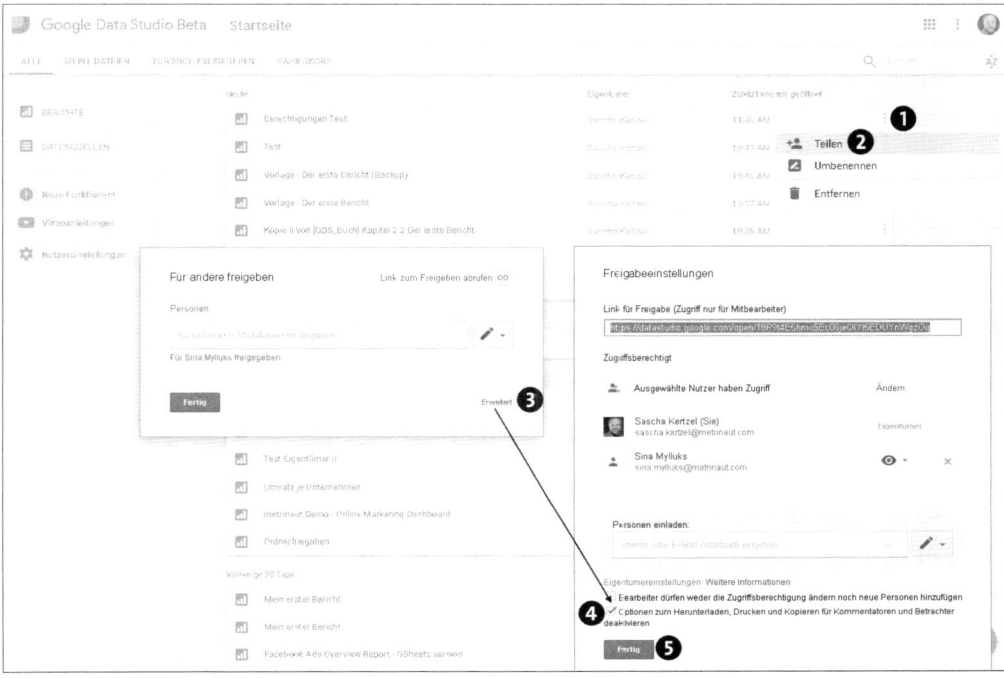

**Abbildung 8.8** Freigabeeinstellungen zum Herunterladen, Drucken und Kopieren anpassen

### 8.4.4 Ändern der Zugriffsberechtigungen verhindern

Um zu vermeiden, dass Personen unerlaubt Zugriff auf Ihre Berichte erhalten, können Sie Änderungen an den Zugriffsberechtigungen durch andere Nutzer mit der Berechtigung Darf bearbeiten verhindern. So behalten Sie die vollständige Kontrolle darüber, wer welche Berichte sehen kann.

Sie finden die Option zum Aktivieren bzw. Deaktivieren ebenfalls in den erweiterten Freigabeeinstellungen (Abbildung 8.8). Wenn Sie hier einen Haken bei Bearbeiter dürfen weder die Zugriffsberechtigung ändern noch neue Personen hinzufügen setzen, behalten Sie die Kontrolle über die Zugriffsberechtigungen. Nutzer mit der Berechtigung Darf lesen können, unabhängig von dieser Option, keine Berichte oder Datenquellen an weitere Personen freigeben. Mehr Information dazu finden Sie in Abschnitt 8.1.2, »Berechtigungen für Berichte«.

### 8.4.5 Bericht in Website einbetten

Wollen Sie Ihren Bericht einer größeren Nutzergruppe außerhalb von Data Studio zur Verfügung stellen, so haben Sie die Möglichkeit, diesen auf Websites, wie z. B. in einem Intranet oder auch öffentlich, bereitzustellen.

Um einen Bericht einzubetten, gehen Sie folgendermaßen vor (siehe Abbildung 8.9): Öffnen Sie zunächst den entsprechenden Bericht, und wechseln Sie in den Bearbeitungsmodus. Klicken Sie anschließend im Menü auf Datei • Bericht einbetten, oder verwenden Sie das Icon < >. Dieses finden Sie rechts oben im Berichtseditor. Nun gelangen Sie in ein Einstellungsmenü, in dem Sie die Option Einbetten aktivieren anhaken ❶. Wählen Sie nun aus, ob Sie Ihren Bericht mit Hilfe eines Codes oder einer URL einbetten wollen ❷. Nachdem Sie den Code bzw. die URL in die Zwischenablage kopiert haben ❸, klicken Sie auf Fertig, um die Änderungen zu bestätigen. Anschließend binden Sie den Code bzw. die URL auf Ihrer Website ein.

**Abbildung 8.9**  Bericht einbetten

Im Folgenden gehen wir auf die Besonderheiten der beiden Einbettungsoptionen ❷ ein:

▶ Code einbetten: Den HTML-Code können Sie verwenden, um Ihren Bericht in allen herkömmlichen Websites, die z. B. mit WordPress oder anderen Content-Management-Systemen erstellt wurden, einzubinden. Voraussetzung dafür ist, dass die Website das HTML-iFrame-Tag unterstützt. Beim HTML-Code haben Sie zusätzlich die Möglichkeit, die Größe des eingebetteten Berichts einzustellen ❹. Die ideale Größe hängt dabei unter anderem von der Aufteilung der Website ab. Machen Sie sich daher im Vorfeld Gedanken darüber, wo Sie den Bericht einbinden wollen und welche Dimensionen Sie hierfür benötigen.

▶ URL einbetten: Diese Option können Sie nutzen, wenn Sie den Bericht in neue Google Sites einbinden wollen.

Abbildung 8.10 zeigt Ihnen, wie die Einbettung eines Berichts in Google Sites aussehen kann.

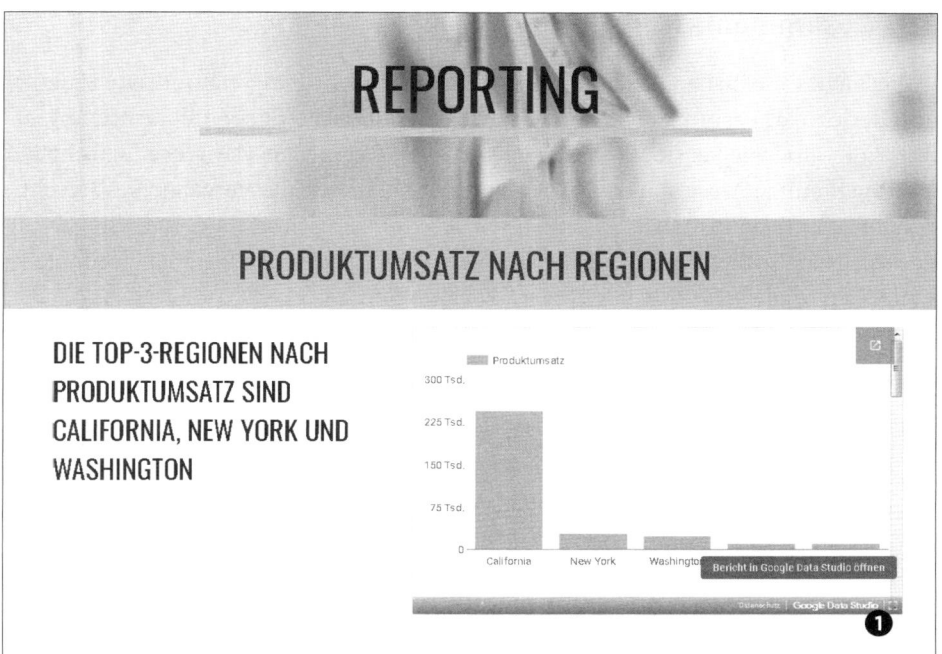

**Abbildung 8.10**  Eingebetteter Bericht in Google Sites

Wenn Sie einen Bericht auf einer Website einbinden, so verfügt er bis auf einige Einschränkungen über alle Funktionen, die er in Google Data Studio besitzt. Ein Unterschied, der jedoch sofort ins Auge fällt, ist die fehlende Menüleiste. Das heißt, ohne die Leiste können die Nutzer die Berichte nicht bearbeiten, kopieren oder freigeben. Außerdem ist es nicht möglich, die Daten manuell zu aktualisieren. Die Daten werden erst nach Ablauf der Cachespeicherung automatisch erneuert. Wenn Sie einen Bericht in einer Website einbetten, so ist außerdem keine Datenkontrolle in den eingebetteten Berichten möglich.

In der Menüleiste unten im Bericht ❶ finden Sie nur die folgenden Einstellungsmöglichkeiten:

▶ SEITENNAVIGATION: Wechseln Sie hier zwischen den verschiedenen Seiten des eingebetteten Berichts.

▶ GOOGLE DATA STUDIO: Ruft den Bericht in Google Data Studio auf.

▶ VOLLBILDMODUS: Öffnet den Bericht im Vollbildmodus.

---

**Tipp zu den Freigabeeinstellungen für eingebettete Berichte**

Die Freigabeeinstellungen für Ihre Google-Data-Studio-Berichte gelten automatisch auch für eingebettete Berichte. Ist der Bericht nicht öffentlich, so müssen die Berichtsempfänger mit einem Google-Konto angemeldet sein.

## 8.5   Zusammenfassung

In diesem Kapitel haben Sie erfahren, wie Sie die Berechtigungen Ihrer Datenquellen und Berichte anpassen. Sie wissen nun, welche unterschiedlichen Berechtigungsarten es gibt und wie Sie sie für die jeweiligen Nutzer vergeben. Darüber hinaus haben wir Ihnen einige Anwendungsfälle vorgestellt, bei denen die Vergabe von Berechtigungen von Bedeutung ist. So haben wir Ihnen beispielsweise gezeigt, wie Sie die Rechte Ihrer Nutzer zusätzlich zu den verfügbaren Freigabeoptionen weiter einschränken und wie Sie Ihre Berichte in Websites einbinden.

# Kapitel 9

# Berichte in Google Data Studio verwalten

*Die Verwaltung der Berichte ist ein Bereich, der nicht vernachlässigt werden sollte. In diesem Kapitel zeigen wir Ihnen die wichtigsten Funktionen, mit denen Sie die Zugriffseinstellungen anpassen und das Nutzungsverhalten im Blick behalten.*

In diesem Kapitel lernen Sie die wichtigsten Funktionen zur Verwaltung Ihrer Berichte in Google Data Studio kennen. Wir zeigen Ihnen beispielsweise, wie Sie Berichte kopieren und löschen. Darüber hinaus erfahren Sie, wie Sie die Zugriffe auf Ihr Google-Konto entfernen und die Nutzung Ihrer Berichte mit Hilfe von Google Analytics analysieren.

## 9.1 Ressourcen im Bericht verwalten

Wir haben Ihnen bereits in den vorherigen Kapiteln einige Funktionen vorgestellt, mit denen Sie Ihre Berichte anpassen. So haben wir Ihnen in Kapitel 2, »Die ersten Schritte mit Google Data Studio«, schrittweise erklärt, wie Sie einen ersten Bericht erstellen. In Kapitel 6, »Berichtskomponenten in Google Data Studio anpassen«, haben Sie gelernt, wie Sie einzelne Komponenten Ihrer Berichte individualisieren. In Kapitel 8, »Berechtigungen«, haben Sie einen Überblick darüber erhalten, welche Rechte es zur Ansicht und zum Bearbeiten Ihrer Berichte gibt und wie Sie diese anpassen.

Google Data Studio bietet Ihnen die Möglichkeit, die Ressourcen Ihrer Berichte zu organisieren. Diese finden Sie im Menü RESSOURCE (Abbildung 9.1). Dort verwalten Sie Datenquellen, Segmente, Filter und Farben für Dimensionswerte. In diesem Abschnitt möchten wir nur auf die Verwaltung von Datenquellen eingehen. Die anderen drei Optionen haben wir bereits in Kapitel 6, »Berichtskomponenten in Google Data Studio anpassen«, beschrieben.

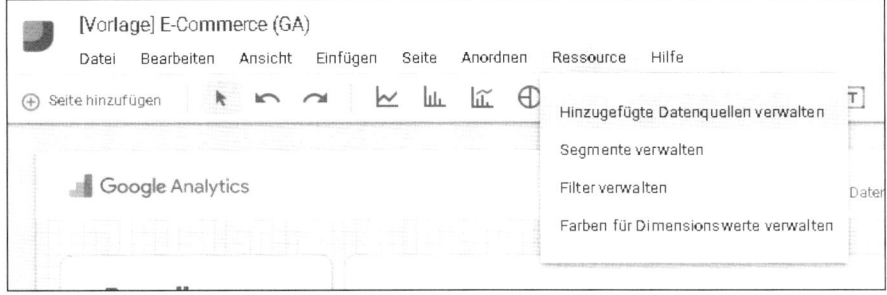

**Abbildung 9.1** Menü zur Ressourcenverwaltung

Um die Datenquellen zu organisieren, klicken Sie im Berichtsmenü auf RESSOURCEN • HINZUGEFÜGTE DATENQUELLEN VERWALTEN. Nun erhalten Sie eine Übersicht über alle bereits angebundenen Datenquellen (Abbildung 9.2). In dieser Übersicht haben Sie die Möglichkeit, neue Datenquellen hinzuzufügen ❶ sowie die bestehenden Quellen zu bearbeiten ❷ oder zu löschen ❸. Klicken Sie auf ENTFERNEN, so wird lediglich die Verbindung zum aktuellen Bericht getrennt. Die Datenquelle bleibt weiterhin in Google Data Studio verfügbar und kann jederzeit neu mit dem Bericht verbunden werden. Eine Bearbeitung der Datenquellen ist allerdings nur möglich, wenn Sie über die entsprechenden Rechte verfügen, andernfalls wird diese Option in Grau dargestellt. Mehr Informationen zu Berechtigungen finden Sie in Kapitel 8, »Berechtigungen«.

**Abbildung 9.2** Übersicht hinzugefügte Datenquellen

---

**Hinweis zur Nutzung von Datenquellen**

Wenn Sie dagegen wissen wollen, in welchen Berichten Sie eine Datenquelle bereits benutzt haben, so sehen Sie das auf der Data-Studio-STARTSEITE unter DATENQUELLEN mit der Option HINZUGEFÜGTE BERICHTE VERWALTEN. Wie Sie dabei vorgehen, haben wir in Kapitel 3, »Datenquellen mit Google Data Studio verbinden und bearbeiten«, erläutert.

## 9.2   Berichte kopieren

Wenn Sie einen Bericht erneut verwenden wollen, können Sie sich durch das Kopieren des Berichts viel Zeit sparen. Beim Duplizieren eines Berichts werden alle Elemente dieses Berichts und ihre Einstellungsoptionen übernommen.

Sie müssen lediglich die Datenquellen mit dem kopierten Bericht erneut verknüpfen. Ob Sie dabei die gleiche Datenquelle wie im Originalbericht verwenden oder eine andere, hängt davon ab, wofür Sie den kopierten Bericht nutzen wollen. Allerdings können Sie eine Datenquelle nur auswählen, wenn Sie die entsprechenden Rechte besitzen. Sollten Sie eine andere Datenquelle für den kopierten Bericht verwenden, kann es passieren, dass einige Visualisierungselemente nicht mehr richtig angezeigt werden oder dass Filter und Segmente verändert wurden. Das kann z. B. der Fall sein, wenn die neue Datenquelle über andere Kategorien und Messwerte verfügt, die nicht mit der Original-Datenquelle übereinstimmen. Daher sollten Sie beim Kopieren des Berichts immer prüfen, ob alle Elemente wie gewünscht funktionieren.

> **Hinweise zum Kopieren von Berichten**
>
> ▶ Wie in Kapitel 8, »Berechtigungen«, bereits erklärt, muss der Berichtsersteller die Option zum Kopieren freigegeben haben. Ansonsten ist es für Sie nicht möglich, die Berichte zu duplizieren.
>
> ▶ Beim Kopieren wird eine hinzugefügte Google-Analytics-Tracking-ID nicht übernommen; diese müssen Sie erneut eingeben.

Möchten Sie einen Bericht kopieren, gehen Sie dabei wie in Abbildung 9.3 vor: Wenn Sie sich im entsprechenden Bericht befinden, klicken Sie oben rechts auf das Symbol mit den zwei Rechtecken zum Kopieren des Berichts ❶, oder Sie rufen im Menü DATEI • KOPIE ERSTELLEN auf. Sie werden beim Kopieren aufgefordert, eine Datenquelle für den kopierten Bericht zu wählen. Standardmäßig sind hier die Datenquellen des Originalberichts voreingestellt. Um diese Einstellung zu ändern, fügen Sie eine Datenquelle aus der Liste hinzu ❷ oder binden über einen Klick auf NEUE DATENQUELLEN ERSTELLEN ❸ eine neue an. Mit BERICHT ERSTELLEN ❹ wird eine Kopie des Originalberichts in einem neuen Browser-Tab geöffnet.

> **Hinweis zu nicht freigegebenen Datenquellen**
>
> Ist eine Datenquelle nicht für Sie freigegeben, so wird sie beim Auswählen als UNBEKANNT angezeigt.

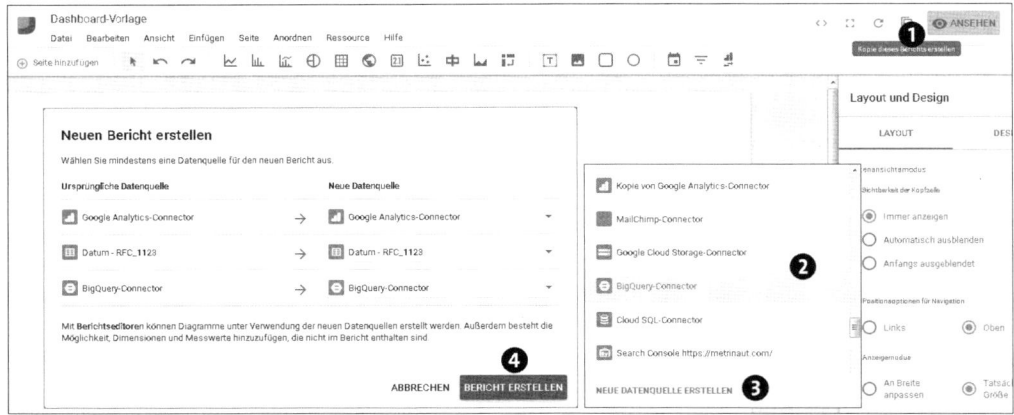

**Abbildung 9.3** Bericht kopieren

## 9.3    Berichte löschen

Wenn Sie einen Bericht nicht mehr benötigen, so können Sie diesen in wenigen Schritten löschen. Rufen Sie hierfür die STARTSEITE der Berichte auf, und suchen Sie den Bericht, den Sie löschen möchten. Klicken Sie nun auf das Symbol mit den drei Punkten, um das Überlaufmenü zu öffnen, und wählen Sie die Option ENTFERNEN ❶ in Abbildung 9.4.

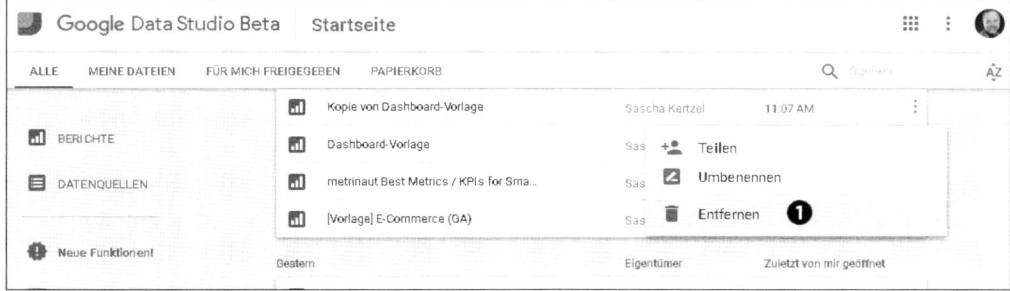

**Abbildung 9.4** Bericht aus der Übersicht entfernen

Der Bericht ist damit allerdings noch nicht vollständig gelöscht, sondern er wurde nur in den Papierkorb verschoben, den Sie in Abbildung 9.5 sehen. Um den Bericht vollständig zu löschen, wechseln Sie über das Einstellungsmenü zum Papierkorb ❶. Rufen Sie anschließend das Überlaufmenü auf, und wählen Sie den Menüpunkt LÖSCHEN ❷. Sie erhalten nun einen Warnhinweis. Wenn Sie hier auf LÖSCHEN klicken ❸, wird der Bericht vollständig aus Google Data Studio entfernt.

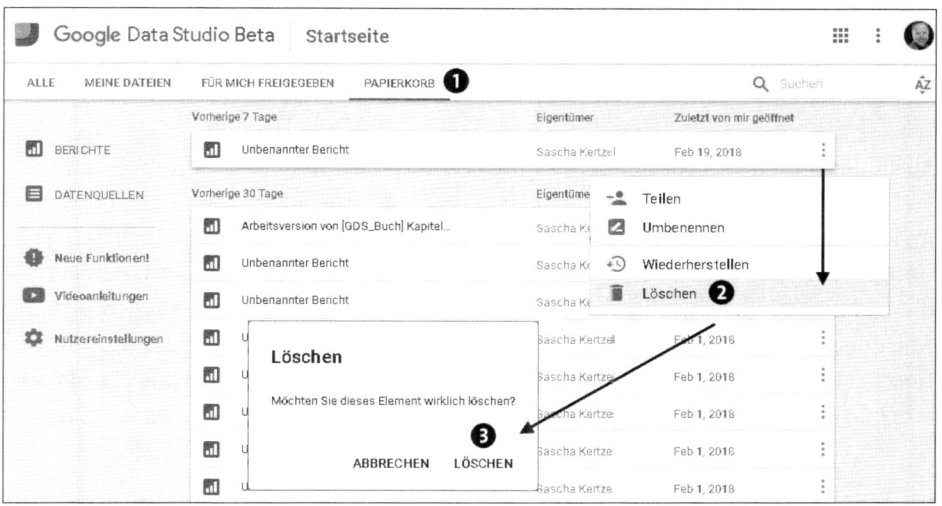

**Abbildung 9.5**  Bericht löschen

**Hinweis zum Wiederherstellen von Berichten**

Solange sich der Bericht im Papierkorb befindet, können Sie ihn jederzeit wiederherstellen. Wählen Sie hierfür im Papierkorb anstatt LÖSCHEN die Optionen WIEDERHERSTELLEN.

## 9.4   Nutzung der Berichte analysieren

Die meisten werden Google Analytics als Tool kennen, mit dem Sie das Nutzerverhalten Ihrer Websitebesucher beobachten. Doch darüber hinaus können Sie Google Analytics auch dazu verwenden, anonyme Daten zum Verhalten Ihrer Google-Data-Studio-Berichtsnutzer zu erhalten. Im Endeffekt ist ein Google-Data-Studio-Bericht eine Website, und jede Seite verfügt über eine eigene URL. So können Sie z. B. Informationen zu Seitenaufrufen, Sitzungen und den technischen Informationen des verwendeten Geräts einsehen.

Wenn Sie die Nutzung Ihrer Berichte weiter analysieren möchten, um dadurch mehr über das Nutzerverhalten Ihrer Anwender zu erfahren, müssen Sie Ihren Berichten eine Tracking-ID hinzufügen. Diese Tracking-ID wird in Google Analytics definiert, und damit können Sie z. B. auswerten, wie intensiv die Berichte genutzt werden und welche Technologie zum Abruf der Dashboards eingesetzt wird.

Abbildung 9.6 zeigt die verschiedenen Schritte, die zum Auswerten der Berichtsnutzung notwendig sind.

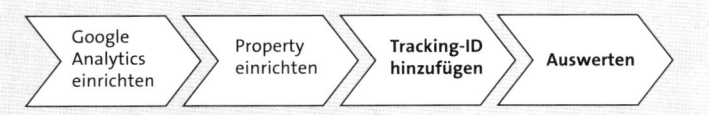

**Abbildung 9.6**  Prozess zur Auswertung des Nutzerverhaltens Ihrer Berichte

Im Folgenden zeigen wir Ihnen, wie Sie die Tracking-ID einbinden und Ihre Daten mit Google Analytics bzw. Google Data Studio auswerten. Wir beschränken uns hier auf die wichtigsten Schritte für das Einrichten eines Google-Analytics-Kontos und das Anlegen einer Property. Weiterführende Informationen zur Implementierung von Google Analytics finden Sie u. a. in »Google Analytics – Das umfassende Handbuch« von Markus Vollmert und Heike Lück, ebenfalls erschienen im Rheinwerk Verlag.

### 9.4.1   Google Analytics einrichten

Bevor wir auf die Einrichtung von Google Analytics eingehen, wollen wir kurz die Hierarchie eines Google-Analytics-Kontos erläutern, da diese Begriffe für die weiteren Schritte relevant sind. Wie in Abbildung 9.7 dargestellt, kann eine Organisation, wie z. B. ein Unternehmen, über mehrere Konten verfügen. Für jedes Konto können verschiedene Properties angelegt werden. Bei einer Property kann es sich um eine Website, App oder um unser Data Studio Dashboard handeln. Zu jeder Property wird automatisch eine Datenansicht angelegt. Für diese erste Datenansicht sollten Sie keine Filter verwenden, so dass Sie immer auf eine Datenansicht mit sämtlichen (Roh-)Daten zurückgreifen können. Mittels einer weiteren Datenansicht können Sie in Google Analytics u. a. die Daten filtern, die in Ihren Berichten angezeigt werden sollen.

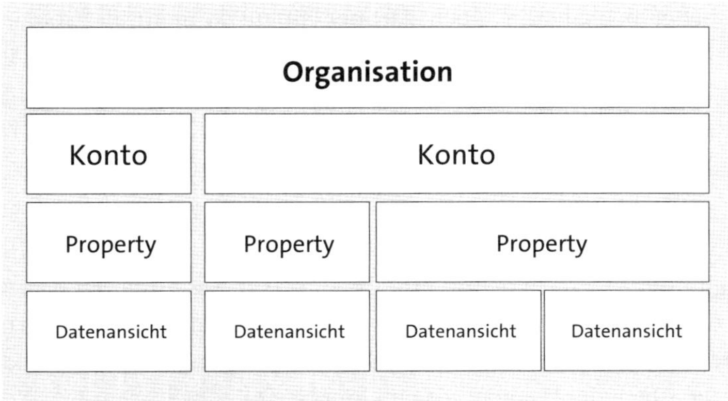

| Organisation | | | |
|---|---|---|---|
| Konto | Konto | | |
| Property | Property | Property | |
| Datenansicht | Datenansicht | Datenansicht | Datenansicht |

**Abbildung 9.7**  Hierarchie Google-Analytics-Konto

Damit Sie die Nutzerdaten für Ihre Berichte erfassen können, müssen Sie zunächst Google Analytics einrichten. Falls Sie noch kein Google-Analytics-Konto haben, müssen Sie ein neues Konto unter *http://www.google.de/analytics/* erstellen. Wenn Sie bereits ein Google-Analytics-Konto haben, melden Sie sich dort an.

Abbildung 9.8 zeigt Ihnen, wo Sie die Optionen in der Verwaltung von Google Analytics finden:

▸ Verwaltung des Kontos ❶

▸ TRACKING-CODE einer Property ❷

▸ FILTER einer Datenansicht ❸

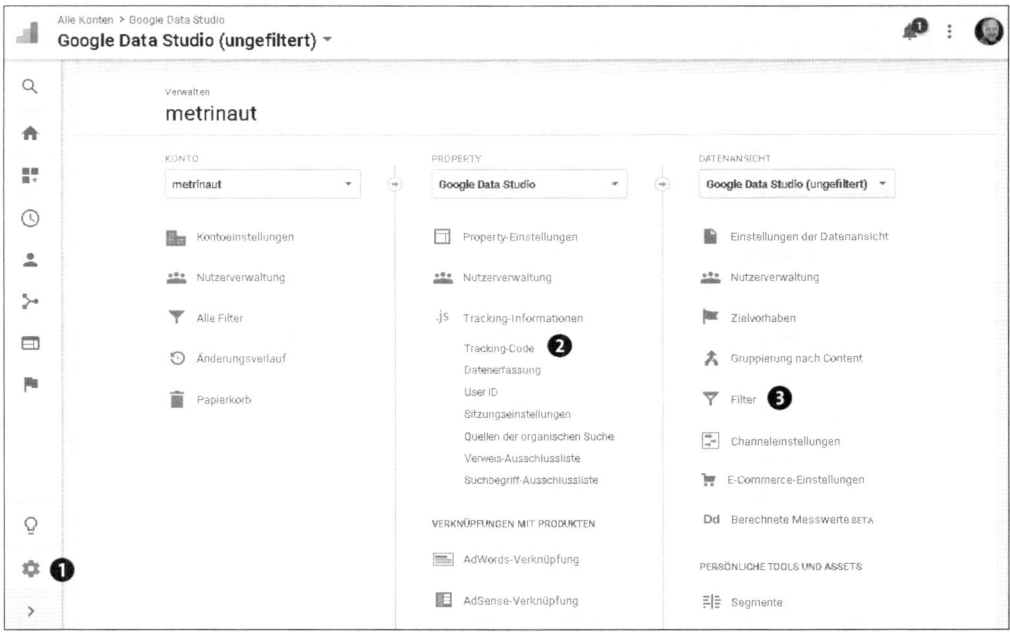

**Abbildung 9.8**  Google-Analytics-Verwaltungsmenü

Für die Speicherung der Nutzeraktivitäten aus den Data-Studio-Berichten empfiehlt es sich, eine eigene Property einzurichten, da hier die notwendigen Informationen zur Auswertung des Nutzerverhaltens Ihrer Berichte gespeichert werden. In diesem Fall generiert Google Analytics den Tracking-Code, mit dem Sie Daten für diese Property erfassen. Eine Beschreibung, wie Sie eine neue Property einrichten, finden Sie hier: *https://support.google.com/analytics/answer/1042508*.

In den Datenansichten zu Ihrer neuen Google-Analytics-Property können Sie Filter definieren, um Ihre Berichte nach bestimmten Kriterien einzugrenzen. Es bestehen die folgenden Möglichkeiten:

305

▶ Sie können Datenansichten nach den von Ihnen definierten Themengebieten wie Website, Newsletter, Anzeigen sowie nach Abteilungen im Unternehmen oder nach Kunden Ihrer Dienstleistung erstellen.

▶ Sie können nach Berichtsnamen filtern, wenn Sie entsprechende Namenskonventionen für Ihre Berichte nutzen. In Google Analytics finden Sie den Berichtsnamen als Bestandteil der Dimension SEITENTITEL. Weitere Empfehlungen zu Namenskonventionen finden Sie in Kapitel 13, »Tipps für die tägliche Arbeit in Google Data Studio«.

▶ Sie können nach der Data-Studio-Berichts-ID filtern. Eine Beschreibung, wie Sie nach der Berichts-ID filtern, finden Sie in Abschnitt 9.4.4, »Nutzerdaten in Data Studio auswerten«.

---

**Hinweis zu weiterführenden Informationen für Google Analytics**

Weitere Informationen und Hilfe für Google Analytics finden Sie unter folgendem Link: *https://support.google.com/analytics*.

---

### 9.4.2   Tracking-ID zum Bericht hinzufügen

Um die Nutzerdaten Ihrer Berichte zu erfassen, müssen Sie Ihrem Bericht eine Google-Analytics-Tracking-ID hinzufügen. Eine Tracking-ID können Sie dabei beliebig vielen Berichten in Data Studio zuweisen. Öffnen Sie hierfür den Bericht, für den Sie die Benutzerdaten erfassen wollen (Abbildung 9.9), und rufen Sie über DATEI • BERICHTSEINSTELLUNGEN ❶ die Einstellungen Ihres Berichts auf. Auf der rechten Seite Ihres Berichts öffnet sich das entsprechende Menü. Geben Sie nun in den BERICHTSEINSTELLUNGEN Ihre GOOGLE ANALYTICS-TRACKING-ID ❷ ein.

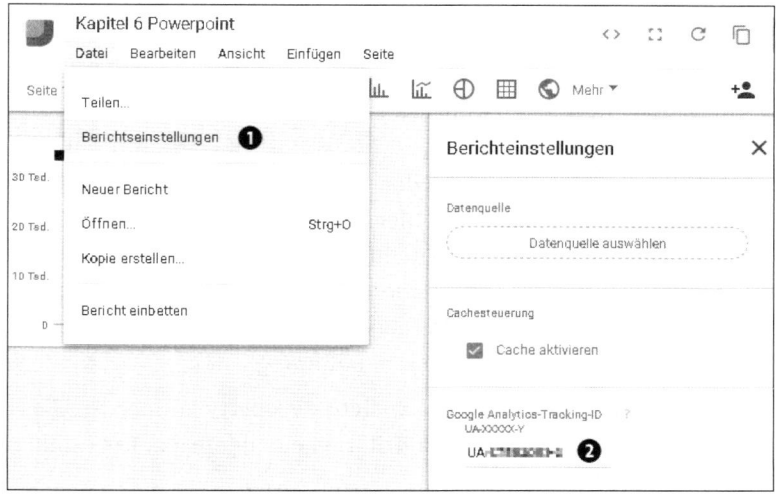

**Abbildung 9.9**  Google-Analytics-Tracking-ID eingeben

**Hinweis zur Google-Analytics-Tracking-ID**

Nachdem Sie die Tracking-ID eingegeben haben, kann es bis zu 24 Stunden dauern, bis Ihre Daten in Google Analytics angezeigt werden.

### 9.4.3   Nutzerdaten in Google Analytics auswerten

Google Analytics bietet vordefinierte Berichte, die Sie für die Analyse Ihrer Google Data Studio Dashboards verwenden können. Sie können zwar auch eigene Reports definieren, aber es ist nicht so flexibel wie Data Studio. Google Analytics bietet Auswertungen für die Bereiche ZIELGRUPPE, AKQUISITION, VERHALTEN und CONVERSIONS. Für die Analyse Ihrer Data-Studio-Berichte bietet die Option VERHALTEN die meisten Informationen.

**Hinweis zu den Einschränkungen der Analytics-Funktionen für Data Studio**

Nicht alle Funktionen lassen sich in Google Analytics für das Tracken Ihrer Berichte verwenden. Es ist nicht möglich, Ereignisse, benutzerdefinierte Dimensionen/Messwerte und User-ID-Tracking zu nutzen oder zwischen unternehmensinternen und externen Betrachtern zu unterscheiden.

Wir möchten Ihnen exemplarisch zwei Google-Analytics-Berichte vorstellen. In Abbildung 9.10 sehen Sie, wie der Bericht VERHALTEN • ÜBERSICHT aussieht. Hier finden Sie z. B. die Information, wie oft einzelne Seiten aufgerufen werden.

**Abbildung 9.10**  Übersicht Data-Studio-Verhaltensstatistiken in Google Analytics

Unter VERHALTEN • WEBSITECONTENT • ALLE SEITEN können Sie zudem die Messwerte für einzelne Berichte ansehen (siehe Abbildung 9.11). Hierbei wird standardmäßig die Dimension SEITE als primäre Dimension voreingestellt. Das führt dazu, dass die URL des Berichts als Name angezeigt wird. Wollen Sie, dass der Name des Berichts angezeigt wird, so verwenden Sie stattdessen die Dimension SEITENTITEL. Bei Berichten mit mehreren Seiten werden die Seiten mit »[Name des Berichts] > [Seitenname]« benannt.

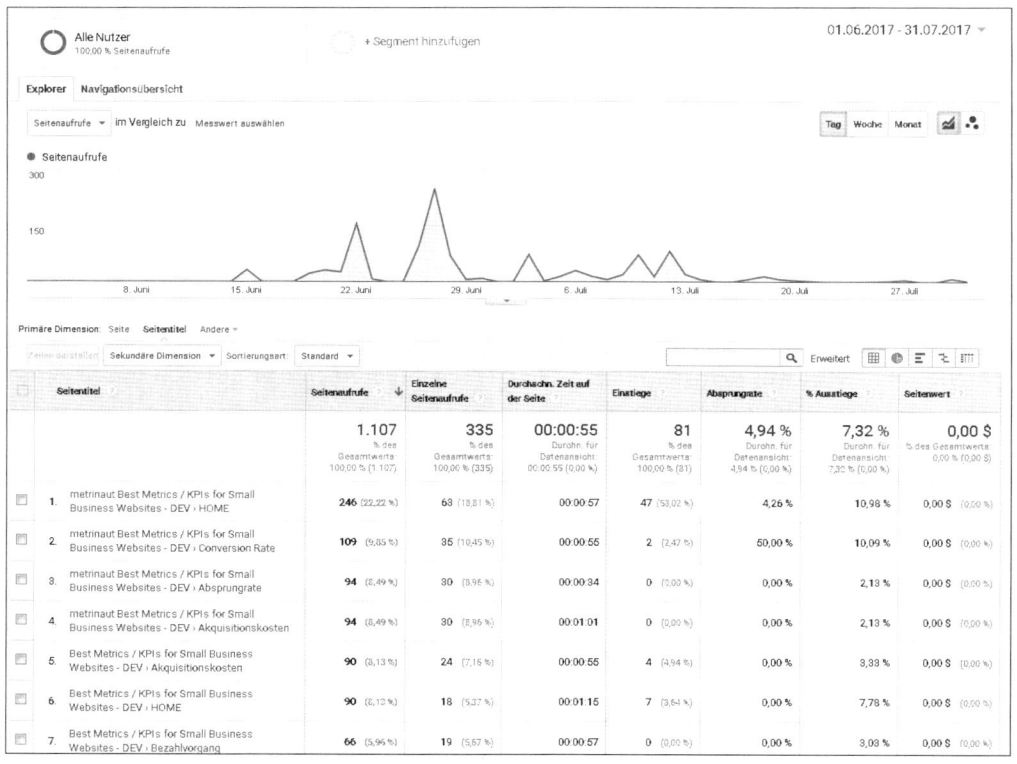

**Abbildung 9.11**  Bericht »Alle Seiten« in Google Analytics

### 9.4.4    Nutzerdaten in Data Studio auswerten

Wie bereits erwähnt, bietet Data Studio mehr Flexibilität in der Darstellung als Google Analytics. So können Sie hier optisch ansprechende Berichte umsetzen, die nur die Daten enthalten, die für Sie wirklich relevant sind.

Wie die Daten aus Ihrem Data-Studio-Bericht in Google Analytics übernommen und in Ihrem Analysebericht verfügbar sind, haben wir in Abbildung 9.12 dargestellt. Um Ihre in Google Analytics gesammelten Daten in Google Data Studio direkt auswerten zu können, müssen Sie zunächst die Tracking-ID in Ihrem Bericht hinterlegen. So werden die Nutzungsdaten in Google Analytics gesammelt. Um diese Daten in Ihrem

Analysebericht zu verwenden, legen Sie eine neue Datenquelle an und verwenden hierfür die neu angelegte Google-Analytics-Property. Anschließend erstellen Sie einen neuen Bericht (Analysebericht).

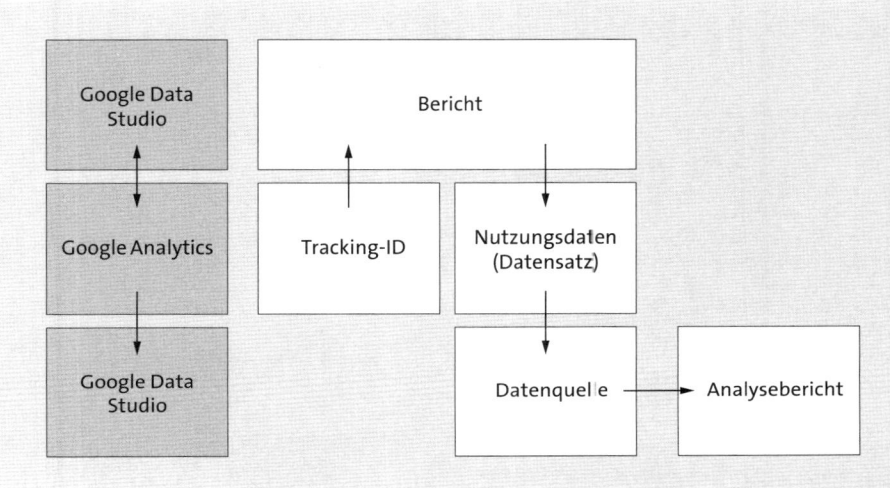

**Abbildung 9.12** Schematischer Ablauf zur Auswertung der Nutzungsdaten in Data Studio

So haben Sie im Handumdrehen optisch ansprechende Berichte, die Sie auch für andere Nutzer freigeben können. Abbildung 9.13 zeigt Ihnen einen Bericht, der verschiedene Fragestellungen aus den Bereichen Verhalten und Technologie beantworten kann:

▶ Wie haben sich die Anzahl der Nutzer und Sitzungen und die Sitzungsdauer im Vergleich zum vorhergehenden Zeitraum entwickelt?

▶ Welche Berichte werden am häufigsten aufgerufen?

▶ Welche Browser werden von den Anwendern genutzt, und wie hoch ist deren Bildschirmauflösung?

▶ An welchen Tagen werden die Berichte genutzt?

▶ Wie ist das Verhältnis zwischen neuen und wiederkehrenden Nutzern?

Wenn Sie mehrere Dashboards unter einer Datenansicht zusammengefasst haben, aber nur eine Teilmenge davon auswerten möchten, können Sie Filterbedingungen in Data Studio definieren. Als eindeutiges Filterkriterium für den Bericht wird die Berichts-ID aus der Google-Analytics-Dimension SEITE extrahiert. Die Berichts-ID entspricht dem Teil zwischen */reporting/* und */page*.

**Abbildung 9.13** Dashboard mit Data-Studio-Nutzungsdaten zu Verhalten und Technologie

Ein Beispiel dazu:

Die Dimension Seite hat den folgenden Aufbau: *reporting/1WXBD-QdfNwGikd-GuF4ioMFifta9iqMKa/page/3HON*.

Die Berichts-ID für diesen Data-Studio-Bericht lautet gemäß der vorhergehenden Definition: *1WXBD-QdfNwGikdGuF4ioMFifta9iqMKa*.

Eine Filterbedingung könnte dementsprechend wie in Abbildung 9.14 dargestellt aussehen.

---

**Hinweis zum Einsatz von Filtern**

Weitere Informationen zum Einsatz von Filtern in Data Studio finden Sie in Kapitel 6, »Berichtskomponenten in Google Data Studio anpassen«.

---

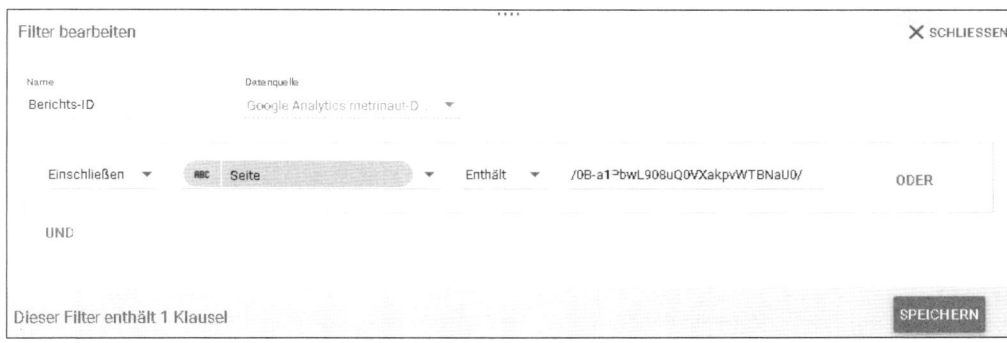

**Abbildung 9.14** Filterbedingung für die Dimension »Seite«

## 9.5   Zugriff von Data Studio auf Ihr Google-Konto verwalten

Wenn Sie Ihren Google-Account mit Google Data Studio verbinden, ist dies keine endgültige Entscheidung. Sie können jederzeit den Zugriff auf Ihr Google-Konto entfernen bzw. beliebig oft wiederherstellen.

### 9.5.1   Zugriff entfernen

Wenn Sie Google Data Studio nicht weiter nutzen wollen, können Sie die Berechtigung für den Zugriff auf Ihr Google-Konto entziehen  Die Zugriffsberechtigungen entfernen Sie über folgende URL: *https://myaccount.google.com/permissions*. Sie gelangen nun zu einer Liste mit Apps, die Zugriff auf Ihr Google-Konto haben (Abbildung 9.15). Suchen Sie in der Liste nach GOOGLE DATA STUDIO. Mit einem Klick auf den Namen wird ein Menü geöffnet ❶. Klicken Sie hier auf ZUGRIFFSRECHTE ENTFERNEN, um den Zugriff auf Ihr Google-Konto zu sperren ❷. Wenn Sie den Zugriff hier beenden, so werden auch Datenquellen, die Sie mit Google Connectoren erstellt haben, automatisch deaktiviert.

### 9.5.2   Zugriff wiederherstellen

Um Data Studio wieder mit Ihrem Google-Konto zu verbinden, erstellen Sie eine neue Datenquelle, die auf einem Google-Produkt basiert. Sie werden dann aufgefordert, Data Studio Zugriff auf Ihr Konto zu gewähren.

Durch das Entfernen und erneute Verbinden können zum Teil Fehler behoben werden. Wenn es z. B. ein Problem mit der Autorisierung der Datenquelle gibt, so löst das Entfernen und Wiederverbinden das Problem in vielen Fällen.

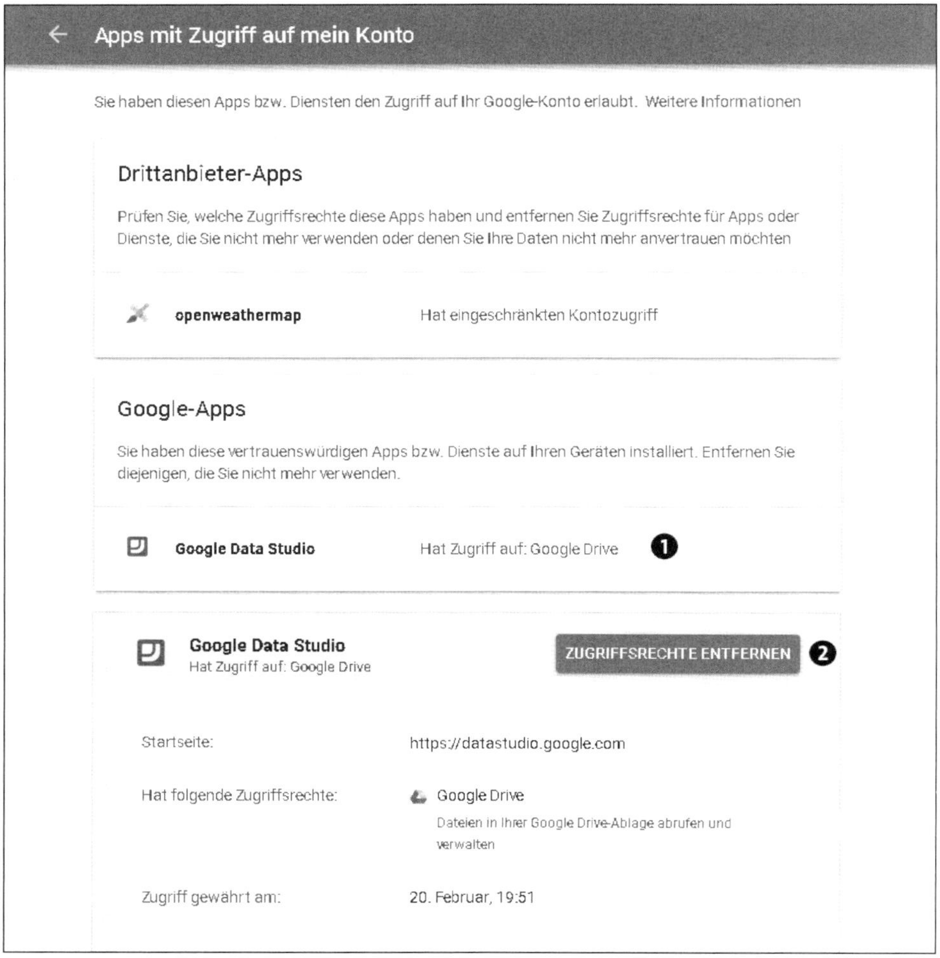

**Abbildung 9.15**  Zugriffsrechte für Google Data Studio entfernen

## 9.6   Zusammenfassung

In diesem Kapitel haben Sie erfahren, wie Sie Ihre Berichte in Google Data Studio optimal verwalten. Sie haben gelernt, wie Sie Berichte kopieren oder löschen. Wir haben Ihnen gezeigt, wie Sie das Nutzerverhalten Ihrer Berichte innerhalb von Google Data Studio und mit Hilfe von Google Analytics erfassen und wie Sie die Zugriffsrechte für Google Data Studio verwalten.

# Kapitel 10
# Fallstudien

*Anhand konkreter Fallstudien aus den Bereichen SaaS, E-Mail-Marketing und Digital Marketing zeigen wir Ihnen, wie Sie zeitintensive Prozesse mit Google Data Studio deutlich effektiver und nutzerfreundlicher gestalten können.*

In diesem Kapitel beschäftigen wir uns mit fortgeschrittenen Anwendungsszenarien für Google Data Studio. Dabei gehen wir auf Beispiele aus unterschiedlichen Bereichen ein:

Die SaaS-Fallstudie veranschaulicht beispielsweise, wie SaaS-Unternehmen Data Studio als zentrale Reportingplattform für verschiedene Unternehmensbereiche nutzen und damit die bisherigen Prozesse zur Datenanalyse deutlich effizienter gestalten können.

Die E-Mail-Marketing-Fallstudie zeigt Ihnen, welche Schritte notwendig sind, um ein End-to-End-Reporting für Ihre E-Mail-Kampagnen zu erstellen. Hierbei ist es ebenfalls notwendig, verschiedene Datenquellen wie z. B. aus E-Mail-Marketing-Systemen und Google Analytics miteinander zu kombinieren, um eine übergreifende Analyse zu ermöglichen und auch Daten aus verschiedenen Datenquellen in einem Visualisierungselement darzustellen.

In einer Digital-Marketing-Fallstudie lernen Sie, wie eine Online-Marketing-Agentur das Reporting für ihre Kunden mit Hilfe von BigQuery und Google Data Studio automatisieren kann und welche Schritte hierfür notwendig sind.

## 10.1   Zentrale Reporting-Plattform für SaaS-Unternehmen

Es gibt eine Vielzahl von Unternehmen, die ihre Dienstleistungen wie automatische Rechnungserstellung, Sprachlernprogramme oder Software zur Website-Erstellung als *Software as a Service* (*SaaS*) anbieten. Das bedeutet, die Software wird ausschließlich über das Internet genutzt, ohne dass eine Installation auf den Rechnern der Kunden notwendig ist. Ein physisches Produkt existiert somit nicht. Die Abrechnung erfolgt ebenfalls online oder per App. Anbieter wie die Online-Bezahldienste Stripe, PayPal oder Paymill helfen diesen Unternehmen, ihre Zahlungen möglichst unkompliziert abzurechnen.

In diesem Fallbeispiel geht es darum, wie SaaS-Unternehmen Data Studio als zentrale Reportingplattform für verschiedene Unternehmensbereiche verwenden können, um so Zeit zu sparen und die Datenauswertung effizienter zu gestalten.

### 10.1.1   Ausgangssituation

Bisher visualisiert das SaaS-Unternehmen alle relevanten Kennzahlen aus dem Onlinemarketing und der Webanalyse in einem Google Data Studio Dashboard. Mit Hilfe dieses Dashboards werden die notwendigen Schritte zur Steuerung und Optimierung der Vermarktung abgeleitet. Die Umsätze des Unternehmens werden bisher allerdings ausschließlich in einem externen Zahlungstool erfasst. Eine Anbindung an Google Data Studio existiert noch nicht. Abbildung 10.1 zeigt den Aufbau der IT-Infrastruktur zur Datenanalyse, die im SaaS-Unternehmen bisher verwendet wird.

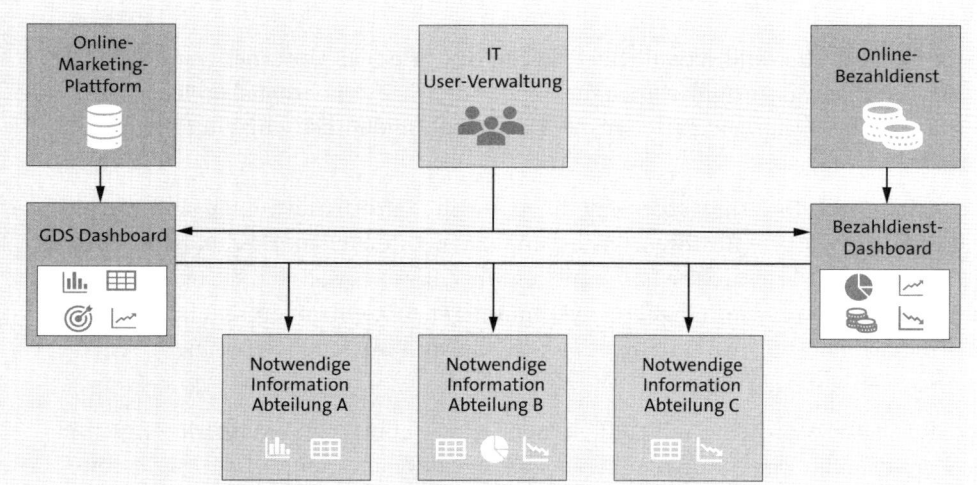

**Abbildung 10.1** Bisherige IT-Infrastruktur zur Datenanalyse

Die Nutzung von zwei unterschiedlichen Dashboards führt dabei zu folgenden Problemen:

▶ Die Verwendung von unterschiedlichen Plattformen bringt einen zusätzlichen Zeitaufwand für die Verwaltung, Erstellung und Auswertung der Daten mit sich.

▶ Mit steigender Mitarbeiterzahl wächst der Verwaltungsaufwand, da mehr Mitarbeiter Zugriff auf die Kennzahlen benötigen.

▶ Die Daten der Reportingplattformen werden bisher manuell in Google-Tabellen zusammengeführt, um weitere Berechnungen und Analysen durchführen zu können. Dies ist ein aufwendiger und fehleranfälliger Prozess. Da die Erhebung der Kennzahlen im Unternehmen nicht einheitlich ist, erhöht sich die Fehleranfälligkeit zusätzlich.

### 10.1.2   Ziele und Umsetzung

Um diese Probleme zu vermeiden, hat das Unternehmen folgende Bereiche identifiziert, die Optimierungspotential bieten:

▸ Damit die Geschäftsführung die Unternehmensentwicklung besser im Blick behalten kann, sollen die Kennzahlen aus Onlinemarketing und Webanalyse mit den Umsatzzahlen in einer Reportingplattform zusammengeführt werden.

▸ Zur Reduzierung des Administrationsaufwands soll Google Data Studio künftig als Standardtool zur übergreifenden Erstellung der Berichte verwendet werden.

▸ Für die Auswertung soll ein einheitlicher Kennzahlenkatalog etabliert werden, der die relevanten Kennzahlen für das Unternehmen abdeckt.

**Hinweis zur Anbindung von Bezahldiensten**

Zur Anbindung von Bezahldiensten existieren diverse Community-Connectoren, z. B. für Stripe und PayPal. Eine Übersicht der verfügbaren Connectoren finden Sie unter: *https://developers.google.com/datastudio/connector/gallery*.

Abbildung 10.2 zeigt den Prozess zur Datenanalyse bei der Verwendung von Google Data Studio.

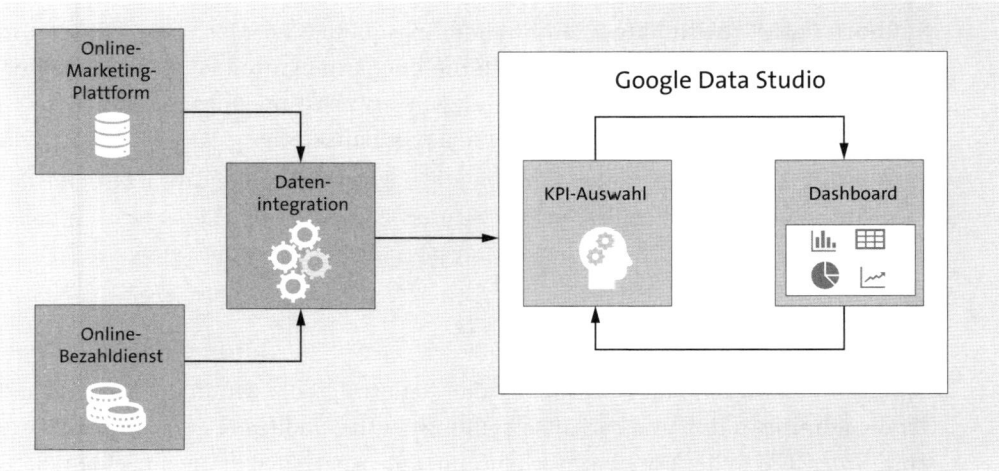

**Abbildung 10.2** Prozess zur Datenanalyse mit Google Data Studio

Um einen geeigneten Kennzahlen-Katalog zu entwickeln, musste das Unternehmen zunächst die relevanten Kennzahlen auswählen. Ein entscheidendes Kriterium für die Auswahl ist das Unternehmensstadium.

Je nach Stadium sind unterschiedliche KPIs sinnvoll. Anfangs geht es z. B. vor allem darum, Aufmerksamkeit zu erzeugen und neue Kunden zu gewinnen, die sich über Interaktionsraten auf Social Media oder die Anzahl der neuen Besucher bzw. Kunden messen lässt. Später gewinnen eher Kennzahlen wie der monatlich wiederkehrende Umsatz oder die Zeit, die ein Nutzer als Kunde erhalten bleibt, an Bedeutung.

Nachdem das Unternehmensstadium identifiziert wurde, konnte der Kundenlebenszyklus (Customer Lifecycle) schrittweise durchgegangen und daraus die relevanten KPIs für das SaaS-Unternehmen abgeleitet werden.

Im Folgenden geben wir Ihnen einen Überblick, welche Kennzahlen für SaaS-Unternehmen von Bedeutung sind; diese Liste beschränkt sich dabei auf die Kennzahlen, die typischerweise in Bezahldiensten verfügbar sind:

▶ **Net Revenue:** Der Nettoumsatz bezieht sich in der Regel auf den Umsatz eines Unternehmens nach Abzug von Rabatten und Retouren. Hierbei sollten SaaS-Unternehmen auch Kennzahlen wie die Anzahl der Rückerstattungen (Refunds) und fehlgeschlagenen Abbuchungen (Failed Charges) im Blick behalten, um keinen falschen Eindruck von ihrem tatsächlichen Umsatz zu erhalten.

▶ **Average Revenue per User:** Neben dem gesamten Umsatz ist auch der Umsatz pro Nutzer wichtig, um eventuelle Potentiale für das Upselling zu identifizieren.

▶ **Lifetime Value:** Zusätzlich sollte man die Zeit, die ein Kunde dem Service treu bleibt, regelmäßig überprüfen. Je länger ein Kunde den Service nutzt, desto besser.

▶ **Churn Rate/Growth Rate:** Die Abwanderungsquote (Churn) ist gut geeignet, um den langfristigen Erfolg des SaaS-Unternehmens zu beurteilen. Wenn ein Unternehmen es schafft, ein kontinuierliches Nutzerwachstum zu generieren (Growth Rate), ist dies eine gute Grundlage für den Geschäftserfolg.

▶ **Monthly Recurring Revenue:** Der monatlich wiederkehrende Umsatz ist eine der wichtigsten Kennzahlen für ein SaaS-Unternehmen. In der Regel werden dabei einmalige Gebühren z. B. für den Vertragsabschluss ausgeschlossen.

### 10.1.3   Ergebnis

Durch das Einführen eines übergreifenden Reportingtools wurde der Zeitaufwand für die Administration und Berichtserstellung deutlich reduziert. Das automatisierte Zusammenführen der Daten ermöglicht nun eine Analyse über die einzelnen Plattformen hinweg und ist deutlich weniger fehleranfällig. Die Etablierung eines einheitlichen Kennzahlenkatalogs garantiert die strukturierte Erfolgsmessung und Optimierung anhand unternehmensweit definierter Kennzahlen.

## 10.2  Übergreifende Analyse von E-Mail-Marketing-Kampagnen

Um den Erfolg einer E-Mail-Marketing-Kampagne umfassend analysieren zu können, ist es oft notwendig, neben den Kennzahlen aus dem E-Mail-Marketing – wie Öffnungs- und Klickraten – weitere Kennzahlen, wie die Conversion-Rate der gewonnenen Websitebesucher, einzubeziehen. Vor allem in Kombination mit Kennzahlen aus Google Analytics können wertvolle zusätzliche Erkenntnisse generiert werden. Allerdings ist es in Google Data Studio nicht möglich, ein Visualisierungselement mit zwei Datenquellen zu verknüpfen.

In unserem Fallbeispiel möchte ein Unternehmen ein Dashboard erstellen, mit dem es seine E-Mail-Kampagnen mit Hilfe der kombinierten Daten aus dem E-Mail-Marketingsystem wie z. B. MailChimp oder ActiveCampaign und Google Analytics analysieren können. Wir zeigen, wie mit einer vorgelagerten Zusammenführung der Daten in Google Sheets dieses Problem gelöst wird.

### 10.2.1  Ausgangssituation

Ein Unternehmen möchte den Erfolg seiner E-Mail-Marketing-Kampagnen mit Hilfe von Google Data Studio messen. Die entsprechenden Daten liegen bereits im Newsletter-System und in Google Analytics vor. Bisher analysiert das Unternehmen die Kennzahlen aus E-Mail-Marketing und Google Analytics im jeweiligen Tool getrennt. Allerdings soll es in Zukunft einen Bericht geben, der diese Daten kombiniert. Für den Bericht möchte das Unternehmen Daten aus verschiedenen Datenquellen in einer Tabelle darstellen. Es ist in Google Data Studio bisher nicht möglich, in einem Visualisierungselement mehrere Datenquellen zu verknüpfen. Daher ist hierfür ein vorgelagerter Schritt notwendig.

### 10.2.2  Ziele und Umsetzung

Die Daten aus dem Newsletter-Verteiler und Google Analytics müssen konsolidiert und an Google Data Studio angebunden werden. Im ersten Schritt sollen die Daten aus dem E-Mail-System exportiert werden. Der Anbieter bietet hierfür eine API an, mit der die Daten je Kampagne extrahiert werden können. Da je Kampagne nur eine Zeile übertragen wird, ist das Datenvolumen überschaubar. Aus diesem Grund lassen sich die Daten mit Google Sheets einfach speichern und konsolidieren erledigen. Der Zugriff auf die API erfolgt über ein Google Apps Script in Google Sheets.

Die Webanalysedaten aus Google Analytics werden über das Google-Tabellen-Add-on extrahiert und ebenfalls in Google Sheets gespeichert. Das entsprechende Add-on für Ihren Chrome-Browser finden Sie unter folgender URL: *https://chrome.google.com/webstore/detail/google-analytics/fefimfimnhjjkomigakinmjileehfopp*.

Zur Verknüpfung der Daten aus dem Newsletter und Google Analytics wird die Kampagnen-ID verwendet. Die Daten werden anschließend über den Google-Tabellen-Connector in Data Studio übertragen und dort visualisiert. Die Extraktion für beide Datenquellen ist periodisch (z. B. täglich, wöchentlich oder monatlich) eingeplant.

**Hinweise zur Anbindung und Dashboard-Gestaltung**

Wie Sie Daten mit Hilfe eines Connectors anbinden, haben wir in Kapitel 3, »Datenquellen mit Google Data Studio verbinden und bearbeiten«, beschrieben.

Abbildung 10.3 zeigt den Prozess zur Berichtserstellung für eine E-Mail-Marketing-Kampagne.

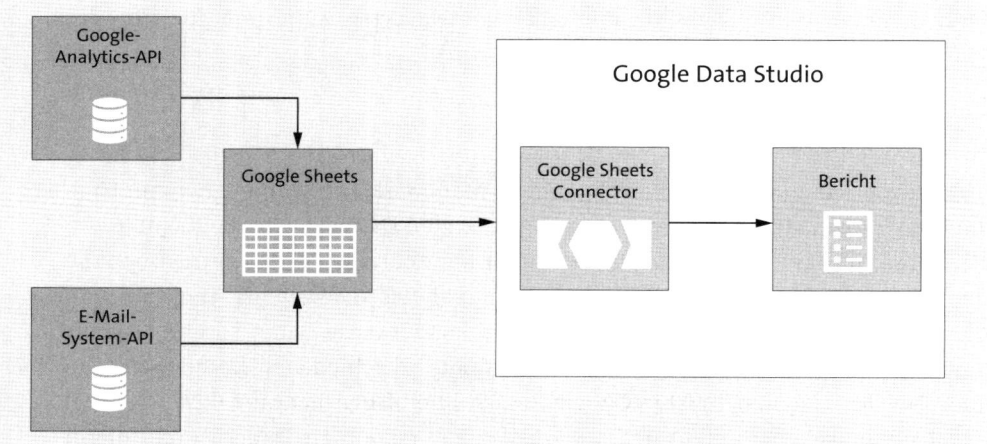

**Abbildung 10.3**  Prozess zur Berichtserstellung für E-Mail-Marketing-Kampagnen

### 10.2.3    Ergebnis

Durch die vorgelagerte Zusammenführung der Daten in Google Tabellen können die Daten aus dem Newsletter-Versand und Google Analytics nun übergreifend analysiert werden. Das ermöglicht es, einen direkten Zusammenhang zwischen den Kennzahlen der Mailkampagnen und weiteren Kennzahlen wie Conversions oder dem durchschnittlichen Umsatz je gesendeter E-Mail zu erkennen.

## 10.3    Ganzheitliche Kundenberichte einer Digital-Marketing-Agentur

Im Digital Marketing gibt es viele Kanäle, die für eine ganzheitliche Marketingstrategie von Bedeutung sind. So müssen die Account Manager einer Digital-Marketing-

Agentur die verschiedenen Kanäle für Social Media, Banner- und Suchmaschinenwerbung stets im Blick behalten und ihre Kunden über deren Entwicklung informieren. In vielen Agenturen werden die Berichte häufig noch manuell in einer Excel-Tabelle angefertigt. Der Erstellungsprozess nimmt dabei viel Zeit in Anspruch.

In diesem Fallbeispiel schauen wir uns an, wie eine Digital-Marketing-Agentur mit Hilfe von BigQuery und Google Data Studio ihren Reportingprozess optimiert hat.

### 10.3.1 Ausgangssituation

Eine Digital-Marketing-Agentur muss für ihre Kunden monatlich einen Bericht erstellen, um diese über die Entwicklung der Marketingkennzahlen wie Besucherzahlen, Interaktionen oder Conversion-Rate zu informieren.

Die Daten der verschiedenen Kanäle werden bisher nicht an einem Ort gesammelt, sondern sind lediglich auf den jeweiligen Plattformen verfügbar. Das bedeutet, die Account Manager müssen sich auf jeder Plattform die relevanten Daten als CSV-Datei zusammensuchen, diese herunterladen und in einem übergreifenden Bericht aufbereiten. In unserem Beispiel stellt die Agentur die Daten in Excel zusammen und verschickt diese anschließend an ihre Kunden. In Abbildung 10.4 sehen Sie, welche Schritte bis zum Versand des fertigen Berichts in der Agentur bisher anfallen:

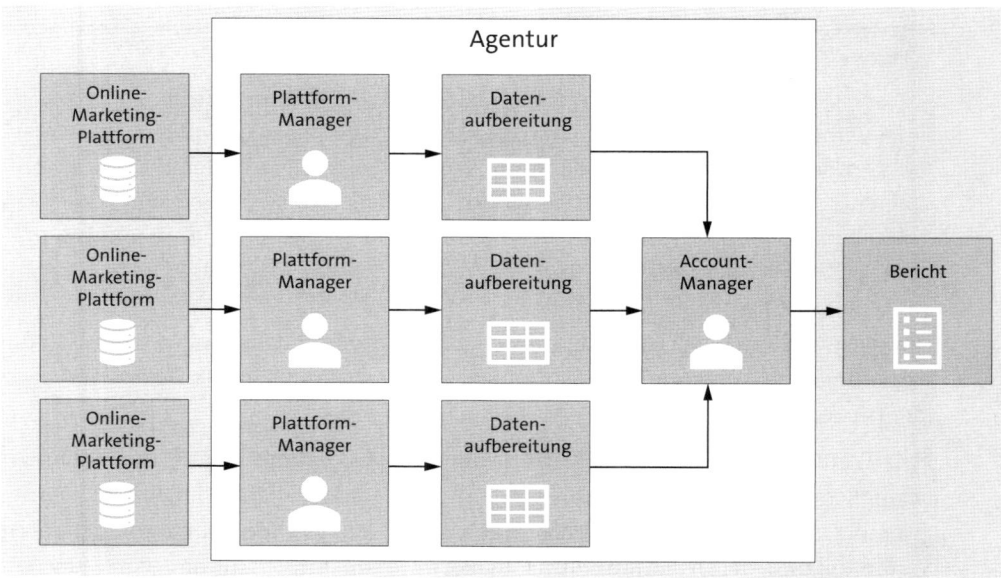

**Abbildung 10.4** Prozess zur Berichtserstellung

Durch den oben beschriebenen Prozess ergeben sich folgende Probleme in der Agentur und auf Unternehmensseite:

▶ In die Erstellung jedes Berichts sind mehrere (Online-Marketing-)Spezialisten involviert, die Zeit für die Bereitstellung der Daten investieren müssen. Sie extrahieren die Daten aus AdWords, Facebook und Co. und liefern sie dann an den verantwortlichen Account Manager. Dieser führt die Daten dann zusammen und leitet sie an den Kunden weiter.

▶ Die extrahierten Daten werden in Excel wieder zusammengeführt und aufbereitet. Zusätzlicher Aufwand entsteht, da die Dateien per E-Mail verschickt werden.

### 10.3.2    Ziele und Umsetzung

Die Erstellung der Berichte muss effektiver und nutzerfreundlicher gestaltet werden. Hierzu gibt es zwei Hauptpunkte, die im Erstellungsprozess verändert werden müssen:

▶ Die Marketingdaten müssen zentral an einem Ort gespeichert werden und für die relevanten Mitarbeiter zugänglich sein.

▶ Die Erstellung der Berichte muss für alle Kunden der Agentur automatisiert werden. So können die Account Manager mehr Zeit für wichtige Aufgaben wie z. B. die Optimierung der Kampagnen verwenden.

> **Hinweis zu Online-Marketing-Dashboards in Unternehmen**
>
> Wenn Unternehmen ein Online-Marketing-Dashboard erstellen, so können sie auch die Verkaufsdaten im Dashboard integrieren. So lässt sich der gesamte Verkaufszyklus analysieren und leichter ein Zusammenhang zwischen Verkäufen und Anzeigen ableiten. Das bedeutet beispielsweise, dass nun nicht nur die Conversion-Rates eingesehen werden können, sondern auch der *Return on Investment* (ROI) und *Return on Advertising Spend* (ROAS).

Um diese Ziele zu erreichen, musste sich die Agentur zunächst entscheiden, wo die Marketingdaten gesammelt werden sollen, und das dafür geeignete Data-Warehouse identifizieren.

Data-Warehouses sind zentralisierte Datenspeichersysteme, die es Unternehmen ermöglichen, Daten aus mehreren Anwendungen und Quellen an einem Ort zu integrieren. Data Warehousing löst das Problem der Analyse von Daten aus separaten Systemen und deren Umwandlung in verwertbare Informationen zur Entscheidungsunterstützung. Es können damit auch große Mengen komplexer Daten effizient verarbeitet werden, ohne die Geschäftsprozesse in den operativen Systemen zu beeinträchtigen. Der Einsatz eines Data-Warehouses wie z. B. BigQuery kann folgende Vorteile mit sich bringen:

▶ Durch die Bereitstellung von Daten aus verschiedenen Quellen können fundierte, datenbasierte Geschäftsentscheidungen getroffen werden. Dadurch werden Zeit und Ressourcen gespart, da Daten aus mehreren Quellen nicht mehr manuell abgerufen und zusammengeführt werden müssen.

▶ Eine Data-Warehouse-Implementierung kann zur Verbesserung der Datenqualität beitragen. Inkonsistente oder fehlerhafte Daten können durch entsprechende Prüfroutinen validiert und im Nachgang manuell in der Datenquelle bereinigt werden.

▶ Ein Data-Warehouse kann große Mengen von historischen Daten speichern. Dadurch können verschiedene Zeiträume und Trends analysiert werden, um Vorhersagen zu treffen. Solche Daten können typischerweise nicht in einer transaktionsorientierten Datenbank gespeichert oder zum Erstellen von Berichten daraus abgerufen werden.

Die Agentur in dieser Fallstudie hat sich hierbei für das Data-Warehouse BigQuery entschieden. Hiermit konnte das Unternehmen Anwendungen von Google problemlos anbinden, da BigQuery ebenfalls von Google angeboten wird und so eine reibungslose Zusammenarbeit möglich ist. So können die Daten aus YouTube, Google AdWords und DoubleClick mit Hilfe des BigQuery Data Transfer Service automatisiert in BigQuery zur Verfügung gestellt werden.

Allerdings nutzt die Agentur noch eine Vielzahl weiterer Werbeplattformen, so dass das Team vor einer weiteren Herausforderung stand. Denn nur wenn alle Daten in BigQuery verfügbar sind, bietet das Data-Warehouse einen wirklichen Mehrwert. Um diese anderen Plattformen anzubinden, muss sich die Agentur unter einer Vielzahl von verschiedenen Anbietern zur Datenintegration entscheiden. Diese Datenintegrationswerkzeuge übernehmen das Extrahieren, Transformieren und Laden (ETL) von Daten in BigQuery. Zu den von Google zertifizierten Partnern gehören: Alooma, Blendo, Fivetran, Funnel, Atom Data, Informatica, Lytics, Matillion, SAP, Segment, Snap Logic, Software AG, Stitch, Striim, Switchboard, Skyvia, talend, Treasure Data und Xplenty.

---

**Hinweis zur Auswahl von ETL-Systemen**

Generell ermöglichen diese ETL-Systeme das Extrahieren (E), Transformieren (T) und Laden (L) von Daten aus externen Plattformen. Je nach Problemstellung sind unterschiedliche Systeme geeignet. Am besten prüfen Sie vor der Auswahl, aus welchen externen Plattformen Sie Daten exportieren wollen und ob das Tool die entsprechenden Plattformen abdeckt.

---

Abbildung 10.5 zeigt die IT-Architektur zum Anbinden der Plattformen an Google Data Studio.

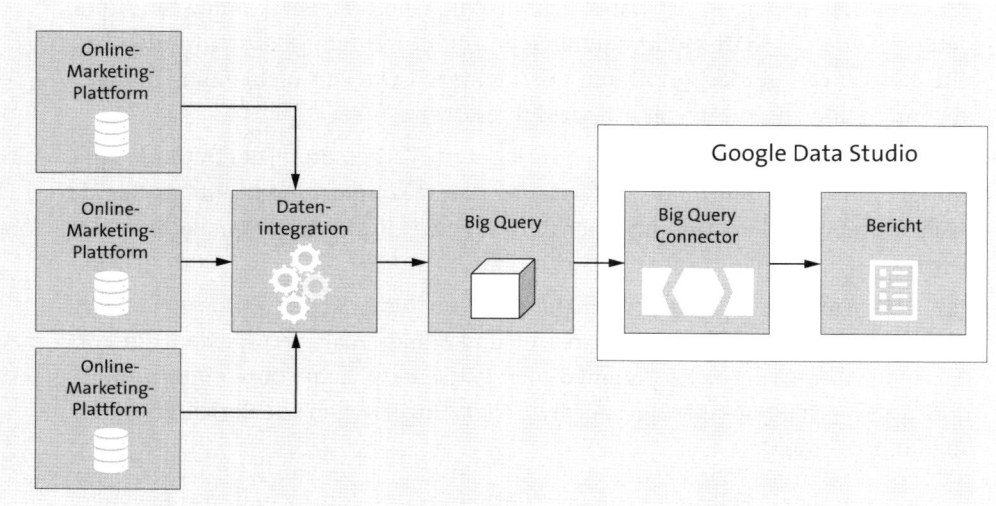

**Abbildung 10.5** Anbindung von Online-Marketing-Systemen

### 10.3.3   Ergebnis

Mit Hilfe eines Data-Warehouses wie z. B. BigQuery und einem Tool zum automatisierten Datenimport war es für die Agentur möglich, alle Marketingdaten an einem Ort zu sammeln. Dies bildet die Grundlage, um in Google Data Studio in kurzer Zeit individuelle Berichte für die Kunden zu erstellen und diesen dann zur Verfügung zu stellen.

> **Hinweis zur Verwendung von Berichtsvorlagen**
>
> Wie Sie Berichtsvorlagen zur zeitsparenden Erstellung neuer Berichte verwenden, erklären wir Ihnen in Kapitel 13, »Tipps für die tägliche Arbeit in Google Data Studio«.

Die Einführung eines Data-Warehouses und die Automatisierung der Berichtserstellung mit Google Data Studio führt zu einer enormen Zeitersparnis in der Marketingagentur. Das Zusammenstellen von Berichten für Kunden nimmt deutlich weniger Zeit in Anspruch. Die Account Manager können verschiedene Elemente in Google Data Studio ohne Probleme in einem Bericht zusammenstellen und so im Handumdrehen individuelle Dashboards erstellen. Die gewonnene Zeit kann nun für wichtigere Aufgaben wie das Optimieren der Werbekampagnen genutzt werden.

Der Kunde hat auch profitiert, da er nun zu jeder Zeit Zugriff auf ein ansprechendes, nutzerfreundliches Dashboard hat, in dem er die aktuellen Daten für seine Werbekampagnen einsehen kann. Er muss nicht mehr auf den monatlichen Bericht warten, sondern hat die aktuellsten Daten immer zur Hand. Abfragen historischer Daten sind ebenfalls kein Problem.

Die Zentralisierung der Daten hat es außerdem ermöglicht, kundenübergreifende Benchmarks zu erstellen. So können z. B. Trends für bestimmte Branchen schneller erkannt und die entsprechenden Maßnahmen abgeleitet werden.

## 10.4   Zusammenfassung

In diesem Kapitel haben Sie mit Hilfe von drei praxisorientierten Fallbeispielen gelernt, wie Sie den Erstellungsprozess für Ihre Berichte optimieren können. Sie haben erfahren, wie Sie die Daten eines Online-Bezahldienstes mit weiteren Kennzahlen aus Google Analytics nutzen. In einem weiteren Fallbeispiel haben wir Ihnen gezeigt, wie Sie die Daten aus einem E-Mail-Marketingsystem und Google Analytics kombinieren, um Visualisierungselemente zu erstellen, die Daten aus zwei verschiedenen Quellen verwenden. Im dritten Fallbeispiel haben Sie gelernt, wie Sie mit Hilfe von BigQuery die Daten aus unterschiedlichen Online-Marketing-Systemen für Ihre Berichte synchronisieren und so ein übergreifendes Online-Marketing-Dashboard erstellen können.

# Kapitel 11
# Vorlagen

*In diesem Kapitel haben wir für Sie einige Vorlagen in den Bereichen AdWords, Google Search Console, Google Analytics, YouTube und Firebase erstellt, die Sie als Inspiration und Grundlage für Ihre eigenen Dashboards verwenden können.*

Nachdem Sie nun die Grundlagen für die Arbeit mit Google Data Studio kennengelernt haben, möchten wir Ihnen eine Reihe von Vorlagen an die Hand geben, die Sie zur Erstellung Ihrer eigenen Berichte verwenden können.

Wir haben uns bei der Entwicklung auf die Bereiche Google Search Console, Google AdWords, Google Analytics, YouTube und Firebase Analytics konzentriert. Die Dashboards lassen sich mit wenigen Klicks für Ihr eigenes Unternehmen verwenden und beliebig erweitern oder ändern. Nach einer kurzen Erläuterung, wie Sie unsere Vorlagen verwenden können, erhalten Sie detaillierte Informationen zu den ausgewählten Kennzahlen und der verwendeten Konfiguration zur Einrichtung der Dashboards.

> **Hinweis zu Vorlagen**
>
> Im Anhang finden Sie weitere Vorlagen für verschiedene Anwendungsgebiete wie z. B. E-Commerce oder Facebook Ads.

## 11.1 Anwenden der Vorlagen

Bevor wir Ihnen die verfügbaren Dashboards ausführlicher vorstellen, möchten wir zunächst darauf eingehen, wie Sie unsere Vorlagen verwenden können. Abbildung 11.1 zeigt Ihnen die notwendigen Schritte. Nachdem Sie den Link des entsprechenden Dashboards aufgerufen haben, erhalten Sie zunächst eine Vorschau. Klicken Sie oben rechts auf den Button VORLAGE VERWENDEN ❶, um diese zu nutzen. Wählen Sie nun, welche Datenquelle Sie für den Bericht verwenden wollen ❷ – nutzen Sie entweder die voreingestellten Beispieldaten, oder binden Sie Ihre eigene Datenquelle an. Klicken Sie anschließend auf BERICHT ERSTELLEN ❸. Nun können Sie den Bericht direkt einsetzen.

**Abbildung 11.1** Dashboard-Vorlagen verwenden

**Hinweis zu den Datenquellen**

Alle Vorlagen verwenden die in Google Data Studio zur Verfügung gestellten Bei-spieldatenquellen für das jeweilige Google-Produkt. Damit haben Sie die Möglich-keit, ein entsprechendes Dashboard anzulegen, auch wenn Sie selbst dieses Produkt nicht im Einsatz haben.

## 11.2   AdWords Dashboard

Es ist kein Geheimnis, dass Google die mit Abstand meistgenutzte Suchmaschine ist. Kein Wunder also, dass viele Unternehmen in Google-AdWords-Anzeigen investie-ren. Damit Sie die Investitionen bestmöglich einsetzen, müssen Sie die geschalteten Kampagnen stets im Blick behalten, denn nur so können Sie die Kampagnen evaluie-ren und optimieren bzw. bei Bedarf abschalten und dadurch unnötige Ausgaben ver-meiden.

In unserem AdWords-Demo-Dashboard (Abbildung 11.2) haben wir Ihnen eine Vor-lage erstellt, mit der Sie die wichtigsten Kennzahlen Ihrer Kampagnen stets im Blick behalten.

**Hinweis zur Verwendung des AdWords-Demo-Dashboards**

Die Vorlage steht Ihnen unter *https://goo.gl/nEpDGH* zum Download zur Verfügung.

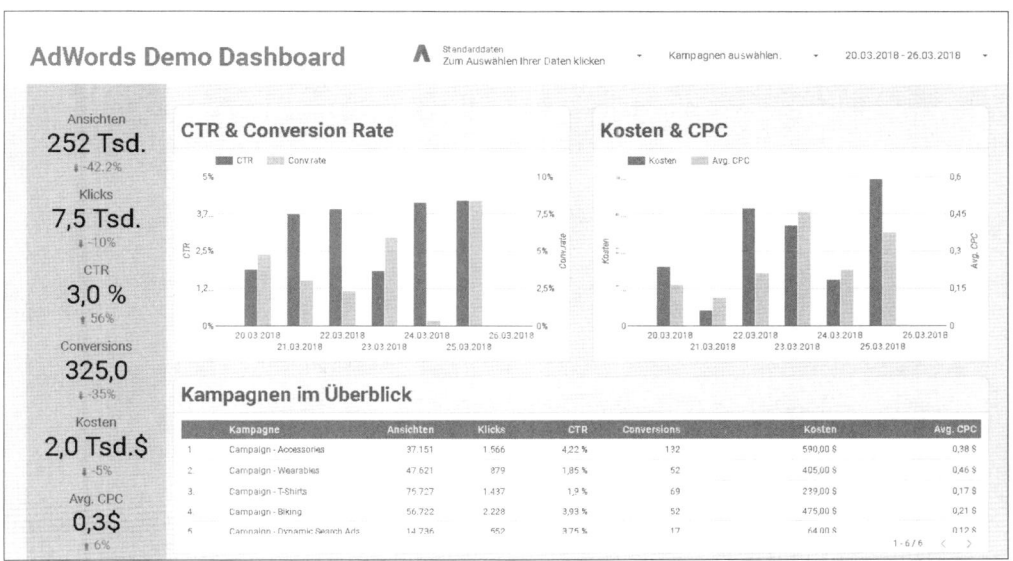

**Abbildung 11.2** AdWords-Demo-Dashboard

### 11.2.1   Auswahl der Kennzahlen

Bei der Auswahl der Kennzahlen haben wir uns dabei zum einen auf die Performance, also wie gut Ihre Anzeigen »funktionieren«, und zum anderen auf die Kosten Ihrer Anzeigen fokussiert.

Um zu wissen, wie die Performance Ihrer Anzeigen ist, ist die Anzahl der Ansichten zunächst wenig aussagekräftig. Die Anzahl bietet lediglich eine Übersicht, wie oft Ihre Anzeigen ausgespielt wurden, und sollte deswegen im Zusammenhang mit anderen Kennzahlen betrachtet werden, wie z. B. die Anzahl der Klicks, die anzeigt, wie viele der Nutzer, die Ihre Anzeige gesehen haben, diese tatsächlich anklicken und somit Interesse zeigen. Mit Hilfe dieser beiden Werte wird die Klickrate (*Click-through-Rate*, CTR) berechnet. Diese Kennzahl gibt Ihnen einen guten Anhaltspunkt, um einzuschätzen, wie viele Nutzer die Anzeige interessant finden. Neben der Klickrate ist es wichtig, zu überprüfen, wie viele Nutzer tatsächlich die gewünschte Aktion durchführen, die sogenannte *Conversion* (absolut) bzw. *Conversion-Rate* (prozentual).

Nicht nur die Performance der Anzeigen, sondern auch die ausgegebenen Kosten sind aufschlussreich, um zu beurteilen, wie gewinnbringend eine AdWords-Kampagne ist. Die durchschnittlichen Kosten pro Klick (*Cost per Click*, CPC) sind ebenso geeignet.

In Abbildung 11.3 zeigen wir Ihnen, wie diese Kennzahlen zusammenhängen.

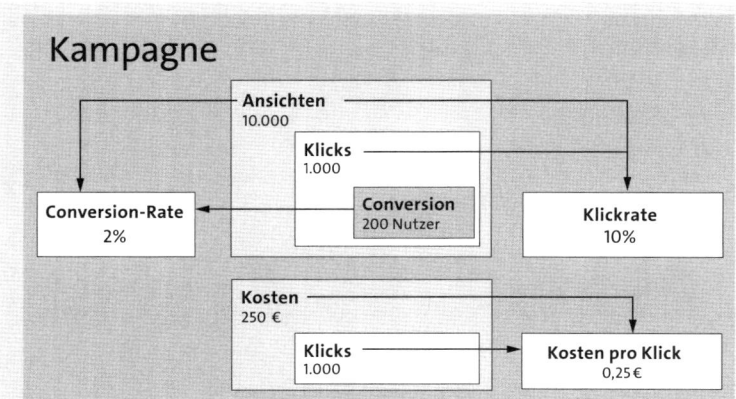

**Abbildung 11.3** Zusammenhang der AdWords-Kennzahlen

Auf dieser Grundlage haben wir uns dazu entschieden, im Dashboard folgende Kennzahlen abzubilden:

▸ **Übersicht:** Im grünen Bereich links erhalten Sie eine Zusammenfassung der gesamten Kampagnen:

   – ANSICHTEN

   – KLICKS

   – Klickrate (CTR)

   – CONVERSIONS

   – KOSTEN

   – durchschnittliche Kosten pro Klick (AVG. CPC)

▸ **Kennzahlen im Zeitverlauf:** In diesen Zeitdiagrammen sehen Sie die Werte im ausgewählten Zeitraum. Mit der Filtersteuerung können Sie außerdem entscheiden, ob Sie die Werte für alle oder nur für ausgewählte Kampagnen anschauen wollen.

   – Klickrate (CTR)

   – CONVERSION-RATE

   – KOSTEN

   – durchschnittliche Kosten pro Klick (AVG. CPC)

▸ **Kampagnen im Überblick:** In der Tabelle können Sie mittels einer Filtersteuerung folgende Werte sowohl für die gesamte Kampagne als auch einzelne Kampagnen sehen:

   – ANSICHTEN

   – KLICKS

- Click-through-Rate (CTR)
- Conversions
- Kosten
- durchschnittlichen Kosten pro Klick (Avg. CPC)

### 11.2.2   Verwendete Konfiguration

Für das AdWords-Demo-Dashboard haben wir die Datenquelle [Sample] Google Adwords mit Beispieldaten von Google eingesetzt. Im vorliegenden Dashboard haben wir nur die wichtigsten Kennzahlen je Kampagne dargestellt. Neben den Kennzahlen pro Kampagne ist es jedoch auch wichtig, die Kennzahlen je verwendetem Keyword zu analysieren. Die entsprechenden Dimensionen für Keywords werden in den Google-Beispieldaten leider nicht zur Verfügung gestellt, sie sind jedoch generell in Google Data Studio verfügbar, wenn Sie Ihr eigenes Google-AdWords-Konto anbinden. Daher sollten Sie die Option bei der Anpassung Ihres Dashboards in jedem Fall mit berücksichtigen.

## 11.3   Google Search Console Dashboard

Die Überwachung der relevanten Kennzahlen aus der Google Search Console ist wichtig, um das Ranking in der Google-Suche kontinuierlich im Blick zu behalten und stetig zu verbessern. Für die konkrete Auswahl der passenden Messwerte ist natürlich auch immer die individuelle Zielsetzung des Unternehmens ausschlaggebend. So sind für ein lokales Geschäft andere Messgrößen relevant als beispielsweise für einen Onlineservice, der gerade am Markt gestartet ist, oder ein etabliertes Unternehmen, das seinen Kunden zusätzliche Dienstleistungen oder Produkte verkaufen will.

Mit unserer Vorlage wollen wir Ihnen zunächst ein Dashboard an die Hand geben, mit dem Sie die wichtigsten Kennzahlen für Suchanfragen und Landingpages überwachen. Das vorliegende Dashboard bietet einen guten Überblick und erleichtert Ihnen die weitere Entwicklung Ihres individuellen Berichts.

Abbildung 11.4 zeigt Ihnen, wie unser Demo-Dashboard für die Google Search Console aussieht:

> **Hinweis zur Verwendung des Search Console Demo Dashboards**
> Die Vorlage steht Ihnen unter *https://goo.gl/LKrcFF* zum Download zur Verfügung.

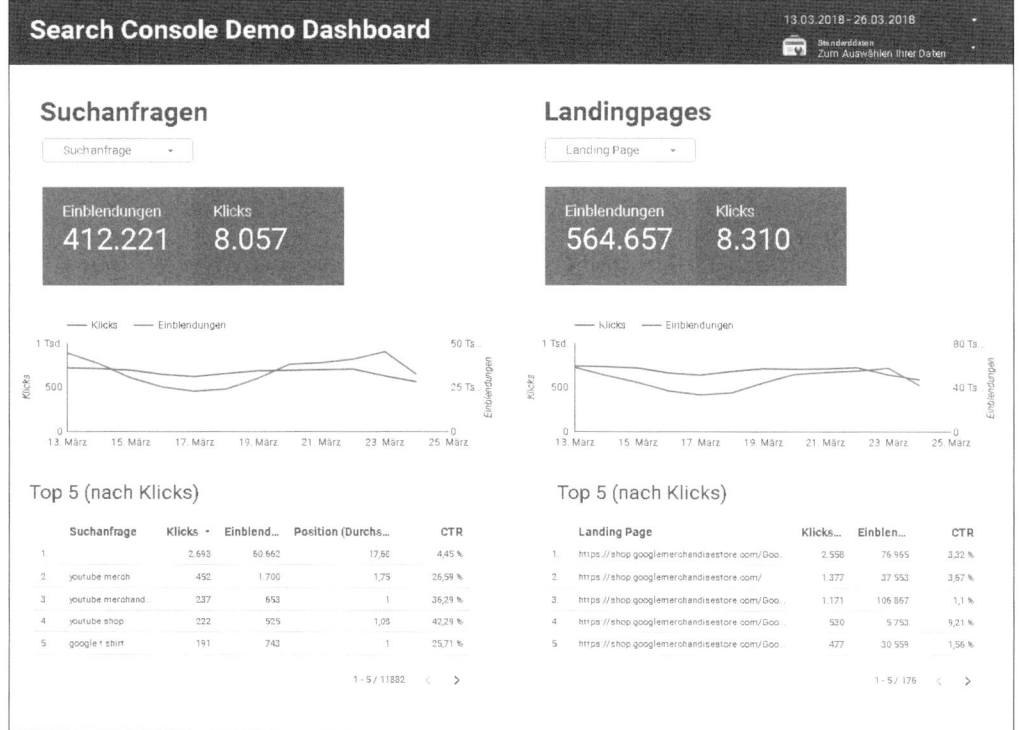

**Abbildung 11.4** Search Console Demo Dashboard

### 11.3.1 Auswahl der Kennzahlen

Wir haben das Dashboard in zwei Hauptbereiche aufgeteilt: Suchanfragen und Landingpages. Diese beiden Bereiche geben wertvolle Hinweise, wonach die Nutzer suchen und welche Inhalte für sie relevant sind.

Die Anzahl der Einblendungen gibt beispielsweise Auskunft darüber, wie viele Nutzer Ihre Website in den organischen Suchanfragen angezeigt bekommen. Sie können im Dashboard entweder sehen, bei welchen Keywords Ihre Website angezeigt wird oder welche Landingpages als Suchergebnisse angezeigt werden. Die Anzahl der Klicks zeigt Ihnen, wie viele Nutzer tatsächlich auf den Link zu Ihrer Website klicken. Die Klickrate (CTR) berechnet sich aus den beiden oben genannten Kennzahlen (Einblendungen und Klicks). Sie bietet einen guten Richtwert, wie relevant Ihre Website für die Google-Suchenden ist.

Das Ziel jeder Maßnahme in der Suchmaschinenoptimierung ist es, in den Suchergebnissen möglichst weit oben aufzutauchen. Daher bietet die durchschnittliche Position innerhalb der Google-Suche eine grobe Orientierung, wie erfolgreich Ihre Maßnahmen sind.

In Abbildung 11.5 haben wir Ihnen den Zusammenhang der Search-Console-Kennzahlen für Suchanfragen und Landingpages schematisch dargestellt. Achten Sie dabei darauf, dass die beiden Bereiche von separaten Datenquellen gespeist werden. Weitere Informationen dazu finden Sie in Abschnitt 11.3.2, »Verwendete Konfiguration«.

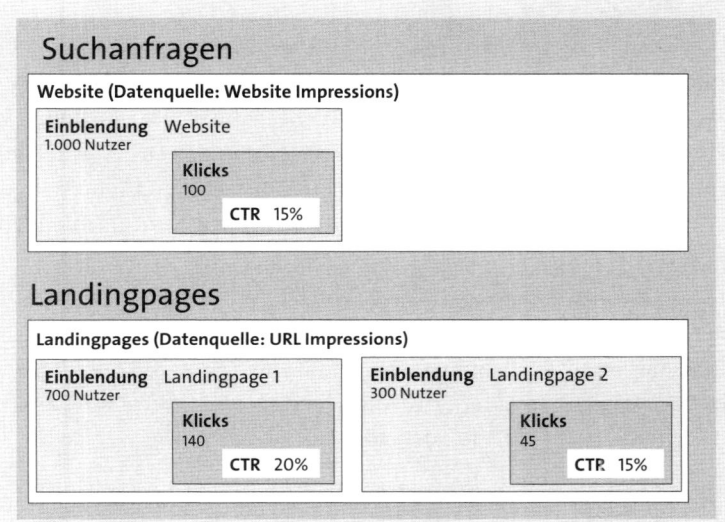

**Abbildung 11.5** Zusammenhang der Search-Console-Kennzahlen

Zusammengefasst werden in diesem Demo-Dashboard folgende Kennzahlen für Suchanfragen und Landingpages in zwei Bereichen abgebildet:

▶ Einblendungen

▶ Klicks

▶ Klickrate (CTR)

Darüber hinaus wird im Bereich SUCHANFRAGEN zusätzlich die durchschnittliche Position pro Suchanfrage dargestellt.

Beide Bereiche verfügen über eine Filtersteuerung, so können Sie auch selektieren, welche Suchanfrage bzw. Landingpage angezeigt werden wollen.

**Hinweis zur Verwendung der Skalen**

Achten Sie darauf, dass bei der zeitlichen Entwicklung im Diagramm zwei unterschiedliche Skalen für Klicks und Einblendungen benutzt wurden, damit beide Kennzahlen zusammen dargestellt werden können. Aufgrund der unterschiedlichen Größe beider Kennzahlen wäre einer der Graphen sonst sehr schwer lesbar.

### 11.3.2   Verwendete Konfiguration

Als Datenquellen haben wir die von Google zur Verfügung gestellten Beispieldatensätze verwendet:

► [SAMPLE] SEARCH CONSOLE DATA (SITE)
► [SAMPLE] SEARCH CONSOLE DATA (URL)

Die beiden Datenquellen unterscheiden sich darin, dass [SAMPLE] SEARCH CONSOLE DATA (SITE) eine Website, die mehrfach auf einer Suchergebnisseite erscheint, als einzelne Impression zählt, während bei [SAMPLE] SEARCH CONSOLE DATA (URL) jede Seite separat gezählt wird. Daher werden auch bei den Kennzahlen Einblendungen und Klicks in den Ansichten SUCHANFRAGEN und LANDINGPAGES unterschiedliche Werte angezeigt.

---

**Hinweis zu Filtern**

Wenn Sie die anonymisierten Suchanfragen herausfiltern möchten, können Sie, abhängig von der Datenquelle, die Filter SITE: ANONYMISIERTE SUCHANFRAGEN AUSSCHLIESSEN oder URL: ANONYMISIERTE SUCHANFRAGEN AUSSCHLIESSEN verwenden.

---

## 11.4   Google Analytics E-Commerce Dashboard

Bei einer E-Commerce-Website sind allgemeine Kennzahlen wie Umsatz, Bestellungen und Conversion Rates von Bedeutung. Die Darstellung auf Produktebene können Sie nutzen, um beispielsweise Ihr Produktportfolio zu optimieren oder zu entscheiden, für welche Produkte Sie Werbekampagnen schalten wollen. Weitere Kennzahlen, z. B. aus dem Checkout, sind ebenfalls wichtig, sind jedoch meist in einem separaten Bericht besser untergebracht.

In Abbildung 11.6 sehen Sie, wie unser E-Commerce Dashboard aussieht.

---

**Hinweis zur Verwendung des E-Commerce-Demo-Dashboards**
Die Vorlage steht Ihnen unter *https://goo.gl/htBBYH* zum Download zur Verfügung.

---

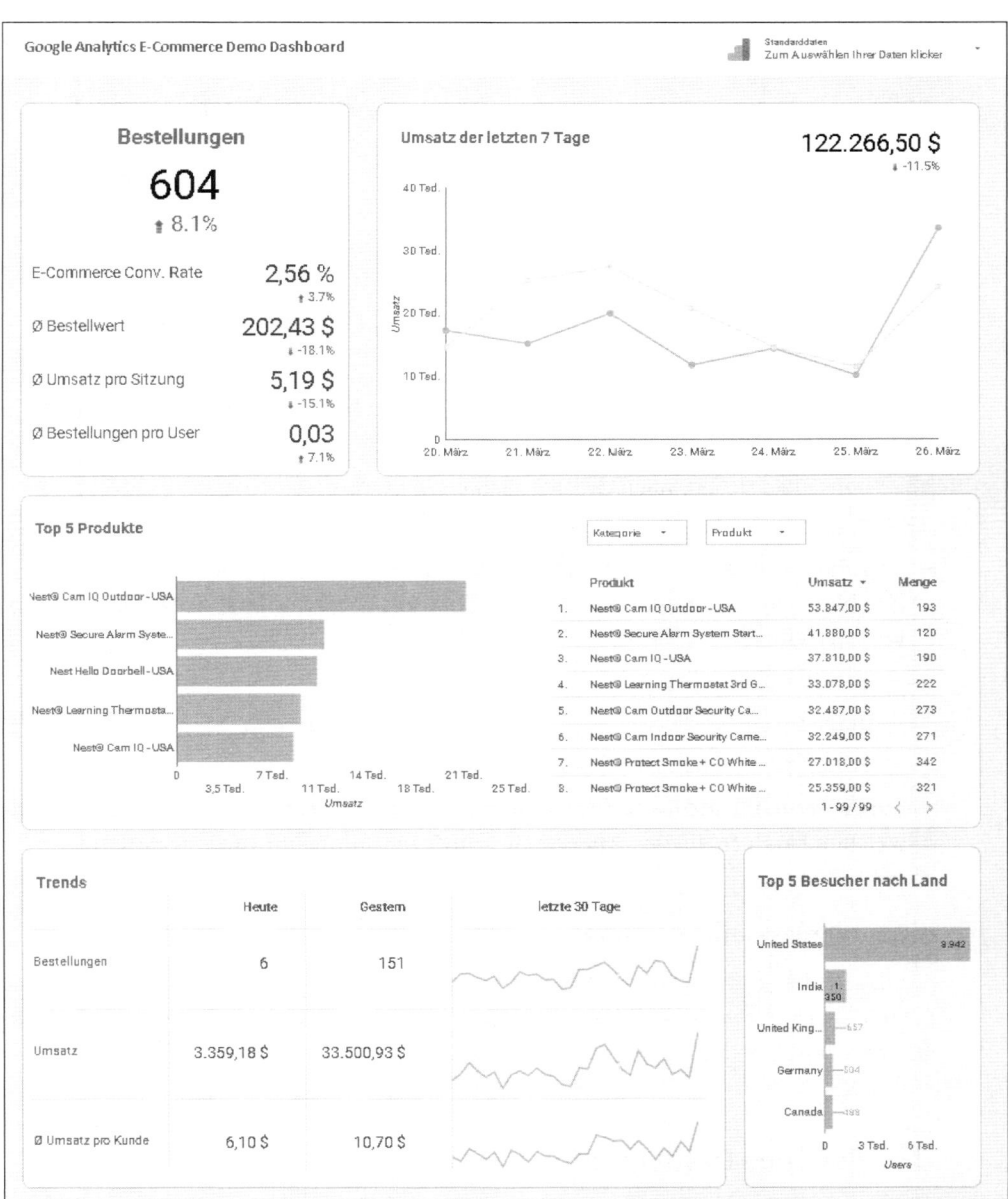

**Abbildung 11.6** Vorlage Google Analytics E-Commerce Dashboard

## 11.4.1   Auswahl der Kennzahlen

Die Kennzahlen für das Dashboard haben wir in drei Bereiche aufgeteilt. Oben finden Sie eine Übersicht der Bestellungen und des Umsatzes. Anschließend erhalten Sie relevante Kennzahlen zu den Top-5-Produkten sowie zu den Trendentwicklungen Ihrer Website:

- **Bestellungen & Umsatz:** Hier erhalten Sie einen Überblick der letzten 7 Tage.
  - Anzahl Bestellungen (Transaktionen)
  - E-Commerce-Conversion-Rate (in %)
  - durchschnittlicher Bestellwert
  - durchschnittlicher Umsatz pro Sitzung
  - durchschnittliche Anzahl Bestellungen (Transaktionen) pro User
  - Umsatz im Zeitverlauf
- **Top-5-Produkte:** Die hier erhaltene Information bezieht sich ebenso auf die letzten 7 Tage.
  - Top-5-Produkte nach Umsatz (Balkendiagramm)
  - Umsatz und Menge je Produkt (Tabelle)
- **Trends:** Zur Bewertung der kurzfristigen Entwicklung zentraler Kennzahlen werden hier Daten für heute und gestern illustriert sowie die letzten 30 Tage in Form von Sparklines dargestellt:
  - Anzahl Bestellungen
  - Umsatz
  - durchschnittlicher Umsatz pro Kunde
- **Top-5-Besucher pro Land (Balkendiagramm):** In dieser Übersicht sehen Sie, aus welchen Ländern die Besucher der letzten 7 Tage am häufigsten stammen.

### 11.4.2   Verwendete Konfiguration

Für das vorliegende Dashboard haben wir die Datenquelle [Sample] Google Analytics Data verwendet. Generell ist für dieses Dashboard der benutzerdefinierte Standardzeitraum auf letzte 7 Tage voreingestellt.

## 11.5   YouTube Dashboard

Es ist nicht zu leugnen, dass Aufrufe (*Views*) ein wichtiger Maßstab für den Erfolg von YouTube-Videos sind. Aber während sie ein Leistungsindikator sind, erhalten Sie allein mit der Auswertung der Aufrufe nicht genug Informationen, um Ihre YouTube-Videos wesentlich zu verbessern. So spielen z. B. die Wiedergabezeit oder die Interaktion der Nutzer eine wichtigere Rolle.

Abbildung 11.7 zeigt Ihnen unser YouTube Dashboard.

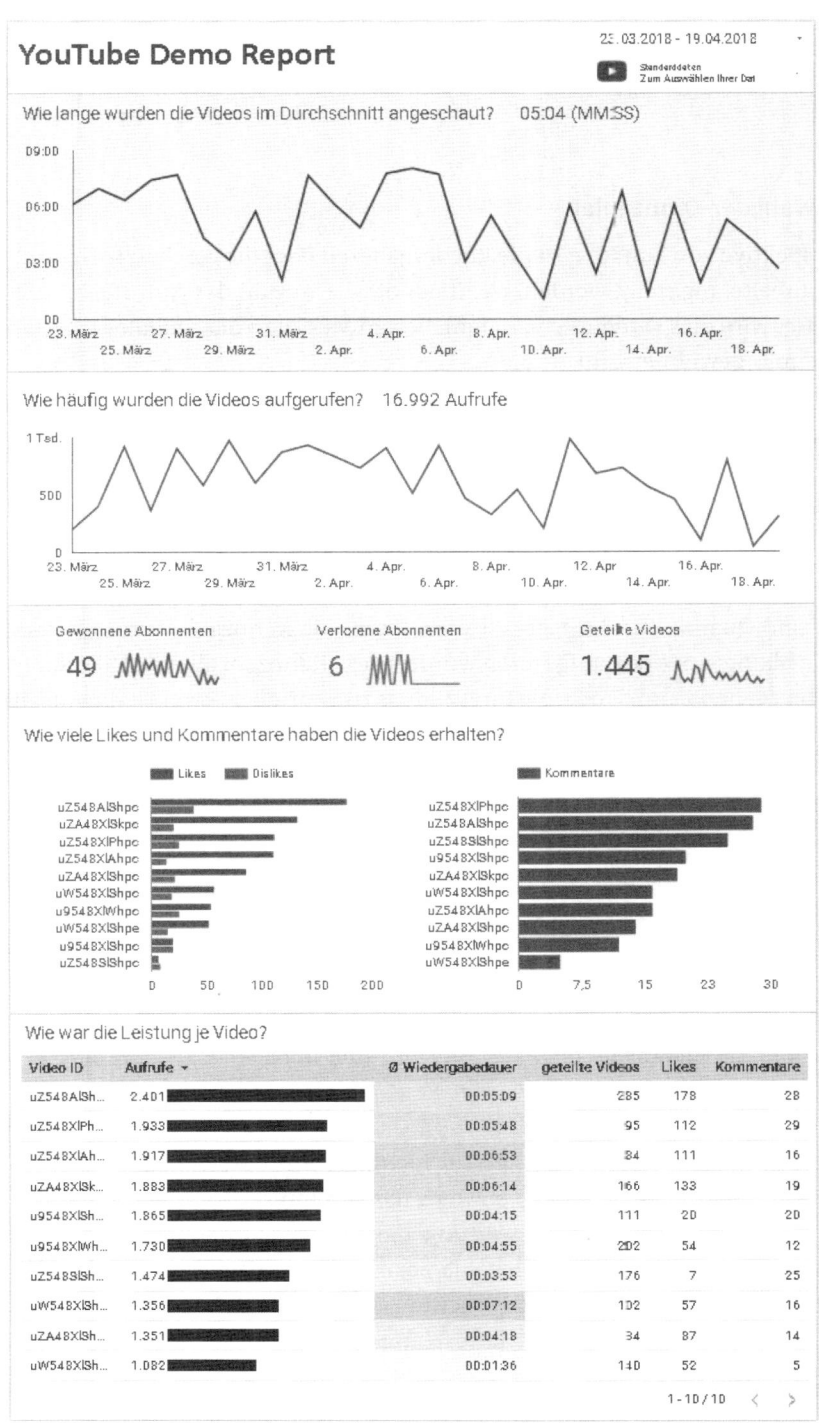

**Abbildung 11.7**  YouTube Demo Dashboard

> **Hinweis zur Verwendung des YouTube Demo Dashboards**
> Die Vorlage steht Ihnen unter *https://goo.gl/8APzmT* zum Download zur Verfügung.

### 11.5.1   Auswahl der Kennzahlen

Aus der Perspektive von YouTube ist die Wiedergabezeit oder die geschätzte Gesamtzeit, in der Inhalte angezeigt werden, wichtiger als die Anzahl der Aufrufe. In YouTube Analytics wird dies verdeutlicht, indem diesem Messwert der Videoleistung ein ganzer Abschnitt gewidmet wird.

Wenn der Algorithmus Videos vorschlägt, konzentriert er sich auf diejenigen, die die Zeit erhöhen, die der Zuschauer Videos auf YouTube anschauen wird, nicht nur in der nächsten Ansicht, sondern auch in folgenden Ansichten. Daher haben wir auf die Kennzahl Wiedergabezeit (Watch Time) einen besonderen Fokus gelegt.

Sowohl die Wiedergabezeit als auch die Anzeige sind jedoch nur dann nützlich, wenn sie zusammen mit anderen Daten analysiert werden, die Ihnen dabei helfen, die Auffindbarkeit und Qualität Ihrer Inhalte zu verbessern. Die Kennzahl Aufrufe (Views) sagt aus, wie häufig ein Video aufgerufen wurde. Diese Kennzahl allein ist allerdings nicht ausschlaggebend, um den Erfolg Ihres Videos zu beurteilen. Zwar ist die Anzahl der Aufrufe ein guter Hinweis, dass Sie ein relevantes Video erstellt haben und Ihr YouTube-SEO funktioniert, allerdings sagt diese Kennzahl wenig darüber aus, wie relevant Ihr Video ist. So gehören Ihre Zuschauer z. B. vielleicht nicht zur Zielgruppe oder brechen eventuell bereits nach wenigen Sekunden das Video ab.

> **Hinweis zur Kennzahl Aufrufe**
> Die Analytics-Daten zum Aufrufen basieren auf der Pacific Standard Time (PST), werden einmal pro Tag aktualisiert und um bis zu 72 Stunden verzögert erhoben. Aus diesem Grund können die Werte in Analytics-Berichten von den Zahlen auf der Videoseite, auf der Kanalseite, im Video-Manager oder in anderen Quellen abweichen.

YouTube wird zwar häufig als die zweitgrößte Suchmaschine bezeichnet, jedoch handelt es sich vor allem um ein soziales Netzwerk, das von Interaktion wie Kommentaren, Likes und Shares lebt. Zur Auswertung dieser Interaktionen bietet Google beispielsweise verschiedene Kennzahlen wie positive/negative Bewertungen, Kommentare, Shares oder die Anzahl der Abonnenten an.

Positive und negative Bewertungen veranschaulichen das Feedback der Zuschauer zu Ihren Videos. Während es wichtig ist, auf die negativen Bewertungen zu achten, da man diese minimieren möchte, sind sie unvermeidlich und sollten im Verhältnis zur Anzahl der Likes gesehen werden, die man bekommen hat.

Kommentare sind ein wichtiger Bestandteil des Engagements von Zuschauern. Während diese Zahlen interessant sind, sind Kommentare auch nützlich, um mit Ihren Zuschauern in Kontakt zu treten und qualitatives Feedback zu erhalten. Soziale Medien können eine große Rolle bei der Werbung für Videos spielen. Es ist also klug, zu wissen, wie häufig Inhalte geteilt werden (*Shares*).

Die Kennzahlen GEWONNENE ABONNENTEN bzw. VERLORENE ABONNENTEN sagen aus, wie viele Abonnenten im Berichtszeitraum gewonnen werden konnten bzw. das Abonnement beendet haben. Achten Sie auf die Schwankungen in Ihrer Abonnentenbasis. Dadurch können Sie die Gesamtreichweite Ihrer YouTube-Inhalte als Ganzes verstehen, im Gegensatz zu einem einzelnen Video.

In Abbildung 11.8 sehen Sie die schematische Darstellung der YouTube-Kennzahlen.

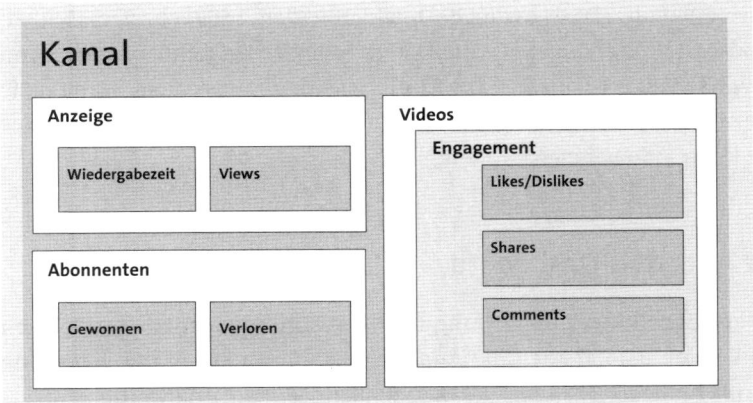

**Abbildung 11.8**  Zusammenhang der YouTube-Kennzahlen

Diesen Überlegungen zugrunde liegend ergeben sich für das Dashboard folgende Kennzahlen:

▶ WIE LANGE WURDEN DIE VIDEOS IM DURCHSCHNITT ANGESCHAUT? (pro Kanal)
  – DURCHSCHNITTLICHE WIEDERGABEDAUER (Watch Time)
▶ WIE HÄUFIG WURDEN DIE VIDEOS AUFGERUFEN? (pro Kanal)
  – Aufrufe (Views)
▶ Übersicht Abonnenten/Shares (pro Kanal)
  – GEWONNENE ABONNENTEN (User Subscription Added)
  – VERLORENE ABONNENTEN (User Subscription Removed)
  – GETEILTE VIDEOS (Shares)

337

- ▶ Wie viele Likes und Kommentare haben die Videos erhalten? (pro Video)
  - – LIKES (Video Likes Added)
  - – DISLIKES (Video Dislikes Added)
  - – KOMMENTARE (User Comments Added)
- ▶ Wie war die Leistung je Video? (pro Video)
  - – AUFRUFE (Views)
  - – DURCHSCHNITTLICHE WIEDERGABEDAUER (Watch Time)
  - – GETEILTE VIDEOS (Shares)
  - – KOMMENTARE (User Comments Added)

### 11.5.2   Verwendete Konfiguration

Für das YouTube Dashboard haben wir den Beispieldatensatz [SAMPLE] YOUTUBE DATA von Google verwendet. Da es in den Beispieldaten nicht möglich ist, die Video-IDs durch den Videotitel zu ersetzen, ist die Darstellung der Balkendiagramme und Tabelle etwas kryptisch. Bei der Verwendung eines eigenen Datensatzes können Sie jedoch die EXTERNE VIDEO-ID durch VIDEOTITEL ersetzen, so dass Sie auf einen Blick erkennen, um welches Video es sich handelt.

## 11.6   Firebase Analytics Dashboard

Google Firebase ermöglicht die Entwicklung und Verwaltung eigener Apps. Neben der Entwicklung spielen jedoch auch die Analyse und Optimierung der Apps eine entscheidende Rolle für dessen Erfolg. Eine Möglichkeit stellt die Analyse der Nutzereigenschaften dar. Sie ist wichtig, um zu beurteilen, von welchen Nutzern die App verwendet wird, um aus diesen Eigenschaften Rückschlüsse für die weitere Entwicklung der App zu ziehen.

Abbildung 11.9 zeigt, wie unser Demo-Dashboard zur Analyse der Nutzereigenschaften gestaltet wurde.

> **Hinweis zur Verwendung des Firebase-Demo-Dashboards**
> Die Vorlage steht Ihnen unter *https://goo.gl/e6nG5P* zum Download zur Verfügung.

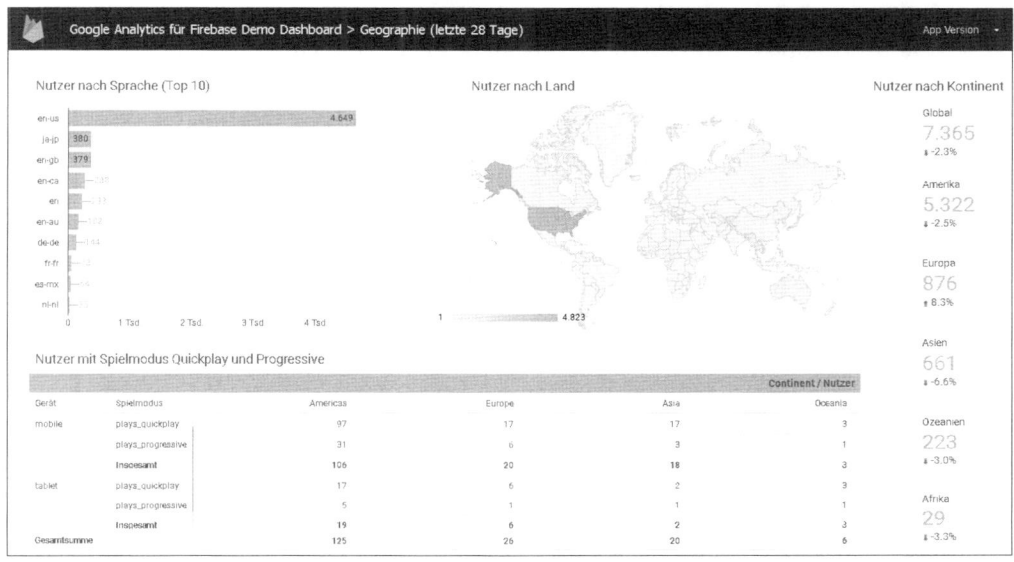

**Abbildung 11.9** Firebase-Demo-Dashboard

## 11.6.1    Auswahl der Kennzahlen

Die aus Google Analytics for Firebase in BigQuery exportierten Tabellen lassen sich in nutzerbezogene Daten und Ereignisse differenzieren. Für unser Demo-Dashboard liegt der Fokus auf den Nutzereigenschaften. Es soll ausgewertet werden, wie sich die Nutzerzahlen für eine Spiele-App global entwickeln. Darüber hinaus soll mittels einer Pivot-Tabelle analysiert werden, wie die Akzeptanz der zwei Spielmodi (QUICK-PLAY und PROGRESSIVE) je Kontinent ist.

Im vorliegenden Dashboard werden daher folgende Kennzahlen verwendet:

▶ NUTZER NACH SPRACHE

▶ NUTZER NACH LAND

▶ NUTZER NACH KONTINENT

▶ NUTZER NACH KONTINENT, GERÄT (Device) und SPIELMODUS (PLAYS_QUICKPLAY, PLAYS_PROGRESSIVE)

## 11.6.2    Verwendete Konfiguration

Für das Firebase Dashboard haben wir die Datenquelle [SAMPLE] FIREBASE ANA-LYTICS DATA ROLLING (USER PROPERTIES) von Google verwendet.

Für das Dashboard haben wir folgende Filter voreingestellt:

▶ **Filter auf Nutzer nach Kontinent:** Je Kontinent haben wir eine Kurzübersicht angelegt und die Anzahl Nutzer mit Hilfe einer Filterbedingung für den jeweiligen Kontinent gefiltert.

▶ **Filter auf Pivot-Tabelle:** USER PROPERTY NAME = PLAYS_QUICKPLAY, PLAYS_PROGRESSIVE

Bei den Nutzern nach Sprache wird z. B. Englisch noch einmal unterteilt nach EN-GB, EN-CA, EN-AU etc. Wenn nur die jeweilige Sprache, wie etwa EN, angezeigt werden soll, können Sie im Datenquelleneditor eine neue Dimension anlegen und mit Hilfe der Textfunktion SUBSTR() nur die ersten beiden Zeichen ausgeben.

## 11.7   Zusammenfassung

In diesem Kapitel haben wir Ihnen unterschiedliche Berichtsvorlagen als Inspiration und zur eigenen Verwendung vorgestellt. Sie haben nun eine Vorstellung davon, welche Kennzahlen sich für die Bereiche AdWords, Google Search Console, Google Analytics E-Commerce, YouTube und Firebase eignen und wie Sie sie in einem Google Data Studio Dashboard darstellen können.

# Kapitel 12
# Tipps zur Performanceoptimierung

*Zur Performanceoptimierung Ihres Dashboards können Sie einige Ein-*
*stellungen vornehmen. In diesem Kapitel zeigen wir Ihnen, welche*
*Bereiche Optimierungspotential bieten und welche Anpassungen Sie*
*vornehmen müssen.*

Die Geschwindigkeit Ihres Dashboards ist ein entscheidender Faktor dafür, ob Ihre
Berichte von den Anwendern genutzt werden. Denn Berichte, die lange laden müssen, sind alles andere als nutzerfreundlich. Sind die gewünschten Daten nicht umge-
hend verfügbar, werden die Berichte schnell wieder geschlossen. Daher geben wir
Ihnen in diesem Kapitel Tipps, wie Sie die Performance Ihrer Dashboards steigern
können. Sie erfahren etwa, welche Einstellungen Sie für den Cache vornehmen
müssen. Außerdem erhalten Sie Tipps, wie Sie Filterdefinitionen und -steuerungen
verwenden und welche Maßnahmen Sie bei Formeln und Visualisierungselementen
zur Verbesserung der Performance treffen können.

## 12.1 Data-Studio-Cache

Mit Hilfe des Cachings können Sie Daten aus Ihren Datenquellen zwischenspeichern.
Das Ziel des Data-Studio-*Cache* besteht darin, die Daten in Google Data Studio dem
Nutzer möglichst schnell verfügbar zu machen, indem die Daten aus dem Cache gele-
sen werden, anstatt sie von der Datenquelle anzufordern. Nachdem eine Abfrage
zum ersten Mal ausgeführt wurde, wird der aus dem Datensatz übertragene Inhalt im
Cache gespeichert. Dieser Cache-Eintrag kann für die nächste Abfrage genutzt werden. Da es sich um einen »globalen« Cache handelt, können verschiedene Benutzer
Einträge des Caches verwenden. Ein weiterer Vorteil der Cache-Nutzung ist die Ein-
sparung von Kosten. So können z. B. bei BigQuery zusätzliche Kosten durch unnötige
Datenabfragen entstehen, die durch die passenden Caching-Einstellungen vermie-
den werden können.

In Google Data Studio gibt es zwei unterschiedliche Arten des Cache:

▶ **Abfragecache:** In diesem Zwischenspeicher werden vorherige Abfrageergebnisse
innerhalb des Berichts gespeichert. Das bedeutet, wenn ein Nutzer später noch
einmal dieselbe Abfrage ausführt, können diese Daten aus dem Abfragecache gela-

den werden. Sollten die Daten im Abfragecache nicht vorliegen, wird als Nächstes der Prefetch-Cache durchsucht.

▶ **Prefetch-Cache:** Bei dieser Art des Cache wird mit Hilfe intelligenter Funktionen vorausgesagt, welche Daten innerhalb des Berichts benötigt werden. In Data Studio gibt es zwei Zugriffstypen für Datenquellen, die auf den Google-Produkt-Connectoren oder CSV-Dateien basieren: Zugriff über die Anmeldedaten des Eigentümers und Zugriff über die Anmeldedaten des Betrachters. Dieser Cache kann nur für Datenquellen aktiviert werden, bei denen der Zugriff über die Anmeldedaten des Eigentümers erfolgt.

---

**Hinweis zu Zugriffsberechtigungen**

Weitere Informationen zum Thema Zugriffsberechtigungen finden Sie in Kapitel 8, »Berechtigungen«.

---

Google Data Studio erneuert den Cache automatisch in regelmäßigen Abständen, in der Regel in einem Rhythmus von etwa 12 Stunden. Wie in Abbildung 12.1 gezeigt, haben Sie als Berichtsersteller die Möglichkeit, den Cache manuell zu aktualisieren, indem Sie auf das Pfeil-Symbol oben rechts in Ihrem Bericht ❶ klicken. Das Blitzsymbol unten links ❷ zeigt an, dass die Daten aus dem Cache bereitgestellt wurden und wann der Cache zuletzt aktualisiert wurde.

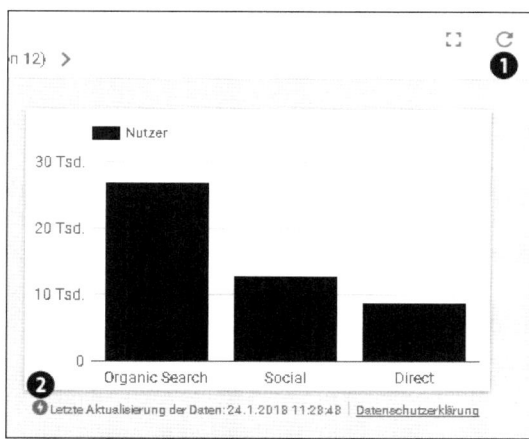

**Abbildung 12.1** Manuelle Aktualisierung des Cache

Google Data Studio versucht immer, zunächst die Daten aus dem Abfrage- bzw. Prefetch-Cache zu laden. Erst wenn die notwendigen Daten dort nicht vorliegen oder wenn viele Daten benötigt werden, wie z. B. bei einem großen Datumsbereich, wird die Abfrage den Cache umgehen und die Daten im zugrundeliegenden Datensatz abfragen. Abbildung 12.2 verdeutlicht Ihnen den Prozess der Datenabfrage.

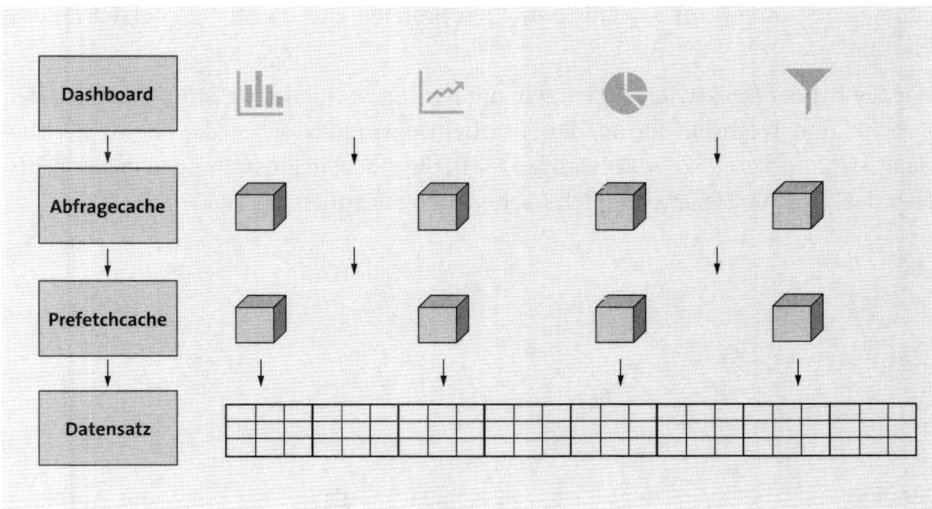

**Abbildung 12.2** Prozess bei der Datenabfrage

**Hinweis zu BigQuery-Kosten**

Wenn Sie BigQuery-Datenquellen verwenden, fallen in der Regel Abfragekosten an. Eine Übersicht der anfallenden Kosten finden Sie unter folgendem Link: *https:// cloud.google.com/bigquery/pricing#query-pricing-details*

Um die Abfragekosten bei BigQuery möglichst gering zu halten, können Sie Aggregattabellen verwenden und so die Query-Laufzeit reduzieren. Eine Aggregattabelle ist ein verdichtetes Duplikat der Originaltabelle. Sie umfasst nur die Dimensionen, die für das Visualisierungselement oder den Bericht relevant sind. Häufig wird zusätzlich nur ein bestimmter zeitlicher Ausschnitt in der Aggregattabelle wie z. B. Monat/Jahr zur Verfügung gestellt. Wenn Sie beispielsweise die Daten aus GA 360 nach BigQuery exportieren, werden die Sitzungen eines Tages jeweils in einer separaten Tabelle gespeichert.

### 12.1.1 Cache deaktivieren

In Google Data Studio können Sie bei Bedarf den Prefetch-Cache aktivieren oder deaktivieren. Wenn sich die Daten häufig ändern (z. B. minütlich oder stündlich) und Sie immer die aktuellsten Daten sehen möchten, dann sollten Sie den Prefetch-Cache deaktivieren. In diesem Fall werden die Daten immer aus der Datenquelle extrahiert. Auch wenn Sie Abfragen nur in größeren Zeiträumen (z. B. wöchentlich oder monatlich) vornehmen und die Nutzungskosten für BigQuery reduzieren wollen, ist es ebenfalls sinnvoll, diesen Cache zu deaktivieren. Die automatischen Abfragen

(ca. alle 12 Stunden) zur Aktualisierung des Prefetch-Cache entfallen bei der Deaktivierung.

Wie Sie bei der Deaktivierung vorgehen, zeigt Ihnen Abbildung 12.3. Öffnen Sie den
Bericht, und wechseln Sie in den Bearbeitungsmodus. Über das Menü DATEI •
BERICHTSEINSTELLUNGEN ❶ gelangen Sie in die globalen Einstellungen des Berichts.
Hier deaktivieren Sie den Prefetch-Cache durch Entfernen des Hakens ❷.

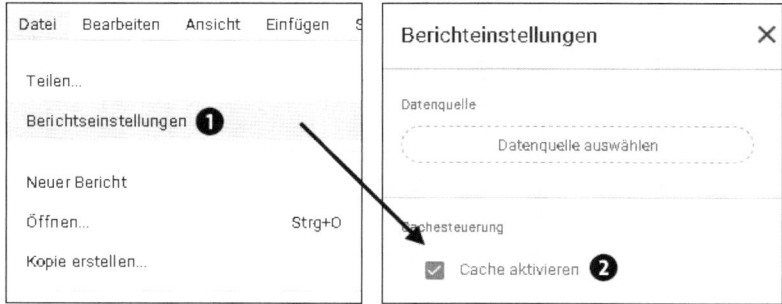

**Abbildung 12.3**  Deaktivierung Cache

---

**Hinweis zur Prefetch-Cache-Deaktivierung**

Sollten Sie Ihren Bericht über zehn Tage nicht verwenden, wird die Aktualisierung
des Prefetch-Cache übrigens automatisch deaktiviert. Wenn Sie den Bericht nach
diesem Zeitraum erneut aufrufen, wird der Cache wieder aktiviert. Der Abfrage-
Cache ist immer aktiv. Andernfalls können durch die Abfragen bei kostenpflichtigen
Datenquellen wie BigQuery höhere Kosten anfallen.

---

## 12.2   Filterdefinitionen verwenden

Filter sind eine gute Möglichkeit, als Berichtersteller die relevanten Daten aus verschiedenen Datensätzen zu selektieren. Sie können mit Hilfe von Filtern sicherstellen, dass Sie nur die Daten in das Dashboard laden, die wirklich relevant sind. Denn es
gilt: Je weniger Daten Google Data Studio extrahieren muss, umso performanter ist
das System. Bei der Verwendung von Filtern haben Sie generell drei Optionen: Fügen
Sie Filter für Visualisierungselemente, auf einer Seite oder für den ganzen Bericht
hinzu.

---

**Hinweis zur Verwendung von Filtern**

Welche Funktionen Ihnen bei der Verwendung von Filtern im Einzelnen zur Verfügung stehen, haben wir Ihnen bereits in Kapitel 6, »Berichtskomponenten in Google
Data Studio anpassen«, zusammengefasst.

---

Abbildung 12.4 veranschaulicht die Funktionsweise von Filtern. Der Filter reduziert die Daten des Datensatzes, so dass nur die relevanten Informationen in die Visualisierungselemente geladen werden.

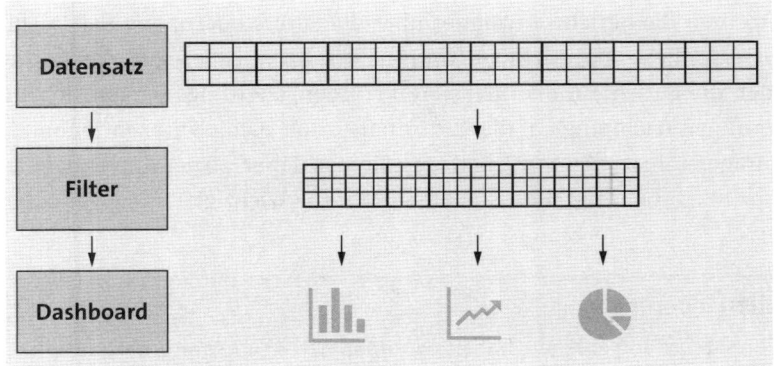

**Abbildung 12.4** Funktionsweise von Filtern

## 12.3   Formeln reduzieren

Formeln sind notwendig, um Dimensionen und Messwerte zu berechnen, die ursprünglich nicht in Ihrem Datensatz vorliegen. Allerdings wirkt sich jede Formel, die Sie in Google Data Studio verwenden, nachteilig auf die Performance Ihres Dashboards aus, denn sowohl für das Öffnen des Berichts als auch für die Navigation innerhalb des Dashboards werden Daten aus dem Datensatz extrahiert, um sie im Bericht anzuzeigen. Wenn Sie Formeln im Dashboard verwenden, ist in Google Data Studio jedes Mal ein zusätzlicher Schritt nötig, um das Ergebnis der Formeln zu berechnen und anzuzeigen. Die Berechnung muss bei jedem Navigationsschritt erneut durchgeführt werden.

Reduzieren Sie daher die Anzahl an Formeln auf das notwendige Minimum. Viele Dimensionen und Messwerte können bereits im Datensatz (Datenbank, Google Sheets etc.) berechnet werden. Lediglich wenn es nicht möglich ist, die Daten direkt im Datensatz zu berechnen, sollten Sie die Formeln in Google Data Studio benutzen. Das kann z. B. der Fall sein, wenn Sie Daten aus Google Analytics verwenden. Hier ist es nur möglich, sehr rudimentäre Funktionen für die Berechnung von Dimensionen und Messwerten zu verwenden. Für komplexere Formeln müssen Sie in diesem Fall auf die Funktionen in Google Data Studio zurückgreifen.

> **Hinweis zu Formeln und Funktionen des Formeleditors**
>
> In Kapitel 4, »Eigene Dimensionen und Messwerte erstellen«, finden Sie Informationen zu den wichtigsten Formeln sowie zu den Funktionen des Formeleditors.

## 12.4   Visualisierungselemente und Filtersteuerungen begrenzen

Reduzieren Sie die Anzahl der Visualisierungselemente und Filtersteuerungen in Ihrem Dashboard. Neben den Filteroptionen, die durch den Berichtsersteller ausgewählt werden, können die Berichtsanwender über die Filtersteuerungen das Dashboard für ihre persönlichen Bedürfnisse optimieren. Zwar ist es gut, wenn die Berichtsanwender, die Berichte individualisieren können, allerdings wirken sich zu viele Filtersteuerungen nachteilig auf die Performance aus, da die Filteroptionen zu zusätzlichen Abfragen führen können. Überlegen Sie sich daher, ob der Anwender die Filtersteuerung wirklich benötigt, und stellen Sie nur die wichtigsten Steuerungen zur Verfügung.

**Hinweis zu Filtersteuerungen**

Wie Sie eine Filtersteuerung anlegen, haben wir Ihnen bereits in Kapitel 2, »Die ersten Schritte mit Google Data Studio«, erklärt. In Kapitel 6, »Berichtskomponenten in Google Data Studio anpassen«, geben wir Ihnen darüber hinaus Tipps, wie Sie Filtersteuerungen für die dynamische Gestaltung Ihrer Berichte verwenden.

## 12.5   Zusammenfassung

In diesem Kapitel haben Sie erfahren, welche Optimierungen Sie vornehmen können, um die Performance Ihrer Berichte in Google Data Studio zu verbessern. Sie haben gelernt, welche unterschiedlichen Caches es gibt und wie Sie den Prefetch-Cache aktivieren und deaktivieren. Darüber hinaus haben wir Ihnen gezeigt, wie Sie mit Filterdefinitionen die relevanten Daten aus Ihren Datensätzen selektieren und welche Elemente Sie möglichst sparsam in Ihren Berichten verwenden sollten.

# Kapitel 13
# Tipps für die tägliche Arbeit in Google Data Studio

*Die grundlegenden Funktionen in Google Data Studio kennen Sie nun bereits. Doch wie sieht es mit der Optimierung Ihrer täglichen Arbeit aus? Wir geben Ihnen Tipps, wie Sie Ihre Arbeitsweise optimieren.*

Nachdem Sie mit den grundlegenden Funktionen von Google Data Studio vertraut sind, geht es nun an das Feintuning Ihrer Data-Studio-Fähigkeiten. Sie erhalten praktische Tipps, die Ihnen Ihre tägliche Arbeit erleichtern. Diese reichen von Google Data-Studio-Shortcuts bis hin zu Hinweisen, wie Sie fehlerhafte Daten vermeiden, oder Workarounds, mit denen Sie fehlende wichtige Funktionen in Google Data Studio nutzen können.

## 13.1 Definieren Sie ein Layout für Berichtskomponenten

In Google Data Studio haben Sie mehrere Berichtskomponenten, aus denen Sie Ihre Berichte zusammenstellen können. Es empfiehlt sich, für jede dieser verwendeten Komponenten ein Standardlayout festzulegen und diese Layouts in einem Bericht abzuspeichern. Dadurch können Sie bei Bedarf immer wieder auf diese Komponenten zugreifen und sie in Ihre zukünftigen Berichte kopieren. So ersparen Sie sich einiges an Arbeit und stellen zusätzlich eine einheitliche Gestaltung Ihrer Berichte sicher.

Im Folgenden finden Sie eine Übersicht der verfügbaren Berichtskomponenten, die Sie je nach Bedarf über die Tabs DATEN und STIL anpassen können:

▶ **Visualisierungselemente:** Mit Hilfe von Diagrammen, Tabellen und anderen Komponenten stellen Sie Ihre Daten visuell dar. Die verschiedenen Visualisierungselemente haben wir Ihnen bereits in Kapitel 5, »Planung und Datenvisualisierung«, gezeigt, die unterschiedliche Anpassungsmöglichkeiten in Kapitel 6, »Berichtskomponenten in Google Data Studio anpassen«.

▶ **Steuerung:** Steuerungen wie Filtersteuerungen, Zeitraumsteuerungen und Datenkontrolle helfen den Nutzern, die Daten zu filtern und an ihre individuellen Fragestellungen anzupassen. Weitere Informationen zu den Steuerungselementen finden Sie in Kapitel 6.

► **Form:** In Google Data Studio können Sie Rechtecke und Kreise als eine Form einfügen, z. B. als Hintergrund zur Hervorhebung.

► **Bild:** Sie können Bilder, wie Logos oder Icons hochladen, um Ihren Bericht stärker zu individualisieren.

► **Text:** Für zusätzliche Erklärungen sind die Textfelder nützlich.

---

**Tipp zur Erstellung von Darstellungsblöcken**

Sie können verschiedene Elemente auch gruppieren und so verschiedene Darstellungsblöcke erstellen, die Sie immer wieder verwenden können. Wie Sie Elemente gruppieren, haben wir in Kapitel 6, »Berichtskomponenten in Google Data Studio anpassen«, beschrieben.

---

## 13.2   Legen Sie eigene Templates an

Sie können jedoch nicht nur eine Reihe von Berichtskomponenten anlegen, die Sie als Vorlage verwenden, sondern auch vollständige Berichte. Wenn Sie z. B. in einem Unternehmen arbeiten, das viele Tochtergesellschaften besitzt, kann es sein, dass Sie für diese ähnliche Berichte erstellen müssen In diesem Fall kann Ihnen das Anlegen von Vorlagen viel Zeit sparen.

Bisher können Sie auf Ihrer Startseite noch keine eigenen Vorlagen abspeichern. Hier finden Sie lediglich die Vorlagen, die Google Data Studio aktuell zur Verfügung stellt. Abbildung 13.1 zeigt Ihnen einen Überblick über die vorhandenen Vorlagen.

Wenn Sie dennoch Ihre eigenen Vorlagen erstellen wollen, bietet sich folgender Workaround an:

1. **Bericht erstellen:** Erstellen Sie zunächst einen Bericht, der die gewünschten Designeinstellungen enthält.

2. **Eindeutige Benennung:** Geben Sie dem Bericht einen eindeutigen Namen wie z. B. »Vorlage E-Commerce-Bericht«. So finden Sie den Bericht bei Bedarf leichter in der Berichtsübersicht wieder.

3. **Vorlage verwenden:** Wenn Sie die entsprechende Vorlage benötigen, öffnen Sie den erstellten Bericht. Wechseln Sie in den Bearbeitungsmodus, und klicken Sie anschließend im Menü auf DATEI • KOPIE ERSTELLEN....

4. **Kopie umbenennen:** Geben Sie der Kopie einen aussagekräftigen Namen, und nehmen Sie die notwendigen Anpassungen vor. Jedes Mal, wenn Sie einen Bericht kopieren, müssen Sie auch die Datenquelle für diese Kopie zuweisen.

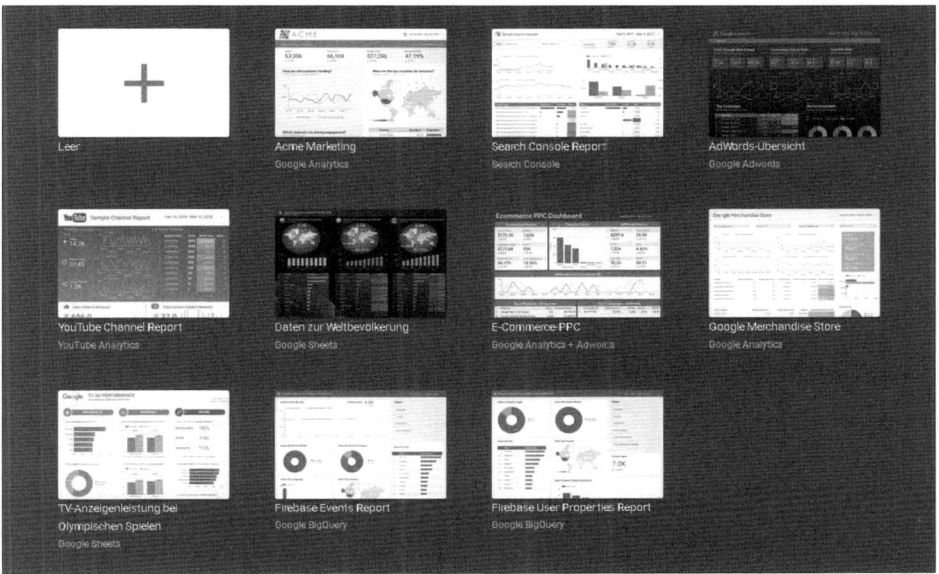

**Abbildung 13.1** Übersicht Google-Data-Studio-Vorlagen

**Tipp zur Verwendung von Vorlagen**

Unter *https://datastudiogallery.appspot.com* finden Sie zudem zahlreiche weitere Templates, die Sie für Ihre Berichte verwenden können. Dort haben Sie auch die Möglichkeit, Ihre eigenen mit Google Data Studio erstellten Beispielberichte der Öffentlichkeit zu präsentieren. Nutzen Sie dafür den Button SUBMIT YOUR REPORT in der linken Spalte.

## 13.3 Bilden Sie Vorgänge mit Hilfe von Funnels ab

Die Abbildung eines *Funnels* hilft Ihnen dabei, die Aktionen Ihrer Besucher gezielt nachzuverfolgen. Wenn Sie z. B. den Checkout-Funnel Ihres Onlineshops betrachten, erhalten Sie eine Übersicht über die verschiedenen Schritte des Checkouts und wie viele Nutzer an den unterschiedlichen Schritten abbrechen. Das ist wichtig, da Sie auf diese Weise die Absprungraten der einzelnen Schritte Ihres Checkouts im Blick behalten. Nur so können Sie gezielt Schwachstellen erkennen und optimieren.

Allerdings gibt es bisher keinen direkten Weg, einen Funnel in Google Data Studio abzubilden. Funnel, die Sie bereits in Google Analytics verwenden, können nicht ohne weiteres in Google Data Studio importiert werden. Zur Funnel-Erstellung in Google Data Studio stehen Ihnen unterschiedliche Lösungen zur Verfügung. Abbildung 13.2 zeigt Ihnen, wie eine Funnel-Darstellung aussehen kann.

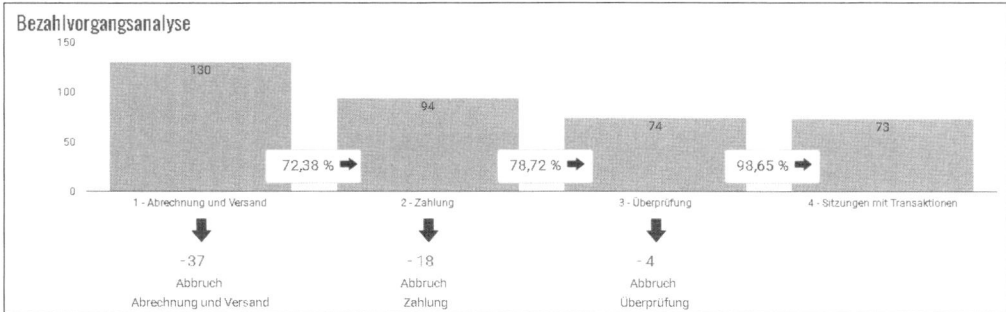

**Abbildung 13.2**  Beispiel-Funnel in Google Data Studio

Wenn Sie einen Funnel in Google Data Studio darstellen möchten, müssen Sie sich zunächst darüber klar werden, aus wie vielen Schritten Ihr Funnel besteht.

▶ **Funnel mit bis zu zehn Schritten:** Sollte Ihr Funnel aus weniger als zehn Schritten bestehen, so können Sie ihn mit Hilfe eines Balkendiagramms und einer Tabelle in Google Sheets abbilden. Weitere Informationen finden Sie unter der folgenden URL: *https://www.conversionworks.co.uk/blog/2016/10/24/visualise-ga-ee-data-using-data-studio*. Der Artikel zeigt Ihnen, wie Sie für die Checkout-Daten aus Google Analytics einen Sales-Funnel in Google Data Studio anlegen.

▶ **Funnel mit mehr als zehn Schritten:** Balkendiagramme in Google Data Studio sind bisher auf zehn Balken begrenzt. Wenn Sie einen Funnel mit mehr Schritten darstellen wollen, dann müssen Sie auf eine Alternative zurückgreifen. Unter der URL *http://analyticsdemystified.com/google-analytics/step-step-guide-creating-funnels-googles-data-studio* finden Sie eine Möglichkeit, einen Funnel mit mehr als zehn Schritten abzubilden, sowie weitere Alternativen zur Funnel-Erstellung.

▶ **Alternativer Workaround zur Funnel-Erstellung:** Eine weitere Möglichkeit, bei der Sie Session-IDs in Google Analytics verwenden, finden Sie unter folgender URL: *https://datarunsdeep.com.au/blog/creating-custom-conversion-rates-and-funnels-google-data-studio*.

## 13.4    Führen Sie einen Datenqualitätscheck durch

Wir haben Ihnen bereits in Kapitel 5, »Planung und Datenvisualisierung«, das iterative Vorgehen zur Dashboard-Erstellung vorgestellt. In diesem Abschnitt wollen wir genauer auf den Datenqualitätscheck als eine Maßnahme des iterativen Vorgehens eingehen. Diese Maßnahme wird häufig übersehen, ist jedoch enorm wichtig für die Akzeptanz Ihrer Berichte. Sie sollten das Dashboard selbst vor der Freigabe für die Nutzer prüfen und Fehler beseitigen. Wenn die Nutzer die Fehler finden, schadet dies der Vertrauenswürdigkeit. Wer möchte schon ein Dashboard nutzen, wenn er sich nicht sicher ist, ob die dargestellten Daten wirklich korrekt sind? Daher sollten Sie bei jeder Erstellung eines Dashboards folgende Schritte zur Qualitätssicherung durchführen:

1. **Check anhand der Datenquellen:** Überprüfen Sie stichprobenartig einige Werte, indem Sie die dargestellten Daten mit den Daten in der Original-Datenquelle vergleichen. Eine mögliche Fehlerquelle ist, dass es Probleme bei der Extraktion und Übertragung der Daten aus der Datenquelle gibt, was z. B. dazu führen kann, dass die Daten unvollständig aus der Datenquelle übertragen werden. Berücksichtigen Sie des Weiteren die im Dashboard verwendeten Formeln und Filter. Liefern die Formeln die erwarteten Ergebnisse zurück? Sind die Filter richtig konfiguriert, oder gibt es Sonderfälle in den Rohdaten, die bisher noch nicht berücksichtigt wurden?

2. **Sinnhaftigkeit in Frage stellen:** Schauen Sie sich die Daten in Ihren Diagrammen an, und fragen Sie sich, ob die dargestellten Daten Sinn ergeben. Hierbei sollten Sie vor allem auf Ausreißer oder starke Schwankungen achten und diese überprüfen.

3. **Anwender einbinden:** Bevor Sie das Dashboard für die Nutzung zur Verfügung stellen, sollten Sie es einige Anwender zuvor testen lassen. Hierbei sollten folgende Fragen beantwortet werden: Liefert das Dashboard die erforderlichen Funktionen, sind die geforderten Diagramme vorhanden, und ist deren Aussage valide?

## 13.5   Entwickeln Sie eine Namenskonvention

Es ist wichtig, dass Sie einheitliche Namenskonventionen für die Elemente in Google Data Studio entwickeln. Nur so können Sie sicherstellen, dass Ihre Berichte, Datenquellen, Dimensionen und Messwerte von Nutzern ohne Probleme gefunden werden und diese sofort verstehen, welche Informationen das jeweilige Element enthält.

Um eine einheitliche, nutzerfreundliche Namenskonvention zu erstellen, sollten die Bezeichnungen zwei grundlegende Eigenschaften erfüllen:

▶ **Eindeutig:** Es muss auf den ersten Blick erkennbar sein, was der Bericht, die Datenquelle, die Dimension oder der Messwert enthält.

▶ **Konsistent:** Wenn Sie sich einmal für eine Namenskonvention entschieden haben, so müssen Sie sie einheitlich umsetzen. Hierbei sollten Sie auch auf eine gleichbleibende Groß- und Kleinschreibung achten. Wenn es in Ihrem Unternehmen bereits eine Namenskonvention gibt, ist es sinnvoll, diese ebenfalls für Google Data Studio zu verwenden.

Neben diesen übergreifenden Kriterien gibt es für die jeweiligen Elemente spezifische Empfehlungen, die Ihnen dabei helfen, eine schlüssige Namenskonvention zu entwickeln. In diesem Abschnitt geben wir Ihnen für folgende Elemente Empfehlungen und Beispiele für die Namensgebung:

- Berichte (mit Seiten und Filtern)
- Datenquellen
- Dimensionen
- Messwerte

### 13.5.1 Namenskonventionen für Berichte

Zunächst wollen wir uns mit den Namenskonventionen für Berichte beschäftigen. Hierbei ist neben dem Berichtsnamen die richtige Benennung der Berichtsseiten und Filter von Bedeutung. Dashboards sollten so benannt werden, dass Sie das Thema des Dashboards widerspiegeln. Das heißt, ein Dashboard, das die wichtigsten Kennzahlen für Facebook, Twitter oder Instagram zusammenfasst, könnte »Social Media« genannt werden. Ist Ihr Unternehmen in verschiedenen Ländern tätig oder verfügt über Social-Media-Auftritte für verschiedene Produkte, so könnten Sie das Land bzw. die Plattform im Namen hinzufügen, also z. B. »Social Media Deutschland«. Betreuen Sie mehrere Social-Media-Auftritte von verschiedenen Unternehmen, ist es gegebenenfalls sinnvoll, an dieser Stelle den Kundennamen zu ergänzen. Zusammenfassend lässt sich eine Namenskonvention für Dashboards folgendermaßen aufbauen: »<Thema><freier Text>«. Es stehen also zwei Bereiche für die Namensgebung von Dashboards zur Verfügung:

- **<Thema>:** z. B. Social Media, Advertising oder Umsatz
- **<freier Text>:** falls notwendig, weitere Details wie das Land oder das Produkt

Ähnlich wie bei der Namensgebung für Berichte sollten Sie die dazugehörigen Berichtsseiten so benennen, dass sie das Thema der Seiten widerspiegeln. Wenn wir einmal beim Thema Social Media bleiben, können die Seiten z. B. nach dem betrachteten Social-Media-Kanal benannt sein oder nach dem Schwerpunkt wie Interaktion oder Fanentwicklung.

Filter sollten so benannt sein, dass auf einem Blick klar wird, welche Daten sie ein- bzw. ausschließen. Wenn Sie also z. B. einen Filter für den Traffic Ihrer Social-Media-Kanäle anlegen wollen, nennen Sie ihn beispielsweise »Traffic nur Social Media«.

### 13.5.2 Namenskonventionen für Datenquellen

Auch bei Datenquellen bietet sich eine Reihe von Bereichen für die Namensgebung an. Zunächst einmal ist es wichtig, die Domäne zu nennen, die betrachtet wird, also von welcher Website oder Anwendungsbereich die Datenquelle stammt. Darüber hinaus ist es nützlich, den verwendeten Connector anzugeben. Wie auch bei den

Berichten können zusätzliche Informationen notwendig sein. Demnach ergibt sich für die Benennung von Datenquellen eine Struktur mit drei Bereichen:

»<Domäne><Connector><freier Text>«

▸ **<Domäne>:** Website oder Anwendungsbereich (z. B. bei Datenbanken oder Dateien), aus dem die Datensätze stammen

▸ **<Connector>:** Name des Connectors

▸ **<freier Text>:** Falls notwendig, können Sie weitere Details wie das Land oder das Produkt angeben.

Wenn eine Datenquelle z. B. Datensätze für den Google Merchandise Store aus Analytics liefert, könnte die Namenskonvention wie folgt aussehen:

»shop.googlemerchandisestore.com (Google Analytics MasterView)«

Für YouTube-Datensätze aus dem Google-Kanal wäre beispielsweise eine Namensgebung wie »Google (YouTube Analytics)« denkbar.

### 13.5.3    Namenskonventionen für Dimensionen

Wenn Sie neue Dimensionen im Formeleditor anlegen, gibt es hinsichtlich der Namensgebung verschiedene Bereiche, die für eine klare Benennung wichtig sind. So spielt neben dem verwendeten Merkmal auch die verwendete Formel eine Rolle. Für Dimensionen wäre eine passende Struktur daher: »<Merkmal><freier Text>«.

▸ **<Merkmal>:** z. B. Nutzer oder Trafficquelle

▸ **<freier Text>:** falls notwendig, weitere Details wie die Formel oder weitere zugrundeliegende Quellfelder

Eine geeignete Namensgebung für die Ermittlung der Kalenderwoche aus dem Bestelldatum wäre beispielsweise »Kalenderwoche der Bestellung«. Für das zusammengesetzte Feld einer Mailadresse wäre etwa »E-Mail« möglich.

### 13.5.4    Namenskonventionen für Messwerte

Ähnlich wie bei den Dimensionen ist es bei den Messwerten ebenfalls wichtig zu wissen, was genau gemessen wird. Generell helfen Messwerte dabei, Fragen zu beantworten wie »Wie viele neue Besucher habe ich in diesem Monat?« oder »Wie viele Produkte habe ich in der letzten Woche verkauft?« Bei der Benennung der Kennzahlen ist es daher sinnvoll, die Antwort auf diese Fragen zu verwenden, also für die oben genannten Fragen »Besucheranzahl« oder »verkaufte Produkte«. Wie bereits zuvor erwähnt, können weitere Zusätze sinnvoll sein, z. B. wenn der Zeitraum des Messwerts gefiltert wurde. In einigen Fällen ist auch der Messzeitpunkt wichtig. Beispielsweise kann ein Messwert den Umsatz nach Bestelldatum oder nach dem

Rechnungsdatum anzeigen. Demnach ergibt sich folgende Struktur: <Antwort auf Nutzfrage><Zeitraum><freier Text>:

▶ **<Antwort auf Nutzfrage>:** Welche Frage beantwortet der Messwert?

▶ **<Zeitraum>:** Wenn der Zeitraum des Messwerts gefiltert wurde, sind Angaben hierzu notwendig.

▶ **<freier Text>:** Wenn z. B. unterschiedliche Messzeitpunkte notwendig sind, sollten Sie auch den Messzeitpunkt angeben.

Benötigen Sie beispielsweise einen Messwert für den Umsatz aus den Bestellungen der letzten 30 Tage, bietet sich »Umsatz Bestellungen letzte 30 Tage« als Name an.

In Abbildung 13.3 fassen wir die Empfehlungen zur Namenskonvention für Sie zusammen.

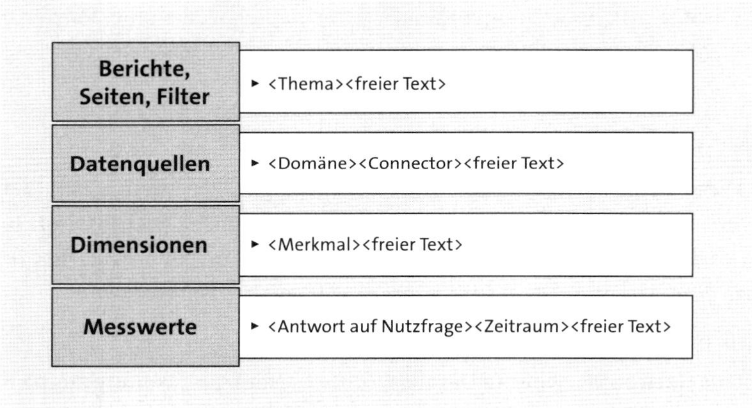

**Abbildung 13.3** Empfehlungen für Namenskonventionen

## 13.6   Passen Sie die Canvasgröße an das Gerät an

Bevor Sie mit der Berichtserstellung beginnen, sollten Sie abklären, welche Größe für Ihren Bericht optimal ist. Hierbei ist vor allem wichtig, die zukünftigen Nutzer zu befragen. Sind Ihre Berichtsempfänger überwiegend mobil mit dem Laptop unterwegs, sollten Sie eine andere Auflösung wählen, als wenn sie an einem stationären Monitor arbeiten. Werden die Dashboards auf großen TV-Bildschirmen angezeigt, ist es empfehlenswert, dies ebenfalls schon bei der Konzeption zu berücksichtigen. Die größere Entfernung sorgt dafür, dass auf einem Fernseher weniger Details erkannt werden als auf einem Desktop. Fokussieren Sie sich daher auf die zentralen Inhalte, und löschen Sie Elemente, die nicht zwingend angezeigt werden müssen.

Unter dem Tab LAYOUT UND DATEN legen Sie die Canvasgröße für Ihre Berichte fest. Hiermit bestimmen Sie, in welcher Größe Ihr Bericht angelegt wird. Abbildung 13.4 zeigt Ihnen die unterschiedlichen Optionen. Sie können wählen zwischen:

► US LETTER (4:3) – HOCHFORMAT

► US LETTER (4:3) – QUERFORMAT

► BILDSCHIRM (16:9) – HOCHFORMAT

► BILDSCHIRM (16:9) – QUERFORMAT

► BENUTZERDEFINIERT

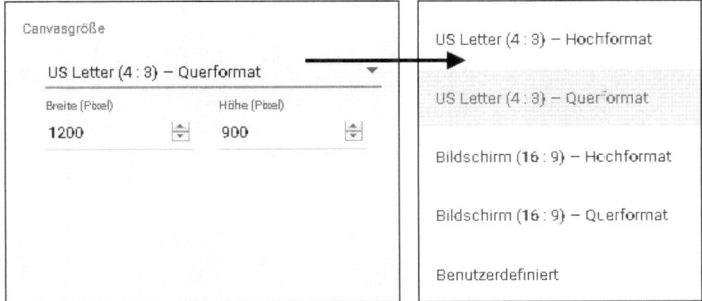

**Abbildung 13.4**  Canvasgröße auswählen

## 13.7    Verwenden Sie Tastatur-Shortcuts

In Google Data Studio erleichtert Ihnen eine Reihe von Tastatur-Shortcuts die Arbeit mit dem Tool. Dabei können Sie sowohl die programmübergreifenden Shortcuts verwenden, wie z. B. Ctrl + C für das Kopieren von Elementen, als auch einige Google-Data-Studio-spezifische Shortcuts. In Tabelle 13.1 haben wir die wichtigsten Shortcuts für Sie zusammengestellt:

| Funktion | Shortcut macOS | Shortcut Windows |
|---|---|---|
| Kopieren | Ctrl (oder cmd ) + C | Strg + C |
| Einfügen | Ctrl (oder cmd ) + V | Strg + V |
| Rückgängig | Ctrl (oder cmd ) + Z | Strg + Z |
| Wiederholen | Ctrl (oder cmd ) + Y | Strg + Y |
| Alles auswählen | Ctrl (oder cmd ) + A | Strg + A |
| Nichts auswählen | Ctrl (oder cmd ) + ⇧ + A | Strg + ⇧ + A |

**Tabelle 13.1**  Shortcuts in Google Data Studio für Windows und macOS

| Funktion | Shortcut macOS | Shortcut Windows |
|---|---|---|
| Gruppieren | `Ctrl` + `G` | `Strg` + `G` |
| Gruppierung aufheben | `Ctrl` + `⇧` + `G` | `Strg` + `⇧` + `G` |
| Daten aktualisieren | `Ctrl` + `⇧` + `E` | `Strg` + `⇧` + `E` |
| In den Vordergrund | `cmd` + `⇧` + `↑` | `Strg` + `⇧` + `↑` |
| Nach vorne bringen | `cmd` + `↑` | `Strg` + `↑` |
| In den Hintergrund | `cmd` + `↓` | `Strg` + `↓` |
| Nach hinten bringen | `cmd` + `⇧` + `↓` | `Strg` + `⇧` + `↓` |
| Erste Seite | `fn` + `←` | `Pos1` |
| Letzte Seite | `fn` + `→` | `Ende` |
| Nächste Seite | `fn` + `↑` | `Bild↓` |
| Vorherige Seite | `fn` + `↓` | `Bild↑` |
| Elementeinstellungen | `Ctrl` (oder `cmd`) + Klick auf das Element | rechte Maustaste |
| Elemente bewegen | `↑`, `↓`, `←` und `→` | `↑`, `↓`, `←` und `→` |
| Element wird nicht an den Gitternetzlinien ausgerichtet. | Klick auf das Element, Element bewegen und zusätzlich `⇧`-Taste drücken | Klick auf das Element, Element bewegen und zusätzlich `⇧`-Taste drücken |

**Tabelle 13.1** Shortcuts in Google Data Studio für Windows und macOS (Forts.)

## 13.8   Exportieren Sie Ihre Daten für die Weiterverarbeitung

Im Rahmen Ihrer Datenanalysen werden Sie immer wieder auf Situationen stoßen, in denen Sie die Daten aus Ihrem Dashboard weiter analysieren oder bearbeiten möchten. Dabei reichern Sie z. B. Ihre Berichte mit weiteren externen Daten an, verwenden zusätzliche Filterkriterien oder nutzen weitere Formeln. Nicht immer ist es sinnvoll und möglich, diese Anforderungen in Data Studio abzubilden, etwa wenn es sich nur um einmalige oder sehr komplexe Abfragen handelt. Dafür stellt Data Studio Ihnen eine Exportfunktion zur Verfügung, mit der Sie Daten aus Ihren Berichten an anderer Stelle weiterverarbeiten können, beispielsweise in Google Tabellen. Die Daten werden dabei je Visualisierungselement exportiert.

Hierfür rufen Sie den gewünschten Bericht als Betrachter auf und fahren mit der Maus über die obere rechte Ecke des entsprechenden Visualisierungselements. Klicken Sie nun auf das Symbol mit den drei Punkten ❶. Wie Abbildung 13.5 zeigt, erscheint ein Menü, in dem Sie zwischen unterschiedlichen Export-Optionen wählen können:

▶ CSV EXPORTIEREN: Exportiert die Daten als CSV-Datei. Der Export wird lokal auf dem Computer als kommagetrennte Textdatei gespeichert.

▶ ALS CSV-DATEI EXPORTIEREN (EXCEL): Analog zur Option CSV EXPORTIEREN wird auch hierbei der Export lokal gespeichert. Im Gegensatz zum generellen CSV-Export garantiert diese Option die korrekte Darstellung von Nicht-ASCII-Zeichen wie z. B. Sonderzeichen in Excel.

▶ IN GOOGLE TABELLEN EXPORTIEREN: Sie können die Daten auch direkt an Google Sheets weiterleiten und in eine Google-Tabelle exportieren.

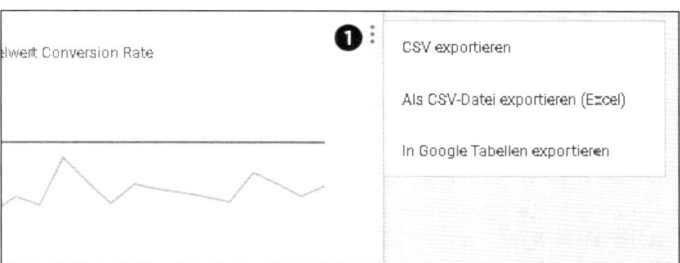

**Abbildung 13.5**  Daten aus Google Data Studio exportieren

Einen Sonderfall bildet der Export von Tabellen. Hier können Sie einstellen, welche Daten exportiert werden können. Hierfür sind zwei Einstellungsoptionen von Bedeutung: die Anzahl der Zeilen pro Seite und die Paginierung. Ist die Option PAGINIERUNG ANZEIGEN im Tab STIL aktiviert, werden die Daten der gesamten Tabelle exportiert. Ist diese Option deaktiviert, so werden nur die aktuell angezeigten Zeilen exportiert. Die Anzahl der angezeigten Zeilen lässt sich über die Option ZEILEN PRO SEITE im Tab DATEN einstellen.

---

**Hinweise zur Anpassung von Tabellen und zum Datenexport**

▶ Wie Sie die entsprechenden Anpassungen in Ihrer Tabelle vornehmen, haben wir Ihnen bereits in Kapitel 6, »Berichtskomponenten in Google Data Studio anpassen«, ausführlich erklärt.

▶ Generell kann der Berichtsanwender nur die Daten exportieren, die für ihn freigegeben sind. Das heißt, dass z. B. Filter, die vom Berichtsersteller angelegt wurden, auch beim Datenexport gelten.

> ► Sie können den Datenexport auch deaktivieren, indem Sie in den Freigabeeinstel-
> lungen die OPTIONEN ZUM HERUNTERLADEN, DRUCKEN UND KOPIEREN FÜR KOM-
> MENTATOREN UND BETRACHTER DEAKTIVIEREN. Wie Sie dabei vorgehen, haben wir
> Ihnen in Kapitel 8, »Berechtigungen«, erklärt.

## 13.9    Exportieren Sie Ihren Bericht zur Offlineansicht

Aktuell gibt es in Google Data Studio keine direkte Möglichkeit, einen Bericht als PDF
zu exportieren. Das Management in größeren Unternehmen ist jedoch oft daran
gewöhnt, solche Berichte offline zu lesen. Um eine PDF-Datei aus Ihrem Bericht zu
erstellen, gibt es verschiedene Lösungen.

Wenn Sie einen Google-Chrome-Browser verwenden, können Sie eine entsprechende Erweiterung nutzen. Mito Studio hat eine kostenlose Erweiterung veröffentlicht, mit der Sie mit wenigen Klicks Ihre Berichte als PDF speichern können. Sie
finden die App im Google Store unter dem Namen GOOGLE DATA STUDIO PDF
EXPORT oder direkt unter folgendem Link: *https://chrome.google.com/webstore/
detail/google-data-studio-pdf-ex/cmbgpgjhibpioljmaaocdommnggpecje* (siehe Abbildung 13.6).

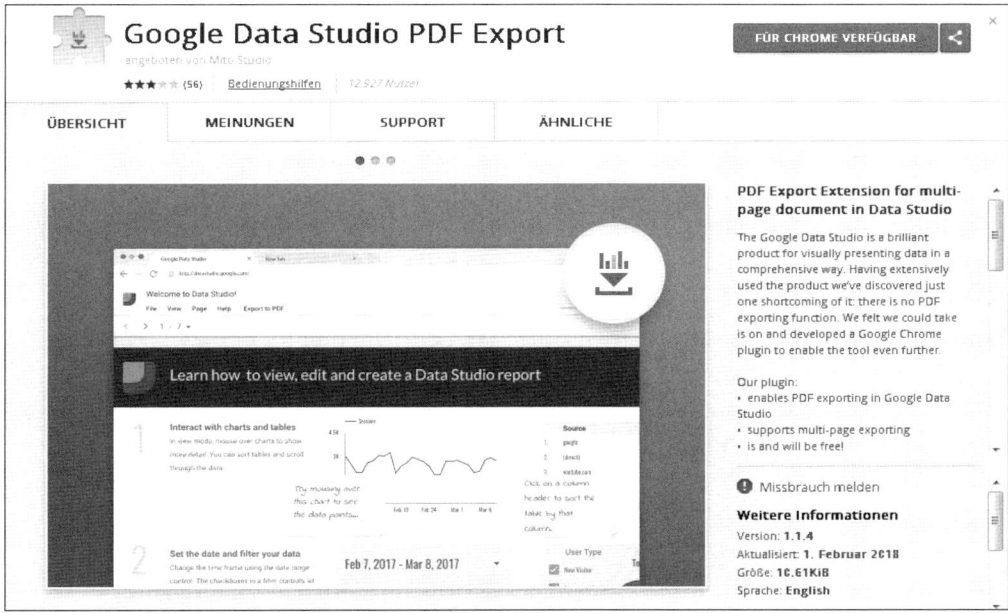

**Abbildung 13.6**  Google-Data-Studio-Erweiterung zum PDF-Export

Nachdem Sie die Erweiterung in Ihrem Google-Chrome-Browser installiert haben, sehen Sie wie in Abbildung 13.6 in Ihrer Menüleiste ein Symbol mit Balkendiagramm und Downloadpfeil. Wenn Sie einen Google-Data-Studio-Bericht geöffnet haben und auf dieses Symbol klicken, haben Sie nun die Möglichkeit, über EXPORT TO PDF Ihren Bericht zu speichern oder direkt zu drucken. Zusätzlich erscheint in Google Data Studio in der Betrachteransicht ein Button EXPORT TO PDF.

---

**Hinweis zum Drucken von Berichten**

Sie können Google-Data-Studio-Berichte auch ohne dieses Plug-in drucken, indem Sie in Ihrem Google-Chrome-Browser zuerst die Option DRUCKEN und anschließend die Option ALS PDF SPEICHERN auswählen. So können Sie Ihren Bericht auf Ihrem Rechner speichern und ausdrucken.

---

## 13.10   Behalten Sie neue Funktionen und Bugfixes immer im Blick

Google veröffentlicht regelmäßig neue Funktionen und Bugfixes auf der eigenen Support-Site. Sie finden die Liste mit den aktuellen Updates unter folgender URL: *https://support.google.com/datastudio/answer/6311467?hl=en*.

Es ist durchaus lohnend, hier hin und wieder einmal hineinzuschauen und so über neue Funktionen auf dem Laufenden zu bleiben. Es empfiehlt sich jedoch, die englische Version im Auge zu behalten, da die deutsche Übersetzung in der Regel erst einige Wochen später verfügbar ist.

Falls Sie eine bestimmte Funktion vermissen, können Sie sie auch als Vorschlag bei Google einreichen. Sie finden das entsprechende Formular unter folgender URL: *https://support.google.com/datastudio/answer/7340016?hl=de*.

## 13.11   Zusammenfassung

Wir hoffen, wir haben Ihnen mit diesen Tipps die Arbeit mit Google Data Studio erleichtert. Sie wissen nun, welche Shortcuts Sie nutzen können und wie Sie mit Hilfe von standardisierten Berichtskomponenten Zeit sparen. Zusätzlich haben wir Ihnen gezeigt, wie Sie mit Hilfe von Workarounds fehlende Funktionen in Google Data Studio dennoch nutzen. Sie kennen nun beispielsweise Möglichkeiten, Funnel in Google Data Studio abzubilden oder Berichtsvorlagen zu speichern.

# Kapitel 14
# Epilog

*In diesem Kapitel wollen wir Ihnen einen abschließenden Ausblick geben, welche Grundlagen Sie zur Entwicklung einer datengetriebenen Organisation benötigen und wie sich Google Data Studio in Zukunft entwickeln wird.*

Wenn Sie die vorangegangenen Kapitel aufmerksam gelesen haben, so wissen Sie nun, wie Sie mit Hilfe von Google Data Studio ein individuelles Dashboard erstellen, mit dem Sie Ihre Unternehmensdaten analysieren können. Um aber einen Mehrwert aus Ihren Daten zu erhalten, müssen Sie als Unternehmen dazu in der Lage sein, daraus Erkenntnisse und konkrete Maßnahmen abzuleiten.

Die Studie »Future Ready« der Digitalagentur Wunderman kommt sogar zu dem Ergebnis, dass rund zwei Drittel der Unternehmen nicht in der Lage sind, aus Ihren Unternehmensdaten konkrete Marketingmaßnahmen abzuleiten. Zwar werde bereits stark in neue Technologien zur Datenanalyse investiert, allerdings fehle es oft an einer integrierten Technologie- und Datenstrategie (Quelle: *https://www.think-futureready.com*).

Daher geben wir Ihnen in diesem Kapitel ein paar Anregungen mit, wie Sie in Ihrer Organisation mit einer datengetriebenen Arbeitsweise Ihre Entscheidungsfindung verbessern und beschleunigen. Abschließend wagen wir noch einen Ausblick in die zukünftigen Entwicklungen von Google Data Studio und zeigen, welche neuen Features Sie erwarten können.

## 14.1 Grundlagen für datengetriebene Organisationen

In einer datengetriebenen Organisation stützen sich unternehmerische Entscheidungen auf eine Basis von validen Daten. Dazu muss es im Unternehmen eine *Informationskultur* geben, in der Informationen als Ausgangspunkt für sämtliche Aktivitäten akzeptiert sind und strategisch und taktisch verwendet werden. Hierzu muss jeder Aspekt der Organisation einbezogen werden: von der Qualifizierung der Mitarbeiter über entsprechende Technologien bis hin zu einer engen Zusammenarbeit zwischen Fachbereich und IT. Der wichtigste Faktor ist jedoch, dass die Daten selbst demokratisiert werden, damit alle Anwender Fragen stellen und datenbasierte

Entscheidungen treffen können. Das Top-Management muss sich dieser Aufgabe annehmen und eine datengetriebene Kultur im Unternehmen mit Leben füllen.

Aus Sicht der Technologie sind verschiedene Grundlagen notwendig, die wir Ihnen im Folgenden zusammengefasst haben:

▶ **Datenmanagement:** Ein strukturiertes Datenmanagement ist die Grundlage für jede datengetriebene Organisation. Dies ist beispielsweise eine typische Aufgabe eines Data-Warehouses. Mit Google Data Studio ist dies nur rudimentär möglich. Es ist wichtig, dass Sie in Ihrem Unternehmen eine Struktur schaffen, mit deren Hilfe Sie die Daten verschiedener Datenquellen an einem Ort sammeln können. So können Sie sowohl unstrukturierte als auch strukturierte Daten analysieren und mit Hilfe des Machine Learnings Zusammenhänge finden, die Sie ohne eine Zusammenführung nicht erkannt hätten.

▶ **Datenanalyse:** Das Analysieren von endlosen Spalten in einer Tabelle ist schnell ermüdend und nervenraubend und außerdem eine fehleranfällige Tätigkeit. Daher sollten Sie eine Plattform etablieren, die Ihnen eine einfache Analyse ermöglicht und Ihnen einen Großteil der manuellen Kalkulationen bereits abnimmt.

▶ **Datenvisualisierung:** Um die Erkenntnisse, die Sie aus Ihren Daten abgeleitet haben, auch gewinnbringend zu nutzen, müssen sie für alle Mitarbeiter Ihres Unternehmens verständlich aufbereitet und zugänglich sein. Eine verständliche Darstellung mit Hilfe von passenden Visualisierungselementen hilft Ihnen dabei.

Wenn Sie gerade dabei sind, Ihr Unternehmen in eine datengetriebene Organisation zu verwandeln, so beschreibt der Satz »Think big – start small« das Vorgehen ganz treffend. Fangen Sie zunächst mit kleinen Veränderungen an, behalten Sie jedoch das Gesamtziel im Hinterkopf. Um die entsprechenden Strukturen in Ihrem Unternehmen zu etablieren, können Sie sich an folgenden Schritten orientieren:

1. **Wählen Sie einen Startpunkt:** Dies kann ein Team sein (z. B. die Marketingabteilung) oder eine bestimmte Datenquelle. Sie können beispielsweise erwägen, die Daten aus Ihren CRM-Systemen zu verwenden, um einen besseren Einblick in das Kundenverhalten zu bekommen, oder beginnen, die Transaktionsdaten aus Ihrem Onlineshop zu analysieren. Es ist am besten, wenn am Ausgangspunkt fachliches Know-how vorhanden ist und man weiß, worauf es ankommt. Wichtig ist, dass Sie sich auf einen Bereich beschränken und nicht direkt die ganze Organisation abbilden wollen.

2. **Identifizieren Sie die wichtigsten Datensätze:** Neben der Abteilung bzw. der Datenquelle müssen Sie zwischen essentiellen Datensätzen, die für eine Entscheidungsgrundlage notwendig sind, und solchen, die optional hinzugefügt werden können, unterscheiden. Prüfen Sie, inwieweit die Rohdaten genutzt werden können oder ob ein zusätzliches Datenmanagement (z. B. Datenbereinigung) notwendig ist.

3. **Erweitern Sie die Reichweite der Plattform:** Sobald Sie Ergebnisse mit Mehrwert erzielt haben, können Sie beginnen, die Analytics-Plattform über Teams und Systeme hinweg zu erweitern.

Die datengetriebene Organisation ist kein Endzustand, sondern ein stetiger Prozess. Sie müssen sich daran gewöhnen, sich in einem Stadium des ständigen Ausprobierens und Optimierens zu befinden, um die Potentiale Ihrer verfügbaren Daten gewinnbringend für Ihr Unternehmen einzusetzen.

## 14.2    Zukünftige Entwicklungen von Google Data Studio

Neben einem knappen Überblick, was Sie grundlegend bei der Entwicklung einer datengetriebenen Organisation beachten sollten, möchten wir auch einen Blick auf die zukünftige Entwicklung von Google Data Studio werfen. Da sich Tools wie Google Data Studio stetig weiterentwickeln und verändern, kann es gut sein, dass dieser Ausblick schon bald nicht mehr aktuell ist. Die im Folgenden aufgeführten Features sind nach unserem aktuellen Wissensstand von April 2018 für die weitere Entwicklung von Google Data Studio geplant.

14

▶ **Verbesserung der Community-Connectors-Features:** Aktuell sind Community-Connectoren noch in der Einführungsphase. Google sammelt stets Feedback zur Verbesserung der Community-Connectoren. In naher Zukunft sind weitere Features, vor allem im Bereich der Konfiguration und Authentifizierung, geplant. Darüber hinaus sollen u. a. eine verbesserte Fehlerbehandlung und Nachrichtenoptionen folgen.

▶ **Einführung von Community Visualizations:** Mit dem Launch der Community-Connectoren hat Google es Drittanbietern ermöglicht, eigene Connectoren für Data Studio zu entwickeln, denn mit Hilfe der Community-Connectoren lassen sich nahezu alle beliebigen Datenquellen an Google Data Studio anbinden. Mit der Einführung von Community Visualizations will Google nun noch einen Schritt weiter gehen. Zukünftig soll man in Google Data Studio auch eigene Visualisierungselemente erstellen können.

▶ **Darstellung von unterschiedlichen Datenquellen in einem Visualisierungselement:** Aktuell es ist nicht möglich, verschiedene Datenquellen in einem Visualisierungselement darzustellen. Wie wir bereits in Kapitel 10, »Fallstudien«, beschrieben haben, ist hierfür ein vorgelagerter Schritt notwendig, in dem die Daten beispielsweise in Google Sheets zusammengeführt werden. Es ist bisher lediglich möglich, verschiedene Datenquellen auf einer Seite darzustellen. In Zukunft sollen verschiedene Datenquellen auch in einem Visualisierungselement dargestellt werden können.

▶ **Vereinfachter Workflow zur Datenanalyse:** Momentan ist der Prozess der Datenanalyse noch in viele einzelne Schritte aufgegliedert: Die Nutzer müssen zunächst einen Bericht erstellen, die entsprechenden Steuerungen hinzufügen, zwischen dem Bearbeitungs- und Ansichtsmodus wechseln und neue Seiten hinzufügen, um detailliertere Analysen durchzuführen. Mit Hilfe des neuen Features *Explore* soll dieser Prozess vereinfacht werden. Es wird einen einheitlichen Ansichts- und Bearbeitungsmodus sowie standardisierte Filter geben, die es den Nutzern ermöglichen, schnell nützliche Analysen zu generieren, ohne etwas bauen zu müssen.

Mit dem Epilog kommt dieses Buch nun zu einem Ende. Die Entwicklung eines Dashboards, das den Anwender dabei, unterstützt bessere und schnellere Entscheidungen zu treffen, geht weit über die Anwendung einer Software wie Google Data Studio hinaus. Wir hoffen, Ihnen mit diesem Buch einen guten Überblick über die Vorgehensweise zur Berichtserstellung sowie über die Funktionen und Anwendungsmöglichkeiten von Google Data Studio gegeben zu haben.

# Anhang

# Anhang A
# Weitere Informationsquellen

Hier haben wir Ihnen weiterführendes Informationsmaterial zusammengestellt. Sie finden sowohl eine Übersicht mit Tutorials und Buchempfehlungen zur umfassenderen Beschäftigung mit den Themen Google Data Studio und Dashboard-Erstellung als auch Vorlagen, die Ihnen die eigene Berichtserstellung erleichtern. Darüber hinaus finden Sie eine Zusammenfassung der Links, die wir im Laufe des Buchs erwähnt haben, sowie eine Linkliste mit den verfügbaren Downloads wie zum Beispiel den Google-Data-Studio-Vorlagen.

## A.1    Tutorials

Die Liste enthält zum einen Literatur, die einen umfassenden Einstieg in das Thema Google Data Studio bietet, und zum anderen Tutorials, die sich mit einem speziellen Bereich des Tools wie Funnel-Erstellung oder Backlink-Analyse genauer befassen.

### A.1.1    Google

Google ist schon seit Langem kein bloßer Suchmaschinenanbieter mehr. Das Unternehmen bietet zahlreiche Tools, die die Arbeit in Unternehmen effizienter und einfacher machen sollen.

Als Entwickler von Google Data Studio verfügt das Unternehmen über eine umfassende Auswahl an Videotutorials, die Ihnen die Funktionen von Google Data Studio erläutern. Das Einführungsvideo finden Sie hier: *https://youtu.be/6FTUpceqWnc*.

Weitere Google Tutorials finden Sie in der Data-Studio-Hilfe: *https://support.google.com/datastudio/answer/6390659*

### A.1.2    Analytics Demystified

Analytics Demystified ist ein Beratungsunternehmen aus dem Bereich Digital Analytics. Neben Dienstleistungen wie Strategieberatung oder Testing hat sich das Unternehmen auf die Tools von Google und Adobe spezialisiert.

Auf dem Unternehmensblog findet sich auch zum Thema Google Data Studio ein entsprechendes Tutorial. Das Tutorial »A Step-by-Step Guide to Creating Funnels in

Google's Data Studio« zeigt Ihnen eine Möglichkeit, einen Zieltrichter (Funnel) in Data Studio abzubilden: *http://analyticsdemystified.com/google-analytics/step-step-guide-creating-funnels-googles-data-studio.*

### A.1.3   Ben Collins

Ben Collins ist Berater, Google Sheets Developer und Data Analytics Instructor. Auf seinem Blog bietet er zahlreiche Tutorials und weitere Fachartikel zu diesen Themen und angrenzenden Bereichen.

In seinem Tutorial »Community Connectors: Access all your data in Google Data Studio« erklärt er die Grundlagen zum Thema Community-Connectoren und gibt ausführliche Anleitungen, wie Sie bereits erstellte Community-Connectoren verwenden sowie eigene gestalten: *https://www.benlcollins.com/data-studio/community-connector.*

### A.1.4   Conversion Works

Conversion Works ist eine Agentur, die sich auf das Thema Conversion-Optimierung spezialisiert hat und zu einem der größten Google-Analytics-360-Reseller in Großbritannien zählt.

Auf dem Unternehmensblog finden Sie das Tutorial »Visualise GA EE data using Data Studio«. Dieses zeigt Ihnen eine weitere Möglichkeit, einen Zieltrichter in Data Studio abzubilden: *https://www.conversionworks.co.uk/blog/2016/10/24/visualise-ga-ee-data-using-data-studio.*

### A.1.5   Data Runs Deep

Data Runs Deep ist ein Beratungsunternehmen aus Melbourne, das seine Kunden zu Web-Analytics-Fragestellungen berät.

Das Tutorial »Creating Custom Conversion Rates and Funnels in Google Data Studio« zeigt Ihnen, wie Sie individuelle Conversion-Rates und Funnels nutzen können: *https://datarunsdeep.com.au/blog/creating-custom-conversion-rates-and-funnels-google-data-studio.*

### A.1.6   Impression

Impression ist eine Agentur, die sich darauf spezialisiert hat, ihren Kunden Dienstleistungen aus dem Bereich Web Development und Digital Marketing anzubieten. Auf Ihrem Blog veröffentlichen sie regelmäßig Artikel zu Digital Marketing, hierbei beschäftigen sie sich auch mit Google Data Studio.

Das Tutorial »How to Build a Google Data Studio Community Connector« gibt Ihnen eine detaillierte Anleitung zum Erstellen eigener Connectoren und stellt Ihnen den vollständigen Code für einen Beispiel-Connector zur Verfügung: *https:// www.impression.co.uk/blog/8178/build-google-data-studio-community-connector.*

### A.1.7   Loves Data

Benjamin Mangold ist ein Berater aus Sydney, der sich auf das Thema Onlinemarketing spezialisiert hat. Die Social Media Auftritte und Website seiner Beratungsagentur Loves Data bietet Ihnen umfassende Tipps zu Google Analytics, AdWords und Co. Zum Thema Google Data Studio bietet er ebenfalls ein entsprechendes Tutorial an.

In dem Video »Building an Ad-Hoc Funnel Report with Google Data Studio« zeigt er, wie Sie in Google Data Studio einen Ad-hoc-Funnel-Report mit Daten von Google Analytics erstellen können: *https://youtu.be/Q-XQrehoBv4.*

### A.1.8   MarketLytics

MarketLytics ist eine Unternehmensberatung, die sich auf den Bereich Digital Analytics spezialisiert hat. Im Blog gibt das Unternehmen unter anderem Tipps zu verschiedenen Analytics Tools wie Google Data Studio.

Das Tutorial »How to Build a Data Studio Community Connector« zeigt Ihnen Schritt für Schritt, wie Sie einen Community-Connector erstellen: *http://marketlytics.com/ blog/how-to-build-a-data-studio-community-connector.*

### A.1.9   Measureschool

Measureschool wurde von Julian Jünemann gegründet und bietet u. a. E-Learning-Kurse sowie Tipps und Tutorials für Google Tag Manager, Google Analytics, Data Studio, Sheets und weitere Tools an. Im Videokurs »Google Data Studio Dashboard Course« von Measureschool lernen Sie, wie Sie einen dynamischen Bericht mit Hilfe von Google Data Studio, Google Tabellen und Supermetrics bauen. Das Einstiegsvideo finden Sie hier: *https://youtu.be/wVsSXFhjyUc.*

### A.1.10   metrinaut

metrinaut hilft Unternehmen dabei, ihre Daten zu verstehen und dadurch mehr Umsatz für ihren Onlinebusiness zu generieren. Ein Schwerpunkt liegt dabei auf der Nutzung von Google Data Studio.

Im fünfteiligen Tutorial erhalten Sie einen Überblick zu den Funktionen von Google Data Studio. Anhand praktischer Beispiele lernen Sie, wie Sie Datenquellen anbinden und Berichte erstellen und teilen. Den ersten Teil finden Sie hier: *https://metrinaut.com/mt-erste-schritte-mit-google-data-studio*.

### A.1.11   Practical Ecommerce

Practical Ecommerce ist ein Onlinemagazin mit Sitz in Colorado, USA. Es bietet seinen Lesern Artikel rund um das Thema E-Commerce.

Im Tutorial »Backlink-Analyse Tutorial Using Google Data Studio« wird die Erstellung eines Backlink-Analyse-Berichts mit den Visualisierungswerkzeugen von Tableau und Google Data Studio verglichen. Sie können sehen, welche Daten Sie bezüglich der Links, die auf Ihre Seite verweisen, analysieren können:

*http://www.practicalecommerce.com/Using-Google-Data-Studio-for-SEO*

### A.1.12   Search Engine Journal

Search Engine Journal ist ein Onlinemagazin aus Florida, USA, das Fachartikel und Anleitungen rund um das Thema Suchmaschinenoptimierung veröffentlicht.

Im Leitfaden »The Beginner's Guide to Google Data Studio« lernen Sie, wie Sie einen Standard-Report in Data Studio umsetzen: *https://www.searchenginejournal.com/ beginners-guide-google-data-studio*.

### A.1.13   Twentysix

Twentysix ist eine Digital-Marketing-Agentur aus Großbritannien. Auf ihrem Blog beschäftigen sie sich unter anderem mit verschiedenen Analytics-Themen, darunter Google Data Studio.

Im Tutorial »How to Create a Custom Google Data Studio Connector« erklären sie, wie Sie einen Community-Connector mit Hilfe von Apps Script erstellen:

*https://blog.twentysixdigital.com/data/how-to-create-a-custom-google-data-studioconnector*

## A.2   Vorlagen

In dieser Liste finden Sie Vorlagen, die auf spezielle Anwendungsgebiete wie z. B. E-Commerce oder Facebook Ads zugeschnitten sind und Ihnen die Erstellung Ihrer Berichte für diese konkreten Anwendungsfälle erleichtern.

## A.2.1 Funnel.io

Funnel.io bietet seinen Kunden eine zentrale Plattform zum Sammeln ihrer Marketingdaten. Die Plattform richtet sich dabei vor allem an Agenturen und E-Commerce-Sites, die vielfältige Marketing-Datenquellen besitzen und diese bündeln wollen.

Die Vorlage »Monthly Facebook Overview« bietet Ihnen eine umfassende Übersicht über Ihre Facebook-Kennzahlen. Sie finden das Dashboard unter folgender URL:

*https://datastudio.google.com/open/1OMoHk27BzxOR08Nu3WzRGg2cg-2WOSJP*

## A.2.2 Google

Google bietet seinen Nutzern nicht nur passende Tutorials, sondern auch eine Reihe von Vorlagen, die ihnen die Erstellung ihrer eigenen Berichte erleichtern.

In der »Google Data Studio Gallery« stehen Ihnen verschiedene Berichte zur Verfügung, die von anderen Nutzern erstellt und zur Weiterverwendung freigegeben wurden. Sie können sie kopieren und für eigene Dashboards verwenden. Die vollständige Liste finden Sie unter folgender URL: *https://datastudiogallery.appspot.com*.

Darüber hinaus bietet Google Data Studio direkt auf der STARTSEITE verschiedene Vorlagen an: *https://datastudio.google.com*.

## A.2.3 Christopher Penn

Christopher Penn ist ein amerikanischer Experte, der sich auf Digital Marketing und Marketingstrategie spezialisiert hat. Auf seiner Website gibt er Tipps zu unterschiedlichen Marketingthemen.

Seine Vorlage »Fixing Site SEO With One Google Data Studio Report« bietet Ihnen eine Grundlage zur Erstellung eines SEO-Reports mit Google Data Studio:

*http://www.christopherspenn.com/2017/08/fixing-site-seo-with-one-google-data-studio-report*

## A.2.4 Luna Metrics

Luna Metrics ist eine amerikanische Agentur, die sich auf die Themen Web Analytics und Digital Marketing spezialisiert hat. Auf dem Unternehmensblog finden Sie verschiedene Vorlagen für Google Data Studio.

Die Data-Studio-Vorlage »Data Studio Template für Google Analytics« fasst dabei High-Level-Metriken aus Google Analytics für eine monatliche Übersicht über die Websiteperformance zusammen: *http://www.lunametrics.com/blog/2016/08/25/free-data-studio-report*.

Das »Data Studio Template für E-Commerce« ist speziell auf die Bedürfnisse von Onlineshops zugeschnitten: *https://www.lunametrics.com/blog/2016/10/25/free-ecommerce-data-studio-template*.

### A.2.5    One PPC

One PPC ist eine Beratungsagentur aus dem Vereinigten Königreich, die Unternehmen in den Bereichen Search, Social und Display berät. Auf dem Unternehmensblog stellt One PPC auch für Google Data Studio verschiedene Vorlagen zur Verfügung.

Der »Adwords Data Studio Template Report« bietet Ihnen einen Data-Studio-Bericht für Daten aus AdWords mit einem Umfang von 10 Seiten. Den Bericht gibt es in zwei Ausführungen: eine Vorlage für Dienstleistungsunternehmen mit dem Ziel der Leadgenerierung und eine für E-Commerce-Unternehmen mit spezifischen Kennzahlen für Online-Shops: *http://oneppcagency.co.uk/everything-else/data-studio-adwords-template*.

Die Vorlage »Google Analytics Data Studio Report« ist für Daten aus Google Analytics konzipiert. Sie umfasst 25 Seiten und ist wie auch der Bericht für Daten aus Google AdWords in zwei Varianten verfügbar. Ein Dashboard ist speziell für Dienstleistungsunternehmen mit dem Ziel der Leadgenerierung entwickelt worden, während sich die zweite Variante an E-Commerce-Unternehmen richtet:

*http://oneppcagency.co.uk/everything-else/data-studio-google-analytics-template*

### A.2.6    Supermetrics

Supermetrics ist ein finnisches Unternehmen, das Automatisierungstools für die Webanalyse, Social Media und Onlinemarketing anbietet.

Es gibt verschiedene Möglichkeiten, Daten aus Facebook Ads in Google Data Studio zu importieren. Die Vorlage »Facebook Ads Data Studio Template Report« führt den Import der Daten aus Facebook Ads mit dem Tool »Supermetrics for Google Sheets« durch: *https://supermetrics.com/blog/facebook-ads-data-studio/*.

Neben dem Facebook Ads Dashboard bietet Supermetrics weitere Dashboards wie das »FB vs AdWords Dashboard« (*https://datastudio.google.com/u/0/reporting/1bdX_HG79waLM_cE4O9JuCrCM2NEg93Fm/page/iflJ*) oder den »Paid Channel Mix Report« (*https://datastudio.google.com/u/0/reporting/0BzjchXrR5ZQcemRjN1Bo-QWN3MWs/page/He6C*).

## A.3   Buchempfehlungen

Diese Liste bietet Ihnen eine Übersicht mit Buchempfehlungen zur weiteren Beschäftigung mit relevanten Bereichen rund um das Thema Datenanalyse.

▶ **Ackermann, Philip.** *JavaScript – Das umfassende Handbuch*. 1. Aufl. Bonn: Rheinwerk Verlag 2016.

▶ **Croll, Alistair; Yoskovitz, Benjamin.** *Lean Analytics: Use Data to Build a Better Startup Faster (Lean Series)*. 1. Aufl. Sebastopol: O'Reilly and Associates 2013.

▶ **Few, Stephen.** *Information Dashboard Design: Displaying Data for At-A-Glance Monitoring*. 2. Aufl. El Dorado Hills: Analytics Press 2013.

▶ **Vollmert, Markus; Lück, Heike.** *Google Analytics – Das umfassende Handbuch*. 3., aktualisierte Aufl. Bonn: Rheinwerk Verlag 2017.

▶ **Wong, Dona M.** *The Wall Street Journal Guide to Information Graphics: The Dos and Don'ts of Presenting Data, Facts, and Figures*. Reprint. New York City: W. W. Norton & Company 2013.

## A.4   Links

Hier finden Sie eine Übersicht aller Links, die wir im Laufe des Buchs erwähnt haben, nach Bereichen sortiert. Diese bieten Ihnen weiterführende Informationen zu den jeweiligen Themengebieten.

### A.4.1   Google-Konto

▶ Einstellungen:
  – Kontozugriff verwalten: *https://myaccount.google.com/permissions*
  – Spracheinstellungen: *https://myaccount.google.com/preferences?pli=1#localization*

### A.4.2   Google Data Studio

▶ Home: *https://datastudio.google.com*
▶ Hilfe: *https://support.google.com/datastudio#topic=6267740*
  – Fragen stellen, Funktionen anfragen: *https://support.google.com/datastudio/answer/7340016?hl=de*
  – Updates: *https://support.google.com/datastudio/answer/6311467?hl=en*
▶ Add-on | Erweiterung zum PDF-Download: *https://chrome.google.com/webstore/detail/google-data-studio-pdf-ex/cmbgpgjhibpioljmaaocdommnggpecje*

- ▶ Community-Connector, allgemein:
  - Gallery: *https://developers.google.com/datastudio/connector/gallery/*
  - GitHub: *https://github.com/google/datastudio/#community-connectors*
  - Formular zur Veröffentlichung in Data Studio Gallery: *https://goo.gl/forms/Odw4ZWDNN3iK0jjl1*
- ▶ Community-Connector, Hilfe: *https://developers.google.com/datastudio/connector/build*
  - Deployment: *https://developers.google.com/datastudio/connector/deploy*
  - Fehlerbehandlung: *https://developers.google.com/datastudio/connector/error-handling*
  - Genehmigungscheckliste: *https://developers.google.com/datastudio/connector/publish-connector#review_publishing_checklist*
  - OAuth-Authentifizierung: *https://developers.google.com/datastudio/connector/oauth2*
  - Semantische Typerkennung: *https://developers.google.com/datastudio/connector/semantics#setting_semantic_information*
- ▶ Tutorials, Einsteiger:
  - Google Data Studio, Videoanleitung: *https://support.google.com/datastudio/answer/6390659*
  - Google Data Studio: *https://youtu.be/6FTUpceqWnc*
  - Measureschool: *https://youtu.be/wVsSXFhjyUc*
  - metrinaut: *https://metrinaut.com/mt-erste-schritte-mit-google-data-studio*
  - Search Engine Journal: *https://www.searchenginejournal.com/beginners-guide-google-data-studio*
- ▶ Tutorials, Community-Connector:
  - Ben Collins: *https://www.benlcollins.com/data-studio/community-connector*
  - Impression: *https://www.impression.co.uk/blog/8178/build-google-data-studio-community-connector*
  - Marketlytics: *http://marketlytics.com/blog/how-to-build-a-data-studio-community-connector*
  - Twentysix: *https://blog.twentysixdigital.com/data/how-to-create-a-custom-google-data-studio-connector*
- ▶ Tutorials, Funnel:
  - Analytics Demystified: *http://analyticsdemystified.com/google-analytics/step-step-guide-creating-funnels-googles-data-studio*

- Conversion Works: *https://www.conversionworks.co.uk/blog/2016/10/24/visualise-ga-ee-data-using-data-studio*
- Data Runs Deep: *https://datarunsdeep.com.au/blog/creating-custom-conversion-rates-and-funnels-google-data-studio*
- Loves Data: *https://youtu.be/Q-XQrehoBv4*
▶ Tutorial, SEO:
- Practical Ecommerce: *http://www.practicalecommerce.com/Using-Google-Data-Studio-for-SEO*
▶ Vorlagen:
- Google Data Studio Report Gallery: *https://datastudiogallery.appspot.com*
- AdWords, One PPC: *http://oneppcagency.co.uk/everything-else/data-studio-adwords-template*
- All Advertising Data – Funnel Demo (Datenquelle): *https://datastudio.google.com/open/0B_FboWBcZOs_dVQOVU9tZGMyS2c*
- E-Commerce: Luna Metrics: *https://www.lunametrics.com/blog/2016/10/25/free-ecommerce-data-studio-template*
- Facebook Ads, Supermetrics: *https://supermetrics.com/blog/facebook-ads-data-studio*
- Facebook Template, Funnel: *https://datastudio.google.com/open/1OMoHk27B-zxORO8Nu3WzRGg2cg-2WOSJP*
- Google Analytics, One PPC: *http://oneppcagency.co.uk/everything-else/data-studio-google-analytics-template*
- Google Analytics, Luna Metrics: *http://www.lunametrics.com/blog/2016/08/25/free-data-studio-report*
- SEO, Christopher Penn: *http://www.christopherspenn.com/2017/08/fixing-site-seo-with-one-google-data-studio-report*

### A.4.3  Google Adwords

▶ API Geotargeting: *https://developers.google.com/adwords/api/docs/appendix/geotargeting*

### A.4.4  Google Analytics

▶ Home: *http://www.google.de/analytics*
▶ Hilfe: *https://support.google.com/analytics*
- Benutzerberechtigung: *https://support.google.com/analytics/answer/2884495?hl=de*

- Dimensions & Metrics Explorer: *https://developers.google.com/analytics/dev-guides/reporting/core/dimsmets*
- Property einrichten: *https://support.google.com/analytics/answer/1042508*
- Stichprobenerhebung: *https://support.google.com/analytics/answer/2637192*

### A.4.5    Google Apps Script

▶ Home: *https://script.google.com/*
▶ Hilfe: *https://developers.google.com/apps-script/overview*
  - Clasp: *https://developers.google.com/apps-script/guides/clasp*
  - Quotas: *https://developers.google.com/apps-script/guides/services/quotas*
▶ Forum: *https://stackoverflow.com/questions/tagged/google-apps-script*

### A.4.6    Google Charts

▶ Continent Hierarchy and Codes: *https://developers.google.com/chart/interactive/docs/gallery/geochart#Continent_Hierarchy*

### A.4.7    Google Cloud

▶ Home: *https://console.cloud.google.com*
  - Verwaltung, Berechtigung: *https://console.cloud.google.com/iam-admin/roles*
▶ Big Query:
  - Preise: *https://cloud.google.com/bigquery/pricing#query-pricing-details*

### A.4.8    Google Drive

▶ Hilfe: *https://developers.google.com/apps-script/overview*
  - Dateien organisieren: *https://support.google.com/drive/answer/2375091*
  - Freigabe beenden, einschränken oder ändern: *https://support.google.com/drive/answer/2494893*

### A.4.9    Google Firebase

▶ Hilfe, Link BigQuery to Firebase: *https://cloud.google.com/solutions/mobile/mobile-firebase-analytics-big-query*
▶ BigQuery-Exportschema: *https://support.google.com/firebase/answer/7029846*

### A.4.10   Google Sheets

Add-ons für Google Analytics: *https://chrome.google.com/webstore/detail/google-analytics/fefimfimnhjjkomigakinmjileehfopp*

### A.4.11   Weitere nützliche Links

▶ Geocodierung:
  – Länder (ISO 3166): *https://de.wikipedia.org/wiki/ISO-3166-1-Kodierliste*
  – subnationale Einheiten (ISO 3166): *https://de.wikipedia.org/wiki/ISO_3166-2*
▶ International Business Communication Standards:
  – Home: *https://www.hichert.com/de/standards/#%3F=*
▶ JavaScript:
  – Onlinekurs: *https://www.codecademy.com/tracks/javascript*
▶ MySQL:
  – Dokumentation, SSL-Verbindung: *https://dev.mysql.com/doc/refman/5.7/en/encrypted-connections.html*
▶ OpenWeatherMap:
  – How to start: *http://openweathermap.org/appid*
  – Mapping Städte-IDs: *http://bulk.openweathermap.org/sample/city.list.json.gz*
  – API-Aufruf: *http://api.openweathermap.org/data/2.5/weather?id=2950159&appid=<APIKEY>&units=metric*
▶ Reguläre Ausdrücke:
  – Google-RE2-Syntax: *https://github.com/google/re2/wiki/Syntax*
  – Regex-Tester: *https://regex101.com*
▶ The Open Group Base Specifications Issue 6:
  – STRPTIME: *http://pubs.opengroup.org/onlinepubs/009695399/functions/strptime.html*

## A.5   Downloads

In diesem Buch bieten wir eine Reihe von Downloadmöglichkeiten für Checklisten oder Google-Data-Studio-Vorlagen an. Diese Liste bietet Ihnen eine Übersicht aller verfügbaren Downloads.

▶ Mein Erster Bericht: *https://goo.gl/P1q6ht*
▶ Vorgehen bei der Berichtserstellung: *https://goo.gl/2YXKdY*
▶ Beispiel Community-Connector: *https://goo.gl/Tf8j8U*

- Adwords Dashboard: *https://goo.gl/nEpDGH*
- Google Search Console Dashboard: *https://goo.gl/LKrcFF*
- Google Analytics E-Commerce Dashboard: *https://goo.gl/htBBYH*
- YouTube Dashboard: *https://goo.gl/8APzmT*
- Firebase Analytics Dashboard: *https://goo.gl/e6nG5P*

# Anhang B
# Abkürzungen

▶ API – Application Programming Interface

▶ CEST – Central European Summer Time

▶ CI – Corporate Identity

▶ CPC – Cost per Click

▶ CTR – Click-through-Rate

▶ DBMS – Datenbankmanagementsystem

▶ GDS – Google Data Studio

▶ KPI – Key Performance Indicator

▶ MVP – Minimum Viable Product

▶ PST – Pacific Standard Time

▶ SaaS – Software as a Service

▶ SEO – Search Engine Optimization

# Anhang C
# Glossar

**Aggregatfunktion**  Siehe Aggregation.

**Aggregation**  Der Begriff Aggregation bezeichnet das Zusammenfassen von einer großen Anzahl von Werten zu einem einzelnen Wert. In der Informatik werden hierfür Aggregatfunktionen verwendet, mit denen z. B. der Mittelwert, die Summe oder das Minimum/Maximum von einer Reihe von Werten bestimmt werden können. In Google Data Studio wird der Aggregationstyp als *Zusammenfassungstyp* bezeichnet.

**Application Programming Interface (API)**  Als API bezeichnet man eine Programmierschnittstelle, die den Austausch und die weitere Verwendung von Daten ermöglicht. Sie können beispielsweise Ihre Applikationen über eine API mit Google Data Studio verbinden und die daraus extrahierten Daten für Ihre Analysen weiterverwenden.

**Ausdruck**  In der Programmierung wird allgemein alles als Ausdruck bezeichnet, was einen Wert zurückgibt. Das können z. B. mathematische Operatoren sein, die den Umsatz berechnen, oder geometrische Operatoren, die den Namen eines Ortes ausgeben.

**Ausprägung**  Der konkrete Wert eines Feldes wird als Ausprägung bezeichnet. So ist beispielsweise die Ausprägung des Feldes »Land« »Deutschland«, »Italien« oder »Frankreich«.

**Bericht, dynamischer**  Im Gegensatz zu einem statischen Bericht aktualisiert ein dynamischer Bericht die dargestellten Daten jedes Mal, wenn Sie ihn öffnen.

**Bericht**  Ein Bericht, in diesem Buch auch als *Dashboard* bezeichnet, ist eine Zusammensetzung der verschiedenen Google-Data-Studio-Elemente zu einer gemeinsamen Einheit, um die Daten mit Hilfe von Visualisierungselementen, Steuerungen und weiteren Gestaltungselementen darzustellen. Ein Bericht kann aus einer oder mehreren Seiten bestehen. Der Zweck eines Berichtes ist es, dem Nutzer die wichtigsten Kennzahlen für sein Unternehmen oder seinen Bereich auf einen Blick darzustellen.

**Boolescher Wert**  Ein Wert, der nur zwei unterschiedliche Zustände annehmen kann, wird als boolscher Wert bezeichnet. Eine boolesche Variable ist also entweder wahr oder falsch. In Google Data Studio werden solche Werte z. B. häufig für Fallunterscheidungen genutzt.

**Connector**  Ein Connector verbindet einen Datensatz mit Google Data Studio. Das bedeutet, nur mit Hilfe eines Connectors können Sie die Daten in Data Studio übertragen und für Ihre Berichte nutzen. In Google Data Studio stehen Ihnen Connectoren mit festem und flexiblem Schema zur Verfügung.

**Dashboard**  Siehe Bericht.

**Daten, Datenquelle**  Die Verbindung zwischen einem Datensatz und einem Bericht in Google Data Studio wird als Datenquelle bezeichnet. Diese Verbindung erfolgt mit Hilfe eines Connectors und bestimmt, welche Messwerte und Dimensionen für die Darstellung des Berichts verfügbar sind.

**Daten, Datensatz**  Der Datensatz ist der Datenbestand, aus dem Google Data Studio mit Hilfe der Datenquelle die notwendigen Daten abrufen kann. Das kann z. B. eine benutzerdefinierte Abfrage in BigQuery sein oder eine Tabelle in Google Sheets.

**Daten, Rohdaten**  Rohdaten sind unbearbeitete Daten einer Datenquelle. Die Daten sind noch nicht validiert und können daher fehlerbehaftet sein. Diese Rohdaten müssen oftmals weiteren Verarbeitungsschritten unterzogen werden, bis sie in einer verwertbaren Form vorliegen und weiter genutzt werden können.

**Datenbankmanagementsystem (DBMS)**   Ein Datenbankmanagementsystem dient zur Organisation und Struktur von Daten und überwacht die Lese- und Schreibrechte für diese. So können große Menge an Daten verarbeitet und für Nutzer in einer relevanten Form zugänglich gemacht werden. Die Datenquelle für Google Data Studio ist in vielen Fällen eine Datenbank. So liegt z. B. auch vielen Google-Anwendungen eine Datenbank zugrunde.

**Datenbankmanagementsystem, objektrelationales (ORDBMS)**   Ein objektrelationales DBMS erweitert die Konzepte der relationalen Datenbank mit den Möglichkeiten der objektorientierten Betrachtungsweise, wie sie häufig in der Softwareentwicklung anzutreffen sind. Dadurch ist es möglich, komplexe Objekte wie Bilder, Videos oder geografische Informationen in der Datenbank zu speichern.

**Datenbankmanagementsystem, relationales (RDBMS)**   In einem relationalen DBMS werden die Daten in Tabellen gespeichert und stehen in einer eindeutigen Beziehung zueinander. Als Schnittstelle zur Abfrage und Modifikation von Daten sowie zur Verwaltung wird die Structured Query Language (SQL) eingesetzt. Im Gegensatz zum ORDBMS ist es nicht möglich, komplexe Objekte zu speichern.

**Datenkontrolle**   Mit Hilfe einer Datenkontrolle können die Anwender eines Berichts die Datenquelle selektieren. So können z. B. in einem AdWords-Bericht verschiedene Konten ausgewertet werden, ohne dass separate Berichte und Datenquellen erstellt werden müssen.

**Dimension**   Eine Dimension ist eine Art der Datenablage. Jede Dimension enthält bestimmte Werte wie Namen oder Eigenschaften. So ist beispielsweise das Land eine geografische Dimension. Die Werte für die Dimension Land wären etwa »Deutschland«, »Österreich« oder »Schweiz«.

**Formel, Formelsyntax**   Eine Funktion muss immer in einer bestimmten Form, der sogenannten Syntax, geschrieben sein. Die Syntax einer Formel folgt immer vorgegebenen Regeln. Erfüllt eine Formel die vorgegebene Syntax nicht, wird sie nicht erkannt, und es kommt zu einer Fehlermeldung.

**Funnel**   Ein Funnel zeigt die Schritte, die ein Nutzer bis zu einer gewünschten Aktion durchläuft. Bei einem Checkout-Funnel werden beispielsweise die verschiedenen Schritte bis zum Kaufabschluss mit den jeweiligen Abbruchraten dargestellt.

**Kennzahl**   Eine Kennzahl ist ein Wert, der direkt messbar ist, z. B. die Anzahl der Besucher oder der Umsatz. Kennzahlen dienen als Grundlage für die Entwicklung von Key Performance Indicators.

**Key Performance Indicator (KPI)**   Eine Kennzahl, die dazu verwendet wird, das Erreichen von Zielen zu messen, wird als Key Performance Indicator bezeichnet. KPIs beziehen sich beispielsweise auf die Ziele des Unternehmens oder die Ziele einer einzelnen Marketingkampagne.

**Messwert**   Eine Zahl, die in Ihren Daten enthalten ist oder davon abgeleitet ist, wird als Messwert bezeichnet. Abgeleitete Messwerte sind z. B. Zusammenfassungen oder Berechnungen, wie etwa eine Anzahl (wie viele X?), eine Summe (X + Y) oder ein Verhältnis (X/Y). Beispiele für Messwerte in der Webanalyse sind die Anzahl der Nutzer oder die Conversion-Rate.

**Metrik**   Siehe Messwert.

**Performance**   Die Performance misst die Leistung eines Programms oder Services. In diesem Buch bezeichnen wir hiermit die Leistung der Google Data Studio Dashboards oder die Leistung eines Unternehmens.

**Produktivumgebung**   Die Produktivumgebung ist öffentlich für die Nutzer im Internet oder einer App zugänglich. Änderungen, die in der Produktivumgebung vorgenommen werden, sind daher direkt für die Nutzer zu sehen. Eine Testumgebung ermöglicht das Ausprobieren neuer Funktionen, ohne dass diese in der Produktivumgebung sichtbar sind.

**Property**   Generell bezeichnet die Property eine Eigenschaft eines Objektes. In Google Analytics wird beispielsweise eine untergeordnete Komponente in Ihrem Google-Analytics-Konto als Property bezeichnet. Diese enthält Informationen, welche Daten dort gespeichert werden. Bei einer Property kann es sich z. B. um eine Website, App oder ein Data Studio Dashboard handeln.

**Schnittstelle**  Eine Schnittstelle für Google Data Studio ermöglicht die Nutzung von Daten aus einer Datenquelle. Ohne eine geeignete Schnittstelle können keine Daten in Google Data Studio importiert werden.

**String**  Siehe Textstring.

**Textstring**  Eine Zeichenkette, die aus einer endlichen Reihenfolge an Zeichen wie Buchstaben, Ziffern oder Sonderzeichen besteht, wird als Textstring bezeichnet.

**Unixzeit**  Die vergangenen Sekunden seit Donnerstag, dem 1. Januar 1970, 00:00 Uhr UTC werden als Unixzeit oder »The Epoch« bezeichnet.

**Zusammenfassung**  Siehe Aggregation.

# Anhang D
# Über die Autoren

**Sascha Kertzel** arbeitet als Experte für Analytics und Google Data Studio bei metrinaut. Er ist seit 2002 als Berater im Bereich Business Intelligence tätig und unterstützt nationale und internationale Kunden beim Design, bei der Implementierung und Optimierung unternehmensweiter Reportinglösungen.

Der Schwerpunkt seiner Tätigkeit liegt auf der Ausarbeitung moderner Analytics-Lösungen sowie der Entwicklung skalierbarer und robuster BI-Architekturen in verschiedenen Branchen. Darüber hinaus hat er BI-Projekte mit internationalen Projektteams geleitet. Durch seine langjährige Erfahrung und branchenübergreifenden Kenntnisse hilft er Unternehmen, ihre Daten zu verstehen und dadurch bessere Entscheidungen zu treffen. Neben dem Publizieren von Fachartikeln hält er Schulungen zu verschiedenen Analytics-Produkten.

Zuvor war er Bereichsleiter in einer auf Business-Intelligence-Lösungen spezialisierten Unternehmensberatung und beschäftigte sich dort u. a. mit den Themen Data-Warehouse-Architekturen und Performanceoptimierung. Sascha Kertzel studierte Informatik an der Fachhochschule Kaiserslautern. Sie können den Autor unter folgender E-Mail-Adresse kontaktieren: *sascha.kertzel@metrinaut.com*.

**Sina Mylluks** ist Online Marketer und hilft Unternehmen bei der Entwicklung und Umsetzung von Contentstrategien für technologiegetriebene Innovationen. Bei ihrer täglichen Arbeit spielt neben der Entwicklung und Umsetzung der Strategien die Überwachung der eingesetzten Marketingmaßnahmen mit Hilfe relevanter Dashboards eine bedeutende Rolle.

Bei metrinaut ist sie für den Bereich Onlinemarketing verantwortlich. Hierzu zählt unter anderem die Erstellung von Fachartikeln und Tutorials zum Thema Google Data Studio.

Sina Mylluks verfügt über einen Abschluss in Technikjournalismus/PR (B. Sc.) und Technik- und Innovationskommunikation (M. Sc.). Beide Studiengänge sind darauf ausgelegt, technische Themen auf verständliche Weise zu vermitteln. Diese Kenntnisse bildeten eine solide Wissens- und Methodengrundlage für die Erstellung des Google-Data-Studio-Fachbuchs.

Sie können die Autorin unter folgender E-Mail-Adresse kontaktieren: *sina.mylluks@metrinaut.com*.

# Index

# ONLINE-MARKETING
## DIE BIBLIOTHEK FÜR IHRE WEITERBILDUNG

Content-Marketing, Social Media, SEO, Monitoring, E-Commerce – wir bieten zu allen Marketing-Disziplinen fundiertes Know-how, das Sie wirklich weiterbringt.

- **Nehmen Sie Ihre Weiterbildung in die Hand!**
  Mit unseren Büchern können Sie sich teure Kurse sparen. Oder nutzen sie als wertvolle Ergänzung zum Seminar.

- **Hochwertiges Marketing-Wissen**
  Unsere Autoren zählen zu den führenden Digitalmarketing-Experten und zeigen Ihnen, wie Sie Kampagnen und Projekte erfolgreich umsetzen.

- **Offline und online weiterbilden**
  Unsere Bücher gibt es in der Druckausgabe, als E-Book oder als Online-Buch. Lernen Sie jederzeit und überall im Webbrowser.

## rheinwerk-verlag.de/marketing